中国极地科学考察研究三十年进展

从地幔到深空：南极陆地系统的科学

刘小汉　主编

海洋出版社

2018 · 北京

图书在版编目（CIP）数据

从地幔到深空：南极陆地系统的科学/刘小汉主编．—北京：海洋出版社，2018.2
ISBN 978-7-5210-0038-2

Ⅰ.①从…　Ⅱ.①刘…　Ⅲ.①南极-陆基-科学考察-中国　Ⅳ.①N816.61

中国版本图书馆 CIP 数据核字（2018）第 023621 号

责任编辑：白　燕
责任印制：赵麟苏
海洋出版社　出版发行
http://www.oceanpress.com.cn
北京市海淀区大慧寺路 8 号　邮编：100081
北京朝阳印刷厂有限责任公司印刷　新华书店北京发行所经销
2018 年 7 月第 1 版　2018 年 7 月第 1 次印刷
开本：889mm×1194mm　1/16　印张：16.75
字数：449 千字　定价：120.00 元
发行部：62132549　邮购部：68038093　总编室：62114335

“中国极地科学考察研究三十年进展”编委会

《从地幔到深空：南极陆地系统的科学》编写人员

主　　编：刘小汉
编写组成员：（按拼音编排）
卞林根　何剑锋　胡红桥　李院生　刘小汉
王力帆　王泽民　徐成丽　赵　越

总　序

今年是我国开展南极考察研究30周年纪念。与发达国家和一些南半球国家相比，我国开展南极考察比较晚。但无数中国极地科学家不畏艰险，胼手胝足，使得我国极地研究获得许多令人振奋的高水平科研成果。台站、基地、船舶建造和固定翼飞机发展迅速，青年俊杰大量涌现，中国极地考察研究事业蒸蒸日上。

对于行星地球而言，极地是研究全球气候变化最理想的地理单元，中国科学家很早就开始关注极地的考察研究。从20世纪30年代起，中国就陆续出版有关南极方面的文献书籍介绍南极知识。在国际地球物理年期间（1957—1958年），全国10多种报纸杂志刊载了许多关于各国南极考察、科学研究以及科普方面的文章和消息。中国科学院副院长竺可桢教授当年也向中央建议："中国是一个大国，要研究极地，并建议中国派出学习极地专业的留学生。"谢自楚教授就是根据这个建议被派到俄罗斯莫斯科大学学习极地冰川专业。国家海洋局于1977年提出了"查清中国海、进军三大洋、登上南极洲"的规划目标。曾呈奎教授在1978年初给方毅副总理写信建议："中国作为一个拥有世界1/4人口的大国，理应积极参加南极考察，为将来两极资源的开发利用准备条件。"方毅副总理于同年6月26日批示："南极考察是一个大项目，由国家海洋局研究实施。"国家海洋局于当年5月向国家科学技术委员会（以下简称"国家科委"）提交了《关于开展南极考察工作的报告》。当年10月国家海洋局又向国务院提交了《关于开展南极考察工作》的请示报告。国务院领导批阅同意后，经国家科委与有关部门多次商量，又于1981年1月正式向国务院提交了《关于成立国家南极考察委员会的报告》。国务院于当年5月11日正式批准成立国家南极考察委员会（以下简称"南极委"）。南极委属国务院领导，国家科委副主任武衡担任南极委主任委员，外交部副部长章文晋等5人担任南极委副主任委员，其他15名委员分别来自各相关部委和海军。

国家科委赵东宛副主任于1979年4月12日批示，"拟同意先派少数几位专家和友好国家合作，乘他们的船去南极考察，这样花钱少，又可取得经验"。经方毅副总理批示，国家海洋局上报国务院批准后，我国从1980年起就开始派团出访，邀请外国南极学者来华交流，并有计划地选派了40多人次的科技人员前往外国的南极科学考察站、考察船和其国内南极研究机构进行科学考察，获得了南极亲身经历，学到了经验，为我国独立组织南极考察队打下了基础。

1984年，在国家海洋局南极考察办公室郭琨主任的率领下，中国终于踏上南极洲的土地，开始建设长城站并实施考察。1999年，国家海洋局组织了北极综合科学考察。

从此，我国的极地考察与科学研究事业迅速发展，目前正从极地大国向极地强国迈进。回想30年的风风雨雨，抚今追昔，感慨万千。如今我们生活在大科学时代，生活在民族复兴和“中国梦”的时代，我国的极地考察与研究也处在迅猛发展的阶段。看到那么多青年科学家继往开来，奋勇投身到极地科学研究的大潮中去，心中感到无比欣慰。

陈连增

2015年6月15日

前 言

南极陆基科学考察与研究活动早在英雄探险时代就已开始，迄今已有100多年历史。各国考察的内容也随着时代进步从领土和自然资源逐渐进入以全球变化为主题的大科学时代。除了美国极点站中微子探测等纯基础理论外，南极冰川学、地质构造、臭氧洞、天文观测、气象、高空大气、大地测量、古气候环境与现代环境监测和人体医学等都是长期开展的学科领域。由于近年陆续发现了约400个冰下湖，其中还有一半是湖水互相连通并流动的“活”湖，促使“冰下水系统”成为当前国际南极陆基考察最热门的领域之一。

与发达国家相比，我国的南极考察开始时间相对较晚。为学习南极考察研究的经验，我国在20世纪80年代初就陆续派出科学家到各国南极考察站参与实地考察，开展了实地观测、采样，并以合作或者独立方式实际进行了研究工作，他们是中国南极陆基考察研究的先驱者。我国于1980年首次选派董兆乾和张青松，到澳大利亚凯西站进行综合考察，还参观访问了美国麦克默多站、新西兰斯科特站和法国迪尔维尔站。他们在那里进行了气象、地质、生物和海洋等学科的现场观测和取样，取得了第一批南极科学资料、数据和样品。随后董兆乾又被派到澳大利亚“内拉丹”号考察船上，参加“首次国际南极海洋系统和储量的生物调查”（B10MASS）计划的水文调查。此外，他还利用登上3个南极站的机会，采集了南极大陆上的地质样品30余个，海洋动植物样品33个以及海水样品10瓶。国家海洋局第二海洋研究所，专门组织专家对这些样品进行了分析研究，撰写了考察报告和论文。

张青松于1981年1月被派往澳大利亚戴维斯站越冬，主要从事西福尔丘陵的第四纪地质地貌考察。他采集了大量标本和样品，并对该区陆缘冰地貌进行了定位观测。1981年11月，吕培顶到澳大利亚戴维斯站越冬，进行海洋生物考察；卞林根到澳大利亚莫森站越冬，进行气象学研究；谢自楚到澳大利亚凯西站越冬，进行冰川考察；王声远和叶德赞到新西兰斯科特站度夏，进行地球化学和生物学考察。颜其德到澳大利亚“内拉丹”号考察船参加澳大利亚首次南极海洋地球物理考察。1982年11月，南极委派蒋加伦到澳大利亚戴维斯站越冬，进行浮游生物考察；陈善敏和宁修仁赴智利马尔什站度夏，进行气象学考察；钱嵩林赴澳大利亚凯西站越冬，进行冰川考察。秦大河于1983年11月到澳大利亚凯西站越冬，进行冰川考察；王自磐和曹冲到澳大利亚戴维斯站越冬，分别进行浮游生物和高空大气物理考察；卞林根到阿根廷马兰比奥站度夏，从事气象观测；陈时华随日本的“白凤丸”船，从事南大洋生态系和生物资源考察；王友恒到阿根廷布朗站越冬，进行气象学观测；魏春江和董金海赴智利马尔什站度夏，进行海兽考察；李华梅和许昌赴新西兰斯科特站度夏；王荣到阿根廷的马兰比奥站和尤巴尼站进行了生物学考察。

随着中国南极中山站的建成，中国南极陆基科学考察与研究活动快速发展起来，研究领域也从初期的亚南极环境、滨海与海岸带环境逐渐向内陆扩展。一大批涉及国际南极科学研究最前沿的项目得以开展，并取得令人瞩目的进展。其中，秦大河横穿南极的雪冰环境研究、普里兹-格罗夫大地构造演化研究、格罗夫山的古气候环境研究、南极陨石回收与研究、无冰区古生态环境的地球化学研究、东南极冰盖起源与初期过程研究、冰穹A的天文观测与研究、极区等离子体云的形成过程与机制研究等领域，均获得了国际一流的科学成果。目前，中国南极陆基研究成果在国际科学刊物发表的数量已居世界前列。在祖国改革开放和经济腾飞的年代，南极泰山站顺利建成，新的考察船、固定翼飞机亦指日可待，相信中国南极陆基科学考察必将以更快的速度向前发展。本书集中介绍30年来我国南极陆基科学考察和研究的发展历程、研究现状和主要科学成果。

第1章“南极大陆地质地球物理调查与研究”介绍了我国在南极不同地域的考察研究历程。1980年，张青松等开展了早期地理、地质研究，随后开展了东西南极过渡带地质的研究和西南极岛弧火山岩和火山作用的研究。随着中山站的建立，我国地质学家在中山站所在的拉斯曼丘陵及其附近区域开展了考察研究和矿产资源调查，同时对东南极西福尔丘陵东南侧分带状冰碛物进行了统计分析，对威尔克斯地温德米尔群岛冰碛物及典型基岩进行了研究。1998年，中国开展了首次格罗夫山多学科综合科学考察，获得丰硕成果。在地球物理观测与研究方面开展了地磁研究、古地磁研究、重力研究、地温特征和岩石热物理性质研究，以及地震观测研究。

第2章“南极古气候环境与古生态地质学研究”重点介绍无冰区生态地质研究、格罗夫山冰盖进退综合研究和北查尔斯王子山新生代孢粉组合研究3个部分。无冰区生态地质学是以海洋生物粪土层等作为过去生态环境信息记录的载体，应用第四纪地质学、元素和同位素地球化学等经典方法，结合海平面升降、构造变动等地形地貌典型特征，探索宏观的生态、气候与环境变化。在格罗夫山综合考察中、对新生代土壤、冰碛沉积岩砾石、孢粉化石开展了冰川地质分析，沉积环境分析和宇宙核素暴露年龄测试。研究认为东南极冰盖上新世时曾经发生过大规模垮塌。东南极兰伯特地堑两侧新生代沉积物具有相对丰富的孢粉化石，对这些地层的孢粉研究不仅可以提供年代学证据，还可以恢复当时的古植被和古环境，为研究气候环境变化及东南极冰盖历史演化提供直接证据。

第3章“南极大气观测与气候研究”介绍了我国开展南极大气科学考察所取得的显著进展。1985年和1989年中国在南极建立了南极长城气象站和中山气象台，1993年在中山站安装国际标准的臭氧光谱仪，开始了大气臭氧总量和紫外辐射的观测，并延续至今。在国际极地年期间，在中山站建成了大气本底站，开始了温室气体长期观测。2002年以来，在中山站到泰山站和昆仑站的断面上，先后安装了6套由卫星传输资料的自动气象站，获取的资料在国内外研究中已得到应用。中国南极大气科学研究是近30年来在我国有较大进展的科学领域，对南极地区近代气候的变化规律、大气边界层物理和海—冰—气相互作用、冰雪能量平衡过程、温室气体的本底特征和臭氧洞形成过程、南极考察气象业务天气预报系统、南极大气环境对东亚环流和中国天气气候的影响等方面开展了一系列的研究，取得了很多国内外有影响的研究成果，加深了南极气候在全球变化中作用及其对我国天气气候和可持续发展影响的认识。

第4章“南极生态环境监测与研究”介绍了中国科学家在潮间带群落动态生态学的系列演替、南极生物的生态分布、生物生产力、食物链等方面获得的大量数据和丰富的研究成果。内容包括潮间带生物、藻类区系、底栖动物、冰雪生物、陆生植物，飞行生物等领域，同时也注意到人类活动对南极生物的潜在威胁，认识到保护南极的生物资源与环境已成为刻不容缓的任务。

第5章“南极考察人员生理心理适应性研究”介绍我国南极医学研究随建站起步发展，迄今已对长城站、中山站和昆仑站的454名考察队员进行了系统的生理和心理的适应性研究，获得了不同环境、考察时间和任务背景下我国队员生理心理适应模式，为考察队员的选拔、适应、防护、站务管理和有关政策制定等提供科学依据，并探讨了南极特殊环境下生命科学的一些问题，为揭示人类表型变化与机制之间的联系提供了新的方法。

第6章“南极测绘及其遥感应用”介绍30年来中国的南极测绘考察和研究成果。我国完成了东西南极站区附近的大地测量基准建设，在南极中山站、长城站建立了导航卫星跟地面跟踪站、常年验潮站以及绝对重力点。从1992年开始，开展了南极航空摄影测量工作，获得了拉斯曼丘陵和菲尔德斯半岛地区航空影像图和航测地形图。完成了南极遥感参数的现场采集、合作目标的布设、现场标定等工作，并开展了遥感测图、冰流速和冰雪变化等研究。测绘和编制了覆盖南极近30万平方千米的各类地图400多幅，命名了300多条南极地名。

第7章“南极冰川学考察与研究”介绍我国南极冰川学考察与研究逐步经历的学习、自主建设及快速发展阶段，目前已经初步形成了涵盖雪冰物理、雪冰化学、卫星遥感等多学科综合发展体系。长城站、中山站、昆仑站和泰山站的建成，逐步完善了冰川学考察后勤支撑体系，为进一步开展深冰芯等冰川学考察研究奠定了重要基础。经过了40余年的发展，我国南极冰川学一系列重要成果的获得及研究队伍的建设，使我国成为世界南极冰川学研究中的一支重要力量。

第8章“南极高空大气物理学观测与研究”指出：极区是太阳风能量进入地球空间的入口，因此成为开展日地空间物理观测和空间天气监测最理想的地区。自1984年以来，我国在南极长城站开展了电离层和地磁观测。在中山站建立了国际先进的极区高空大气物理观测系统，观测要素涵盖极光、电离层和地磁，并与北极黄河站构成了国际上为数不多的极区共轭观测对。以极区观测为基础，我国在极光、极区电离层、极光和粒子沉降、极区等离子体对流、空间等离子体波、空间电流体系和极区电离层——磁层数值模拟等方面取得了一系列研究成果，主要进展包括：观测到极盖区等离子体云块的完整演化过程；发现中山站电离层F2层的“磁中午异常”现象；首次得出日侧极光多波段强度综观统计特征及极区电离层对流和日侧极光随SC的瞬变效应；在外极隙区发现Pc2离子回旋波的激发；建立了极区电离层的三维时变模型，较好地解释了南极中山站的“磁中午异常”现象和极盖区等离子体云块的形成与演化过程。

第9章“南极陨石研究与天文学观测”介绍我国第15次南极科学考察中，首次在格罗夫山发现4块陨石，随后的5次格罗夫山考察共回收陨石12 017块，跃居世界第三。大量南极陨石的发现，为我国陨石学和比较行星学提供了极为珍贵的其他天体样本，也为我国月球和火星等深空探测工程科学目标的制定和实现发挥了重要作用。在陨石回收管理方面，我国成立了“南极陨石专家委员会”，同时成立了南极陨石分类小组，已完成陨石分类样品总数达2 436个，得到国际陨石学会陨石命名委员会的批准。从2007年开始我国在昆仑站逐步建成的冰穹A天文观测基地，获得了大气湍流、透过率、天光背景等关键天文台址参数，以及一系列时域天文学研究成果，在国际上受到广泛关注。台址监测分析表明，冰穹A具有优越的光学/红外和太赫兹观测条件，是目前地面上最好的天文台址，提供了准空间的天文观测环境。充分利用这一珍稀资源建设中国南极昆仑站天文台，有可能实现在光学/红外和太赫兹波段国际领先的天文观测能力。

编者

目 录

1 南极大陆地质地球物理调查与研究

1.1 概述

我国南极地质的系统性研究始于1984年我国南极长城站的建立和科学考察的全面开展。此前，张青松、李华梅、陈廷愚等老一辈科学家分别在澳大利亚戴维斯站的西福尔丘陵，新西兰斯科特站的横贯南极山脉的干谷地区进行了考察，发表了我国南极地质研究的论文（张青松，1985；陈廷愚，1986）。

1985年2月，中国在西南极乔治王岛菲尔德斯半岛建立了第一个南极综合性科学考察站——长城站。刘小汉、李兆鼐、郑祥身、沈炎彬等对菲尔德斯半岛地质做了较全面的了解和研究（Li et al.，1991）。通过在乔治王岛菲尔德斯半岛的一系列地质调查建立了本区地层序列，地层年代为晚白垩世—早渐新世。中新世时期部分地区还存在火山活动。之后郑祥身、王非等在乔治王岛巴顿半岛开展地质考察，证实火山地层的时代主要为古新世—始新世（Wang et al.，2009）。

1989年2月，中国南极中山站建立。李继亮、赵越、刘小汉、任留东、仝来喜、王彦斌、姚玉鹏、刘晓春、陈宣华、胡健民、张拴宏等对该地区展开了持续深入的考察研究，取得了重要研究进展。赵越等提出了拉斯曼丘陵及邻区500 Ma“泛非事件”的重要性及其地质意义（Zhao et al.，1991，1992；赵越等，1993）。任留东等首次报道了南极洲的硅硼镁铝矿，确定了硅硼镁铝矿—柱晶石—电气石硼硅酸盐矿物组合，区域变质岩石的 $P-T$ 演化轨迹为顺时针，对应于泛非期碰撞造山的大地构造背景。仝来喜等识别出特殊的变质矿物如假蓝宝石及早期中压麻粒岩相残余。刘小汉等（1998）通过岩石学和年代学及构造分析对比研究认为拉斯曼丘陵经历了早期1 000 Ma中压麻粒岩相构造变质事件和晚期500 Ma泛非期低压麻粒岩相变质事件，前者可能与罗迪尼亚超大陆聚合有关，而后者则代表冈瓦纳古陆最终形成。王彦斌等（Wang，2008）对拉斯曼丘陵及邻区的各类岩石开展了系统的锆石同位素年龄研究。拉斯曼丘陵及邻区不同岩石单元不同方法获得的越来越多的年代学数据都证实了500 Ma“泛非事件”在普里兹湾地区的广泛存在和重要性，赵越等（Zhao et al.，1991，1992，1995；赵越等，1993）揭示的东南极“泛非期”构造热事件的重要性及其地质意义得到国际的共识。

1998年第15次南极考察以来，刘小汉、刘晓春、琚宜太、俞良军、胡健民、方爱民、缪秉魁、黄费新、韦利杰、陈虹、王伟对中山站以南约400 km的格罗夫山（见图5-1）展开了持续深入的考察研究。格罗夫山地区属于一个由年轻的早新元古代侵入杂岩构成基底的地体，是普里兹造山带向南极内陆的延伸部分，是典型的寒武纪“泛非期”地质体。早期构造变形阶段，峰期变质作用达到高压麻粒岩相，相当于40~50 km的地壳深度。大型低角度韧性剪切带导致麻粒岩相变质岩抬升到中上地壳，同时发育同构造—后构造A型紫苏花岗岩和花岗岩，导致麻粒岩地体近等压降温的晚期演化轨迹。格罗夫山地区构造热事件演化过程特别是高压麻粒岩的产出证明普里兹带是碰撞造山带，且很可能继续向南延伸到甘布尔采夫冰下山脉（Zhao et al.，2000，2003；Kelsey et al.，2008；

Liu et al.，2009a）。统一的东冈瓦纳陆块在泛非期之前并不存在，冈瓦纳超大陆的最终形成可能是西冈瓦纳、印度—南极陆块和澳大利亚—南极陆块大致在同一时期汇聚、拼合的结果。

东南极埃默里冰架东缘—普里兹湾沿海的基岩出露区域主要包括西福尔丘陵、赖于尔群岛、拉斯曼丘陵、蒙罗克尔山和埃默里冰架东缘（图1-1）。2004—2005年中国第21次南极考察期间刘晓春率队开始实施普里兹造山带1：50万地质图编制项目及综合研究，对埃默里冰架东缘—普里兹湾沿海的广大地区开展了全面系统的地质调查和研究。建立了埃默里冰架东缘—西南普里兹湾地区的地质事件序列。建立了格林维尔期雷纳造山带从增生到碰撞的构造过程。确定了泛非期变质演化轨迹，并探讨了普里兹造山带的性质。

南极大陆是地球上最为广阔的冰雪世界，面积约1 400万km^2，仅有0.3%的基岩裸露。而人类对南极地质演化的认识仅来自于0.3%的基岩地质的研究。了解冰下地质，开展南极内陆大规模地球物理调查成为近10年特别是国际极地年及其后最重要的科学考察活动。而冰下地质的主要工作是开展冰碛物的调查和研究。我国是国际上最早开展南极冰下地质研究的国家。国际极地年期间，赵越等（2007）和刘健等（2011）研究了东南极西福尔丘陵东南侧长约20 km的带状冰碛物，确定西福尔丘陵东南冰下存在年龄达35亿年的古太古代古老地块。张拴宏等（2012）通过威尔克斯地温德米尔群岛冰下地质研究揭示了区域地质构造历史。刘晓春等（2009a）对格罗夫山高压麻粒岩冰碛砾石的研究和胡健民等对该地区冰碛岩和古土壤的碎屑锆石研究提供了附近冰下的重要信息。

2007—2009年国际极地年期间，我国南极内陆考察队在圆满完成冰穹A（Dome A）地区建站选址和建成中国南极昆仑站的同时，成功布设6台南极内陆天然地震台（图1-2），并获得数据。这是我国参与国际极地年南极甘布尔采夫冰下山脉省（GAGP）计划的重要组成部分。其中在冰穹A和Eagle营地设置的台站，将作为国际极地年的遗产和我国南极长期观测网建设的一部分保留下来。在已获得的宝贵南极内陆天然地震观测数据和海量的国际南极天然地震数据分析的基础上，完成了南极大陆和周缘海域地壳及岩石圈三维地震速度结构图，为认识南极大陆的演化提供了重要的基础资料。通过对中山站至昆仑站之间安装的地震台站接收函数进行分析，获得了这些台站下方的地壳厚度（冯梅等，2014，图1-2的红色字体标注部分）。同时，地震台安装在冰盖上，随着冰的运动而运动。对东南极内陆地震台记录的GPS进行分析后，获得了这些台站下方冰层的运动（An et al.，2014，图1-2中的红色箭头）。

在中国南极考察的30年间，中国地质学家出版了1：500万南极洲地质图及其说明书（陈廷愚等，1995），《南极洲地质发展与冈瓦纳古陆演化》等专著系统总结了南极地质与冈瓦纳古陆演化（陈廷愚等，2008）。

1.2 西南极乔治王岛菲尔德斯半岛和巴顿半岛

乔治王岛（King George Island）是南设得兰群岛（South Shetland Islands）中最大的一个岛屿。菲尔德斯半岛（Fildes Peninsula）位于乔治王岛最南部，地理坐标为62°10′—62°13′S和58°53′—59°01′W（图1-1）。

1985年2月，中国在西南极乔治王岛菲尔德斯半岛建立了第一个南极综合性科学考察站——长城站。自1984年始，刘小汉、李兆鼐、郑祥身、沈炎彬等对菲尔德斯半岛地质做了较全面的考察和研究。之后郑祥身、王非等在巴顿半岛地区开展地质考察，取得了重要成果（Wang et al.，2009）。

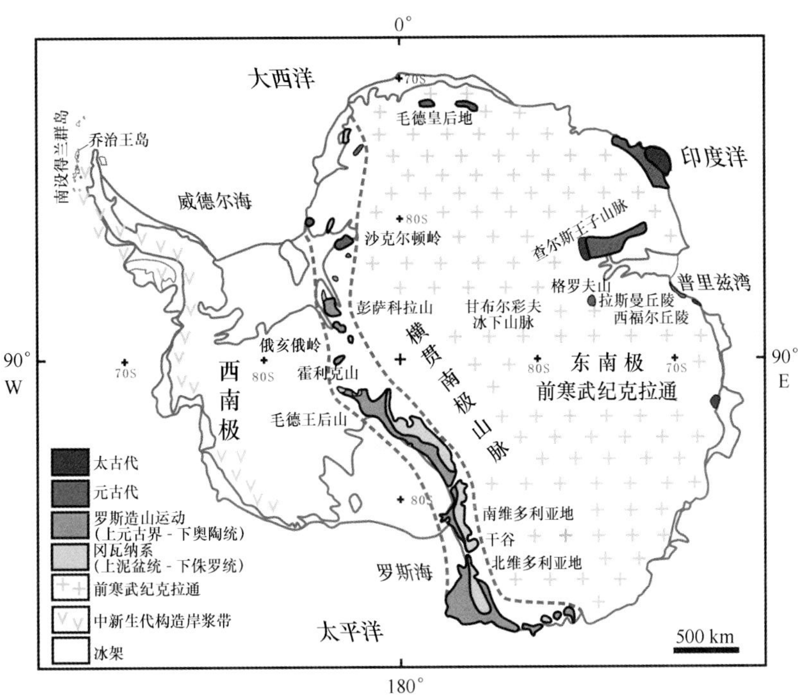

图 1-1　南极地质特征与研究区

南极半岛和南设得兰群岛是南美安第斯构造岩浆弧向南极的延伸，形成于古太平洋大洋岩石圈的俯冲（Suirez，1976；Saunders et al.，1982；Pankhurst，1982，1990）。其统称为安第斯侵入岩套和南极半岛火山岩群（Antarctic Peninsula Volcanic Group，APVG；Thomson 1982），时代分布从晚三叠世到古近纪（Rex，1976；Thomson et al.，1983）。我国南极考察队于 1985 年在乔治王岛菲尔德斯半岛建立长城站。Hawkes（1961）将乔治王岛菲尔德斯半岛的火山沉积岩系命名为菲尔德斯半岛群（Fildes Peninsula Group）。

1.2.1　建立了乔治王岛菲尔德斯半岛地层序列

1985 年中国南极考察队（李兆鼐等，1987；李兆鼐等，1992；沈炎彬，1989，1992，1994；Shen，1999）开始对菲尔德斯半岛群深入研究，将其划分成 4 个组及 1 个暂名地层单元。

上白垩统半三角组：半三角组层型地点在菲尔得斯半岛东南端，靠近半三角海边的一个小岛上，由青灰色、深灰色层凝灰岩、凝灰质砂岩及凝灰质泥岩组成，厚 5.5 m。该组地层含真菌孢子、孢粉、植物叶化石，时代属晚白亚世晚期，很可能为坎潘期（Campanian）——马斯特里赫特期（Maastrichtian）（曹流，1990，1994；Cao，1992；周志炎等，1994）。凝灰质泥岩小于 2 μm 粒级组分的硼含量为 48.4 ppm（1 ppm = 10^{-6}），与淡水泥质沉积物的硼含量相当（薛耀松，1994）。因此，半三角组可能属于临近海岸的湖相沉积。就目前资料看，这是南极唯一所知的这一时期的湖相沉积地层。

古新统碧玉山组：该组地层以玄武质和玄武安山质熔岩为主，底部有火山角砾岩和集块岩，夹茎干化石，厚 60~120 m。分布于半岛的西南部。

玛瑙滩组以杏仁状玄武质和玄武安山质熔岩为主，底部有火山角砾岩和集块岩，厚 140 m，分布较广。根据 Rb-Sr 全岩等时线及 K-Ar 同位素年龄测定，碧玉山组及玛瑙滩组的年龄为 64.60±1~53±1 Ma，被归为古新世（李兆鼐等，1992）。

始新统化石山组：该组由火山角砾岩、层凝灰岩、凝灰质粉砂岩、熔岩组成，夹煤线。产孢粉、植物叶、茎干及鸟类足印等遗迹化石。厚 6~60 m。时代为始新世。化石山组又划分为长城湾段和磐石湾段（Shen，1999）。长城湾段：层型剖面位于长城站附近的化石山。主要岩性有火山角砾岩、层凝灰岩、凝灰质粉砂岩、熔岩，夹煤线。属低地或丘间河湖相沉积。与下部碧玉山组不整合接触，有一风化剥蚀面。K-Ar 全岩等时线及 Rb-Sr 法所测得火山岩的年龄数据为 52±1~43±2 Ma（李兆鼐等，1992），属始新世早、中期。岩石富含化石，著名的化石山植物群（Fossil Hill Flora）产孢粉、叶化石、鸟类足印。磐石湾段：层型剖面位于俄罗斯别林斯高晋站油库附近。主要岩性为黄绿色凝灰岩，夹火山角砾岩、熔岩，厚约 36 m，未见底，与上部岩块山组不整合接触。主要分布在菲尔德斯半岛东部的阿德雷岛、磐石湾、阿蒂加斯站（Artigas）及柯林斯（Collins）冰盖西缘等地。它与长城湾段的主要区别是沉积环境不同，属小型山间盆地堆积。本段孢粉十分丰富，有 100 余种（Cao，1992；宋之琛，1998）。叶化石较丰富（张善桢等，1994；Poole et al.，2001）。

岩块山组：主要由集块熔岩、角砾熔岩和玄武质或玄武安山质熔岩组成，厚 36~94 m，分布于半岛东部；代表另一期火山喷发，时代为晚始新世或晚始新世—早渐新世。

“萨菲尔德角火山岩”可能代表菲尔德斯半岛时代更新的火山活动。萨菲尔德角（Suffield Point）玄武岩的年龄数据为 22.06 Ma，有些岩脉为 19 Ma~23 Ma（郑祥身等，1991）。

通过在乔治王岛菲尔德斯半岛的一系列地质调查建立了区域地层序列，地层年代为晚白垩世—早渐新世，在中新世时期部分地区还存在火山活动。

1.2.2 乔治王岛巴顿半岛地层年代的确定

巴顿半岛主要出露火山碎屑岩、玄武岩、安山岩以及花岗闪长岩。半岛最底部的地层为世宗王组（Yoo et al.，2001），分布于巴顿半岛南部和西南部，主要岩性为火山碎屑岩，厚约 100 m，倾向南或南西。植物化石显示其沉积年代为晚古新世—始新世（Chun et al.，1994）。

半岛内世宗王组之上广泛分布玄武岩及安山岩，由于本区存在广泛的后期蚀变作用，对这些岩石进行定年显得比较困难，王非等（2009）最新的 $^{40}Ar/^{39}Ar$ 定年结果显示其主要喷发年代为中始新世，时代为 40 Ma~50 Ma。这些年代学证据说明巴顿半岛的地层时代主要是为古新世—始新世。另外，郑祥身等（2000）在巴顿半岛北部得到了一期早白垩世的玄武岩全岩 $^{40}Ar/^{39}Ar$ 年龄（119 Ma~120 Ma），表明巴顿半岛还可能存在一次早白垩世岩浆活动。

1.3 横贯南极山脉地区

横贯南极山脉（Transantarctic Mountains）是南极大陆具有代表性的山脉。该山脉呈南北向自 160 °E 左右向 45 °W 方向蜿蜒延伸，高 4 000~5 000 m，构成了东南极与西南极的分界线。横贯南极山脉从大西洋海岸的毛德王后地（Queen Maud Land）西部至太平洋海岸的维多利亚地（Victoria Land），裸露基岩区主要包括沙克尔顿岭（Shackleton Range）、慧彻韦冰原岛峰群（Whichaway Nunataks）、彭萨科拉山脉（Pensacola Mountains）、俄亥俄岭（Ohio Range）、霍利克山（Horlick Mountains）和南、北维多利亚地（Victoria Land）（图 1-1）。

横贯南极山脉地区的地质考察最早可以追溯到 20 世纪初。1901—1904 年，英国探险家罗伯特·斯科特（Robert Falcon Scott）到达罗斯海，对麦克默多海峡地区进行了详细勘测，并在 1910—1913 年期间到达南极点，途间带回了非常珍贵的地质样品。1907—1909 年，沙克尔顿（Ernest

Shackleton）也曾于1909年到达磁南极。中国在横贯南极山脉开展地质考察始于20世纪80年代，1983年和1984年，由李华梅和陈廷愚先后赴新西兰南极斯科特站考察。

经过近100年的考察，横贯南极山脉地区的地质研究获得了许多重要成果，尤其是对于太古代和古生代岩石记录，以及冈瓦纳古陆重建等方面最为突出。Tingey（1991）主编出版的《The Geology of Antarctica》一书对南极地质以及横贯南极山脉太古代至新生代的地质演化过程进行了系统总结。其后横贯南极山脉的地质研究则侧重于古生代—中生代岩浆演化与冈瓦纳古陆重建（Elliot et al.，2007；Folco et al.，2009，2010；Harper et al.，2012；Palmeri et al.，2012；Dalziel et al.，2013；Bomfleur et al.，2014；Elliot et al.，2014），以及新生代气候、地貌与冰川作用（Carlo et al.，2009；Bromley et al.，2012；Fielding et al.，2012；Bockheim，2013；Olivetti et al.，2013；McGowan et al.，2014；Prenzel et al.，2014；Sauli et al.，2014；Zattin et al.，2014）等方面；尤其是通过冰下地质钻探样品的获取进行了相关气候环境、大陆隆升等方面的研究（Carlo，2009；Olivetti，2013）。

中国先后3次在横贯南极山脉地区开展地质考察，分别为：① 1983—1984年南极夏季，李华梅考察了维多利亚地第四纪地质、冰川地貌以及古老岩系和罗斯岛中新生代火山活动特征；② 1984—1985年南极夏季，陈廷愚考察了横贯南极山脉地区的南极地质概况及大地构造轮廓，以及干谷地区地质特征和赖特谷地的现代冰川地质地貌特点；③ 2013—2014年南极夏季，陈虹、王伟考察了横贯南极山脉北维多利亚地思克思堡岛地质特征。

1.3.1 横贯南极山脉主要地质构造特征——双构造层基底

横贯南极山脉是一个早古生代造山带，又称罗斯造山带，其地层由基底和盖层两大部分组成。盖层由上古生界及更年轻地层组成，不整合覆盖于基底岩系之上。

横贯南极山脉的基底是由元古宇及下古生界两个构造层所组成，称之为双构造层基底（陈廷愚，1986）。正是这种双构造层基底使该区泥盆纪以来盖层沉积时期地壳相当稳定。该双构造层基底的形成曾经历过两次较重要的构造运动。其一发生于晚前寒武纪距今630 Ma~1 000 Ma，即Nimrod运动或比德莫尔运动（Beardmore Orogeny）；其二发生于奥陶纪，即罗斯运动（Ross Orogeny）。罗斯运动不仅造成了地层强烈的褶皱、变质和变形，而且还伴随有大规模花岗岩的侵入。Nimrod运动与罗斯运动的结果，结束了横贯南极山脉地区的洋盆发展史，开始了横贯南极山脉陆内造山的发育过程。

1.3.2 中侏罗世岩浆活动及古生物特征

在南维多利亚地，科克帕特里克（Kirkpatrick）玄武岩夹层中夹有薄层的、分布广泛的酸性凝灰岩和湖相沉积，其中发育丰富的多门类陆生淡水化石，包括孢粉、叶片、腹足类、介形类、背甲类（Notostracans）、叶肢介（Conchostracans）、合虾类（Syncarids）、等足类（Isopoda）、昆虫、鱼及遗迹化石等，叶肢介的数量和分布范围占绝对优势，以壳瓣叶肢介（Carapacestheria）为代表，指示其时代属中侏罗世早期（Shen，1994），同层孢粉也支持这一意见（尚玉柯，1997）。中侏罗世的基性岩浆活动在干谷地区发育非常广泛，主要表现为粒玄岩岩床的侵入。岩床产状平缓，最大倾角不过7°，岩床规模很大，沿走向延伸数十公里，单个岩床厚100~400 m。侏罗纪粒玄岩和玄武岩可能是由上地幔成分包括同位素成分不均匀所造成的，地壳混染只是起着次要作用。横贯南极山脉地区侏罗纪基性岩浆活动可能是发生在东南极克拉通和西南极中—新生代活动带之间，属于陆—洋边缘裂谷带，具张性构造应力环境（陈廷愚，1986；Chen，1992a，1992b）。

1.3.3 北维多利亚地难言岛地质构造特征

通过野外地质填图，编制了维多利亚地新站区 1∶2 000 地质图，确定了恩克思堡岛基本地质特征。该地区出露主要岩石由浅灰—灰白色粗粒二长岩、灰色中粗粒花岗岩、基性岩脉体、冰碛岩和海岸砾石等组成。该地区出露最主要岩石为灰白色粗粒二长岩，岩石为块状构造，粗粒结构，矿物粒径以 2~5 mm 为主，其主要矿物成分为斜长石（26%）、条纹长石（28%）、微斜长石（23%）、黑云母（8%）、角闪石（10%）、石英（4%），矿物自形程度较高。根据其中锆石 U-Pb 定年结果为（483.3±6.6）Ma，表明该期二长岩的形成时代应为奥陶纪。

1.4 拉斯曼丘陵

拉斯曼丘陵位于东南极普里兹湾东南岸（见图 1-1），于 1935 年 2 月由挪威捕鲸船发现。主要由 4 个半岛和 120 余个岛礁组成，面积近 40 km^2。

拉斯曼丘陵的科学考察始于 1957—1958 年国际地球物理年。澳大利亚和苏联南极考察队先后在此开展考察。传统上，拉斯曼丘陵被认为属于东南极中元古代（1 100 Ma~1 000 Ma）的高级活动带的一部分（Sheraton et al.，1984；Black et al.，1987；Stüwe et al.，1989；Tingey，1991），其与东南极太古宙陆核，即内皮尔地块、西福尔地块及南查尔斯王子山地块相邻。

拉斯曼丘陵出露的岩石主要由高角闪岩相的泥质到半泥质副片麻岩、镁铁质—长英质组分正片麻岩、混合花岗岩、花岗岩，并有少量的超镁铁岩和稀少的钙硅酸岩组成（Stüwe et al.，1989；Carson et al.，1995）。

1989 年 2 月，中国南极考察队在拉斯曼丘陵建立中山站以来，我国地质学家开始对其考察研究。任留东等首次报道了南极洲的硅硼镁铝矿，确定了硅硼镁铝矿—柱晶石—电气石硼硅酸盐矿物组合，区域变质岩石的 P-T 演化轨迹为顺时针，对应于泛非期碰撞造山的大地构造背景。仝来喜等识别出特殊的变质矿物如假蓝宝石及早期中压麻粒岩相残余。拉斯曼丘陵及邻区不同岩石单元不同方法获得的越来越多的年代学数据都证实了 500 Ma“泛非事件”在普里兹湾的广泛存在和重要性，但是关于区域 1 000 Ma 构造热事件仍然存在诸多争议，并在近期进一步讨论（Grew et al.，2012；Liu et al.，2013）。但是 Grew 等（2012）的样品（122901 和 122802A）以及王彦斌等（2008）的诸多样品存在于新元古代，特别是 700 Ma~900 Ma 锆石岩浆与变质结晶年龄，无法简单用 1 000 Ma 和500 Ma二次变质—构造事件叠加说明，而用增生和碰撞的构造模式探索认识从中元古代到寒武纪的地质过程可能是重要的（Zhao et al.，2003）。

1.4.1 500 Ma 高级变质事件及其构造意义

赵越等（Zhao et al.，1992，1995，1997，2003）通过对中山站所在的米洛半岛不同岩石单元的地质构造及其年代学研究后提出：区域 500 Ma 左右的“泛非事件”是该区的主期麻粒岩相变质变形事件，而不是次要的绿片岩相变质事件。其可能与东南极克拉通的形成和东冈瓦纳古陆的最终聚合有关。该认识对东南极地质构造演化的重大问题提出了挑战性，并引起了国际地学界的广泛重视，后被不断证实，广泛接受。

1.4.2 南极洲的硅硼镁铝矿

任留东等首次报道了（Ren et al.，1992）南极洲的硅硼镁铝矿，修正了在国外学者对柱晶石的错误鉴定；确定了硅硼镁铝矿—柱晶石—电气石硼硅酸盐矿物组合，探讨了其产出环境，并对其与高级变质作用和深熔作用的关系进行了系统的研究。硅硼镁铝矿及有关硼硅酸盐矿物组合的这一重要发现引发了国际上一系列的相关研究（Grew et al.，2012）；对一些重要的变质岩如夕线石片麻岩的形成提出了新见解（任留东等，2009），岩石中 Al_2O_3的含量与夕线石的出现没有直接关系，与夕线石片麻岩有关的变质作用基本上属于非等化学体系；夕线石片麻岩的原岩未必是一套富铝的泥质岩建造，这将对一些地球化学过程，包括矿床形成和有关地质背景的认识产生重大影响；氟磷镁石的一种新多型的发现与报道（Ren et al.，2003）。氟磷镁石的一种多型 Wagnerite- Ma5bc，空间群 Ia，与以往所认为的氟磷镁石（Wagnerite-Ma2bc，空间群 P2/a）不同，是一种新的矿物多型。该多型的发现，不仅对于矿物学本身有贡献，对于认识区域的地质演化也十分重要。从岩相上看，氟磷镁石（Wagnerite-Ma5bc）与斜长石、磷灰石、独居石、磷钇矿和钛—赤铁矿形成共生组合，并与硼硅酸盐矿物柱晶石—硅硼镁铝矿—电气石组合到一起，共同限定了该区广泛发育的深熔作用的演化特征。任留东等（Ren et al.，1992）从变质岩的 *P-T* 演化轨迹认为顺时针的 *P-T* 轨迹对应于泛非期碰撞造山的大地构造背景。仝来喜等（1996，1997）还识别出特殊的变质矿物，如假蓝宝石及早期中压麻粒岩相残余。

1.4.3 早期 1 000 Ma 中压麻粒岩相构造变质事件

刘小汉等（1998）通过岩石学和年代学及构造分析对比研究认为，拉斯曼丘陵早期经历早期 1 000 Ma中压麻粒岩相构造变质事件和晚期 500 Ma 泛非期低压麻粒岩相变质事件，前者可能与罗迪尼亚超大陆聚合有关，而后者则代表冈瓦纳古陆最终形成。从拉斯曼丘陵及邻区不同岩石单元不同方法获得的更多的年代学数据都证实了 500 Ma “泛非事件” 在普里兹湾的广泛存在（Hensen et al.，1995a；Carson et al.，1996；Zhang et al.，1996；Fitzsimons et al.，1997；仝来喜等，1998）。

1.4.4 拉斯曼丘陵及邻区的各类岩石的锆石同位素年龄

王彦斌等（1994）对该区镁铁质麻粒岩的地球化学特征进行了初步研究，并报道了早期中压麻粒岩矿物组合及形成的 *P-T* 条件。在此基础上，对拉斯曼丘陵及邻区的各类岩石开展了系统的锆石同位素年龄研究，总结了该地区主要地质事件，认为基底复合正片麻岩的长英质岩石的侵位年龄为约 1 100 Ma；碎屑沉积岩石的沉积年龄为约 1 100 Ma 至约 1 000 Ma；互层的长英质和沉积岩的变形 D1 和麻粒岩相 M1 发生在约 1 000 Ma，随后是大量的长英质和镁铁质于 970 Ma~980 Ma 侵入；变形 D2，麻粒岩相变质作用 M2 发生在约 530 Ma，随后是伸展变形 D3，最后是花岗岩和伟晶岩于 501 Ma~524 Ma 期间侵入，包括进步花岗岩于约 516 Ma 侵入（Wang et al.，2008）。李淼等（2007）对拉斯曼丘陵及普里兹湾部分花岗岩的成分及产出环境进行了系统分析与总结，强调了 A—型花岗岩的地质意义。

1.4.5 早期 M1 石榴石+斜方辉石+堇青石+钾长石组合的识别

仝来喜等（2014）通过详细的组构观察识别出早期 M1 石榴石+斜方辉石+堇青石+钾长石组合，*P-T* 条件 6~8 kbar，840~880℃，认为 M1 变质演化发生在元古代晚期（1 000 Ma~900 Ma）格林威尔期高级变质的压缩构造事件（D1），并伴随着强烈的岩浆作用，显示出与查尔斯王子山脉北部和雷纳杂岩的密切关系。他们重新估算的区域 M2 的峰期组合变质 $P-T$ 条件为～7.0 kbar，800～850℃，反映了后峰期的近等温减压。M3 峰期变质 $P-T$ 条件达到 4～5 kbar，700～750℃。M2、M3 变质演化为降压冷却过程，形成于～530 Ma 泛非期高级构造事件（D2～D3）。

1.5 格罗夫山

格罗夫山位于中山站以南约 400 km，地处东南极内陆冰盖伊丽莎白公主地腹地，由 64 座冰原岛峰组成，总面积达 3 200 km^2，是东南极内陆极少数基岩出露区域之一（见图 1-1）。

1958 年，澳大利亚皇家空军格罗夫（Grove）少校首次在那里着陆，并由此命名格罗夫山。但是国际上一直未对其做地质调查，曾根据外貌的观测推测其为区域 1 000 Ma（格林威尔期）造山带的组成部分。1998—2014 年，中国南极考察分别于第 15 次、第 16 次、第 19 次、第 22 次、第 26 次及第 30 次先后共 6 次组织考察格罗夫山，基本查明了格罗夫山的岩石组成、年代格架与构造演化历史。

1998 年第 15 次南极考察以来，刘小汉、刘晓春、琚宜太、俞良军、胡健民、方爱民、缪秉魁、黄费新、韦利杰、陈虹、王伟对该地区展开了持续深入的考察研究，取得了重要的研究进展和成果。

1.5.1 格罗夫山地区的花岗岩质岩石类型和侵入时代

格罗夫山地区主要由高级变质岩石以及侵入于其中的花岗质岩石组成（刘小汉等，2002；Liu et al.，2002）。花岗岩质岩石分为 4 类，即紫苏花岗岩、紫苏花岗岩脉、花岗岩和花岗岩脉（Liu et al.，2006）。泛非期 A 型紫苏花岗岩是格罗夫山鉴定并确认的一种新的花岗岩类型，由源于长期富集地幔的碱性玄武质岩石经部分熔融形成（刘小汉等，2002；Liu et al.，2006）。层状花岗岩形成于伸展构造环境，地球化学特征表明受到地壳物质混染。高温 A 型紫苏花岗岩和花岗岩岩浆的发育表明普里兹带在同后造山阶段可能发生了岩石圈拆沉和软流圈上涌，与碰撞造山构造环境一致。变质岩石以浅肉红色、黄褐色正片麻岩占主导地位，夹有少量镁铁质麻粒岩、副片麻岩和钙硅酸盐岩。副片麻岩的碎屑锆石中获得了 2 051 Ma 的变质年龄，正片麻岩和镁铁质麻粒岩的原岩侵位年龄集中在 922 Ma～907 Ma，变质年龄为泛非期，范围为 549 Ma～529 Ma。泛非期花岗质岩石的侵位序列为：早期变形紫苏花岗岩 547 Ma，紫苏花岗岩脉 533 Ma，层状花岗岩为 526 Ma 和 503 Ma，晚期花岗岩脉501 Ma（Zhao et al.，2000；Liu et al.，2006，2007b）。

1.5.2 格罗夫山地区单一高温麻粒岩相变质事件

由石榴石（核）—斜方辉石（核）—斜长石—石英压力计获得麻粒岩相岩石的形成压力为 0.61～0.67 GPa。通过出溶辉石的成分复原推算，二辉麻粒岩变质之前的岩浆结晶温度为 970℃；原始单斜辉石的结晶温度为 850℃，斜方辉石（易变辉石）片晶出溶温度为 740～770℃。因此，格罗夫山地区岩石经历了近等压冷却（IBC）的 $P-T$ 演化轨迹，其变质演化与大陆碰撞带形成过程相吻合（Liu et al.，2006）。

1.5.3 格罗夫山地区冰碛岩中的大洋俯冲和大陆碰撞相关的岩石学证据

第1次格罗夫山考察在哈丁山收集到一块石榴二辉麻粒岩（俞良军等，2002），第4次格罗夫山考察在盖尔陡崖脚下的冰碛岩中发现了一定数量的镁铁质高压麻粒岩冰碛砾石（胡健民等，2008；Liu et al.，2009b），这是在普里兹造山带中首次发现确切的高压变质岩石。高压麻粒岩的峰期矿物组合为石榴石+富铝单斜辉石+角闪石+斜长石+石英+金红石，不含斜方辉石（高压麻粒岩的标志），部分样品在石榴二辉麻粒岩区域发生蜕变。根据变质相平衡计算获得峰期变质条件为1.18~1.40 GPa、770~840℃，随后经历了约0.6 GPa的近等温减压过程，晚期低温绿片岩相叠加的 $P-T$ 条件大致在0.4~0.5 GPa、400~500℃。由此可以为高压麻粒岩推导出一个顺时针 $P-T$ 演化轨迹。

高压麻粒岩的发现表明：约570 Ma造山作用启动，约545 Ma岩石被埋藏到最大深度并发生高压变质作用，约530 Ma抬升到中地壳深度经历了中低压变质作用和部分熔融；510 Ma~490 Ma时造山带垮塌并有大规模岩浆侵入。综合研究推测格罗夫山的高压麻粒岩漂砾应该是近原地堆积的（Lythe et al.，2001；Liu et al.，2007b）。

1.5.4 格罗夫山地区3期构造变形研究

格罗夫山地区主要经历了3期构造变形，即早期由北东向南西方向的逆冲（D1）、主期由北东向南西方向的低角度拆离（D2）以及晚期北北东向高角度正断层半地堑式抬升（D3）。早期构造变形（D1）很不显著，多为顺层韧性剪切变形带内部的顺片理紧闭勾状褶皱，仅在连接哈丁山南、北峰的山梁陡壁上见不对称逆冲褶皱—断层。一组低角度韧性剪切带（D2），形成格罗夫山地区主要构造格架。低角度韧性剪切变形带中变形岩石角闪石、黑云母和钾长石等矿物 $^{40}Ar/^{39}Ar$ 同位素定年获得变形年龄为495 Ma~506 Ma。格罗夫山地区沟谷—丛岭地貌是一组北东—北北东方向高角度正断层形成的对称的地堑地垒构造组合，最晚期构造变形。

第一期挤压变形很可能是与高压—超高压变质作用相应的构造变形记录（胡健民，2008），变形时代与峰期变质作用时代一致（545 Ma），低角度韧性剪切带应该是泛非期普里兹构造带碰撞造山之后伸展垮塌作用的构造记录。

1.5.5 碎屑锆石原位U-Pb年龄和矿物化学成分测定

4个样品分别采自阵风悬崖西侧1号碎石带细砾—砂级岩石碎屑、哈丁山西堤碎石带细砾—砂级岩石碎屑、哈丁山西堤固结—半固结沉积岩及哈丁山山坳古土壤。碎石带锆石年龄分布显示以下几组年龄峰值，450 Ma~550 Ma，800 Ma~900 Ma，1 200 Ma，两个最老年龄值2 300 Ma~2 420 Ma。这非常类似于格罗夫山基岩同位素年龄分布。冰川地貌和矿物化学特征指示，碎石带冰碛物主要物源应该就在碎石带附近。这些结果对镁铁质高压麻粒岩作为格罗夫山地区构造标志是一个强有力的支持，证明普里兹带泛非期碰撞构造特征（Liu et al.，2009）。

1.6 埃默里冰架东缘—普里兹湾沿岸

东南极埃默里冰架东缘—普里兹湾沿岸的基岩出露区域主要包括西福尔丘陵、赖于尔群岛、拉斯曼丘陵、蒙罗克尔山和埃默里冰架东缘（图1-1）。由于受后勤保障条件的制约，我国在这一地区的早期地质考察主要集中在中山站所在的拉斯曼丘陵，其间曾借助国外直升机，对西福尔丘陵和赖于尔群岛短暂考察。2004—2005年南极夏季，中国第21次南极考察开始实施普里兹造山带1∶50万地质图编制项目及后续综合研究。在刘晓春带领下，我国对埃默里冰架东缘—普里兹湾沿岸的广大地区开展了全面系统的地质调查和研究。

一般认为，埃默里冰架东缘—西南普里兹湾地区的变质杂岩是北查尔斯王子山地区雷纳杂岩的东延部分，但遭受到寒武纪高级变质变形作用的强烈改造。这一地区国际研究程度薄弱，在中国第21次和第24次南极考察时对该区进行了系统的野外考察，包括曼宁冰原岛峰群、赖因博尔特丘陵、詹宁斯岬、米斯蒂凯利丘陵、麦卡斯克尔丘陵、斯塔特勒丘陵、兰丁陡崖、蒙罗克尔山和姐妹岛。对获取的镁铁质麻粒岩、长英质正片麻岩、副片麻岩、紫苏花岗岩和花岗岩样品开展了同位素年代学和地球化学研究，同时对代表性的变质岩石开展了变质作用研究。建立了南极普里兹造山带的地质构造格架，廓清了埃默里冰架东缘—西南普里兹湾地区两期造山旋回，编制出1∶50万南极普里兹造山带地质图。

1.6.1 埃默里冰架东缘—西南普里兹湾地区的地质事件序列

对埃默里冰架东缘—西南普里兹湾地区不同类型的岩石（不包括拉斯曼丘陵）进行了锆石SHRIMP和LA-ICP-MS U-Pb定年（李淼等，2007；Liu et al.，2007a，2009，2014）。在长英质正片麻岩和镁铁质麻粒岩共获得14件母岩年龄，范围为1 380 Ma~1 020 Ma，表明该区岩浆作用的周期长达360 Ma。区域上，1 210 Ma~1 120 Ma的主体岩浆幕主要发育在普里兹湾沿岸、麦卡斯克尔丘陵及其相邻区域，1 380 Ma~1 330 Ma的较老岩浆幕只见于蒙罗克尔山和曼宁冰原岛峰群的拉夫冰原岛峰，而1 080 Ma~1 020 Ma的年轻岩浆幕虽然覆盖了整个雷纳杂岩，但集中出现在赖因博尔特丘陵和曼宁冰原岛峰群。随后，这些岩石经历了大于970 Ma和930 Ma~900 Ma两幕高级变质作用，莱茵博尔特紫苏花岗岩在大于955 Ma侵入于格林维尔期高级变质杂岩之中。副片麻岩中变质成因碎屑锆石的年龄为930 Ma，说明其沉积发生在格林威尔期造山作用之后。除蒙罗克尔山和莱茵博尔特丘陵外，其他地区绝大部分岩石又遭受到535 Ma的高级变质重结晶。詹宁斯紫苏花岗岩和普里兹湾沿岸花岗岩的侵位年龄集中在500 Ma，反映了泛非期造山事件晚—后造山岩浆作用。

以前对埃默里冰架东缘的地质调查和研究非常薄弱。澳大利亚地质学家曾到过蒙罗克尔山，只有只言片语提到该地岩石可以与普里兹湾地区的岩石相对比，没有详细的地质工作记述（Tingey，1991）。在赖因博尔特丘陵零星的取样和初步研究表明该区经历了麻粒岩相变质作用（Nichols et al.，1991），并在伟晶岩中获得了896 Ma和536 Ma两个同位素年代学数据（Grew et al.，1981；Ziemann et al.，2005），在兰丁陡崖花岗岩中也获得其侵位年龄为500 Ma（Tingey，1991）。然而，该区高级变质作用的发生时代是未知的，变质前的岩浆活动和地质历史也未探究。刘晓春等（Liu et al.，2007a，2009，2014）系统地建立了埃默里冰架东缘—普里兹湾地区的岩浆、沉积和变质演化序列，不仅识别出老于北查尔斯王子山雷纳杂岩的大于1 300 Ma岩浆事件，而且明确了普里兹造山带是一个多相变质带。同时，在埃默里冰架东缘首次识别出格林维尔和泛非两期紫苏花岗岩，为东南极广布的紫苏花岗岩时代和成因提供了重要研究实例。

1.6.2 格林维尔期雷纳造山带从增生到碰撞的构造过程

对取自于埃默里冰架东缘—西南普里兹湾地区60件镁铁质麻粒岩和长英质片麻岩进行了地球化学研究（Liu et al.，2014）。结果表明，北部的姐妹岛和蒙罗克尔山镁铁质麻粒岩的原岩成分类似于富 Nb 的岛弧玄武岩，而南部的麦卡斯克尔—米斯蒂凯利丘陵、赖因博尔特丘陵和曼宁冰原岛峰群的镁铁质麻粒岩则显示典型的岛弧玄武岩的特征。Nd 同位素地球化学给出前者的初始 Nd 比值［εNd（T）］范围为+4.1～-0.4，后者多数为-3.2～-4.7。所有地区的长英质正片麻岩均具有火山弧花岗岩的特点，其中 1/5 的样品属于高 Sr/Y 花岗岩类型。长英质正片麻岩的εNd（T）值为-2.4～-7.6，Nd 亏损地幔模式年龄（TDM）为 2.2～1.9 Ga，说明古元古代是地壳形成的重要一幕。高 Sr/Y 正片麻岩具有较高的 K_2O/Na_2O 比值（均大于 1）、正的 Eu 异常、明显的重稀土（HREE）亏损以及负的εNd（T）值，表明其起源于大陆岛弧下地壳含石榴石富 K 镁铁质源区的部分熔融。同位素年代学研究已表明雷纳大陆岛弧的长期岩浆增生持续了约 360 Ma，而在近于同时代费舍尔大洋岛弧南侧可能还存在一个年轻（小于 1 080 Ma）的岛弧。所以，结合邻区的可利用研究资料，我们提出雷纳造山带的构造演化过程可能包括几个岛弧与东南极陆块（兰伯特地体或包含兰伯特地体的鲁克克拉通）的先期碰撞以及随后的大洋关闭和印度克拉通与东南极新增生大陆边缘的最终碰撞（Liu et al.，2013，2014）。

基于对北查尔斯王子山格林维尔期雷纳杂岩的变质岩石学和同位素年代学研究，多数学者认为雷纳造山带代表印度与东南极陆块之间的一个碰撞造山带。然而，人们对大陆碰撞之前的构造环境以及大洋俯冲—增生过程还知之甚少。前人的地球化学研究表明，北查尔斯王子山的正片麻岩具有 I 型或 S 型花岗岩的属性，部分学者认为其原岩形成于安第斯型活动大陆边缘（Munksgaard et al.，1992；Sheraton et al.，1996；Mikhalsky et al.，2001），但也有争议还不能排除其形成于陆内环境（Stephenson et al.，2000；王彦斌，2002）。此外，根据镁铁质麻粒岩的地球化学和同位素资料，Mikhalsky et al.（2011）最近提出与地幔柱有关的大洋高原和弧后盆地残余可能卷入到了活动大陆边缘的演化，这使人们对雷纳造山带构造演化的认识更加复杂化。本项研究通过新获取的地球化学和同位素年代学资料，并结合印度东高止构造带 1.33 Ga 蛇绿混杂岩的发现（Dharma Rao et al.，2011），为雷纳造山带的格林维尔期构造演化提出了一个新的两阶段碰撞构造模型，深化了南极大陆格林维尔期构造热事件的研究。

1.6.3 泛非期变质演化轨迹与普里兹造山带的性质

在第 21 次南极考察过程中，我们在埃默里冰架东缘麦卡斯克尔丘陵发现了对造山带演化具有重要指示意义的石榴二辉麻粒岩（Liu et al.，2007a）。岩相学观察和电子探针分析表明麻粒岩中的两种辉石都发育典型的出溶结构，其中单斜辉石出溶斜方辉石（易变辉石）和/或角闪石片晶，斜方辉石出溶单斜辉石和 Fe-Ti 氧化物片晶，这说明岩石在峰期变质之后经历了缓慢的冷却过程，Fe/Mg 比值也因受低温扩散的影响而被严重改造，在这种情况下，使用常规的计算方法不能获得峰期变质温度和压力。我们通过辉石原始成分的恢复和石榴石—辉石间复杂的 Fe-Mg 交换反演以及相平衡计算，最终获得埃默里冰架东缘石榴二辉麻粒岩的峰期变质条件为 9.0～9.5 kb、880～950℃，并且经历了 6.6～7.2 kb、700～750℃的减压退变演化过程，据此推断一个顺时针演化轨迹。虽然锆石定年揭示出格林维尔和泛非两期变质事件，但 Sm-Nd 全岩—矿物等时线只记录了 500 Ma 的冷却年龄。石榴二辉麻粒岩与围岩可对比的变质历史以及副片麻岩中格林维尔期继承碎屑变质锆石的发现证明上述顺时针 *P-T* 轨迹形成于泛非期单相变质旋回，而不是两期变质的产物。

在变质作用 *P-T-t* 轨迹研究方面的一项非常著名的研究工作来自于东南极普里兹湾地区姐妹岛的石榴二辉麻粒岩，Sm-Nd 同位素定年揭示该麻粒岩的峰期矿物组合形成于格林维尔期（约 990 Ma），而减压退变发生在泛非期（515 Ma～500 Ma）（Hensen et al.，1995b）。也就是说，麻粒岩的两阶段变质不是形成于同一个变质事件，因此不能简单地将二者连接成一个近等温减压轨迹，这一结论曾经被作为经典而广泛地引用。并且推断，普里兹造山带是一个典型的多相变质带，早期相对高温高压矿物组合属于格林维尔期的变质残留，而泛非期变质作用只发生在中低压麻粒岩相条件下（6.0~7.0 kb、760~860℃），由此引发了关于普里兹带构造性质的争论，也就是碰撞造山带还是板内造山带？因为作为碰撞造山带，岩石的形成深度显然是太浅了。我们使用 SHRIMP 锆石 U-Pb 定年方法对姐妹岛石榴二辉麻粒岩样品进行了检验，证实了前人的结论，但也证明普里兹造山带中部分麻粒岩现在所展示的矿物组合应形成于泛非期单相变质旋回。而且，通过出溶矿物成分复原和 Fe-Mg 交换反演等新技术手段论证泛非期的峰期变质条件曾高达 9.0~9.5 kb、880~950℃，并在后期经历了 2~4 kb 的减压过程，这对普里兹带构造属性的判别是极为重要的。这些新的研究结果为普里兹带可能的碰撞造山成因提供了岩石学证据。

1.7 南极冰下地质与南极内陆地球物理研究

了解冰下地质，开展南极内陆地球物理调查成为近 10 年特别是国际极地年及其后最重要的科学考察活动。而冰下地质的主要工作是开展冰碛物的调查和研究。南极大陆冰盖大规模的冰川运动，导致了冰川对南极大陆基岩强烈的刨蚀，并产生冰碛物的远距离搬运。这一过程造成大量的冰下基岩被剥蚀下来，以冰碛物的形式搬运并堆积到冰川与海岸交界的前缘，形成冰碛物堆积。分析这些冰碛物中的砾石成分和可能的来源，可以追溯冰碛物的源区成分及其成因。这是南极大陆冰下地质研究的有效方式。我国是国际上最早系统开展南极冰下地质研究的国家。

国际极地年期间（2007—2009 年），国际上实施东南极甘布尔采夫冰下山脉省计划（GAGP，2007—2010 年），其中包括大规模航空地球物理探测和地震探测（GAMSEIS），这是有史以来在南极内陆进行的最大规模的综合地球物理探测工作。作为该计划的一部分，也是中国 PANDA 计划的一部分，中国南极内陆科考队自 2007 年至 2011 年间，陆续在中山站至昆仑站之间安装了 6 个低温甚宽频天然地震监测台，获得了宝贵的南极内陆天然地震观测数据，在 GAMSEIS 计划中占据了仅次于美国的位置。这些数据正在最后的处理和发表过程中。

1.7.1 西福尔丘陵附近古太古代古老地块研究

东南极西福尔丘陵东南侧分布着长约 20 km 的带状冰碛物，这些冰碛物成分复杂，其中含有少量与该地区高级片麻岩的基岩显著不同的沉积岩和变质沉积岩砾石。根据冰川流向和冰下地貌可以推测它们来自东南侧冰盖之下。赵越等（2007）和刘健等（2011）在野外对砾石的成分进行了统计，并对代表性的沉积岩和变质沉积岩砾石进行了锆石 LA-ICP-MS U-Pb 年龄测试，其中变质沉积岩砾石中锆石的 U-Pb 表面年龄峰值主要集中在 3 300~3 500 Ma，而沉积岩砾石中碎屑锆石U-Pb 年龄主要集中在 2 500 Ma（Zhao et al.，2007；刘健等，2011）。为了获得西福尔丘陵附近冰下完整的地质信息，还对冰碛物中松散砂进行了取样和碎屑锆石 U-Pb 年龄分析，其锆石 U-Pb 表面年龄峰值主要集中在 500 Ma~600 Ma、800 Ma~900 Ma、2 400 Ma~2 500 Ma 和 3 300 Ma~3 500 Ma 之间，说明来自西福尔丘陵东南冰盖之下的松散砂代表更广泛的物源区信息。从冰碛物中所获得的变质沉积岩和松散砂样品中出现的大量 3 300 Ma~3 500 Ma 的锆石结晶年龄，缺乏 1 000 Ma 和 500 Ma 的年龄信息，说明在西福尔丘陵东南侧可能存在一个古太古宙地块。

1.7.2 威尔克斯地温德米尔群岛冰下地质研究

张拴宏等（2012）为了确定东南极威尔克斯地（Wilkes Land）的温德米尔（Windmill）群岛主要岩石的年龄和成因以及其冰下基底的岩性和年龄对该区域的代表性基岩和冰碛物进行了LA-ICP-MS锆石U-Pb年代学和地球化学研究。温德米尔群岛贝利半岛含石榴子石花岗片麻岩和面理化含石榴子石花岗岩的锆石U-Pb定年结果指示了它们的结晶年龄为1 240 Ma~1 250 Ma。地球化学和同位素结果表明这两类岩石可能是由古元古代为主的古老地壳物质在1 240 Ma~1 250 Ma时的部分熔融所产生。它们中的岩浆继承锆石指示温德米尔群岛存在1 370 Ma左右的岩浆活动。这可能是温德米尔群岛最早的岩浆活动，可能形成于中元古代中期莫森克拉通西缘西向增生时的弧环境。罗宾逊岭的两块紫苏花岗岩样品的锆石U-Pb定年给出的$^{207}Pb/^{206}Pb$加权平均年龄分别是（1 196±8）Ma和（1 205±13）Ma，指示了阿德里紫苏花岗岩侵位于1 200 Ma左右。地球化学和同位素结果表明，紫苏花岗岩可能由古老基性下地壳的部分熔融所产生，麻粒岩相变质作用（M2）晚阶段区域D2变形旋回期的基性岩浆底垫作用为其提供了热源，部分岩石圈地幔物质可能也参与到紫苏花岗岩的形成。砂粒大小冰碛物样品中碎屑锆石的U-Pb定年和原位Lu-Hf同位素分析结果表明冰碛物的年龄和Hf同位素组成可相比于温德米尔群岛基岩的结果。这说明洛多姆和威尔克斯地内陆地区的冰下岩石可能与温德米尔群岛地区的岩石在成分上相似。洛多姆和温德米尔群岛东边和南边的内陆地区可能和温德米尔群岛一样也是东南极的一块中元古代高级变质地体，其范围可能延伸到温德米尔群岛以南超过800~1 000 km的威尔克斯地。莫森（Mawson）克拉通可能要小于之前所提出的范围，它可能只延伸跨过威尔克斯地的最东部。冰碛物中太古代年龄锆石的缺失暗示了洛多姆和威尔克斯地内陆地区的地壳主要是古-中元古代的岩石。这与本文的大多数Nd-Hf同位素数据相一致。冰碛物中年龄在1 107 Ma左右到1 533 Ma左右的大量中元古代锆石说明温德米尔群岛及其内陆地区的地壳岩石主要形成于中元古代。代表性基岩和冰碛物的U-Pb地质年代学和地球化学新结果证实了温德米尔群岛不存在泛非构造热事件的证据，温德米尔群岛和威尔克斯地内陆地区没有受到泛非构造岩浆作用的影响。

1.7.3 南极内陆地球物理研究

2007/2008年和2008/2009年国际极地年期间，我国第24次和第25次南极内陆队在圆满完成冰穹A（Dome A）地区建站选址和建成中国南极昆仑站的同时，成功布设6台南极内陆天然地震台（图1-2），并成功获得数据。这是我国参与国际极地年南极甘布尔采夫冰下山脉省（GAGP）计划的重要组成部分。其中，在冰穹A（Dome A）和Eagle营地台站将作为国际极地年的遗产和我国南极长期观测网建设的一部分保留下来。在已获得的宝贵南极内陆天然地震观测数据和海量的国际南极天然地震数据分析的基础上，完成南极大陆和周缘海域地壳、岩石圈三维地震速度结构图，为认识南极大陆的演化提供了重要的基础资料。

同时，地震台安装在冰盖上，因此地震台随着冰的运动而运动。地震台站自身GPS记录精度较低，但是显示出明显的运动，即地震台自身低精度GPS记录可以给出冰川运动的轨迹（安美建等，2011）。对东南极内陆地震台记录的GPS进行分析后，获得了这些台站下方冰层的运动（An et al.，2014，参见图5-2中的红色箭头）。

地壳厚度是反映一个地区地壳性质和大地构造环境的最基本参数。通过对中国在中山站至昆仑站之间安装的地震台站接收函数进行分析，获得了这些台站下方的地壳厚度（冯梅等，2014，

图 5-2 的红色字体标注部分)。更为详细深入全面的南极大陆与海域三维岩石圈模型的反演的结果正在发表和最终完善中。

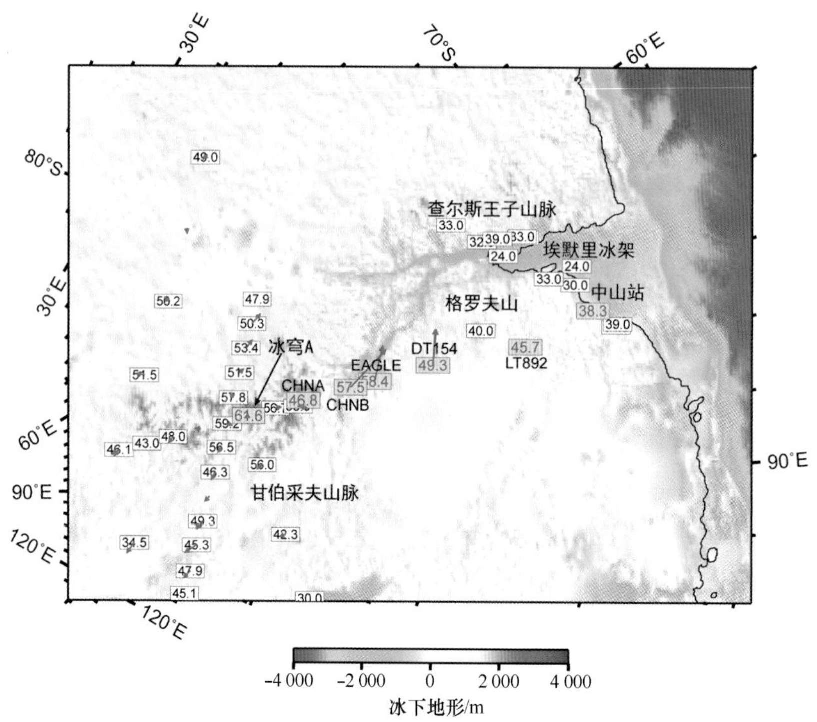

图 1-2　东南极中国地震台下地壳厚度和冰川位移

图中蓝框红字标注的是中国地震台数据获得的地壳厚度值（冯梅等，2014），
红色箭头表示从国内外地震台 GPS 获得的东南极冰盖冰川运动速度矢量（An et al.，2014）

1.8　结语与展望

2014 是中国南极考察 30 周年，中国南极地质地球物理学考察取得了有国际影响的系列成果。未来的几年，中国南极地质地球物理考察将编制南极大陆和周缘海域岩石圈与地壳高精度三维速度结构图，揭示南极大陆及其周缘海域岩石圈和地壳的结构构造特征。中国科学家将联合国际同行共同开展南极内陆甘布尔采夫冰下山脉冰芯—岩芯基岩钻探，获取南极大陆内陆基岩样品和冰岩界面物理信息和生物和样品。中国地质与地球物理学家将开展查尔斯王子山脉和南设得兰群岛的基础地质综合考察和研究，进行兰伯特裂谷和冰川的天然地震观测，开展格罗夫山冰下湖的沉积钻探。

2014 年 4 月，南极研究科学委员会（SCAR）召集 22 个国家 75 名科学家和政策制定者为南极洲和南大洋科学聚焦未来 20 年的研究方向。第一届南极洲和南大洋科学地平线扫描曙光初现，其聚焦产生 6 个优先研究方向及 80 个紧迫科学问题。6 个优先研究方向是：①定义南极大气圈和南大洋的全球影响力；②了解何地、如何和为何冰盖失去质量；③揭示南极的历史；④了解南极生命进化和幸存；⑤观测空间和宇宙；⑥识别和减轻人类的影响。在南极地质地球物理学聚焦的光环中闪亮的是南极内陆甘布尔采夫冰下山脉和兰伯特裂谷。中国科学家在此之前已经部署，明确了这两项考察计划在未来几年中的最优先科学地位和目标，并已经在与国际同行讨论合作和实施。

中国地质学家将走出传统的考察区域，组队分赴查尔斯王子山脉和南设得兰群岛考察。迎面南极洲和南大洋科学地平线扫描的曙光，瞄准全球科学重大前沿问题，开展南极科学考察，积极参与和主导国际重大研究计划。

南极大陆面积约 1 400 万 km^2，有 99.7%的区域被冰雪覆盖。了解南极冰下地质，才能真正了解掌握南极大陆的地质构造。利用各种技术、方法和手段开展南极冰下地质调查将成为国际南极考察和研究的一项重点工作。在未来的 20 年，中国科学家将逐渐成为重大国际南极科学计划的主角，从而走向不惑，知天命。

参考文献

曹流. 1990. 南极乔治王岛晚白垩世孢粉植物群的发现及其意义. 古生物学报，29（2）：140-146.

曹流. 1994. 南极乔治王岛晚白垩世孢粉植物群及古气候. 见沈炎彬. 南极乔治王岛菲尔德斯半岛地层及古生物研究. 北京：科学出版社：51-84.

陈廷愚. 1986. 南极横断山脉地质特征及其大地构造性质. 地质论评，32（3）：300-310.

陈廷愚，沈炎彬，赵越，等. 1995. 1∶500 万南极洲地质图. 北京：地质出版社.

陈廷愚，沈炎彬，赵越，等. 2008. 南极洲地质发展与冈瓦纳古陆演化. 北京：商务印书馆：372.

冯梅，安美建，安春雷，等. 2014. 南极中山站—昆仑站间地壳厚度分布. 极地研究，26（2）：177-185.

胡健民，刘晓春，赵越，等. 2008. 南极普里兹带性质及构造变形过程. 地球学报，29（3）：343-354.

李浩敏. 1994. 南极乔治王岛早第三纪化石山植物群. 见：沈炎彬. 南极乔治王岛菲尔德斯半岛地层及古生物研究. 北京：科学出版社：133-172.

李森，刘晓春，赵越. 2007. 东南极普里兹湾地区花岗岩类的锆石 U-Pb 年龄、地球化学特征及其构造意义. 岩石学报，23（5）：1055-1066.

刘健，赵越，刘晓春，等. 2011. 来自东南极西福尔丘陵附近冰碛物中沉积岩砾石的碎屑锆石 LA-ICP-MS U-Pb 年龄及其意义. 地质学报，85（10）：1585-1612.

刘晓春，赵越，刘小汉，等. 2003. 东南极格罗夫山泛非期麻粒岩相变质作用. 地质论评，49（4）：422-431.

刘小汉（执笔）. 1998. 东南极拉斯曼丘陵构造—变质事件. 见：国家海洋局极地考察办公室. 中国南极考察科学研究成果与进展. 北京：海洋出版社：176-184.

刘小汉，赵越，刘晓春，等. 2002. 东南极格罗夫山地质特征——冈瓦纳最终缝合带的新证据. 中国科学，32（6）：457-468.

李兆鼐，刘小汉. 1987. 南极乔治王岛长城站地区火山岩系地质特征. 地质论评，33（5）：475-478.

李兆鼐，郑祥身，刘小汉，等. 1992. 西南极乔治王岛菲尔德斯半岛火山岩. 北京：科学出版社：227.

任留东，杨崇辉，王彦斌，等. 2009. 长英质高级片麻岩中夕线石的形成与变形—变质—深熔作用的关系——以南极拉斯曼丘陵区为例. 岩石学报，25（8）：1937-1946.

沈炎彬. 1989. 南极乔治王岛晚白垩世火山岩的古生物证据. 南极研究，1（3）：25-33.

沈炎彬. 1992. 南极乔治王岛菲尔德斯半岛几个地层划分命名问题之商榷. 南极研究，4（2）：18-26.

沈炎彬. 1994a. 南极乔治王岛菲尔德斯半岛白垩纪，第三纪火山沉积岩系发育特征、划分及对比. 见：沈炎彬. 南极乔治王岛菲尔德斯半岛地层及古生物研究. 北京：科学出版社：1-3.

沈炎彬. 1994b. 南极半岛白垩纪、第三纪生物地理及对再造冈瓦纳古陆的意义. 见：沈炎彬. 南极乔治王岛菲尔德斯半岛地层及古生物研究. 北京：科学出版社：329-345.

尚玉柯. 1997. 南极南维多利亚地 Carapace Nunatak 中侏罗世孢粉植物群. 古生物学报，36（2）：170-186.

宋之琛. 1998. 南极乔治王岛早第三纪化石山组的孢粉植物群. 微体古生物学报，15（4）：335-351.

仝来喜，刘小汉，徐平，等. 1996. 东南极拉斯曼丘陵含假蓝宝石紫苏辉石石英岩的发现及其地质意义. 科学通报，41（13）：1205-1208.

仝来喜，刘小汉，张连生，等. 1997. 东南极拉斯曼丘陵麻粒岩相岩石中早期残留矿物组合的特征及其变质作用条件. 岩石学报，13（2）：127-138.

仝来喜，刘小汉，张连生，等. 1998. 东南极拉斯曼丘陵石榴斜长角闪岩中角闪石的$^{40}Ar/^{39}Ar$年龄及其地质意义. 极地研究，10（3）.

王彦斌，赵越，任留东，等. 1994. 东南极拉斯曼丘陵镁铁质麻粒岩的地球化学特征及其中压变质作用. 南极研究（中文版），6（3）：1-11.

王彦斌. 2002. 南极拉斯曼丘陵及邻区高级片麻岩的地球化学、同位素年代学研究. 北京：中国地质科学院：76.

薛耀松. 1994. 南极乔治王岛上白垩统半山角组火山碎屑沉积岩特征及沉积环境. 见：沈炎彬. 南极乔治王岛菲尔德斯半岛地层及古生物研究. 北京：科学出版社：97-108.

俞良军，刘小汉，赵越，等. 2002. 东南极格罗夫山镁铁质麻粒岩的变质作用. 岩石学报，18（4）：501-516.

张青松. 1985. 南极东部维斯特福尔德丘陵的冰缘地貌. 北京：中国科学院地理研究所：18-26.

张善桢，王庆之. 1994. 南极乔治王岛柯林斯冰盖西缘古新世木化石山. 见：沈炎彬. 南极乔治王岛菲尔德斯半岛地层及古生物研究. 北京：科学出版社：223-238.

赵越，宋彪，张宗清，等. 1993. 东南极拉斯曼丘陵及其邻区的泛非热事件. 中国科学（B），23（9）：1000-1008.

郑祥身，鄂莫岚，刘小汉，等. 1991. 西南极南设德兰群岛乔治王岛长城站地区第三纪火山岩地质、岩石学特征及岩浆生成演化. 南极研究，3（2）：10-108.

周志炎，李浩敏. 1994. 南极乔治王岛早第三纪真蕨类植物. 见：沈炎彬. 南极乔治王岛菲尔德斯半岛地层及古生物研究. 北京：科学出版社：173-190.

An M，Wiens D，An C，et al. Antarctic ice sheet velocities estimated from GPS locations logged by seismic stations. Antarctic Sci.（in press）

Black LP，McCulloch MT. 1987. Evidence for isotopic equilibration of Sm-Nd whole-rock systems in early Archaean crust of Enderby Land，Antarctica. Earth and Planetary Science Letters，82（1）：15-24.

Bockheim JG. 2013. Soil formation in the Transantarctic Mountains from the Middle Paleozoic to the Anthropocene. Palaeogeography，Palaeoclimatology，Palaeoecology，381-382：98-109.

Bomfleur B，Schöner R，Schneider JW，et al. 2014. From the Transantarctic Basin to the Ferrar Large Igneous Province-New palynostratigraphic age constraints for Triassic-Jurassic sedimentation and magmatism in East Antarctica. Review of Palaeobotany and Palynology，207：18-37.

Bromley GRM，Hall BL，Stone JO，et al. 2012. Late Pleistocene evolution of Scott Glacier，southern Transantarctic Mountains：implications for the Antarctic contribution to deglacial sea level. Quaternary Science Reviews，50：1-13.

Cao L. 1992. Late Cretaceous and Eocene palynofloras from Fildes Peninsula，King George Island（South Shetland Islands），Antarctica. In：Y Yoshida，K Kaminuma，and K Shoraishi（eds.）. Recent Progress in Antarctic Earth Science. Proceedings of the Sixth International Symposium on Antarctic Earth Sciences. Tokyo：Terra Scientific Publishing Company：363-370.

Carlo PD，Panter KS，Bassett K，et al. 2009. The upper lithostratigraphic unit of ANDRILL AND-2A core（Southern McMurdo Sound，Antarctica）：Local Pleistocene volcanic sources，paleoenvironmental implications and subsidence in the southern Victoria Land Basin. Global and Planetary Change，69：142-161.

Carson CJ，Dirks PHGM，Hand M，et al. 1995. Compressional and extensional tectonics in low-medium pressure granulites from the Larsemann Hills，East Antarctica. Geological Magazine，132，151-170.

Carson CJ，Fanning CM，Wilson CJL. 1996. Timing of the Progress Granite，Larsemann Hills：evidence for Early Palaeozoic orogenesis within the east Antarctic Shield and implications for Gondwana assembly. Australian Journal of Earth Sciences，43：539-553.

Chen TY. 1992a. Geological Characteristics and Tectonic Nature of the Trans-antarctic Mountains. Advances in China's earth science，9-25.

Chen TY. 1992b. Tectono-thermal Events in the Trans-Antarctic Mountains：Implications for the Breakup and Dispersion of Gondwana. Abstracts，IGCP Project 321：76-78. Kyoto，Kochi and Shiorokawa.

Chun HY，Chang SK，Lee JI. 1994. Biostratigraphic studyon the plant fossils from the Barton Peninsula and adjacent area.

Journal of the Paleontological Society of Korea, 10: 69–84. (in Korean)

Dalziel Ian WD, Lawver LA, Norton IO, et al. 2013. The Scotia Arc: Genesis, Evolution, Global Significance. Annual Review of Earth and Planetary Sciences, 41: 767–793.

Dharma Rao CV, Santosh M, Wu YB. 2011. Mesoproterozoic ophiolitic mélange from the SE periphery of the Indian plate: U–Pb zircon ages and tectonic implications. Gondwana Research, 19: 384–401.

Elliot DH, Fanning CM. 2007. Detrital zircons from upper Permian and lower Triassic Victoria Group sandstones, Shackleton Glacier region, Antarctica: Evidence for multiple sources along the Gondwana plate margin. Gondwana Research, 13: 259–274.

Elliot DH, Fanning CM, Hulett SRW. 2014. Age provinces in the Antarctic craton: Evidence from detrital zircons in Permian strata from the Beardmore Glacier region, Antarctica. Gondwana Research, doi: 10. 1016/j. gr. 2014. 03. 013.

Fielding CR, Harwood DM, Winter DM, et al. 2012. Neogene stratigraphy of Taylor Valley, Transantarctic Mountains, Antarctica: Evidence for climate dynamism and a vegetated Early Pliocene coastline of McMurdo Sound. Global and Planetary Change, 96–97: 97–104.

Fitzsimons ICW. 1997. The Brattstrand paragness and the Søstrene orthognesis: a review of Pan–African metamorphism and Grenvillian relics in southern Prydz Bay. In: Ricci C A (Ed.). The Antarctic Region: Geological Evolution and Processes. Terra Antarctica Publ, Siena, 121–130.

Folco L, D Orazio M, Tiepolo M, et al. 2009. Transantarctic Mountain microtektites: Geochemical affinity with Australasian microtektites. Geochimica et Cosmochimica Acta, 73 (12): 3694–3722.

Folco L, Glass BP, D′ Orazio M, et al. 2010. A common volatilization trend in Transantarctic Mountain and Australasian microtektites: Implications for their formation model and parent crater location. Earth and Planetary Science Letters, 293 (1–2): 135–139.

Grew ES, Manton WI. 1981. Geochronologic studies in East Antarctica: Ages of rocks at Reinbolt Hills and Molodezhnaya Station. Antarctic Journal of the United States, 16: 5–7.

Grew ES, Carson CJL, Christy AG, et al. 2012. New constraints from U–Pb, Lu–Hf and Sm–Nd isotopic data on the timing of sedimentation and felsic magmatism in the Larsemann Hills, Prydz Bay, east Antarctica. Precambrian Research, 206: 87–108.

Hawkes DD. 1961. The Geology of the South Shetland Islands, I. The Petrology of King George Island. Flk. Isl. Depend. Sur. Sci. Rep., 26: 1–28.

Harper CJ, Bomfleur B, Decombeix AL, et al. 2012. Tylosis formation and fungal interactions in an Early Jurassic conifer from northern Victoria Land, Antarctica. Review of Palaeobotany and Palynology, 175: 25–31.

Hensen BJ, Zhou B, Thost DE. 1995a. Are reaction textures reliable guides to metamorphic histories? Timing constraints from garnet Sm–Nd chronology for ‘decompression’ textures in granulites from Søstrene Island, Prydz Bay, Antarctica. Geological Journal, 30: 261–271.

Hensen BJ, Zhou B. 1995b. A Pan–African granulite facies metamorphic episode in Prydz Bay, Antarctica: evidence from Sm–Nd garnet dating. Australian Journal of Earth Sciences, 42: 249–258.

Hu JM, Ren MH, Zhao Y, et al. Source region analyses of the morainal detritus in Grove Mountains: evidences from the subglacial geology for the Pan–African Prydz Belt of East Antarctica. Gondwana Research (in reviewing).

Kelsey DE, Wade BP, Collins AS, et al. 2008. Discovery of a Neoproterozoic basin in the Prydz belt in East Antarctica and its implications for Gondwana assembly and ultrahigh temperature metamorphism. Precambrian Research, 161: 355–388.

Li ZN, Liu XH. 1991. The geological and geochemical evolution of Cenozoic volcanism in central and southern Fildes Peninsula, King George Island, South Shetland Islands. International Symposium on Antarctic Earth Sciences ges, 487–491.

Liu XC, Zhao Y, Liu XH. 2002. Geological aspects of the Grove Mountains, East Antarctica. Royal Society of New Zealand Bulletin, 35: 161–166.

Liu XC, Zhao Z, Zhao Y, et al. 2003. Pyroxene exsolution in mafic granulites from the Grove Mountains, East Antarctica:

constraints on the Pan-African metamorphic conditions. European Journal of Mineralogy, 15: 55-65.

Liu XC, Jahn Bm, Zhao Y, et al. 2006. Late Pan-African granitoids from the Grove Mountains, East Antarctica: age, origin and tectonic implications. Precambrian Research, 145: 131-154.

Liu XC, Zhao Y, Zhao G, et al. 2007a. Petrology and geochronology of granulites from the McKaskle Hills, eastern Amery Ice Shelf, Antarctica, and implications for the evolution of the Prydz Belt. Journal of Petrology, 48: 1443-1470.

Liu XC, Jahn Bm, Zhao Y, et al. 2007b. Geochemistry and geochronology of high-grade rocks from the Grove Mountains, East Antarctica: evidence for an Early Neoproterozoic basement metamorphosed during a single Late Neoproterozoic/Cambrian tectonic cycle. Precambrian Research, 158: 93-118.

Liu XC, Zhao Y, Song B, et al. 2009a. SHRIMP U-Pb zircon geochronology of high-grade rocks and charnockites from the eastern Amery Ice Shelf and southwestern Prydz Bay, East Antarctica: constraints on Late Mesoproterozoic to Cambrian tectonothermal events related to supercontinent assembly. Gondwana Research, 16: 342-361.

Liu XC, Hu J, Zhao Y, et al. 2009b. Late Neoproterozoic/Cambrian high-pressure mafic granulites from the Grove Mountains, East Antarctica: $P-T-t$ path, collisional orogeny and implications for assembly of East Gondwana. Precambrian Research, doi: 10. 1016/j. precamres. 07. 001.

Liu XC, Zhao Y, Hu JM. 2013. The c. 1 000~900 Ma and c. 550~500 Ma tectonothermal events in the Prince Charles Mountains-Prydz Bay region, East Amtarctica, and their relations to supercontinent evolution. In: Harley S L, Fitzsimons I C W, and Zhao Y. eds. Antarctica and Supercontinent Evolution. Geological Society, London, Special Publication, 383: 95-112.

Liu XC, Jahn BM, Zhao Y, et al. 2014. Geochemistry and geochronology of Mesoproterozoic basement rocks from the eastern Amery Ice Shelf and southwestern Prydz Bay, East Antarctica: implications for a long-lived magmatic accretion in a continental arc. American Journal of Science, 314: 508-547.

Lythe MB, Vaughan DG, the BEDMAP Consortium. 2001. BEDMAP: a new ice thickness and subglacial topographic model of Antarctica. Journal of Geophysical Research, 106: 11335-11351.

McGowan HA, Neil DT, Speirs JC. 2014. A reinterpretation of geomorphological evidence for Glacial Lake Victoria, McMurdo Dry Valleys, Antarctica. Geomorphology, 208: 200-206.

Mikhalsky EV, Sheraton JW, Laiba AA, et al. 2001. Geology of the Prince Charles Mountains, Antarctica. AGSO-Geoscience Australia Bulletin, 247: 1-2.

Mikhalsky EV, Sheraton JW. 2011. The Rayner Tectonic Province of East Antarctica: compositional features and geodynamic setting. Geotectonics, 45: 496-512.

Munksgaard NC, Thost DE, Hensen BJ. 1992. Geochemistry of Proterozoic granulites from northern Prince Charles Mountains, East Antarctica. Antarctic Science, 4: 59-69.

Nichols GT, Berry RF. 1991. A decompressional $P-T$ path, Reinbolt Hills, East Antarctica. Journal of Metamorphic Geology, 9: 257-266.

Olivetti V, Balestrieri ML, Rossetti F, et al. 2013. Tectonic and climatic signals from apatite detrital fission track analysis of the Cape Roberts Project core records, South Victoria Land, Antarctica. Tectonophysics, 594: 80-90.

Palmeri R, Sandroni S, Godard G, et al. 2012. Boninite-derived amphibolites from the Lanterman-Mariner suture (northern Victoria Land, Antarctica): New geochemical and petrological data. Lithos., 140-141: 200-223.

Pankhurst RJ, Sutherland DS. 1982. Caledonian granites and diorites of Scotland and Ireland. In: Sutherland D S (ed.). Igneous rocks of the British Isles. Wiley, London, 149-190.

Pankhurst RJ. 1990. The Paleozoic and Andean magmatic arcs of West Antarctica and southern South America, in Plutonism From Antarctica to Alaska. Edited by S M Kay and C W Rapela. Spec. Pap. Geol. Soc. of Am., 241: 1-7.

Poole J, Hunt RJ, Cantrill DJ. 2001. A fossil wood flora from King George Island: ecological implications for an Antarctic Eocene vegetation. Annals of Botany, 88: 33-54.

Prenzel J, Lisker F, Elsner M, et al. 2014. Burial and exhumation of the Eisenhower Range, Transantarctic Mountains, based on thermochronological, sedimentary rock maturity and petrographic constraints. Tectonophysics, Doi: 10. 1016/j. tecto. 2014. 05. 020.

Ren LD, Zhao Y, Liu X, et al. 1992. Re-examination of the metamorphic evolution of the Larsemann Hill, East Antarctica. In: Yoshida Y, et al. (Eds.) Recent Progress in Antarctic Earth Science. Terrapub, Tokyo, pp: 145-153.

Ren LD, Grew ES, Xiong M, et al. 2003. Wagnerite-Ma5bc, a new polytype of Mg_2 (PO_4) (F, OH), from granulite-facies paragneiss, Larsemann Hills, Prydz Bay, East Antarctica. Canadian Mineralogist, 41: 393-411.

Rex DC. 1976. Geochronology in relation to Stratigraphy of the Antarctica Peninsula. Br . Antart . Surv . Bull ., 43: 49-58.

Saunders AD, Tarney J. 1982. Igneous activity in the southern Andes and northern Antarctic Peninsula: a review. Journal of the Geological Society, London, 139: 691-700.

Sauli C, Busetti M, Santis L D, et al. 2014. Late Neogene geomorphological and glacial reconstruction of the northern Victoria Land coast, western Ross Sea (Antarctica). Marine Geology, 355: 297-309.

Shen Y B. 1994. Jurassic Conchostracans from Carapace Nunatak, South Victoria Land, Antarctica. Antarctic Science, 6: 105-113.

Shen YB. 1999. Subdivision and correlation of Eocene Fossil Hill Formation from King George Island, West Antarctica. Korean Journal of Polar Research, 10 (4): 91-95.

Sheraton JW, Black LP, McCulloch MT. 1984. Regional geochemical and isotopic characteristic of high-grade metamorphic of the Prydz Bay area: the extent of Proterozoic reworking of Archaean continental crust in East Antarctica. Precambrian Research, 26: 169-198.

Sheraton JW, Tindle G, Tingey RJ. 1996. Geochemistry, origin, and tectonic setting of granitic rocks of the Prince Charles Mountains, Antarctica. AGSO Journal of Australian Geology & Geophysics, 16: 345-370.

Stephenson NCN. 2000. Geochemistry of granulite-facies granitic rocks from Battye Glacier, northern Prince Charles Mountains, East Antarctica. Australian Journal of Earth Sciences, 47: 83-94.

Stüwe K, Braun HM, Peer HM. 1989. Geology and structure of the Larsemann Hills area, Prydz Bay, East Antarctica. Australian Journal of Earth Sciences, 36: 219-241.

Stüwe K, Powell R. 1989. Low-pressure granulite facies metamorphism in the Larsemann Hills area, East Antarctica; petrology and tectonic implications for the evolution of the Prydz Bay area. Journal of Metamorphic Geology, 7: 465-483.

Suirez M. 1976. Plate-tectonic model for southern Antarctic Peninsula and its relation to southern Andes. Geology, 4: 211-214.

Tingey RJ. (ed.) 1991. The Geology of Antarctica. Oxford: Clarendon Press: 1-666.

Thomoson MRA. 1982. Mesozoic Paleogeography of west Antarctiv. In C. Craddock, K Loveless, T L Vierima and K A Crawford (ed.). Antarctic Geoscience-Symposium on Antarctic Geology and Geophysics, Madison, Wisconsin, USA, August 22-27, 1977. Madison: University of Wisconsin Press: 331-337.

Thomoson MRA, Pankhurst RJ. 1983. Age of Post-Gondwanian Calc-Alkaline Volcanism in the Antarctic Peninsula Region. In: Oliver RL, James PR, and Jago JB (ed.). Antarctic Earth Science- Proceedings of the Fourth International Symposium on Antarctic Earth Science, Adelaide, South Australia, 16-20 August 1982. Canberra: Australian Academy of Science/Cambridge University Press: 328-333.

Tong LX, Liu XH, Wang YB, et al. 2014. Metamorphic *P-T* paths of metapelitic granulites from the Larsemann Hills, East Antarctica. Lithos, 192-195, 102-115.

Wang F, Zheng XS, Lee JI, et al. 2009. An $^{40}Ar/^{39}Ar$ geochronology on a mid-Eocene igneous event on the Barton and Weaver peninsulas: Implications for the dynamic setting of the Antarctic Peninsula. Geochemistry, Geophysics, Geosystems, 10 (12).

Wang Y, Liu D, Chung S L, et al. 2008. SHRIMP zircon age constraints from the Larsemann Hills region, Prydz Bay, for a late Mesoproterozoic to early Neoproterozoic tectono-thermal event in east Antarctica. American Journal of Sciences, 308:

573-617.

Yoo CM, Choe MY, Jo HR, et al. 2001. Volcaniclastic sedimentation of the Sejong Formation (Late Paleocene-Eocene), Barton Peninsula, King George Island, Antarctica. Ocean and Polar Research, 23: 97-107.

Zattin M, Pace D, Andreucci B, et al. 2014. Cenozoic erosion of the Transantarctic Mountains: A source-to-sink thermochronological study. Tectonophysics, Doi: 10. 1016/j. tecto. 05. 022.

Zhang L, Tong L, Liu XH, et al. 1996. Conventional U-Pb age of the high-grade metamorphic rocks in the Larsemann Hills, East Antarctica. Advances in Solid Earth Sciences. Beijing: Science Press: 27-35.

Zhang SH, Zhao Y, Liu XC, et al. 2012. U-Pb geochronology and geochemistry of the bedrocks and moraine sediments from the Windmill Islands: Implications for Proterozoic evolution of East Antarctica. Precambrian Research, 206: 52-71.

Zhao Y, Song B, Wang Y, et al. 1991. Geochronological study of the metamorphic and igneous rocks of the Larsemann Hills, East Antarctica. Proceedings of the 6th ISAES (Abstract), National Institute for Polar Research, Tokyo, Japan, 662-663.

Zhao Y, Song B, Wang Y, et al. 1992. Geochronology of the late granite in the Larsemann Hills, East Antarctica. In: Yoshida Y, et al. (Eds.) Recent Progress in Antarctic Earth Science. Terra Scientific Publ. Company, Tokyo, 153-169.

Zhao Y, Liu X, Song B, et al. 1995. Constraints on stratigraphic age of metasedimentaly rocks of the Larsemann Hills, East Antarctica: possible implication for Neoproterozoic tectonics. Precambrian Research, 75: 175-188.

Zhao Y, Liu XH, Wang SC, et al. 1997. Syn- And Post-tectonic Cooling and Exhumation In The Larsemann Hills, East Antarctica. Episodes, 20 (2): 6, 122-127.

Zhao Y, Liu XC, Fanning CM, et al. 2000. The Grove Mountains, a segment of a Pan-African orogenic belt in East Antarctica. Abstract Volume of 31th International Geological Congress, Rio de Janeiro, Brazil.

Zhao Y, Liu XH, Liu XC, et al. 2003. Pan-African events in Prydz Bay, East Antarctica, and their mplications for East Gondwana tectonics. In: Yoshida M, et al. (Eds.) Proterozoic East Gondwana: Supercontinent Assembly and Breakup. Geological Society London Special Publication, 206: 231-245.

Zhao Y, Zhang SH, Liu XC, et al. 2007. Sub-glacial geology of Antarctica: a preliminary investigation and results in the Grove Mountains and the Vestfold Hills, East Antarctica and its tectonic implication. Antarctica: A Keystone in a Changing World-Online Proceedings of the 10th ISAES XUS Geological Survey and the National Academies, USGS Open-File Report, 1047.

Zheng X, Sang H, Qiu J, et al. 2000. New discovery of the Early Cretaceous volcanic rocks on the Barton Peninsula, King George Island, Antarctica and its geological significance. Acta Geol. Sin, 74: 176-182.

Ziemann MA, Förster HJ, Harlov DE, et al. 2005. Origin of fluorapatite-monazite assemblages in a metamorphosed, sillimanite-bearing pegmatoid, Reinbolt Hills, East Antarctica. European Journal of Mineralogy, 17: 567-5.

2 南极古气候环境与古生态地质学研究

2.1 概述

南极古气候环境与古生态地质学研究领域广泛，本章重点介绍南极无冰区生态地质研究，格罗夫山冰盖进退综合研究和北查尔斯王子山新生代孢粉组合研究三个部分。无冰区生态地质学是以海洋生物粪土层等作为过去生态环境信息记录的载体，应用第四纪地质学、元素和同位素地球化学等经典方法，结合海平面升降、构造变动等地形地貌典型特征，探索宏观的生态、气候与环境变化。在格罗夫山综合考察中除了发现并回收 12 017 块陨石以外，还对新生代土壤、冰碛沉积岩砾石、孢粉化石开展了冰川地质分析、沉积环境分析和宇宙核素暴露年龄测试。研究认为东南极冰盖上新世时曾经发生过大规模垮塌，冰盖边缘曾经距现今冰盖边缘后退约 400 km。南极地区自冰盖形成以来的孢粉资料极其有限，大多集中在沿海地区，大陆内部地区尤为稀少。东南极兰伯特地堑两侧新生代沉积物具有相对丰富的孢粉化石，对这些地层的孢粉研究不仅可以提供年代学证据，还可以恢复当时的古植被和古环境，是研究气候环境变化及东南极冰盖历史演化的直接证据。

南极无冰区生态地质学是以海洋生物粪土层为过去生态环境信息记录的新载体，应用第四纪地质学、元素和同位素地球化学、沉积学、矿物学、构造地质学等经典的地质学方法与生态学、古气候学、动植物学、微生物学、有机地球化学以及高新技术等多学科交叉的方法，运用微观的生物地球化学记录，结合海平面升降、构造变动等地形地貌典型特征的现场调查，来探索宏观的生态、气候与环境变化的主题。目前，南极无冰区生态地质学已成为地球系统科学和全球变化科学这两个新兴科学前沿领域一个新的研究方向（孙立广等，2006）。

极地生物对气候环境变化的响应在全球变化研究中日益受到重视。南极企鹅、海豹和磷虾的数量在过去几十年发生了显著变化。为理解这些变化的驱动机理，区分自然因素和人类因素尤为重要。研究人类涉足极地之前的生态变化将有助于把近代人类引起的变化放在更长时间尺度框架内去解读。对极地沉积物中保存完好的脊椎动物骨骼、毛发、羽毛等生物遗迹和粪土沉积物的分析，可以利用生物地球化学标志物查明自然和人类活动对千年来极地海洋脊椎动物的影响并有助于区分二者的作用（孙立广等，2006；Sun et al.，2001a；Sun et al，2013）。此外，海鸟、海兽在极地海陆环境中扮演重要的传输者角色，它们从海洋转移大量营养物质和污染物到陆地，从而对陆地生态系统产生重要的影响。

2.2 南极无冰区生态地质学研究进展

2.2.1 南极无冰区生态地质学研究载体

南极生态地质学家们一直试图探索企鹅登陆南极的历史，通常使用的方法是挖掘废弃的古企鹅巢穴，对巢穴鸟粪土层中保存的生物载体如企鹅残骨、羽毛、粪土和食物遗迹等进行^{14}C定年。据此，Baroni and Orombell（1994）发现罗斯海地区在13 000 a BP时期有企鹅登陆，最近对该地区大量古企鹅残骨的^{14}C定年将阿德雷企鹅登陆时间提早到距今45 000年前（Emslie et al.，2007）。除了废弃巢穴鸟粪土外，生物聚居区附近含有生物粪的湖泊沉积物也可提供海洋生物的登陆信息，如Sun等对南极菲尔德斯半岛阿德雷岛含企鹅粪的湖泊底部沉积物的^{14}C定年表明，企鹅至少在距今3 000年前已在该岛活动（Sun et al.，2000），对东南极加德纳岛粪土沉积物和生物残体的定年表明，阿德雷企鹅于距今8 500年前登陆西福尔丘陵（Huang et al.，2009a）。定年的研究只给出企鹅的登陆时间，难以恢复历史时期企鹅数量完整、连续的演变过程。废弃的巢穴中很难找到连续的残骨剖面，而零星的残骨很难确认其在生态演化过程中所处的历史阶段。探索南极无冰区生态历史理想的载体是一种与生物活动密切相关的、具时间序列的、分布范围广且分辨率高的沉积层。研究表明，在南极环境条件下，企鹅、巨海燕及海豹等生物聚居地及其周边的集水区，生物排泄物的堆积层和含粪的沉积层（包括其中的生物残体、遗迹等）是进行南极生态地质学研究的良好载体（孙立广等，2000a；Sun et al.，2004a）。

2.2.2 粪土沉积的三重属性与生物地球化学指标

南极无冰区生态地质学的研究方向是南极生物圈与其他圈层相互作用的环境过程，重点研究物质在圈层界面上的循环。这要求我们不仅要关注研究单个圈层本身的专门学科，而且要重视不同学科之间的交叉渗透；在研究方法方面，不仅要进行大气、水、土壤、生物、地形地貌等环境地质背景的调查，而且要深入地研究在统一自然系统中彼此之间的相互关联。那些看似相互矛盾的现象在统一的自然背景下实际上是协调的，但是只有在圈层相互作用的界面研究中才可能得出合理的结论。

在中国第15次南极科学考察过程中，于南极长城站附近的阿德雷岛Y2淡水湖泊中采集了一67.5 cm长的沉积柱。按1 cm间隔分样并进行化学元素浓度分析，其中P元素含量高达5% ~ 15%（以P_2O_5表示），Sr含量高达600 ~ 800 μg/g。如图2-1所示，Y2沉积物中Sr/Ba >1，显示出典型的海相沉积，而B/Ga < 3.3，又显示出典型的淡水湖相沉积特征（孙立广等，2000b）。结果之间的矛盾和剖面本身异常的特点展示出似乎杂乱无章的图像。但是在自然系统和地球系统科学的框架内，这些杂乱无章的感觉经验成为一种逻辑上前后一致的系统，所有的矛盾在深入的研究中一个一个地消失了。Y2沉积剖面正是一个界面物质循环的典型实例，在极地海洋食物链中，企鹅的主要食物是磷虾，磷虾的食物是海藻，而磷虾和海藻中富含Sr、F、P、Se等元素。企鹅通过生物地球化学过程将海洋来源的元素Sr、F等以粪便的形式转移到陆地淡水湖泊沉积物中来，通过海鸟这一媒介实现了海洋和陆地之间、海洋生物和淡水湖泊沉积物之间大跨度的物质转移。这就使得这类沉积物具有海洋沉积、湖泊沉积和生物沉积的三重属性，S、P、Ca、Cu、Zn、Se、Sr、Ba和F 9种元

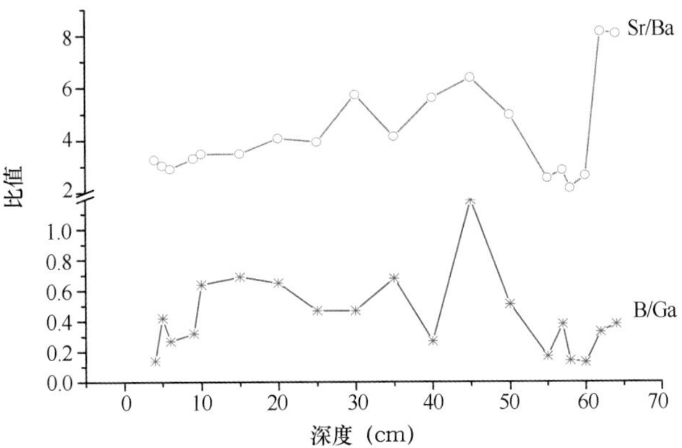

图 2-1　南极阿德雷岛 Y2 沉积物 B/Ga、Sr/Ba 比值特征

素的丰度在泥芯剖面中显著相关（图 2-2），并由此说明它们是该地区企鹅粪土层的标型元素（Sun et al.，2000）。新鲜企鹅粪中这些元素同样是显著富集的，它们之间显著的相关性和元素丰度表征了企鹅粪在沉积层中的含量并进而标志着企鹅数量的变化。相似的工作扩展到东南极西福尔丘陵和罗斯岛地区，企鹅粪土沉积物的标型元素新纳入了 As 和 Cd（Huang et al.，2009b，2011a；Liu et al.，2013），并将南极地区与北极地区、南中国海西沙群岛地区海鸟粪生物标型元素进行比较，发现它们在全球尺度上都存在重叠，这一现象主要归因于所调查鸟类具有相似的营养级和海鸟食物最终来源于海洋这一事实（Liu et al.，2013），同时，区域风化背景和企鹅食物的差异对粪土标型元素也有一定的影响。

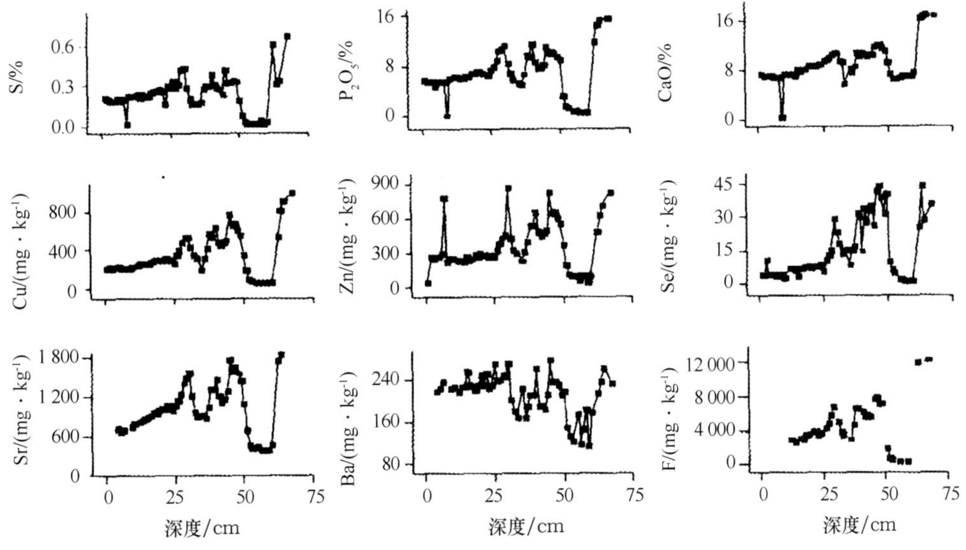

图 2-2　Y2 湖泊沉积物中 9 种生物元素含量的垂向变化

在此类研究的深入进行中，注意到 Y2 湖企鹅粪土层中 9 种标型元素虽然显著相关（图 2-2），但是，这些元素在未受到生物粪混入的风化土壤中也微量存在，背景的波动有可能干扰了有生物学意义的标准曲线，因此有必要进一步优选既有生物学标志意义，又在基岩风化土壤中含量极低且波动极小的生物地球化学指标。这样我们将稳定 Sr 同位素地球化学应用到企鹅、海豹古生态的研究中来，取得了更好的效果（Sun et al.，2005a）。酸溶相 $^{87}Sr/^{86}Sr$ 比值作为粪土层中粪含量的指示计，能更灵敏地表达企鹅、海豹数量的变化。粪土层中有机生物标志物不但可以反映动物来源的物

质信息，还可以用来探讨植被生态系统的演化，在生态地质学研究中已发挥越来越重要的作用（Wang et al.，2007；Huang et al.，2010，2011b；Hu et al.，2013）。近年来，鸟粪土、粪土沉积物及其中的有机残体的C、N同位素指标已被成功用来研究企鹅的古食谱变化（Huang et al.，2011c，2013，2014a）及沉积物质来源（Liu et al.，2004，2006，2013；Huang et al.，2014b；Nie et al.，2014）。各种标型元素、同位素和生物标志物指标之间在系统上的吻合，进一步证明了用粪土层来探讨南极无冰区海鸟、海兽的古生态演化过程是可靠的。

2.2.3 全新世南极无冰区海洋生物生态对气候环境变化的响应

过去几十年中，人们通过对极地的研究已经注意到数百年来，尤其是工业革命以来，人类活动所产生的能量与物质对自然界的叠加影响日益明显，这一趋势将对未来人类生存的环境产生深刻而长远的影响。几十年来的实际监测数据显示，企鹅、海豹数量出现相当大的波动，人们将此归因于人类在南极的活动及近年来气候变暖的影响。但是，对于过去几千年来企鹅、海豹数量变化记录的研究结果表明，在人类未曾涉足南极大陆和南大洋之前，南极企鹅、海豹数量也出现过显著的波动，在新冰期时企鹅数量锐减，气候过冷或过暖都不利于它们的生存，这引起了国际社会和科学界的极大关注（Sun et al.，2000，2004a）。正确区分人类因素与自然因素对南极生态的影响，对于评估人类现在与未来的活动有重要意义（孙立广等，2006；Sun et al.，2001a；Sun et al.，2013）。

通过对S、P、Ca、Cu、Zn、Se、Sr、Ba和F 9种元素的测试，结合有机质$\delta^{13}C$结果以及元素的背景浓度，可以判断南极阿德雷岛Y2湖沉积物受到了企鹅粪沉积的影响。在此基础上，应用数理统计方法提取出企鹅粪在沉积物中含量的相对变化，将企鹅粪的相对含量变化作为企鹅数量变化的替代性指标，根据放射性^{14}C和^{210}Pb、^{137}Cs定年数据，恢复了距今3 000年以来该地区企鹅数量变化的历史记录。研究结果显示，在距今1 800~2 300年间，即新冰期气候寒冷期间，企鹅数量锐减，达到最低点；在距今1 400~1 800年间，气候相对温暖时期，企鹅数量较多（图2-3）。过暖或过冷的气候条件均不利于企鹅生存，导致其数量减少；温暖的气候条件有利于企鹅的生存繁殖，数量将会增多（Sun et al.，2000）。运用该方法对东南极西福尔丘陵地区的企鹅粪土沉积层开展研究发现企鹅在距今8 500年登陆西福尔丘陵地区（Huang et al.，2009a），与邻近的风车行动岛企鹅登陆时间相吻合；对标型元素通量的因子分析表明该地区企鹅种群数量在距今2 400~4 700年间达到峰值，对应着温暖的气候条件。

结合南极半岛和罗斯海地区的研究结果，提出晚全新世环南极存在一企鹅适宜期（图2-4）（Huang et al.，2009b），这表明中晚全新世以来企鹅对气候环境变化的响应在环南极地区具有一致性和同步性（Huang et al.，2009b）。但是南极企鹅种群数量变化在近几百年来呈现区域差异性，小冰期时段南极阿德雷岛和东南极西福尔丘陵企鹅数量较低（Sun et al.，2000；Huang et al.，2011a；Liu et al.，2005），而南极罗斯岛地区企鹅数量却显著增加（Hu et al.，2013），这表明区域海洋和陆地环境在不同时间尺度上的差异变化会对企鹅种群数量产生不同的影响作用。

在南极海豹古生态研究方面，综合对比多个生态环境替代性指标，包括粪土层中海豹毛数、标型元素浓度（Se、F、S、P_2O_5、Zn、Hg）、TOC、TN、LOI、$\delta^{15}N$和酸溶相$^{87}Sr/^{86}Sr$比值等，恢复了1 500 a BP来菲尔德斯半岛的海豹数量变化历史。研究结果显示，海豹数量的两个峰值分别出现在距今500~750年间和1 100—1 400 a B. P.；而在距今750~1 100年和200~500年间，海豹数量出现谷值（图2-5）（Sun et al.，2004a）。海豹数量的历史记录对海冰面积变化的响应关系表明（Sun et al.，2013），在人类未曾干预的情况下，海豹数量的变化是剧烈的，它受到气候变化、海冰条件和取食行为的多重因素控制。而对该地区近百年来的海豹数量变化研究表明，人类的猎杀对当地海

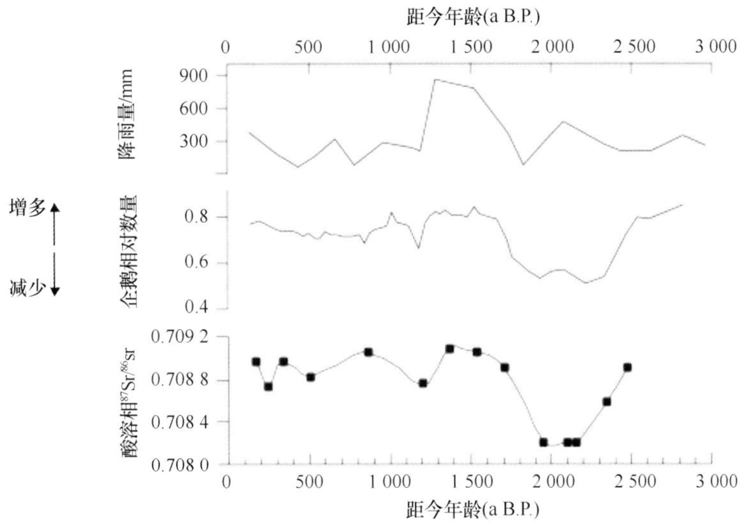

图 2-3　南极阿德雷岛降水量变化（赵俊琳，1991），企鹅数量相对变化（Sun et al.，2000）以及酸溶相^{87}Sr/^{86}Sr 比值变化（Sun et al.，2005a）

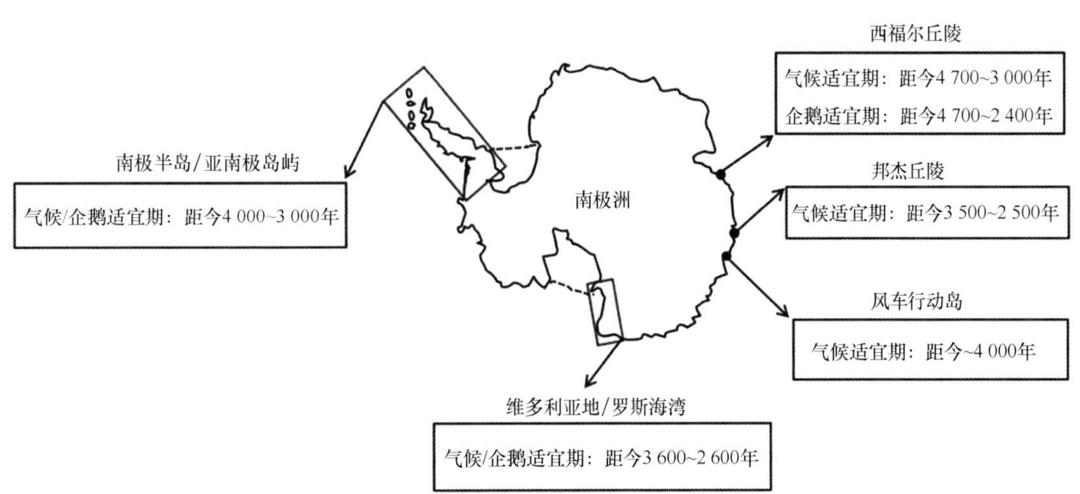

图 2-4　晚全新世环南极企鹅种群生态对比研究

豹种群密度产生了显著的影响，在 20 世纪上半叶，由于人为的大量捕杀，该地区海豹数量持续低迷。20 世纪 60 年代由于人类捕杀的取缔和对南极地区生态系统保护的开始，该地区海豹数量得以迅速恢复并在之后一直维持了较高的数量水平（Yang et al.，2010）。

动植物之间的关系和相互作用十分复杂，是生态研究的一个重要部分。然而相关的研究通常建立在野外观测基础上，时间尺度在几十年左右，缺乏长期、连续和定量的数据支持。Sun 等利用企鹅粪土沉积物的生物标型元素来研究企鹅生态和苔藓地衣发育之间的相互关系，结果表明企鹅数量和苔藓地衣发育主要显示出相互消长的关系（Sun et al.，2004b）：在企鹅数量较少的时候，苔藓和地衣生长较为繁茂。在对南极阿德雷岛 Y2-1 沉积柱的研究中（图 2-6），我们将生物标型元素（以 F 为代表）和粪便甾醇、脂肪醇结合起来，讨论历史时期企鹅和植被的变化及它们之间的相互作用关系（Wang et al.，2007）。研究表明，1 800~2 300 a B. P. 的新冰期气候恶劣阶段，Y2-1 的 TOC、生物标型元素、生物标志物等的浓度很低，说明当时岛上企鹅数量很少，植被普遍不发育；在1 200~1 800 a B. P. 的温度适宜期，F 和粪甾醇都保持着较高的浓度，植醇浓度比较稳定，各类

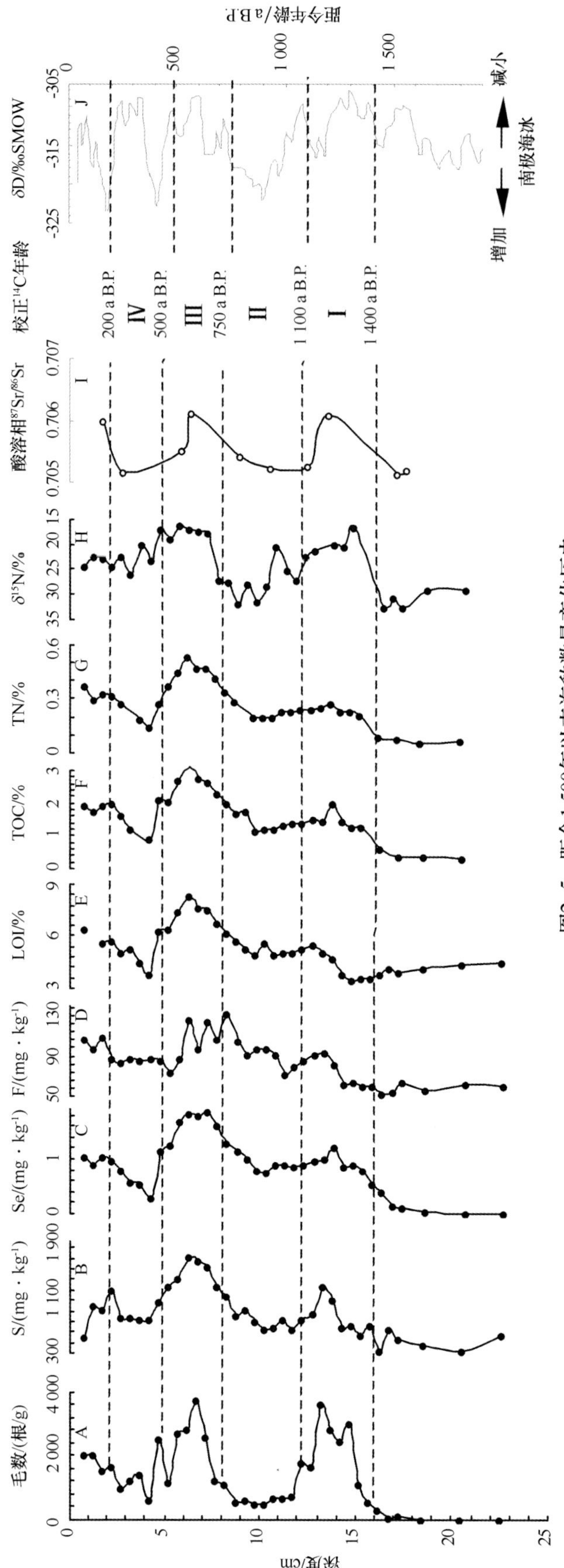

图2-5　距今1 500年以来海豹数量变化历史

阶段Ⅰ、Ⅲ和Ⅱ、Ⅳ分别代表海豹数量的峰值期和谷值期 (Sun et al., 2004a);

Taylor Dome 冰芯δD值来源于世界古气候数据中心，曲线经过5点滑动平均处理，图中^{14}C年龄为海洋储库校正年龄

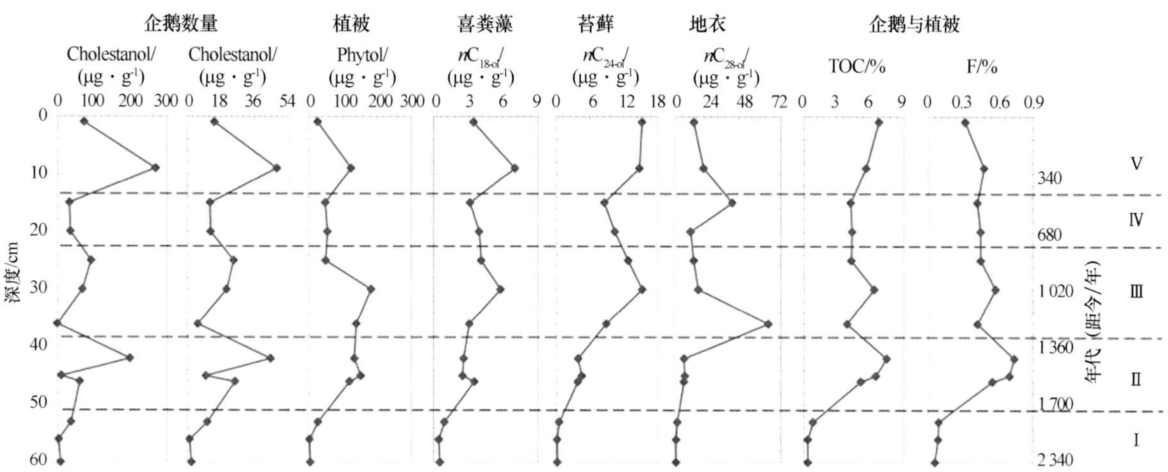

图 2-6　南极阿德雷岛企鹅和植被 2 400 年来演化历史
（资料来源：Wang et al.，2007）

脂肪醇含量基本保持在较低的水平，这说明企鹅数量高的时候，植被并不十分发育。此研究结果表明，企鹅过多或者过少的时候，都不利于植被的生长，这是生态系统内部在时间和空间上相互作用相互依存的结果。企鹅聚居地的演化有助于我们更好地了解历史时期动植物相互作用关系，而粪甾醇和烷醇的结合为生态演化历史研究提供了新的方法，并已扩展应用到东南极企鹅、海豹生态变化研究之中（Huang et al.，2010，2011b；Hu et al.，2013）。

磷虾是南大洋食物链的关键物种，支撑着数量众多的企鹅、海豹和鲸等高等捕食生物，对南大洋生态系统的可持续发展极为重要。通过拖网捕捞和回声探测技术已检测积累了近 30 年来的南极磷虾种群丰度情况（Atkinson et al.，2004），但是对于历史时期磷虾的种群密度变化却无法得知。海洋环境变化会造成生物捕食行为发生迅速改变。南极毛皮海豹以磷虾为优先选择的食物，只有当磷虾丰度不足的情况下才会选择其他鱼类为食，因此，毛皮海豹的食谱反映了磷虾种群密度的相对变化情况。对采自南极菲尔德斯半岛一近百年的毛皮海豹毛序列进行了稳定 N 同位素分析，建立了海豹的食谱变化记录，进而恢复了海豹捕食区域磷虾种群密度的相对变化。结果表明，过去百年来该地区海域磷虾密度总体上呈下降趋势［图 2-7（a）］（Huang et al.，2011c），过去 30 年来的实际监测数据也支持我们的研究结果。南极磷虾是一种喜冷水环境的浮游生物，对海洋温度和海冰密集度极为敏感，通过对比该海域过去百年来的海表温度和海冰密集度变化，我们认为西南极半岛海域的快速变暖很有可能是造成磷虾种群密度不断下降的主要因素（Huang et al.，2011c）。东南极西福尔丘陵 8 000 年以来阿德雷企鹅骨骼、羽毛的 N 同位素比值与区域气候和海冰变化密切相关［图 2-7（b）］（Huang et al.，2013）：气候偏冷海冰密集度强的时期，企鹅组织中 N 同位素比值偏亏损，指示较高的磷虾种群丰度，而气候温暖海冰较弱的时期，企鹅组织中 N 同位素比值则偏富集，指示较低的磷虾种群丰度（Huang et al.，2013）。这表明自然气候环境会显著影响南极区域海洋食物链变化，企鹅古食谱变化可在一定程度上反映区域气候海冰状况，特别是在显著不同的海冰变化时段（Huang et al.，2014a）。

2.2.4　企鹅是南极海陆营养盐和污染物的传递载体

一些高等动物（如海鸟、海鱼、乌龟等）具有较强的空间活动能力，可以把某些物质从低势能“抽”到高势能的地方（即生物泵），从而对一些元素的生物地球化学循环产生了很大程度的影响。

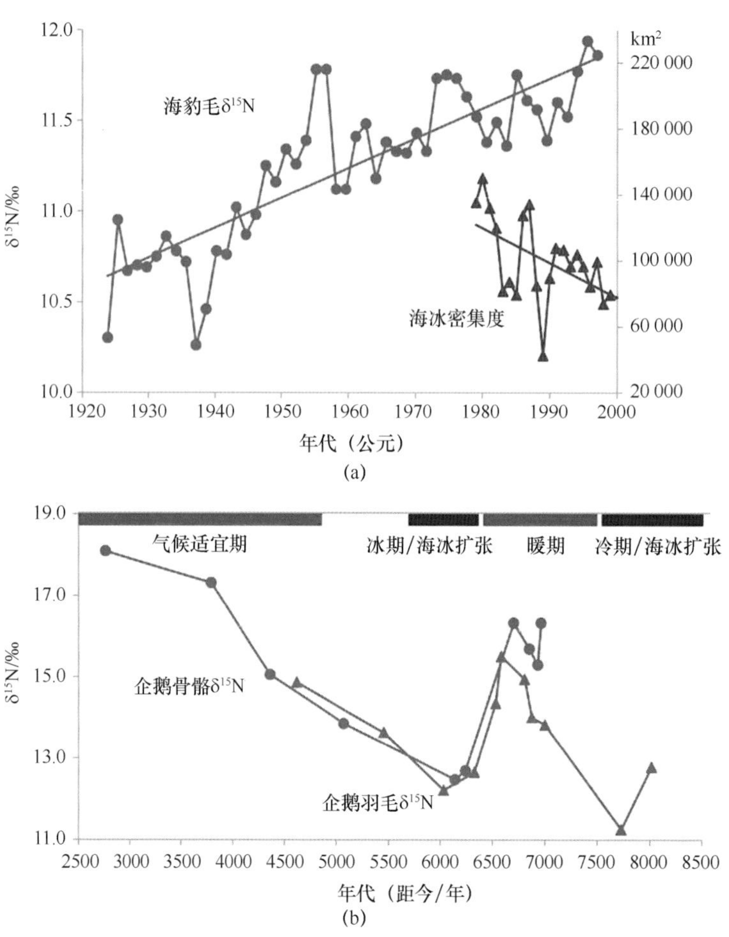

图 2-7 企鹅海豹同位素食谱指示的磷虾动态与海冰的关系

海鸟即是一种典型的生物泵，它们活动于海洋和陆地生态系统之间，且在食物链中处于顶层营养级的位置，对于二者之间的物质和能量交换起着极为重要的作用。海洋环境中的一些物质含量上的微小变化会通过生物放大作用富集在鸟粪及海鸟体内，进而对陆地生态系统的生产能力、物种多样性、种群结构等方面产生影响。在南极无冰区进行繁殖活动的企鹅和海豹在海陆生态系统物质循环过程中扮演重要的传递者角色，它们以排泄物或尸体的形式将海洋来源的营养物质转移至无冰区的陆地环境系统之中（Huang et al.，2011a，2014b；Chen et al.，2013；Qin et al.，2014）。生物传输的营养物质主要包括氮、磷等。据估计，南极阿德雷岛、罗斯岛和西福尔丘陵的阿德雷企鹅种群每年通过粪便转移到沿海无冰区的 P 元素量就高达 40×10^4 t（Qin et al.，2014）。海鸟活动在传输营养物质的同时，大量的重金属元素如 Hg 和 Cd 以及有机污染物可能通过食物链富集被企鹅、海豹吸收后又通过粪便转移到陆地环境系统之中（Sun et al.，2005b；Yin et al.，2006，2008；Nie et al.，2012；Huang et al.，2014b），而这其中又以营养位置更高的帝企鹅和海豹的传输效率更高，因此海鸟海豹粪土沉积物中生物传输带来的金属元素如 Hg 有可能具有指示南极无冰区不同营养级栖息生物演替的潜力（图 2-8）（Nie et al.，2012）。

企鹅数量的变化可以导致南极部分地区 As 富集。对与阿德雷岛相距不到 10 km 的纳尔逊岛的冰缘沉积物的 As 进行测试，尽管纳尔逊岛和阿德雷岛的地质背景相似，但阿德雷岛土壤中的 As 含量是纳尔逊岛的 2 倍。没有企鹅聚居的纳尔逊岛沉积柱 As 含量稳定，而阿德雷岛随着历史时期企鹅数量变化，As 含量发生显著波动（Xie et al.，2008）。企鹅粪可以导致 As 的区域富集，是 As 转移的一种新机制。

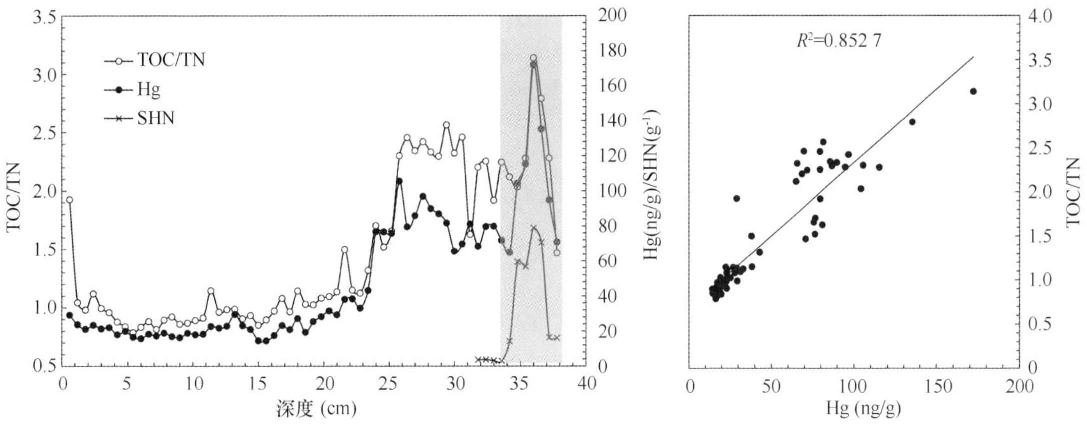

图 2-8　南极罗斯海地区企鹅和海豹生物粪土沉积物中 Hg、TOC/TN 和海豹毛（SHN）数量变化及其相关分析

2.2.5　人类文明在生物粪土层中的记录

早期人类在极地大规模的猎杀活动对区域海洋和陆地水域生态系统造成了显著的影响。除了文献记载，我们同样可以从极地自然载体中获取此类信息。通过对南极岛屿含海豹毛的湖泊沉积物序列的物理和化学指标的分析，研究人员发现早期人类大规模的屠杀曾使得部分地区南极毛皮海豹几尽灭绝，直到 20 世纪 60 年代严格的禁捕政策实施以来，南极毛皮海豹的种群数量才得以快速地恢复和稳定地发展（Yang et al.，2010；Huang et al.，2011b）。人类对南大洋海豹和鲸等高营养层次生物的大量捕杀，被认为将导致食物链中低营养位置的磷虾种群密度得到大量释放，称之为“磷虾过剩假说”。通过对东南极古代（超过 500 年）、现代企鹅骨骼、羽毛的同位素分析发现，现代企鹅 N 同位素比值明显偏负（图 2-9）（Huang et al.，2014a），指示其食物中磷虾比例较高，支持“磷虾过剩假说”（Huang et al.，2013，2014a）。

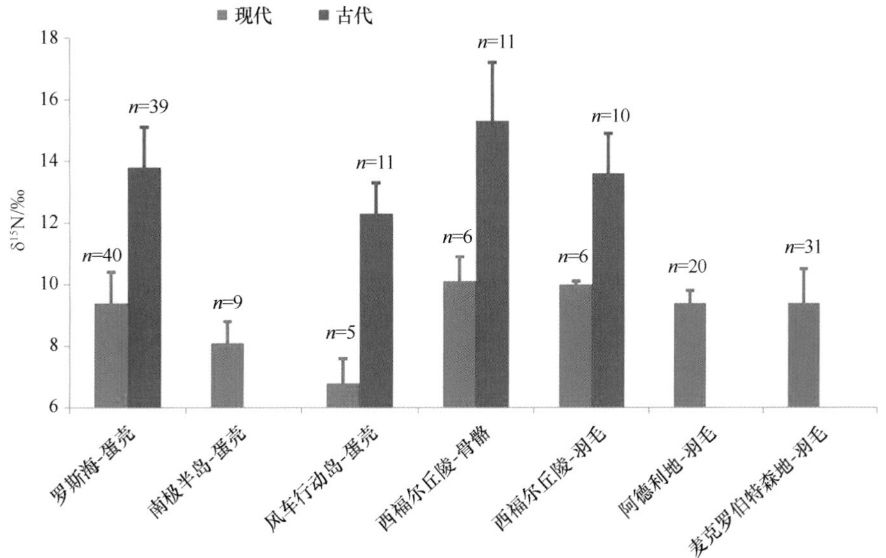

图 2-9　东南极现代、古代企鹅 N 同位素比值特征

当然，人类活动对南极的影响并不仅仅是从人类登上南极大陆开始的，冶金文明史表明，早在古埃及文明和中国的大汶口文化时期，就已经有了青铜器的加工冶炼活动。海洋食物链通过生物放大作用将分散在大气、水循环开放体系中的Pb、Hg等污染物富集起来并通过海洋生物转移到陆地生态系统中，从而保存了人类文明的历史信息。研究表明：自公元前500年罗马时代以来，人类向大气中排放了数十万吨甚至更多的汞，足以影响到大气、海洋、地表的汞含量。2 000年来南极海豹毛中的汞含量变化与人类汞排放史吻合。过去2 000年来，人类冶金文明史与粪土层中的Hg记录显示了很好的相关性（图2-10）（Sun et al.，2006）。近200年来企鹅粪中Pb含量的显著上升表明工业革命带来的污染已影响到南极海洋食物链（Sun et al.，2001b）。Pb同位素记录则可以示踪其来源地，这为寻找失落的文明、探讨文明发展与环境代价提供了新的线索。

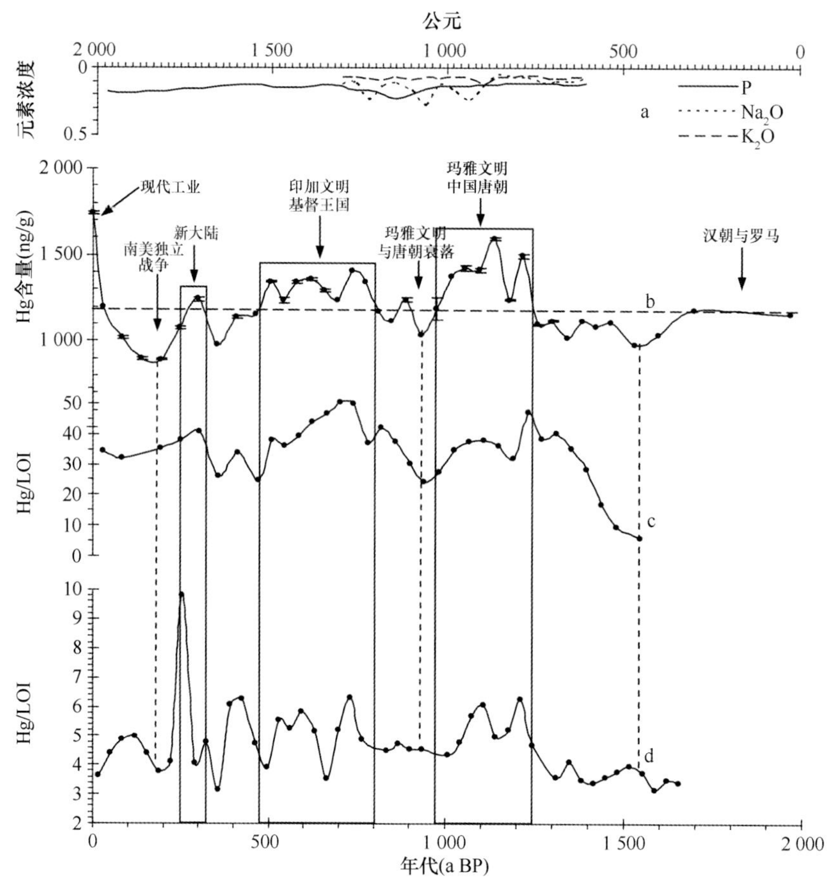

图2-10　2 000年来海豹毛中Hg含量变化对人类文明的响应

2.3　格罗夫山上新世以来古气候环境与冰盖进退研究

南极板块于34 Ma前与南美洲板块断离，环极洋流和西风带形成，很大程度上隔离了南极大陆与中低纬度区域的热交换，开始出现山麓冰川。至中新世中期时（14 Ma），随着全球CO_2浓度降低事件，南极大陆地表温度迅速下降，形成类似今天规模的大陆型冰盖（Barrett，1992，2002）。目前除了西南极冰盖外，东南极冰盖含有2 600×10^4 km^3的雪冰，占整个南极冰盖体积的83%。如果东南极冰盖全部融化，全球海平面将上升60 m余（Bentley，1999；Denton，2002）。对南极冰盖演化历史的研究在重建全球古气候演化模式时具有很重要地位，因为南极冰盖的消长对全球气候变化具有明显的放大作用，同时也对研究南、北半球气候变化的驱动力和耦合关系，进而探讨全球气候变化的驱动机制（轨道因素抑或行星尺度因素）方面具有重大的意义。

目前各国科学家已经积累了一批关于南极冰盖演化历史的科学数据。这些数据主要来自于南极周边的海相沉积物序列研究，内陆冰盖的深冰芯反演，冰盖边缘的冰川地质、地貌、与冰川堆积，以及数字模拟等方面（Denton et al.，1991；Ingólfsson et al.，1998；Anderson，1999）。但由于严酷的自然地理条件的限制，迄今为止，除冰芯以外的研究，大部分都局限于南极外围沿海地区和陆架，而南极内陆冰盖的野外考察研究的直接证据则非常缺乏，以致使得新生代以来冰盖变化及相应的古气候演化历史的恢复工作变得非常困难。

尽管对南极冰盖的研究已经过去了一个世纪，但是，迄今为止，在南极冰盖历史的重建中还遗留许多问题，如东南极大冰盖在上新世暖期时是否存在大规模的冰盖消融事件，更是目前南极地球科学界争论的焦点。各种意见大体可以分为两个派别——稳定派和活动派。前者认为自中新世南极大陆出现大规模的冰盖以来，冰盖一直稳定存在，其体积和规模没有发生过大的变化，上新世时不存在由于气候变暖事件造成的大规模冰川退缩事件（Clapperton et al.，1991；Sugden et al.，1993，1995；Warnke et al.，1996）。后者主要根据南极横断山脉（Trans-Antarctic Mountains）古生物学和地层学研究，认为南极冰盖自形成以来一直处于动态演化之中，经历了多次扩展和退缩，特别是在上新世时曾经发生过很大规模的气候变暖和冰盖退却事件，最大冰盖消减可以达到目前体积的1/3（Webb et al.，1993；Barrett et al.，1992；Wilson，1995；Wilson et al.，1999；Liu et al.，2010）。介于二者之间的观点则认为东南极冰盖虽然是动态变化的，但其变化范围不大（Prentice et al.，1986；Denten et al.，1991；Bart et al.，2000）。三种观点经历20余年争论，至今仍然各执己见。近年来，随着东南极冰下湖泊和冰下活动水系的发现（Wingham et al.，2006），以及冰下水系对快速冰流的控制作用（Bell et al.，2007），东南极冰盖的稳定性再一次受到深刻的关注。罗斯冰架（Rose Ice Shelf）近岸区的AND-1B钻孔揭示过去5 Ma以来存在50多个冰期—间冰期旋回（Lewis et al.，2007，2008），而且上新世早期时罗斯海面并没有海冰，是一种开放海环境。依据地球轨道建立的模型，也证明不仅罗斯海在上新世时冰川消失，而且整个西南极冰盖也发生了大规模垮塌（Naish et al.，2009）。Liu等（2010）对格罗夫山地区研究认为东南极冰盖上新世曾经发生过大规模垮塌，东南极冰盖的边缘曾经位于格罗夫山以南，距现今冰盖边缘后退约400 km。泰勒山谷（Taylor Valley）钻孔新的沉积学和古生物学的研究也表明，上新世早中期的确存在一个不稳定的动态气候变化周期（Fielding et al.，2012）。

20世纪90年代以来，在查尔斯王子山（Prince Charles Mountains）、拉斯曼（Larsemman Hills）和西福尔丘陵（Westfole Hills）地区的上新世冰川沉积地层中发现了大量再搬运的上新世微体化石（Webb et al.，1996；Harwood et al.，2000；McKelvey et al.，2001），引起了广泛的关注。从沉积相的分布来看，西福尔和拉斯曼丘陵地区大多数为海相沉积（Webb et al.，1993）；北查尔斯王子山（Northern Prince Charles Mountains）具有海湾沉积的特征（Hambrey et al.，2000）；南查尔斯王子山（Southern Prince Charles Mountains）地区均具有陆相冰川沉积特征（Whitehead et al.，2002）；而普里兹湾（Pridz Bay）陆架上的上新世沉积主要为间冰期的深海相沉积软泥（Domack et al.，1998；O'Brien et al.，2000；Quilty et al.，2000；Joseph et al.，2002）。这样，从普里兹湾陆架到西福尔丘陵和拉斯曼丘陵，再到内陆查尔斯王子山这一剖面上，上新世的沉积相记录了从深海到海湾再到陆相逐渐过渡的现象。这一沉积相带的空间展布格局显示了上新世东南极冰盖的边缘可能位于内陆腹地，即其发育规模应当远远小于现在的水平。由此可以暗示上新世暖期时冰盖消融和边界退缩事件的存在。格罗夫山恰好位于普里兹湾上游与南查尔斯王子山之间，该地区上新世时冰盖的表现和性质，成为解决这一重大科学问题的关键点（图 2-11）。

中国南极考察队从 1998 年起开始深入南极腹地、对中山站以南 400 km 的格罗夫山进行了 5 次考察。考察队在格罗夫山地区除了发现并回收 12 017 块陨石以外，还发现了新生代土壤、冰碛沉积岩砾石及其中的孢粉化石，并开展了冰川地质分析和宇宙核素暴露年龄测试，这些新的数据都是人类首次获得的，它们将为研究该地区上新世以来冰川演化提供新的关键性物证，其地质时代的确定可以为东南极冰盖演化历史的重建提供重要依据。

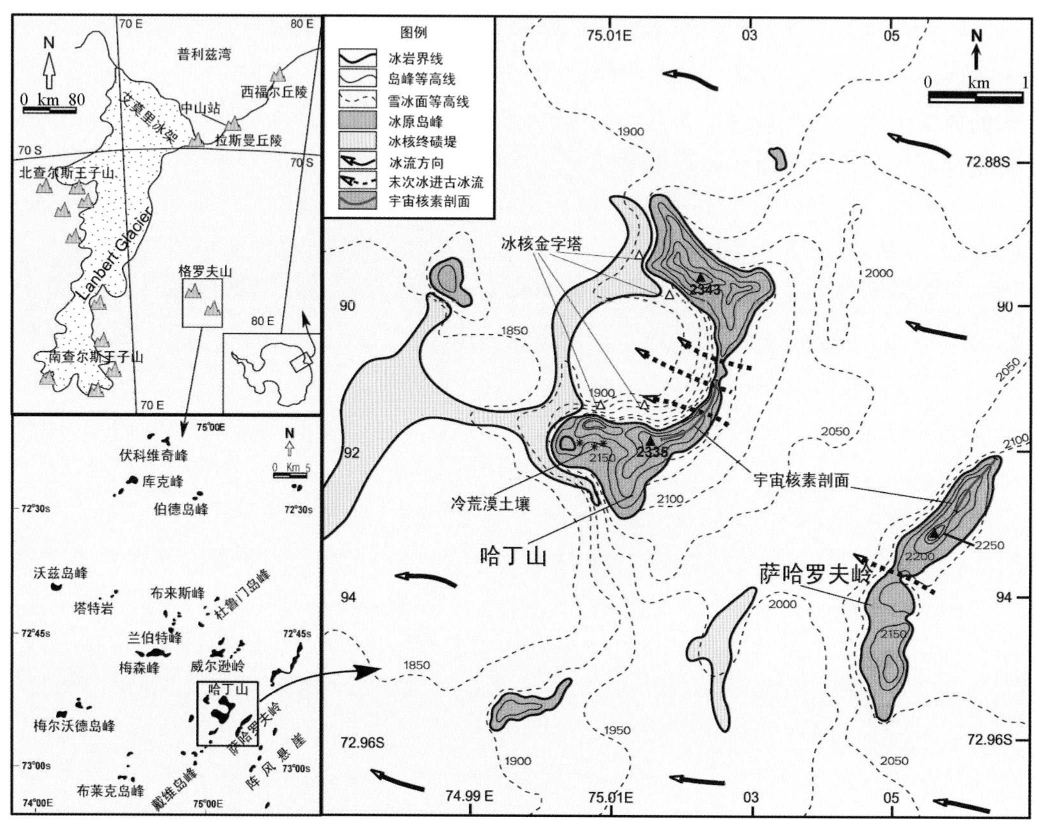

图 2-11　格罗夫山位置图，显示核心区地形、冰流及采样剖面

2. 3. 1　地理与冰川地质

格罗夫山属于东南极冰盖内陆的冰原岛峰群，位于东南极伊丽莎白公主地（Princess Ellisaberth Land）兰伯特裂谷（Lambert Rift）右岸，介于 72°20′—73°10′S，73°50′—75°40′E。在格罗夫山 3 200 km^{2}范围的雪冰面上共出露 64 座相互独立的冰原岛峰，其北界距中山站约 400 km，西侧以世界最大的冰川系统埃莫里冰川（Amery Glacier）为界，并与南查尔斯王子山和北查尔斯王子山遥遥相望。这些冰原岛峰大体分 5 组沿北北东—南南西方向成岛链状分布，宏观呈现山脊纵谷地貌。岛峰与蓝冰表面的相对高度介于几十米至 800 m 不等。由于格罗夫冰原岛峰群对东南极冰盖冰穹 A 流域的阻隔作用，在这里形成大冰盖的积累区与消融区之间的平衡线。此外，格罗夫岛峰群又处于南极内陆下降风极盛区，狂风对冰面新雪的吹蚀力极强，因此在格罗夫地区出露大面积的古老蓝冰。

格罗夫山出露麻粒岩至高角闪岩相的深变质杂岩，同造山或造山晚期花岗岩，以及构造后期花岗质、花岗闪长质细晶岩脉和长英质伟晶岩。深变质杂岩包括：浅色长英质麻粒岩、暗色镁铁质麻粒岩、紫苏花岗岩和花岗质片麻岩。整个测区可按北北东—南南西方向分为东西两个岩区，东侧以长英质麻粒岩和紫苏花岗岩为主，西侧则以花岗质片麻岩为主（刘小汉等，2002，2004；Liu et al.，2010）。由于冰盖自南东向北西运动的攀升作用，岛峰的迎冰面（南东侧）一般雪线较高，雪冰面坡度相对比较平缓。而由于冰流的侧向刮削和岛峰岩石本身的垂直节理的共同作用，岛峰北西侧则往往是近直立的断裂垮塌陡壁。冰流将岛峰上垮塌下来的碎石向北西方向（下游）搬运，在冰面上形成数公里长的碎石带。相对较低矮的岛峰往往保留末次上升的冰流覆盖研磨的形态，成为典型的羊背石。

通过对大部分较高大的冰原岛峰的冰川地质地貌观测，我们发现距现今冰盖表面之上约 100 m 处存在一个区域性界线。位于界线之上的岛峰岩石表面主要显示狂风剥蚀特征，原有的冰蚀痕迹一般被后来的风蚀痕迹覆盖或改造。尤其在高大岛峰的山脊线一带产出大量蜂巢岩，这些花岗质片麻岩被狂风吹蚀掉的岩石部分（风蚀孔洞深度）可达数米至数十米。根据蜂巢岩的风蚀程度和东南极地区基岩（花岗质片麻岩）的平均风化速率，显示它们至少应当在数十万年以前就已经从冰盖掩埋中出露，而不是末次冰盛期后冰退时出露的。而这个界线之下的岩石则显示强烈的冰流剥蚀特征，如冰川磨光面和擦痕、漂砾等，说明其经历相对较年轻的冰蚀作用，也反映了冰盖表面的频繁振荡历史。但冰面上升的最高高度没有超过现今冰面以上 100 m（Liu et al.，2007，2010）。

2.3.2 沉积岩转石沉积环境

位于格罗夫岛峰群核心区的哈丁山（Mount Harding）具有独特的新月形态，是研究东南极冰盖进退的理想场所。哈丁山北东和南西两端为高大基岩，比冰面高约 200 m。两端山脊向中段平缓下降，至中心部位几乎与现今冰面齐平，中段山脊的北西陡坡上保留有末次冰退时遗留的悬冰川。由于哈丁山对主冰流的阻挡作用，在其围限的西侧形成末次冰退以来的静止蓝冰区。在静止蓝冰区的西侧边界连续分布有长约 5 km 的弧形悬浮冰核终碛堤。当末次冰进时，冰盖越过哈丁山中段山口，在原有的古老蓝冰表面上向西推进。后来冰面下降，冰盖重新退缩至哈丁山以东，并在古老蓝冰面上遗留下这个悬浮冰核终碛堤。终碛堤高 20~30 m，上覆冰碛碎石层，碎石粒度向下变细，最下面是薄层石粉。由于碎石层的保护，其下的冰核（古冰面）免于被狂风气化，所以比周边的静止蓝冰表面高 18~28 m。

笔者在这条古冰舌遗留的古冰核终碛堤中发现了一批再搬运的混杂堆积岩（物）漂砾。这些漂砾成分复杂，除了大量哈丁山的原地花岗质片麻岩外，还有从东南极冰盖腹地远途搬运来的漂砾，例如陨石、超基性岩、糜棱岩、沉积岩等格罗夫地区未曾发现的异地岩石。对这些异地沉积岩碎石的颗粒形态、粒度分布、沉积环境等分析结果说明，这些冰碛岩（物）的沉积物颗粒具有多种搬运方式，是一种由冰川底部带、冰川内部及冰上带所搬运的沉积物的混杂堆积，其沉积环境为含水的冰川前缘地带，而不是目前东南极冷冰盖底部的无水环境（刘小汉等，2001；方爱民等，2003，2007；Fang et al.，2004，2005a）。由于这些冰碛岩（物）的唯一来源是其东南方的冰盖腹地纵深，而它们的形成环境又是冰盖前缘，暗示东南极冰盖的边缘曾经位于格罗夫山以南，距现今冰盖边缘后退约 400 km。如果这些冰碛岩（物）的形成年龄老于南极大陆冰盖形成时的 14 Ma，则可能属于南极冰盖形成过程中的前缘产物。但如果在这些冰碛沉积岩漂砾中发现年轻的年龄，就说明东南极冰盖形成以后曾经发生过大规模的垮塌和退缩。更重要的是，这些沉积岩漂砾与周围查尔斯王子山以及普里兹湾沿岸地区发现的上新世地层具有相似的沉积及岩石学特征，所以它们的沉积环境和年代学对南极冰盖的演化历史研究具有关键的意义。

2.3.3 孢粉化石组合的年代学意义

在格罗夫山的沉积岩漂砾和土壤中发现了多种孢粉化石（图 2-12），其主要成分均来自冈瓦纳大陆第三纪以来的生物群落（李潇丽，2003；韦利杰，2013）。格罗夫山样品的孢粉组合中已发现的草本被子植物花粉虽然不丰富，但在部分标本中出现了藜科和蒿粉属。草本被子植物花粉的存在及其在孢粉组合中的含量和变化是识别并划分新近纪生物地层时代的重要特征之一。一般认为，草本被子植物花粉自中新世早期开始少量出现，但限于少数或个别科属；中新世晚期较常见，而且科属数量也大大增加；至上新世这类植物才开始大量出现；尤其是在上新世末期常可形成一些优势组合（如藜—蒿—蓼等组合）。当前样品的孢粉组合中出现了藜科和蒿粉属，故其所代表的时代可以推测为新近纪。值得关注的是，本组合中出现了 Weddellian 生物地理区中典型分子假山毛榉（Nothofagus），而且可能是本区被子植物花粉的主要属种。一般认为，假山毛榉最早出现于白垩纪，在渐新世最为繁盛（Burcle et al.，1991，1996）。20 世纪 80 年代中期，Prentice 等（1986）、Webb 等（1987）、Harwood（1986）和 Askin 等（1986）几乎同时在横贯南极山脉广泛发育的新生代冰川沉积地层天狼星群内发现了假山毛榉花粉和植物大化石，同时因其内含有海相硅藻化石而确定为上新世。此外，在南极其他地区如罗斯海深海钻孔中，在 Cape Adare 东北部的深海钻孔 DSDP-274 中均发现了大量假山毛榉花粉，而据硅藻和放射虫确定其年龄在 3 Ma 左右（Heusser，1981；Fleming et al.，1996）。由此表明假山毛榉可能是构成南极上新世植物群的主要属种。综上所述，格罗夫山孢粉的形成时代很可能为上新世。深海钻探研究资料表明，南极地区始于古近纪的气候变冷事件从中中新世后得到明显加强，但在上新世发生大规模气候变暖（Barrett，1989）。虽然目前孢粉数量少，种类也很单调，但除去再沉积花粉，菊科花粉蒿属比北查尔斯王子山 Pagodroma 群多，还发现比蒿属出现更晚的菊科菊苣族。格罗夫山沉积岩漂砾的年龄应该不会早于晚中新世，上新世的可能性最大（方爱民等，2004；Fang et al.，2005b；Aimin et al.，2009；Liu et al.，2010；Wei et al.，2013）。如果属实，则说明当时格罗夫山西侧属于无冰的苔原环境，南极冰盖的边缘位于格罗夫山甚至更南的位置，距现今冰盖边缘至少 400 km（图 2-12）。

2.3.4 古荒漠土壤研究

我们在格罗夫山地区发现了极寒冷古荒漠土壤。土壤的母质来自周围的基岩风化产物以及土壤底部的基岩的风化产物。它们应当是在相对温暖的气候条件下，冰融水片流搬运上游风化碎屑物质至冰蚀坑中沉积形成的。土壤的石英砂表面结构分析也显示短距离冰水搬运痕迹。土壤的粒度分析显示其母质形成于一种近源的密度流至片流沉积环境，局部发育地表径流。由于水是土壤形成的必要条件，而格罗夫山夏季最高气温是-14℃，不存在冰雪融水的可能。因此，土壤本身就暗示历史上温暖气候事件的存在。关键的问题是土壤的形成年龄。它们是在东南极冰盖发育以前，抑或冰盖形成以后的大规模退缩阶段形成的。Campbell 等（1975）根据已经研究的大量南极土壤的风化特征将其划分为 6 个风化阶段，以此作为对缺乏化石的南极土壤的年代序列进行概率性判断的参考标志。对照这些标志，格罗夫山地区的土壤处于 Campbell 和 Claridge 划分的土壤风化的第 3、第 4 阶段。主要是第 4 阶段，即地表岩石圆化、风棱石化、孔穴状风化发育强烈，染色、抛光发育良好，荒漠漆皮有一定程度的发育。土壤上层颜色深，下层颜色变浅。在地表岩石下面有丰富的盐分，局部甚至延伸至整个土壤剖面，盐分断续或者连续呈层状分布在土壤地表以下 5~10 cm 处。所对应的土壤年龄是 0.5~3.5 Ma，而不是 14 Ma 或者更早（李潇丽等，2002，2003；Li et al.，2003）。

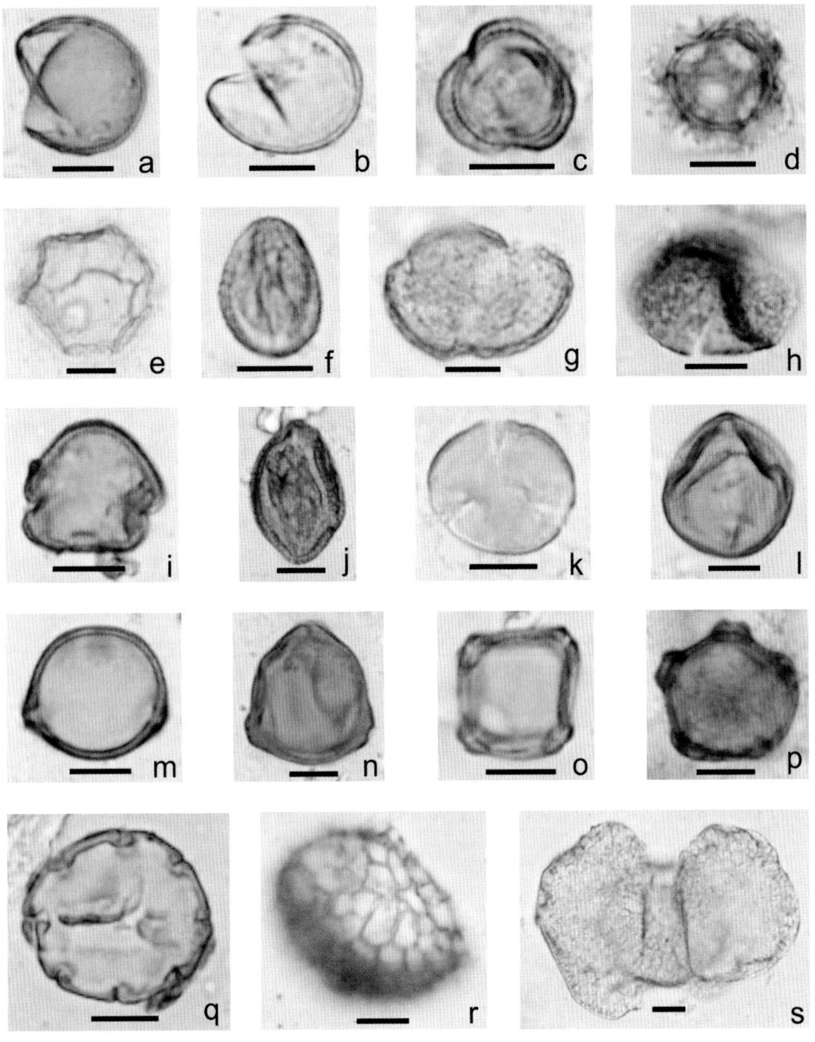

图 2-12 格罗夫山沉积岩漂砾部分孢型

a. *Leiosphaeridia* sp., W-15, L26349/2, 158.3/9.6, 24 μm; b. *Leiosphaeridia* sp., W-15, L26349/2, 161.9/11.9, 25 μm; c. *Artemisiaepollenites* sp., C-42, L26353/4, 121.4/12, 17 μm; d. *Cichorieacidites* sp., W-8, L26346/1, 125.1/19.2, 24 μm; e. *Graminidites* sp., C-37, L26350/2, 147.2/18, 30 μm; f. *Tricolpites* sp. 1, W-7, L26345/2, 133.7/4.8, 18 μm; g. *Tricolpites* sp. 2, W-8, L26346/4, 125.9/16, 35 μm; h. *Tricolpites* sp. 2, C-37, L26350/2, 138/12, 35 μm; i. *Tricolpites* sp. 3, C-37, L26350/2, 141.8/2, 20 μm; j. *Tricolpites* sp. 4, W-15, L26349/4, 157.5/14, 30 μm; k. *Tricolpites* sp. 5, W-37, L26350/3, 121.9/1.1, 22 μm; l. *Tricolpites* spp., W-8, L26346/1, 128.8/13.9, 27 μm; m. *Betulaceoipollenites* sp., C-37, L26350/2, 124/20.1, 23 μm; n. *Casuarinidites* sp., C-45, L26354/2, 157.3/23, 28 μm; o. *Haloragacidites* sp. 1, W-15, L26349/4, 141.6/12.3, 22 μm; p. *Haloragacidites* sp. 2, W-9, L26347/3, 135.2/10.2, 25 μm; q. *Nothofagidites* cf. *flemingii* (Couper) Potonié, W-7, L26345/2, 160.5/12, 28 μm; r. *Retitriletes* sp., W-37, L26350/3, 145.4/17.8, 42 μm; s. *Podocarpidites* sp., W-12, L26348/4, 133.5/20.2, 80 μm; 比例尺 = 10 μm

（资料来源：韦利杰等，2013b）

2.3.5 宇宙成因核素定年研究

利用原地生成宇宙成因核素可以测量冰川退缩以后地表岩石的暴露年龄，从而揭示冰盖的演化历史（Lal，1991；Ivy-Ochs et al.，1995；Schäfer et al.，1999；顾兆炎等，1997）。为此，我们选择了两个典型的冰原岛峰——萨哈罗夫岭（Zakharoff Ridge）和哈丁山南岭的基岩连续剖面，利用原地生成宇宙成因核素^{10}Be 和^{26}Al，测定了东南极内陆格罗夫山地区冰退导致的岩石暴露年龄和冰退过程。这两条剖面均处于山脊线上，坡度稳定，萨哈罗夫岭剖面为3°，哈丁山南岭为5°。基岩的岩性均为花岗质片麻岩，变质叶理与岩石表面大体平行，因此剖面光滑平整（图2-13）。样品的前处理在中科院地质与地球物理研究所宇宙成因核素实验室完成，然后送到澳大利亚核技术组织（Australian Nuclear & Technology Organization）利用高功率加速器质谱仪进行测试。

图2-13　格罗夫山冰川地质与地貌形态

1. 由于冰下山脉对主冰流的阻挡形成的蓝冰陡坡；2. 冰原岛峰背冰面的陡壁；3. 蓝冰面上的碎石带；4. 羊背石；5. 山脊线上的蜂巢岩；6. 残余悬浮冰核终碛堤；7. 极寒冷荒漠土壤；8. 宇宙成因核素采样剖面

初步结果显示，这两条剖面上的连续基岩样品的原地生成宇宙成因核素^{10}Be 和^{26}Al 的暴露年龄基本随其高程的降低而减小，反映了冰盖表面连续平缓下降的过程。剖面位置较高的 7 个样品具有简单暴露历史，其最小暴露年龄在 2 Ma 左右，与南极内陆其他一些地区的^{10}Be 和^{26}Al 最小暴露年龄相似（图2-14）。考虑到侵蚀作用，其暴露最早开始时间可能达到上新世早期。这样，格罗夫山地区从所测到的最早岩石暴露以来至今冰盖厚度下降了约 200 m。但由于剖面最高位置的两个样品中的^{10}Be和^{26}Al比率未达到平衡点，说明当时冰面下降到剖面顶部的高度时，仍有约200 m的冰层覆盖在这两个剖面的顶峰之上。这样，可以推断在格罗夫山地区冰面平缓下降之前，当地的冰盖高度比现今高约400 m（黄费新等，2004；Huang et al.，2008；Li et al.，2009）。

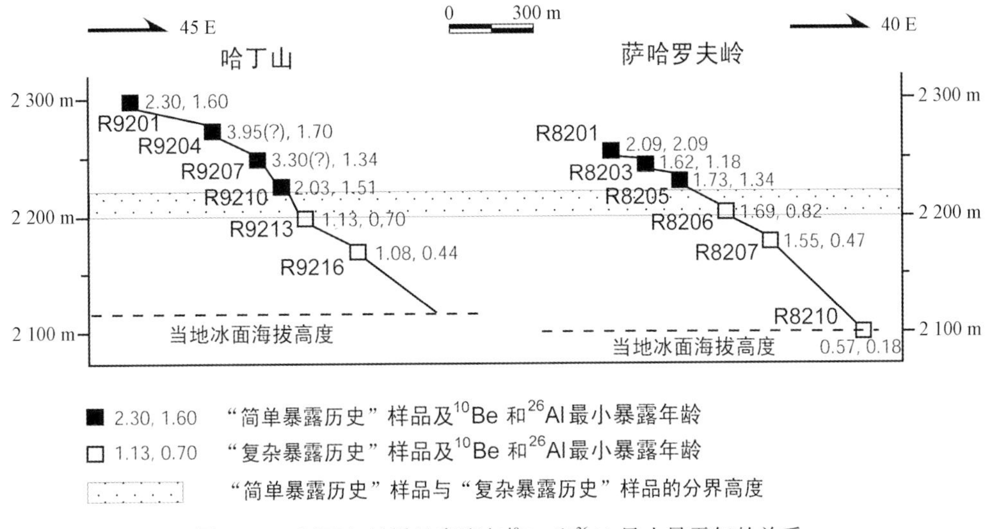

图2-14　剖面上的样品高度与^{10}Be和^{26}Al最小暴露年龄关系

具有简单暴露历史的样品反映的冰面平稳下降的过程一直延续到1.6 Ma。在两条剖面的下部，大约比现今冰面高100 m的位置上，也即区域性风蚀与冰蚀界限的高度以下，5个样品都具有复杂的暴露历史。这说明该地冰面下降后又发生过重新上升，即对岩石的重新覆盖，而且这种重新覆盖可能发生过不止一次。对这5个基岩样品进行了早期暴露时间和后期埋藏时间的模拟计算，其暴露和埋藏时间总和可达中晚上新世。亦即从约1.6 Ma以来，格罗夫山地区的冰盖进退过程进入第四纪振荡期。

2.3.6　结论与讨论

综合格罗夫山地区冰川地质地貌的风蚀与冰蚀特征，极寒冷荒漠土壤的形成年代，沉积岩转石的沉积环境分析、沉积岩和土壤中的孢粉组合的古气候环境及年代分析，以及原地生成宇宙成因核素等多种方法手段的研究结果，可以详细描述格罗夫山地区上新世早期以来冰盖进退的历史过程。东南极大冰盖形成以后并非稳定演化至今。在上新世早期以前，东南极内陆冰盖曾经出现过大规模的消融，即东南极大陆冰川的前缘至少曾经退缩到格罗夫山地区，距现今冰盖边缘400 km。当时的冰盖规模甚至不到现今的1/3。之后，东南极冰盖又迅速膨胀，到距今2.3 Ma时，冰面至少超过现今高度约400 m。以后冰面缓慢平稳下降，距今1.6 Ma，东南极冰盖进入第四纪振荡期，但重新上升的冰面再也没有超过现今高度的100 m以上（图2-14，图2-15，图2-16）。

东南极冰盖胀缩主要受全球气候变化和局地年降水量的控制（Ravelo et al.，2004）。南极冰盖在上新世时的这种大规模消融—膨胀事件应当在行星尺度上有所响应。尽管东南极大冰盖剧烈消融事件的年代尚不能精确肯定，但应当发生在中新世—上新世边界至3 Ma期间。这个时间段内行星地球上发生了许多重大的气候环境变化事件，例如地中海的莫西拿盐化事件（Messinian salinity crisis）（5.3 Ma~6.8 Ma）（McKenzi，1999；Krijgsman et al.，1999；Warny et al.，2003）。青藏高原整体剧烈隆升（刘东生等，1985；施雅风等，1998），西域砾岩开始沉积（方小敏等，2001），塔里木开始风尘堆积等（5.3 Ma）（Sun等，2006）。一般认为，北半球大冰盖的形成是在3~2.6 Ma

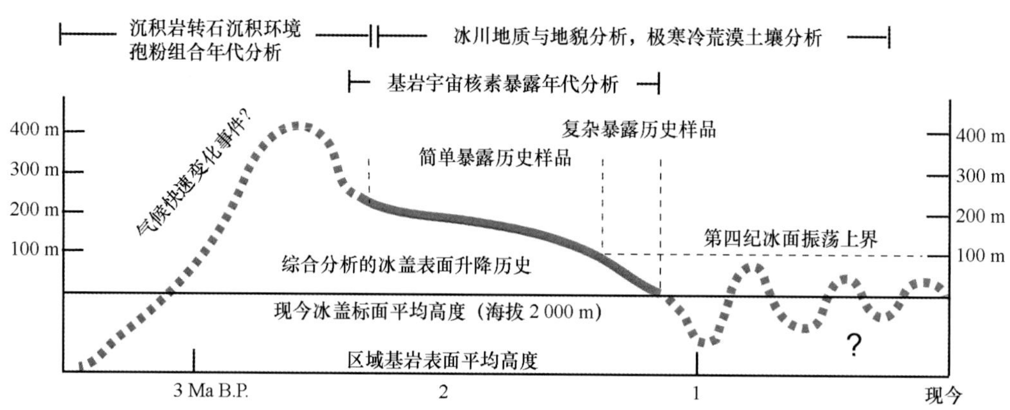

图 2-15　格罗夫山上新世以来冰盖进退演化示意图

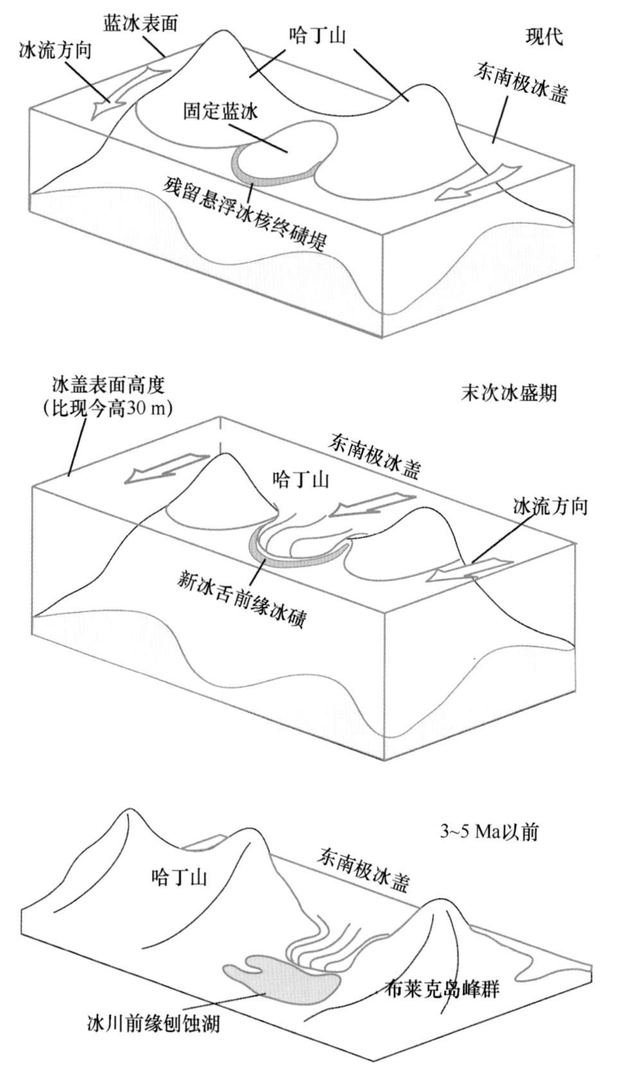

图 2-16　格罗夫山冰盖进退立体示意图

完成的（Kleiven et al.，2001；Bartoli et al.，2005；Mudelsee，2005），但北大西洋和挪威海的冰筏沉积研究显示北冰洋海冰和沿岸冰川—冰盖早至5.5 Ma时已经出现（Jansen et al.，1991）。这也从另一方面解释了迄今尚未找到确切的对应于南极冰盖消融而导致的全球海平面大幅度上升的记录。东南极近海地球物理勘探和深海钻探结果显示，上新世早期时南极冰盖发生过剧烈膨胀，面积和体积都大大增加，总体积可能比今天的体积还多18%，冰盖边缘（接地冰）达到南极大陆的陆架位置，尽管当时处于相对温暖的时期（Bart，2001）。我们的研究结果也显示在冰盖大规模塌缩之后，冰盖表面又剧烈上涨，比今天高约200 m。而从至少2.3 Ma开始的简单稳定的冰退，在时间上与巴拿马地峡关闭导致的洋流变化和大气对流变化，以及全球上新世中期的气候暖期相对应（Bartoli et al.，2005）。

通常认为，地球气候环境变化的驱动力主要来自于轨道因素，如米兰科维奇周期。更大时间尺度的周期是太阳系的银河年，太阳系绕银河系的公转周期为2.9亿年，但由于银河系本身也在旋转，因此太阳系每5.8亿年穿越银河系4大旋臂一次。这个周期可能发生导致行星尺度气候环境突变的天外事件（罗先汉，1992；陈衍景，1991；张勤文，1989）。轨道因素导致的气候环境变化一般具有全球同步性，如雪球事件，侏罗—白垩温室气候，第四纪冰期等。但新近纪尤其是中—上新世的气候环境的剧烈变化似乎并不符合已知的周期，一些变化事件也缺乏全球同步性。例如，南极大陆性冰盖的形成比北半球冰盖至少早11 Ma，而北半球冰盖最盛期时，南极冰盖却在稳定缓慢消退。因此，地球本身的大地构造变化，通过岩石圈—水圈—大气圈相互作用会对相当大尺度的局地气候环境变化产生极为重要的决定性影响。

2.4 东南极北查尔斯王子山新生代Pagodroma群孢粉研究

20世纪80年代中期，美国科学家在南极横断山脉发育的新生代冰川沉积地层Sirius群内发现了假山毛榉科植物花粉和植物大化石，并通过其内含有海相硅藻化石而确定为上新世，这说明当时南极内陆存在无冰的裸露地表——冰盖消融了，由此提出的动态论观点引起了广泛的关注（Harwood，1983；Webb et al.，1987）。但有人很快指出，这些海相硅藻化石可能是后期风力搬运，并通过冰裂隙进入Sirius群的，这些硅藻化石组合并不能确定Sirius群为上新世（Stroeven et al.，1998）。东南极兰伯特冰川（Lambert Glacier）地区出露的新近纪Pagodroma群与南极横断山脉地区的Sirius群同属于内陆罕见的沉积建造，具有同等重要的地位（Bardin，1982；Hambrey et al.，2000b；McKelvey et al.，2001）。而且，在Pagodroma群中发现了原位硅藻化石组合及有孔虫、放射虫、软体动物等古生物化石，可直接用于生物地层定年（Whitehead et al.，2004）。因此，东南极兰伯特冰川地区是南极冰盖演化研究的重要地区之一。

南极地区自冰盖形成以来的孢粉资料极其有限，但大多集中在南极大陆沿海地区，南极大陆内部地区尤为稀少。东南极兰伯特地堑两侧新生代沉积物是东南极兰伯特冰川活动所遗留下来的，对这些地层的孢粉研究不仅可以提供年代学证据，还可以恢复当时的古植被和古环境，进而是研究气候冷暖变化及东南极冰盖历史演化的直接证据。

2.4.1 地质背景与地层特征

北查尔斯王子山（Northern Prince Charles Mountains）位于东南极兰伯特地堑（Lambert Graben）的西缘，属于兰伯特冰川体系（图2-17）。兰伯特冰川—埃默里冰架（Lambert Glacier-Amery Ice

Shelf）被认为是南极最大的冰川体系，覆盖面积约 10^6 km^2，约占整个南极冰盖的 7%（Higham et al.，1997）。该冰川体系位于一个长期活动的构造地堑之上，即兰伯特地堑。

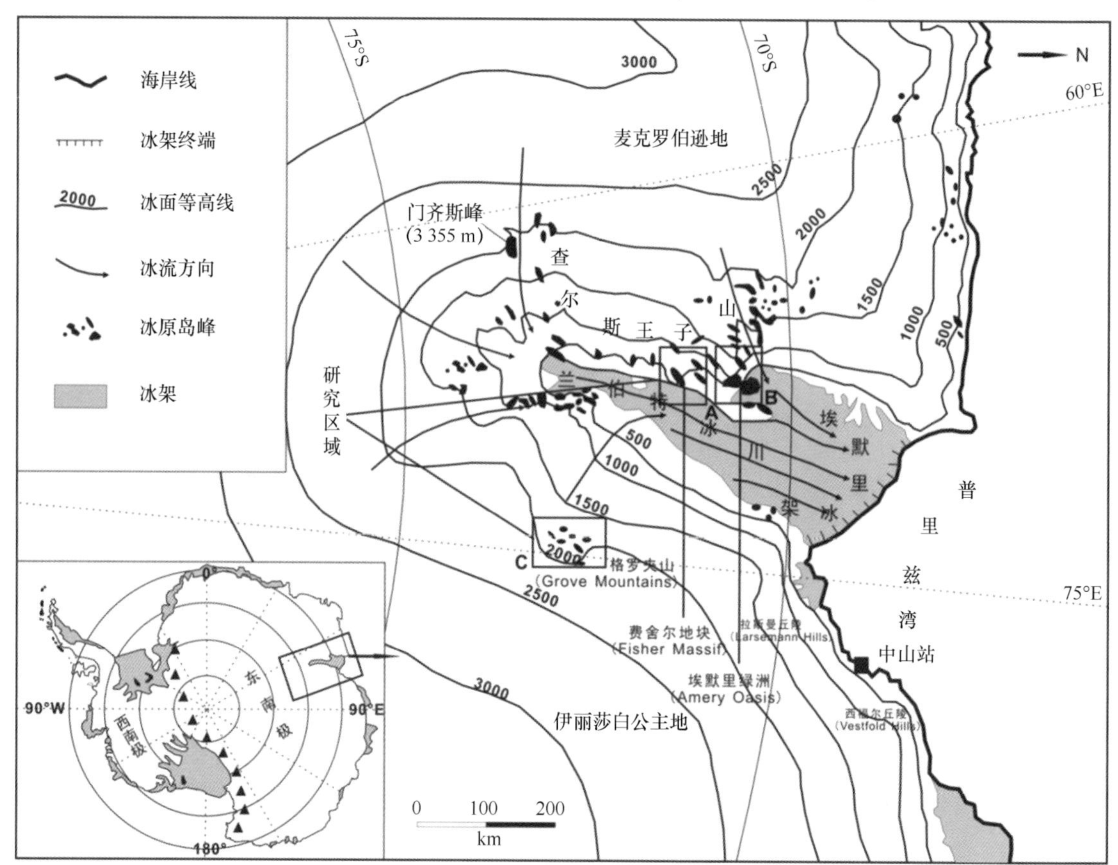

图 2-17　东南极兰伯特冰川—埃默里冰架区域地理位置

A. 费舍尔地块；B. 埃默里绿洲；C. 格罗夫山

（资料来源：Hambrey et al.，2000a，2000b）

Pagodroma 群分布在北查尔斯王子山的几个无冰区，主要分布在两个区：一个是南极最大的无冰区——埃默里绿洲（Amery Oasis），占地面积约 1 800 km^2，距离埃默里冰架边缘约 250 km（图 2-17B）；另一个是椭圆形冰原岛峰——费希尔地块（Fisher Massif），约占 300 km^2，距离埃默里冰架边缘约 300 km（McKelvey et al.，2001），北东—南西向（图 2-17A）。Pagodroma 群不整合在元古代变质岩或二叠—三叠纪沉积岩 Amery 群之上（McKelvey et al.，1990；Fielding et al.，1996）。

埃默里绿洲地区沉积地层是东南极唯一包括 3 个地质演化阶段的地层。埃默里绿洲的 Pagodroma 群包括 Battye Glacier 组和 Bardin Bluffs 组：Battye Glacier 组主要由大量的富含碎屑的砂质混杂岩、沙砾岩、含砾砂岩、薄层砂岩和弱固结冰碛物（Hambrey et al.，2000b；McKelvey et al.，2001）；Bardin Bluffs 组以角度不整合覆盖在晚二叠纪 Amery 群的 Radok 砾岩和 Bainmedart 煤系之上，包括大量的弱固结冰碛物和含砾砂岩及少量的薄层泥质砂岩（Bardin et al.，1985；McKelvey et al.，1990；Whitehead et al.，2001；Whitehead et al.，2004）。费希尔地块地区分布的 Pagodroma 群剥蚀残余可分为 Mt Johnston 组和 Fisher Bench 组，都分别不整合于元古代变质岩基底之上。Mt Johnston 组主要包括大量的富含碎屑的砂质混杂岩、沙砾岩、含砾砂岩，Fisher Bench 组主要包括大量的富含碎屑的砂质混杂岩和沙砾岩及少量的含砾砂岩和泥岩（Hambrey et al.，2000a）。

Pagodroma 群的厚度达 800 m，最高海拔接近 1 500 m（Hambrey et al.，2000a，2000b）。Pagodroma 群的 4 个组都是在冰退和海进期间沉积在兰伯特地堑上的。Pagodroma 群冰海地层能得以保存，没有被后来的进积作用完全清除掉，是因为各地层组沉积以后的上升将地层抬高到越来越高的位置，躲过了后来的进积冰体。最老的层序 Mount Johnston 组被抬升到距海平面近1 400 m的高度，靠近费希尔地块的顶部；Fisher Bench 组位于费希尔地块中间，海拔 100~500 m；与 Fisher Bench 组有类似的高度和地质背景的 Battye Glacier 组位于埃默里绿洲，海拔 300~500 m；而位于埃默里绿洲最年经的 Bardin Bluffs 组出现在最低的地形层位，接近海平面至海拔 120 m（Hambrey & McKelvey, 2000b；McKelvey et al.，2001；Whitehead et al.，2001）。

2.4.2 Pagodroma 群孢粉组合特征

Pagodroma 群中保存的陆相孢粉组合数量和种类都相对稀少。分析和检测 15 个样品的 33 个玻片［样品由新西兰地质与核科学研究所提供，是澳大利亚国家南极科学考察队（ANARE）B McKelvey，MJ Hambrey，DM Harwood 和 JM Whitehead 在 1990 年、1998 年和 2000 年采集的］，鉴定出 21 个属种的 228 粒新生代孢粉，从老地层再沉积来的花粉 1 474 粒。新生代孢粉又包括同沉积孢粉和再沉积孢粉。前者的颜色较浅，为浅黄色—黄色；后者的颜色相对较深，呈黄色—橙色，可能从较老的新生代沉积地层再沉积来的。再沉积孢粉大部分是二叠纪—三叠纪孢粉，还包括少量侏罗纪—白垩纪和新生代始新世之前的孢粉，现代污染花粉很少。

1）Bardin Bluffs 组

本孢粉组合包括 5 个样品。二叠纪—中生代再沉积孢粉种类和数量都非常丰富，包括的属种有：*Striatopodocarpites*，*Protohaploxypinus*，*Granulatisporites*，*Alisporites*，*Horriditriletes*，*Scheuringipollenites* 等。

3 个样品中的新生代孢粉非常稀少或缺乏，包括 1 粒 *Podocarpites*（*Podocarpites* sp. 1，图 2-18h），3 粒 *Tricolpites* spp.（*Tricolpites* sp. 2，图 2-19g），1 粒 *Nothofagidites lachlaniae* 及 1 粒 *Tricolporites* cf. *paenestriatus*（图 2-19l）。这些新生代孢粉粒的外壁明显比 Batty Glacier 组的同沉积孢粉黑，说明这些孢粉粒可能是从较老的新生代地层再沉积来的，经过了先前埋藏期间的热蚀变。

2）Battye Glacier 组

本孢粉组合也包括 5 个样品，后面 3 个样品中的孢粉与 Fisher Bench 组中 1 个样品的孢粉在多样性和丰富度上都较为类似。二叠纪—中生代再沉积孢粉种类和数量都类似于 Bardin Bluffs 组。本孢粉组合的新生代同沉积孢粉相对较丰富，这主要是草本植物 *Chenopodipollis* spp. 花粉含量高。其他的被子植物花粉还包括：*Nothofagidites* spp.，*Tricolpites* spp.，*Corsinipollenites* sp.（图 2-18o），*Periporopollenites* sp.（图 2-19t）和 Proteaceae。发现 1 粒 *Podocarpidites* 花（*Podocarpidites* sp. 2，图 2-18i）。偶见蕨类孢子 *Laevigatosporites ovatus* Wilson & Webster（图 2-18e）和 *Retitriletes* sp.（图 2-18c）。零星出现的苔藓孢子有 *Triporoletes* sp（图 2-18a）和 *Stereisporites* sp.（图 2-18d）。少量的藻类植物有 *Leiosphaeridia* sp.（图 2-18b）和 *Schizophacus parvus*（Cookson & Dettmann）Pierce（图 2-18g）。一些样品含有丰富的植物碎片、角质层和牙形刺（图 2-18l）。

本孢粉组合 3 个样品中 *Chenopodipollis* sp.［图 2-19（m、n、o）］花粉的含量达到 50%以上。其他被子植物花粉含量稀少，其中包括 7 粒 *Nothofagus* 花粉，鉴定为 *Nothofagidites lachlaniae*［图 2-19（a、b）］，*Nothofagidites* cf. *flemingii*（图 2-19e）和 *Nothofagidites* sp.（图 2-19c，d）。这些 *Nothofagus* 花粉较破碎和撕裂或生有皱痕。在判定这些稀少和破损的 *Nothofagus* 花粉是同沉积花粉还是从老地层来的再沉积花粉存在一定的困难。*Tricolpites* spp. 花粉在本孢粉组合连续出现。

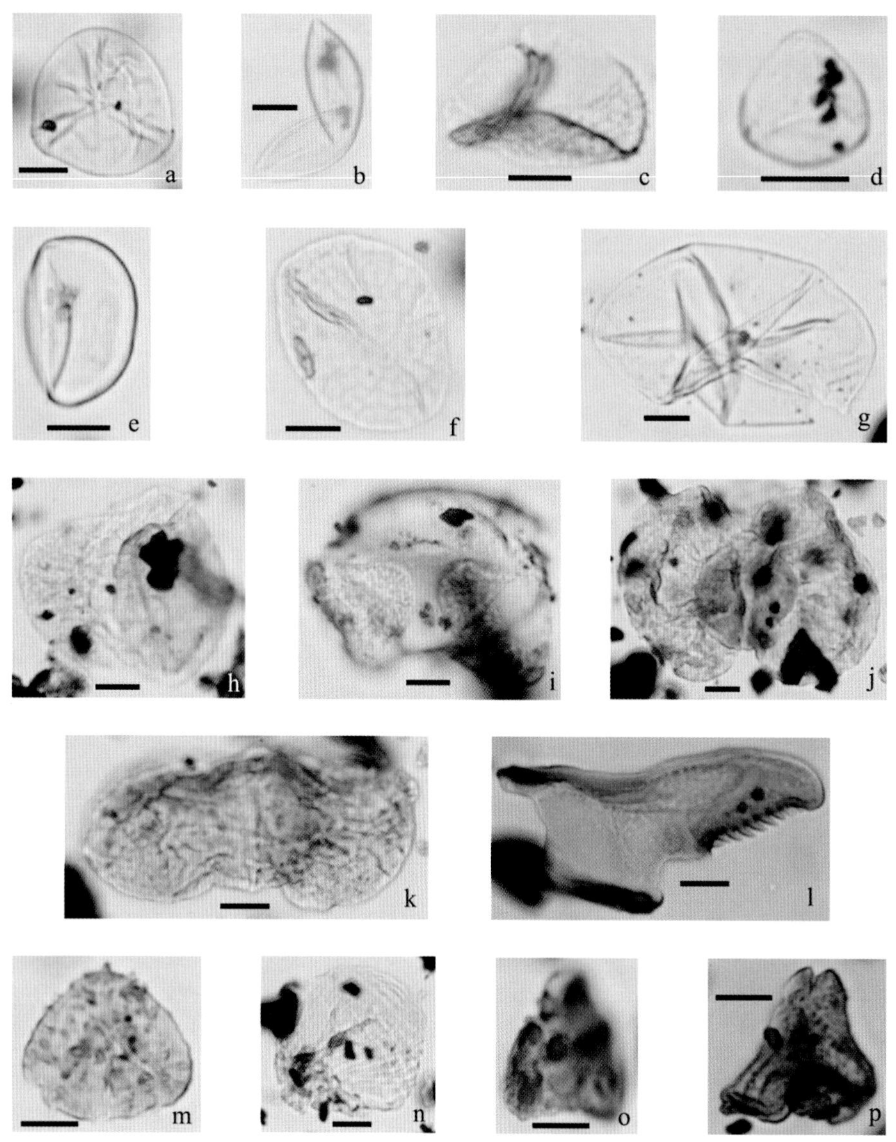

图 2-18　Pagodroma 群部分孢型

a. *Triporoletes* sp.；b. *Leiosphaeridia* sp.；c. *Retitriletes* sp.；d. *Stereisporites* sp.；e. *Laevigatosporites ovatus* Wilson & Webster；f. *Coptospora* sp.；g. *Schizophacus parvus*（Cookson & Dettmann）Pierce；h. *Podocarpites* sp. 1；i. *Podocarpidites* sp. 2；j. *Striatopodocarpidites* sp.；k. *Protohaploxypinus* sp.；l. Mouth part of Polychaete Worm；m. *Horriditriletes ramosus*（Balme & Hennelly）Bharadwaj & Salujha；n. *Cicatricosisporites* sp.；o. *Corsinipollenites* sp.；p. *Forcipites* sp.；比例尺 = 10 μm

3）Fisher Bench 组

本孢粉组合 3 个样品中的 2 个样品孢粉含量稀少。另外 1 个样品中同沉积孢粉含量较丰富，其种类和数量类似于 Battye Glacier 组，但其含量总体来说还是较低。本孢粉组合中仅发现 7 粒二叠纪—中生代再沉积孢粉。Fisher Bench 组 PCM 90-6 样品孢粉组合也以 *Chenopodipollis* spp. 花粉占优势，伴有零星的 *Podocarpidites* 和 *Tricolpites* 花粉。仅发现 1 粒 *Nothofagidites* 花粉。本孢粉组合中其他被子植物花粉还有 Asteraceae（图 2-19p），Casuarinaceae（图 2-19q）和 *Triporopollenites* sp.（图 2-19s）花粉。单粒蕨类孢子 *Laevigatosporites ovatus* 出现。还发现苔藓类孢子 *Coptospora* sp.（图 2-19f）和 *Stereisporites* sp.。藻类 *Leiosphaeridia* 连续出现。

4）Mt Johnston 组

Mt Johnston 组 2 个样品中的新生代孢粉含量较少。被子植物花粉包括：4 粒 *Graminidites* sp. [Poaceae]（图 2-19r），1 粒 *Tricolpites* sp. 和 1 粒 Proteaceae。没有发现 *Chenopodipollis* 花粉。其他的新生代分子可能还有 1 粒 *Stereisporites* sp. 孢子和 3 粒 *Leiosphaeridia* sp. 孢子。本孢粉组合仅发现 1 粒二叠纪再沉积双气囊花粉。

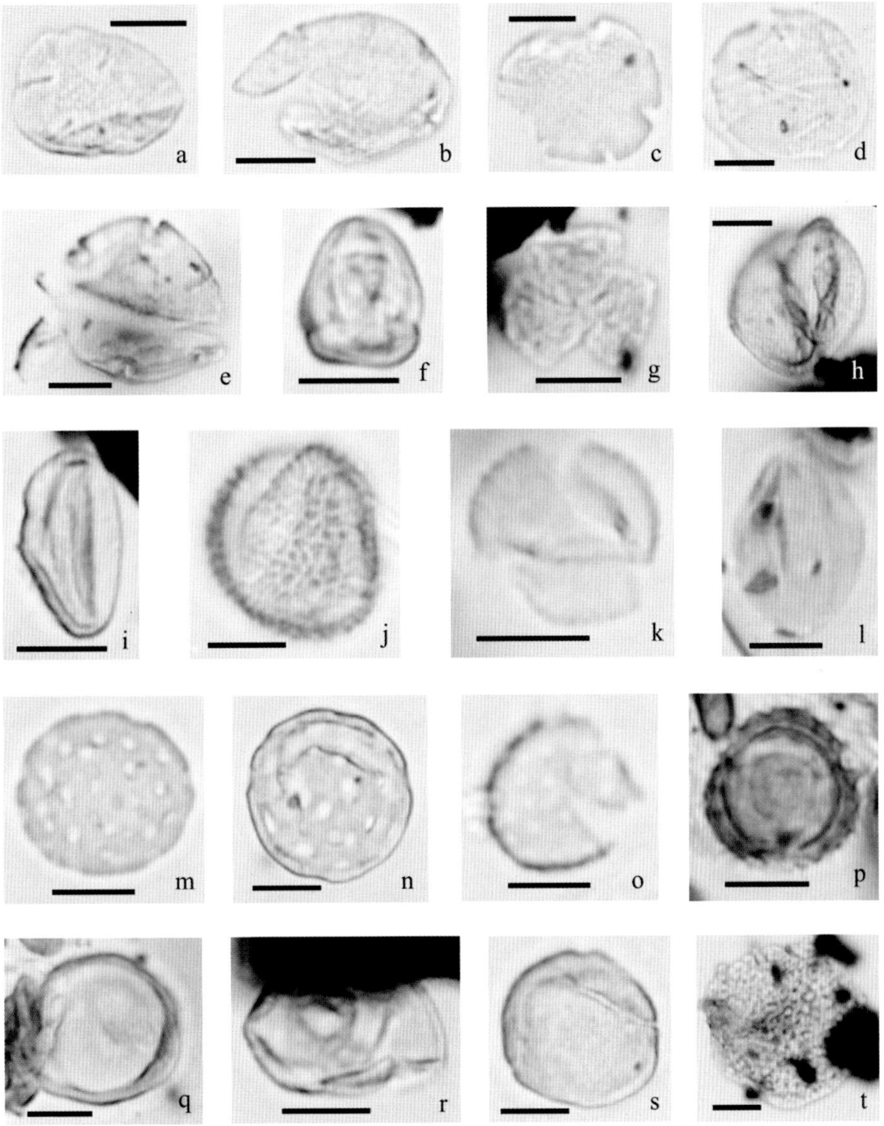

图 2-19　Pagodroma 群部分孢型

a. *Nothofagidites lachlaniae*（Couper）Pocknall & Mildenhall；b. *Nothofagidites lachlaniae*（Couper）Pocknall & Mildenhall；c. *Nothofagidites* sp. 1；d. *Nothofagidites* sp. 2，PCM 90-6，L22495/1，G44（4），28 μm；e. *Nothofagidites* cf. *flemingii*（Couper）Potonié；f. *Tricolpites* sp. 1；g. *Tricolpites* sp. 2；h. *Tricolpites* sp. 3；i. *Tricolpites* sp. 4；j. *Tricolpites* sp. 5；k. *Tricolpites* sp. 6；l. *Tricolporites* cf. *paenestriatus* Stover；m. *Chenopodipollis* sp. 1；n. *Chenopodipollis* sp. 2；o. *Chenopodipollis* sp. 3；p. Asteraceae，PCM 90-6；q. Casuarinaceae；r. *Graminidites* sp.；s. *Triporopollenites* sp.；t. *Periporopollenites* sp.；比例尺 = 10 μm

2.4.3 古植被与古环境

Pagodroma 群孢粉总体印象是含量非常低。稀有的孢粉可能是由于沉积时期周围陆地稀有的边缘植被产生的，也可能是由于快速沉积稀释的结果（Cape Roberts Science Team，1998）。

Mt Johnston 组同沉积孢粉非常稀少，零星出现几种被子植物花粉，*Graminidites*、Proteaceae 和 *Tricolpites* 花粉。罗斯海地区 AND-2A 钻孔中中新世剖面首次出现 Poaceae 化石花粉（Taviani et al.，2008—2009），虽然 CIROS-1 序列之前曾经报道过类似的孢型，但没有地层信息（Mildenhall，1989）。Prydz Bay 晚始新世—早渐新世记录的 Poaceae 花粉被认为是现代污染的（Truswell et al.，2009）。在相对较丰富的北查尔斯王子山样品中，没有发现 Poaceae 花粉，加之缺乏渐新世分子 *Nothofagidites* 花粉，可能意味着 Mt Johnston 组 Poaceae 花粉也是污染的。Bardin Bluffs 组新生代孢粉仅包括极其稀少的再沉积分子。

相对较丰富的 Battye Glacier 组和 Fisher Bench 组孢粉组合特征是以 *Chenopodipollis* 花粉占优势，含量超过 50%。*Chenopodipollis* 花粉在澳大利亚的出现不早于渐新世（Martin，1978）。前人研究表明，*Chenopodipollis* 花粉在罗斯海地区仅零星出现，但被认为是同沉积花粉。*Chenopodipollischenopodiaceoides* 出现在 CIROS-1 孢粉组合（Mildenhall，1989）。*Chenopodipollis* sp. 花粉也出现在 CRP 钻孔的渐新世—早中新世沉积地层（Cape Roberts Science Team，1998；Raine，1998；Raine et al.，2001）。Wilson 等（1998）在 Reedy Valley 的 Sirius 群地层就发现了一粒藜科花粉。在横断山脉 Oliver Bluffs 上 Sirius 群的 Meyer Desert 组发现一个小肾形 Chenopodiaceae 或 Myrtaceae 种子（Ashworth et al.，2004）。从这些地层数据可以推断出，Pagodroma 群相对较丰富的藜科花粉不是从老地层再沉积来的，而是来自生长在南极大陆的中中新世晚期至晚中新世植物。*Chenopodipollis* spp. 化石花粉可能与 Chenopodiaceae 和 Amaranthaceae 有关，但也有些与 Caryophyllaceae 的 *Colobanthus* 有关。Chenopodiaceae 和 Amaranthaceae 多为旱生或盐碱地草本植物，如沿海盐沼。垫状草 *Colobanthus* 是现代亚南极和南半球高山环境下的一个特征属，是在南极大陆的两个开花植物之一（Moore et al.，1978）。

除藜科花粉外的其他被子植物花粉不常见。假山毛榉科花粉是罗斯海地区 DSDP Site 274、CRP-1、CRP-2A/A 和 CRP-3 钻孔渐新世—早中新世最重要的孢粉种属（Fleming & Barron，1996；Raine，1998；Askin et al.，2000；Raine et al.，2001）。假山毛榉科花粉的缺乏指示 Battye Glacier 组和 Fisher Bench 组的年龄可能晚于早中新世，这与硅藻的研究结果一致（Whitehead et al.，2003，2004）。*Nothofagidites lachlaniae* 是横断山脉 Sirius 群发现的唯一假山毛榉属种（Hill et al.，1993），但是 Sirius 群属于上新世的定年存在争议。Pagodroma 群孢粉组合中假山毛榉科花粉仅零星出现，但这类花粉的产量很大，说明这类花粉不是 Battye Glacier 组和 Fisher Bench 组沉积时期当地植物产生的，可能是来自老地层的再沉积花粉或是被风长距离搬运来的污染物。

还发现一些新生代分子可以肯定是再沉积的。有些化石孢粉的外壁颜色明显比较深，如 *Casuarinidites* sp. 和 *Triporopollenite* sp. 等。Casuarinaceae 花粉出现在南极罗斯海地区的 MSSTS-1、CIROS-1、CRP-1 和 CRP-3 钻孔中，被认为是从老地层再沉积的花粉（Truswell，1986；Mildenhall，1989；Raine，1998；Raine et al.，2001）。Casuarinaceae 花粉还出现在始新世 McMurdo 漂砾中（Askin，2000），也是澳大利亚和新西兰始新世地层的特征成分。说明这些孢粉粒可能是从较老的新生代地层再沉积来的，经过了先前埋藏期间的热蚀变。

其他被子植物花粉主要是草本植物。一些三沟粉属可能属于 Ranunculaceae 和 Gunneraceae 等，*Corsinipollenites epiloboides* 的最近亲缘种为草本植物 *Epilobium*（Onagraceae），其他的三沟粉属还不是很清楚。基于 Asteraceae 花粉缺乏原生质，可能是化石花粉。罗斯海地区 CRP-3 钻孔早渐新世 781.36 mbsf 和 797.88 mbsf 处发现缺乏原生质 Asteraceae 花粉，并认为是化石花粉的可能性大，但不完全排除实验室污染（Raine & Askin，2001）。Mildenhall（1989）也在 CIROS-1 序列的下部中鉴定出类似的孢粉，但认为是由污染而来的。然而，Truswell 等（2005）发现 Heard Island 晚中新世 Drygalski 组的孢粉组合是以 Asteraceae-Poaceae 花粉占优势，巩固为化石花粉。

Battye Glacier 组和 Fisher Bench 组孢粉组合中的罗汉松科和蕨类植物孢粉虽然保存完好，但由于含量太少，而不能完全肯定是同沉积孢粉。*Podocarpidites* sp. 花粉类似于南极罗斯海地区 CRP-3 钻孔的 *Podocarpidites* sp. 和 *Podocarpidites* sp.（Raine et al.，2001）。双气囊花粉能被搬运很长的距离，因此这些花粉可能是被风长距离搬运来的。

蕨类孢子零星出现在 CRP-3 钻孔渐新世沉积中，但这些孢子被鉴定为再沉积分子（Raine et al.，2001）。相反，苔藓类孢子 *Coptospora* 和 *Triporoletes* 在罗斯海地区中新世地层比早于中新世地层更丰富。*Coptospora* 孢子是 Sirius 群和罗斯海地区渐新世—早中新世地层中孢粉组合的重要成分（Prebble et al.，2006）。Battye Glacier 组和 Fisher Bench 组孢粉组合中的苔藓类孢子可能是准同沉积孢子。南极罗斯海地区 CRP-3 钻孔早渐新世剖面和 AND-2A 钻孔渐新世—早中新世剖面曾经出现 *Retitriletes* 属孢子（Raine et al.，2001；Taviani et al.，2008—2009）。*Retitriletes* sp. 可能与 Lycopodiaceae 有关。还发现石松科孢子 *Lycopodiumsporites* sp.，这类孢子也出现在南极罗斯海地区 CRP-3 钻孔的上部（Raine et al.，2001）。另外，藻类大量存在。*Leiospheres* 是 Prydz Bay 中 ODP site 1165 钻孔中中新世海相沉积中最常见的原位孢粉（Hannah，2006），但在 Sirius 群淡水沉积中也非常丰富（Lewis et al.，2008）。

综上所述，Battye Glacier 组和 Fisher Bench 组孢粉组合特征指示其年龄可能为中中新世—晚中新世，这与硅藻的研究结果一致。

南极大陆始新世孢粉组合反映以多种假山毛榉科占绝对优势的 Nothofagus-podocarp-Proteaceae 植被类型。随着始新世—渐新世之交的变冷事件，渐新世地层中植物化石的含量相对减少。一般认为，Nothofagus 最早出现于白垩纪，在渐新世最为繁盛（Burckle et al.，1991）。渐新世早期，低灌木或低矮的 Nothofagus-podocarp 密闭森林生长在南极大陆较温暖的地区（Prebble et al.，2006）。罗斯海地区 CRP 钻孔渐新世—早中新世孢粉组合以低丰富度的假山毛榉科花粉占优势，伴有罗汉松科、草本植物和苔藓植物，反映苔原植被类型，并在条件适宜的地区生长的低矮木本植物（Raine，1998；Askin et al.，2000；Raine et al.，2001；Prebble et al.，2006）。横断山脉地区 Sirius 群 Meyer Desert 组孢粉组合类似于 CRP 钻孔渐新世—早中新世孢粉组合，也是以假山毛榉科花粉占优势（Askin et al.，1986）。罗斯海地区 AND-2A 钻孔中中新世孢粉组合反映由假山毛榉科、罗汉松科、苔藓植物和其他被子植物花粉等组成的苔原植被（Taviani et al.，2008—2009）。横断山脉地区新近纪孢粉组合表明南极大陆的气候直至中中新世仍适宜维管植物生长（Ashworth et al.，2007，Lewis et al.，2008）。南极半岛 James Ross Island 孢粉组合显示上新世该地区仍被植被覆盖（Salzmann et al.，2011）。新近纪随着气温继续下降，南极钻孔沉积物和露头研究表明植物逐渐适应在越来越冷的环境中生存。

2.4.4 古生代—中生代再沉积孢粉

自渐新世开始，南极大陆开始被冰盖覆盖，冰进和冰退导致先前沉积物的再沉积。冰盖的增长增加内陆碎屑的供应，主要是来自兰伯特地堑的边缘和斜坡。再沉积孢粉的出现可能是存在大规模的冰流。再沉积孢粉是沉积物源分析的有效方法之一。

Pagodroma 群的 Fisher Bench 组和 Mt Johnston 组再沉积孢粉含量稀少，Bardin Bluffs 组和 Battye Glacier 组再沉积孢粉非常丰富。Fisher Bench 组和 Mt Johnston 组再沉积孢粉含量稀少，Fisher Massif 的孢粉组合中极少量的二叠纪—三叠纪再沉积孢粉与这个地区缺乏二叠纪—三叠纪沉积地层一致。Bardin Bluffs 组和 Battye Glacier 组孢粉组合中二叠纪—中生代再沉积孢粉非常丰富并贯穿始终，并且含量丰富（含量 70%以上），说明当时该区域冰川活动剧烈。

Bardin Bluffs 组和 Battye Glacier 组再沉积孢粉可识别出两个年龄组：侏罗纪—白垩纪分子和二叠纪—三叠纪分子。它们包括带纹饰的和不带纹饰的双气囊花粉和多种孢子。侏罗纪—白垩纪再沉积孢粉 *Cicatricosisporites* 仅偶见在 Amery Oasis 的孢粉组合中。Amery Oasis 的孢粉组合出现侏罗纪—白垩纪和新生代早期再沉积孢粉，但在目前的 Amery Oasis 无冰区缺乏该时期的沉积地层，目前尚不清楚这些再沉积孢粉的来源。二叠纪—三叠纪分子可能来源于 Amery Oasis 的二叠纪—三叠纪沉积地层 Amery 群。Bardin Bluffs 组二叠纪—三叠纪再沉积孢粉和黑色煤物质数量明显多，这说明 Bardin Bluffs 组比 Battye Glacier 组接收二叠纪—三叠纪 Amery 群沉积地层侵蚀的数量更多，表明该地区上新世—早更新世时期的冰川活动比中—晚中新世更剧烈。

对东南极北查尔斯王子山的 *Pagodroma* 群进行陆相孢粉学研究，提供了年代学证据并恢复了其地质时期的古植被。新生代 *Pagodroma* 群同沉积孢粉总体上稀少，但中中新世晚期—晚中新世 Battye Glacier 组和 Fisher Bench 组相对较丰富。Battye Glacier 组和 Fisher Bench 组孢粉组合以低丰富度草本植物花粉为主，*Chenopodipollis* 花粉占优势，伴有少量其他被子植物和苔藓孢子，反映草本—苔原植被，气候类似于现今温凉—寒冷的亚南极地区。

Pagodroma 群 Bardin Bluffs 组和 Battye Glacier 组孢粉组合中二叠纪—中生代再沉积孢粉非常丰富并贯穿始终，并且含量丰富（含量 70%以上），表明中晚中新世和上新世—更新世期间，冰川活动剧烈。这些二叠纪—三叠纪分子可能来源于 Amery Oasis 的二叠纪—三叠纪沉积地层 Amery 群，目前尚不清楚侏罗纪—白垩纪和新生代早期再沉积孢粉的来源，因为目前在 Amery Oasis 无冰区缺乏该时期的沉积地层。Bardin Bluffs 组和 Battye Glacier 组二叠纪—中生代再沉积孢粉非常丰富并贯穿始终，表明中—晚中新世和上新世—更新世 Amery 冰架扩张期间，冰川活动剧烈，支持动态论观点。

2.5 结语与展望

近年来，利用生物粪土层这一特殊载体，我们详细研究了南极海鸟、海兽的生态变化历史、南极生态系统动物—植被相互作用的演化记录、南极古气候变化以及人类文明和人类活动对南极南大洋产生的影响等，取得了较为丰富的原创性成果。但目前多数此类相关的研究区域主要还是集中在为数不多的几个地区，好在通过国际合作我们已将工作扩展至环南极麦克默多站、戴维斯站和西班牙站等，未来希望能够有更多的机会完善研究内容在时空上的分布，全面研究环南极无冰区纬向和经向的生态环境变化过程，从整体上认识气候环境变化对南极大陆及南大洋生态系统的影响，加强与海洋沉积记录和西太平洋气候与环境的对比研究，为预测未来南极生态系统与全球变化的发展趋势提供科学依据。同时，从历史角度要深入评估南极海鸟、海兽的生物传输可能对南极无冰区生态环境的影响及其机制，为更好地保护极地生态环境的政策制定提供科学依据。

近年来，全球变暖在南极特别是南极半岛地区显得越发明显，气候变化对南极海冰、南大洋生产力已经产生了显著的影响，进而将会影响到南大洋各级生物种群，特别是对关键物种磷虾的种群动态研究及其在南大洋食物链作用的深入认识需要进一步的开展。南极是天然的地质微生物实验室，研究湖泊沉积物、冰盖、冰芯中微生物的生态结构、多样性及其分子生物标志物等将可以揭示极端环境条件下微生物群落的多样性、演化过程，同时能够反映古环境、古气候和古生态变化。

综合格罗夫山地区冰川地质地貌的风蚀与冰蚀特征、极寒冷荒漠土壤的形成年代、沉积岩转石的沉积环境分析、沉积岩和土壤中的孢粉组合的古气候环境及年代分析，以及原地生成宇宙成因核素等多种方法手段的研究结果，可以详细描述格罗夫山地区上新世早期以来冰盖进退的历史过程。东南极大冰盖形成以后并非稳定演化至今。在上新世早期以前，东南极内陆冰盖曾经出现过大规模的消融，即东南极大陆冰川的前缘至少曾经退缩到格罗夫山地区，距现今冰盖边缘 400 km。当时的冰盖规模甚至不到现今的 1/3。之后，东南极冰盖又迅速膨胀，到距今 2.3 Ma 时，冰面至少超过现今高度约 400 m。以后冰面缓慢平稳下降，至 1.6 Ma 时，东南极冰盖进入第四纪振荡期，但重新上升的冰面再也没有超过现今高度的 100 m 以上。目前，通过格罗夫山冰雷达探测已经初步发现 19 个冰下沉积盆地，两个冰下液态湖泊。今后继续开展更大范围的冰下地形探测，将更全面掌握格罗夫山冰下地形状态及规律，掌握冰下水系统的状态及动力学机制。选择典型的冰下盆地（冰下湖）实施透冰地质取样钻探，必将获得极其珍贵的数据，为了解东南极冰盖演化奠定坚实的科学基础。

在目前新生代孢粉组合研究的基础上，今后将继续对格罗夫山大量冰碛沉积岩砾石开展更广泛的研究，扩大数据覆盖面，提高孢粉年代的精度。尤其是对南查尔斯王子山露岩区以及南极横断山脉相应年代地层的考察取样，可以使孢粉组合的研究获得更加有说服力的结论，提供冰盖演化更加充实的可靠科学证据。

参考文献

陈衍景，1991. 23 亿年灾变事件的揭示对传统地质理论的挑战. 地球科学进展，6（2）：63-68.

方爱民，刘小汉，黄费新. 2007. 东南极内陆格罗夫山地区新生代冰川活动和古气候演化记录. 极地研究，19（1）：61-68.

方爱民，刘小汉，李潇丽，等. 2003. 东南极格罗夫山地区新生代冰碛岩（物）的沉积环境及其意义. 自然科学进展，13（12）：1266-1274.

方爱民，刘小汉，王伟铭，等. 2004. 东南极格罗夫山地区新生代冰碛岩（物）中孢粉的发现及其意义. 第四纪研究，24（6）：645-653.

方爱民，刘小汉，李钟益，等. 2003. 从南极冰盖的气候演化研究历史的回顾看格罗夫山地区新生代沉积岩发现的意义. 极地研究，15（2）：138-150.

方小敏，吕连清，杨胜利，等. 2001. 昆仑山黄土与中国西部沙漠发育和高原隆升. 中国科学，31（3）：177-184.

顾兆炎，刘东生. 1997. Lal D.^{10}Be 和^{26}Al 在地表形成和演化研究中的应用. 第四纪研究，3：211-221.

黄费新，刘小汉，孔屏，等. 2004. 东南极内陆格罗夫山地区基岩暴露年龄研究. 极地研究，16（1）：22-28.

李潇丽，刘小汉，方爱民，等. 2003. 东南极格罗夫山地区晚第三纪孢粉的发现. 海洋地质与第四纪地质，23（1）：35-39.

李潇丽，刘小汉，琚宜太，等. 2002. 东南极格罗夫山地区的土壤特征. 中国科学，32-9：767-775（SCI）.

刘东生，等. 1985. 黄土与环境. 北京：科学出版社：1-81.

刘小汉，赵越，刘晓春，等. 2002. 东南极格罗夫山地质特征——冈瓦纳最终缝合带的新证据. 中国科学（D 辑），（6）：102-114.

刘小汉，方爱民，郝杰，等. 2001. 东南极大陆腹地首次发现新生代沉积岩. 地质科学，36（1）：119-121.

刘小汉，赵越，刘晓春. 2004. 东南极格罗夫山地质特征及其大地构造意义. 见：陈立奇. 南极地区对全球变化的响应和反馈作用研究. 北京：海洋出版社：453-465.

罗先汉. 1992. 论全球巨变的银河悬臂成因，北京大学学报（自然科学版），28（3）：361-370.

施雅风，李吉均，李炳元. 1998. 青藏高原晚新生代隆升与环境变化. 广州：广东科技出版社：1-463.

孙立广，谢周清，刘晓东，等. 2006. 南极无冰区生态地质学. 北京：科学出版社.

孙立广，谢周清，赵俊琳. 2000a. 南极阿德雷岛湖泊沉积：企鹅粪土层识别. 极地研究，12（2）：105-112.

孙立广，谢周清，赵俊琳. 2000b. 南极德雷岛湖泊沉积物 Sr/Ba 与 B/Ga 比值特征. 海洋地质和第四纪地质，20（4）：44-46.

张勤文，1989，事件地层学与地外灾变事件. 长春地质学院学报，19（1）：1-45.

赵俊琳. 1991. 南极长城站地区现代环境地球化学特征与自然环境演变. 北京：科学出版社.

Aimin Fang, Xiaohan Liu, Weiming Wang, et al. 2009. Cenozoic terrestrial palynological assemblages in the glacial erratics from the Grove Mountains, east Antarctica: Progress in Natural Science, 19: 851-859.

Aimin Fang, Xiaohan Liu, Xiaoli Li, et al. 2005a. Cenozoic glaciogenic sedimentary record in the Grove Mountains of East Antarctica: Antarctic Science, 17 (2): 237-240.

Anderson JB. 1999. Antarctic Marine Geology. Cambridge: Cambridge University Press: 1-289.

Ashworth AC, Cantrill DJ. 2004. Neogene vegetation of the Meyer Desert Formation (Sirius Group) Transantarctic Mountains, Antarctica. Palaeogeography, Palaeoclimatology, Palaeoecology, 213: 65-82.

Ashworth AC, Lewis AR, Marchant DR, et al. 2007. The Neogene biota of the Transantarctic Mountains. Related Publications from ANDRILL Affiliates, Paper 5, http://digitalcommons. unl. edu/andrillaffiliates/5.

Askin RA. 2000. Spores and pollen from the McMurdo Sound erratics, Antarctica. In: Stilwell J D, Feldmann R M eds. Palaeobiology and Palaeoenvironments of Eocene Rocks, McMurdo Sound, East Antarctica. Antarctic Research Series, 76: 161-181.

Askin RA, Markgraf V. 1986. Palynomorphs from the Sirius Formation, Dominion Range, Antarctica. Antarctic Journal of the United States, 21: 34-35.

Askin RA, Raine JI. 2000. Oligocene and Early Miocene terrestrial palynology of Cape Roberts Drillhole CRP-2/2A, Victoria Land Basin, Antarctica. Terra Antartica, 7: 493-501.

Atkinson A, Siegel V, Pakhomov E, et al. 2004. Long-term decline in krill stock and increase in salps within the Southern Ocean. Nature, 432: 100-103.

Bardin VI, Belevich AM. 1985. Early glacial deposits in the Prince Charles Mountains. Antarktika doklady komisii, 24: 76-81. [In Russian]

Bardin VI. 1982. Lithology of East Antarctic moraines and some problems of Cenozoic history. In: C Craddock Antarctic Geoscience. Madison: University of Wisconsin Press: 1069-1076.

Baroni and Orombelli. 1994. Abandoned penguin rookeries as Holocene paleoclimate indicators in Antarctica. Geology, 22: 23-26.

Barrett PJ. 2002. Antarctic Climate Evolution: the Next Step, AGU 2002 Fall Meeting, AGU. 83 (47), PP22B, Abs. F950.

Barrett PJ, Adams CJ, McIntosh CC. 1992. Geochronological evidence supporting Antarctic deglaciation three million years ago. Nature, 359: 816-818.

Barrett PJ. 1989, Antarctic Cenozoic history from the CIROS-1 drillhole, McMurdo Sound. DSIR Bulletin, 245: 1-254.

Bart PJ, Anderson JB. 2000. Relative temporal stability of the Antarctic Ice Sheet during the Late Neogene based on the minimum frequency of outer shelf grounding events. Earth and Planetary Science Letters, 182: 259-272.

Bart PJ. 2001. Did the Antarctic ice sheets expand during the early Pliocene? Geological Society of America, 29 (1): 67-70.

Bartoli G, Sarnthein M, Weinelt M, et al. 2005. Final closure of Panama and onset of northern hemisphere glaciation. EPSL, 237: 33-44.

Bell RE, Studinger M, Shuman CA, et al. 2007. Large subglacial lakes in East Antarctica at the onset of fast-flowing ice streams. Nature, 445: 904-907.

Bentley MJ. 1999. Volume of Antarctic Ice at the Last Glacial Maximum, and its impact on global sea level change. Quaternary Science Reviews, 18: 1569-1595.

Burckle LH, Stroeven AP, Bronge C, et al. 1996. Deficiencies in the diatom evidence for a Pliocene reduction of the East Antarctic ice sheet. Paleoceanography, 11 (4): 379-389.

Burckle LH, Pokras EM. 1991. Implications of Pliocene stand of Nothofagus (southern beech) within 500 kilometres of the South Pole. Antarctic Science, 3: 389-403.

Campbell IB, Claridge GGC. 1975. Morphology and age relationships of Antarctic soils. In Suggate R P, Cresswell M M (editors). Quaternary studies. Royal Society of New Zealand Bulletin, 13: 83-88.

Cape Roberts Science Team. 1998. Miocene Strata in CRP-1, Cape Roberts Project, Antarctica. Terra Antartica, 5: 63-124.

Chen QQ, Liu XD, Nie YG, et al. 2013. Using visible reflectance spectroscopy to reconstruct historical changes in chlorophyll a concentration in East Antarctic ponds. Polar Research, 32: 19932, http://dx. doi. org/10. 3402/polar. v32i0. 19932.

Clapperton CM, Dugden DE. 1991. Late Cenozoic glacial history of the Ross Embayment, Antarctic. Quaternary Science Reviews, 9: 253-272.

Denton GH, Hughs TJ. 2002. Reconstructing the Antarctic Ice Sheet at the Last Glacial Maximum. Quaternary Science Reviews, 21: 193-202.

Denton GH, Prentice ML, Burckle LH. 1991. Cainozoic history of the Antarctic ice sheet. In: Tingey R J ed. The Geology of Antarctica. Oxford: Clarendon Press: 365-433.

Domack E, et al. 1998. Late Quaternary sediment facies in Prydz Bay, East Antarctica and their relationship to glacial advance onto the continental shelf. Antarctic Science, 10 (3): 236-246.

Emslie SD, Coats L, Licht K. 2007. A 45 000 yr record of Adélie penguins and climate change in the Ross Sea, Antarctica. Geology, 35: 61-64.

Fang Aimin, Liu Xiaohan, Lee Jong Ik, et al. 2004. Sedimentary environments of the Cenozoic sedimentary debris found in the moraines of the Grove Mountains, east Antarctica and its climatic implications. Progress in Natural Science, 14 (3): 223-234.

Fang Aimin, Liu Xiaohan, Wang Weiming, et al. 2005b. Preliminary study on the spore-pollen assemblages found in the Cenozoic sedimentary rocks in Grove Mountains, East Antarctica and its climatic implications. Chinese Journal of Polar Research, 16 (1): 23-32.

Feixin Huang, Xiaohan Liu, Ping Kong, et al. 2007. Fluctuation History of the Interior East Antarctic Ice Sheet since Mid-Pliocene, Antarctic Science, doi: 10. 1017/s0954102007000910.

Fielding CR, Harwood DM, Winter DM, et al. 2012. Neogene stratigraphy of Taylor Valley, Transantarctic Mountains, Antarctica: Evidence for climate dynamism and a vegetated Early Pliocene coastline of McMurdo Sound. Global and Planetary Change, 96-97: 97-104.

Fielding CR, Webb JA. 1996. Facies and cyclicity of the Late Permian Bainmedart Coal Measures in the Northern Prince Charles Mountains, MacRobertson Land, Antarctica. Sedimentology, 43: 295-322.

Fleming RF, Barron JA. 1996. Evidence of Pliocene *Nothofagus* in Antarctica from Pliocene marine sedimentary deposits (DSDP Site 274). Marine Micropalaeontology, 27: 227- 236.

Fleming RF, Barron JA. 1996. Evidence of Pliocene Nothofagus in Antarctica from Pliocene marine sedimentary deposits (DSDP Site 274). Marine Micropaleontology, 27: 227-236.

Hambrey MJ, McKelvey BC. 2000. Neogene fjordal sedimentation on the western margin of the Lambert Graben, East Antarctica. Sedimentology, 47: 577-607.

Hambrey MJ, McKelvey B. 2000a. Major Neogene fluctuations of the East Antarctic ice sheet: Stratigraphic evidence from the Lambert Glacier region. Geology, 28: 887-890.

Hambrey MJ, McKelvey B. 2000b. Neogene fjordal sedimentation on the western margin of the Lambert Graben, East Antarctica. Sedimentology, 47: 577-607.

Hannah MJ. 2006. The palynology of ODP site 1165, Prydz Bay, East Antarctica: a record of Miocene glacial advance and retreat. Palaeogeography, Palaeoclimatology, Palaeoecology, 231: 120-133.

Harwood DM. 1983. Diatoms from the Sirius Formation, Transantarctic Mountains. Antarctic Journal of the United States, 18: 98-100.

Harwood DM, Mcminn A, Quilty PG. 2000. Diatom biostratigraphy and age of the Pliocene Sorsdal formation, Vestfold Hills, east Antarctica. Antarctic Science, 12 (4), 443-462.

Harwood DM. 1986. Recycled siliceous microfossils from the Sirius Formation. Antarctic Journal of the United States, 21 (5): 101-103.

Heusser LE. 1981. Pollen analysis of selected samples from Deep Sea Drilling Project Leg 63. Initial Report of DSDP, 28: 559-563.

Higham M, Craven M, Ruddell A, et al. 1997. Snow-accumulation distribution in the interior of the Lambert Glacier basin, Antarctica. Annals of Glaciology, 25: 412-417.

Hill RS, Truswell EM. 1993. *Nothofagus* fossils in the Sirius Group Transantarctic Mountains. In Kennett J P, Warnke D, eds. The Antarctic Paleoenvironment: A Perspective on Global Change. Antarctic Research Series, 60: 67- 73.

Hu QH, Sun LG, Xie ZQ, et al. 2013. Increase in penguin populations during the Little Ice Age in the Ross Sea, Antarctica. Scientific Reports, 3: 2472.

Huang J, Sun LG, Huang W, et al. 2010. The ecosystem evolution of penguin colonies in the past 8 500 years on Vestfold Hills, East Antarctica. Polar Biology, 33: 1399-1406.

Huang J, Sun LG, Wang XM, et al. 2011b. Ecosystem evolution of seal colony and the influencing factors in the 20th century on Fildes Peninsula, West Antarctica. Journal of Environmental Sciences, 23 (9): 1431-1436.

Huang Feixin, Li Guangwei, Liu Xiaohan, et al. 2010. Minimum Bedrock Exposure Ages and Their Implications: Larsemann Hills and Neighboring Bolingen Islands, East Antarctica. ACta Geologica Sinica-English Edition, 84 (3): 543-548.

Huang Feixin, Liu Xiaohan, Kong Ping, et al. 2008. Fluctuation history of the interior East Antarctic Ice Sheet since mid-Pliocene. Antarctic Science, 20 (2): 197-203.

Huang T, Sun LG, Wang YH, et al. 2009a. Penguin occupation in the Vestfold Hills. Antarctic Science, 21 (2): 131-134.

Huang T, Sun LG, Wang YH, et al. 2009b. Penguin population dynamics for the past 8 500 years at Gardner Island, Vestfold Hills. Antarctic Science, 21 (6): 571-578.

Huang T, Sun LG, Wang YH, et al. 2011a. Late Holocene Adélie penguin population dynamics at Zolotov Island, Vestfold Hills, Antarctica. Journal of Paleolimnology, 45 (2): 273-285.

Huang T, Sun LG, Stark J, et al. 2011c. Relative changes in krill abundance inferred from Antarctic Fur Seal. PLoS ONE, 6 (11): e27331.

Huang T, Sun LG, Long NY, et al. 2013. Penguin tissue as a proxy for relative krill abundance in East Antarctica during the Holocene. Scientific Reports, 3: 2807.

Huang T, Sun LG, Wang YH, et al. 2014a. Paleodietary changes by penguins and seals in association with Antarctic climate and sea ice extent. Chinese Science Bulletin, DOI: 10. 1007/s11434-014-0300-z.

Huang T, Sun LG, Wang YH, et al. 2014b. Transport of nutrients and contaminants from ocean to island by emperor penguins from Amanda Bay, East Antarctic. Science of the Total Environment, 468: 578-583.

Ingólfsson Ó, Hjort C, Berkman PA, et al., 1998, Antarctic glacial history since the Last Glacial Maximum: an overview of the record on land. Antarctic Science, 10: 326-344.

Ivy-Ochs S, Schlüchter C, Kubik PW, et al. 1995. Minimum 10Be exposure ages of early Pliocene for the Table Mountain plateau and the Sirius Group at Mount Fleming, Dry Valleys, Antartica. Geology, 23 (11): 1007-1010.

Jansen E, Sjoholm J. 1991. Reconstruction of glaciation over the past 6 Myr from ice-borne deposits in the Norwegian Sea. Nature, 349 (14): 601-603.

Joseph LH, Rea DK, Van Der Pluijm BA, et al. 2002. Antarctic environmental variability since late Miocene: ODP Site 745, the East Kergulen sediment drift. Earth And Planetary Science Letters, 201: 127-142.

Kennett JP, Hodell DA. 1993. Evidence for relative climatic stability of Antarctica during the early Pliocene: a marine perspective. Geografiska Annaler, 75A, 205-220.

Kleiven HF, Jansen E, Fronval T, et al. 2002. Intensification of Northern Hemisphere glaciations in the circum Atlantic region (3.5~2.4 Ma) ice-rafted detritus evidence. Palaeogeography, Palaeoclimatology, Palaeoecology 184, 213-223.

Kong Ping, Feixin Huang, Xiaohan Liu, et al. 2010. Late Miocene ice sheet elevation in the Grove Mountains, East Antarctica, inferred from cosmogenic 21Ne-10Be-26Al. Global and Planetary Change, 72: 50-54.

Krijgsman W, Hilgen FJ, Raffi i, et al. 1999. Chronology, causes and progression of the Messinian salinity chrisis. Nature, 400: 652-655.

Lal D. 1991. Cosmic ray labeling of erosion: in situ nuclide production rates and erosion models. Earth and Planetary Science Letters, 104: 429-439.

Lewis A R, Marchant D R, Ashworth A C, et al. 2008. Mid-Miocene cooling and the extinction of tundra in continental Antarctica. PANS, 105: 10676-10680.

Lewis AR, Marchant DR, Ashworth AC, et al. 2007. Major middle Miocene global climate change: Evidence from East Antarctica and the Transantarctic Mountains. Geological Society of America Bulletin, 119: 1449-1461.

Lewis AR, Marchant DR, Ashworth AC, et al. 2008. Mid-Miocene cooling and the extinction of tundra in continental Antarctica. PANS, 105: 10676-10680.

Li Guangwei, Liu Xiaohan, Huang Feixin, et al. 2009. Preliminary study on the erratic exposure ages of Grove Mountains, East Antarctica. Chinese Journal of Polar Science, 20 (1): 15-21.

Li X, Liu X, Ju Y, et al. 2003. Properties of soils in Grove Mountains, East Antarctica. Science in China (Series D), 46: 683-693.

Liu XD, Sun LG, Yin XB, et al. 2004. Paleoecological implications of the nitrogen isotope signatures in the sediments amended by Antarctic seal excrements. Progress in Natural Science, 14: 786-792.

Liu XD, Sun LG, Xie ZQ, et al. 2005. A 1300-year record of penguin populations at Ardley Island in the Antarctic, as deduced from the geochemical data in the ornithogenic lake sediments. Arctic, Antarctic, and Alpine Research, 37: 490-498.

Liu XD, Li HC, Sun LG, et al. 2006. δ13C and δ15N in the ornithogenic sediments from the Antarctic maritime as palaeoecological proxies during the past 2000 yr. Earth and Planetary Science Letters, 243 (3): 424-438.

Liu XD, Nie YG, Sun LG, et al. 2013. Eco-environmental implications of elemental and carbon isotope distributions in ornithogenic sediments from the Ross Sea region, Antarctica. Geochimica et Cosmochimica Acta, 117 (15): 99-114.

Liu Xiaohan, Feixin Huang, Ping Kong, et al. 2010. History of ice sheet elevation in East Antarctica: Paleoclimatic implications. Earth and Planetary. Sci. Lett. 290, 281-288.

Liu Xiaohan, Feixin Huang, Ping Kong, et al. 2007. Records of Past Ice Sheet fluctuations in Interior East Antarctica, USGS, doi: 10. 3133/0f2007-1047. srp106.

Liu Xiaohan, Zhao Yue, Liu Xiaochun, et al. 2003. Geology of the Grove Mountains in East Antarctica-New Evidence for the Final Suture of Gondwana Land. Science in China (D): 305-319.

Mudelsee M. 2005. Slow dynamics of the Northern Hemisphere glaciation, Paleoceanography, Vol. 20, PA4022, doi: 10. 1029/2005 PA001153, 1-14.

McKelvey B, Hambrey MJ, Harwood DM, et al. 2001. The Pagodroma Group - a Cenozoic record of the East Antarctic ice sheet in the northern Prince Charles Mountains. Antarctic Sciences, 13 (4): 455-468.

McKenzie JA. 1999. From desert to deluge in the Mediterranean. Nature, 400: 613-614.

Martin HA. 1978. Evolution of the Australian flora and vegetation through the Tertiary: evidence from pollen. Acheringia, 2: 181-202.

McKelvey BC, Hambrey MJ, Harwood DM, et al. 2001. The Pagodroma Group - a Cenozoic record of the East Antarctic ice sheet in the northern Prince Charles Mountains. Antarctic Science, 13: 455-468.

McKelvey BC, Stephenson NCN. 1990. A geological reconnaissance of the Radok Lake area, Amery Oasis, Prince Charles Mountains. Antarctic Science, 2: 53-66.

Mildenhall DC. 1989. Terrestrial palynology. In Barrett P J, eds. Antarctic Cenozoic history from the CIROS-1 drillhole, McMurdo Sound. Department of Scientific and Industrial Research Bulletin, 245: 119-127.

Moore LB, Irwin JB. 1978. The Oxford Book of New Zealand Plants. Wellington: Oxford University Press: 1-234.

Naish T, Powell R, Levir R, et al. 2009. Obliquity-paced Pliocene West Antarctic ice sheet oscillations. Nature, 458: 322-328.

Nie YG, Liu XD, Sun LG, et al. 2012. Effect of penguin and seal excrement on mercury distribution in sediments from the Ross Sea region, East Antarctica. Science of the Total Environment, 433: 132-140.

Nie YG, Liu XD, Wen T, et al. 2014. Environmental implication of nitrogen isotopic composition in ornithogenic sediments from the Ross Sea region, East Antarctica: Δ15N as a new proxy for avian influence. Chemical Geology, 363 (10): 91-100.

O'Brien PE, Cooper AK, Richter C, et al. 2000. Milestones in Antarctic ice sheet history - preliminary results from Leg 188 drilling in Prydz Bay Antarctica. JOIDES Journal, 26 (2): 4-10.

Prebble JG, Raine JI, Barrett PJ, et al. 2006. Vegetation and climate from two Oligocene glacioeustatic sedimentary cycles (31 and 24 Ma) cored by the Cape Roberts Project, Victoria Land Basin, Antarctica. Palaeogeography, Palaeoclimatology, Palaeoecology, 231: 41-57.

Prentice ML, Denton GH, Lowell TV, et al. 1986. Pre-late Quarternary glaciation of the Beardmore Glacier region, Antarctica. AntarcticJournal of the United States, 21 (5): 95-98.

Qin XY, Sun LG, Blais JM, et al. 2014. From sea to land: assessment for the bio-transport of phosphorus in Antarctica. Chinese Journal of Oceanology and Limnology, 32 (1): 148-154.

Quilty PG, Lirio JM, Jillett D. 2000. Stratigraphy of the Pliocene Sorsdal Formation, Marine Plain, Vestfold Hills, East Antarctica. Antarctic Science, 12 (2): 205-216.

Raine JI, Askin RA. 2001. Terrestrial palynology of Cape Roberts Project drillhole CRP-3, Victoria Land Basin, Antarctica. Terra Antartica, 8: 389-400.

Raine JI. 1998. Terrestrial palynomorphs from Cape Roberts Project drillhole CRP-1, Ross Sea, Antarctica. Terra Antartica, 5: 539-548.

Ravelo AC, Andreasen DH, Lyle M, et al. 2004. Reginal climate shifts caused gradual global cooling in the Pliocene epoch. Nature, Vol. 429, 20 May, 263-267.

Salzmann U, Riding JB, Nelson AE, et al. 2011. How likely was a green Antarctic Peninsula during warm Pliocene interglacials? A critical reassessment based on new palynofloras from James Ross Island. Palaeogeography, Palaeoclimatology, Palaeoecology, 309: 73-82.

Schäfer JM, Ivy-Ochs S, Wieler R, et al. 1999. Cosmogenic noble gas studied in the oldest landscape on earth: surface exposure ages of the Dry valleys, Antarctica. Earth and Planetary Science Letters, 167: 215-226.

Stroeven AP, Burkle LH, Kleman J, et al. 1998. Atmospheric transport of diatoms in the Antarctic Sirius Group: Pliocene deep freeze. GSA Today, 8: 1-5.

Sugden DE, Marchant DR, Potter N, et al. 1995. Preservation of Miocene glacier ice in the East Antarctic. Nature, 376: 412-414.

Sugden DE, Marchant DR, Denton GH. 1993. The case for a stable East Antarctic ice sheet. Geografiska Annaler, 75A,

151-351.

Sun Jimin, Tungsheng Liu. 2006. The Age of the Taclimakan Desert. Science, Vol. 312, 16 June, 1621.

Sun LG, Xie ZQ, Zhao JL. 2000. Palaeoecology-A 3 000-year record of penguin populations. Nature, 407 (6806): 858-858.

Sun LG, Xie ZQ. 2001a. Relics: penguin population programs. Science Progress, 84 (1): 31-44.

Sun LG, Xie ZQ. 2001b. Changes in lead concentration in Antarctic penguin droppings during the past 3000 years. Environmental Geology, 40: 1205-1208.

Sun LG, Liu XD, Yin XB, et al. 2004a. A 1500-year record of Antarctic seal populations in response to climate change. Polar Biology, 27 (8): 495-501.

Sun LG, Zhu RB, Yin XB, et al. 2004b. A geochemical method for reconstruction of the occupation history of penguin colony in the maritime Antarctic. Polar biology, 27: 670-678.

Sun LG, Zhu RB, Liu XD, et al. 2005a. HCI-soluble Sr-87/Sr-86 ratio in sediments impacted by penguin or seal excreta as a proxy for historical population size in the maritime Antarctic. Marine Ecology-Progress Series, 303: 43-50.

Sun LG, Yin XB, Pan CP, et al. 2005b. A 50-year record of dichlorodiphenyl-trichloroethanes and hexachlorocyclohexanes in lake sediments and penguin droppings on King George Island, Maritime Antarctic. Journal of Environmental Science, 17: 899-905.

Sun LG, Yin XB, Liu XD, et al. 2006. A 2000-year record of mercury and ancient civilizations in seal hairs from King George Island, West Antarctica. Science of the Total Environment, 368: 11, 236-247.

Sun LG, Emslie SD, Huang T, et al. 2013. Vertebrate records in polar sediments: biological responses to past climate change and human activities. Earth-Science Reviews, 126: 147-155.

Taviani M, Hannah M, Harwood DM, et al. 2008-2009. Palaeontological characterisation and analysis of the AND-2A core, ANDRILL Southern McMurdo Sound Project, Antarctica. Terra Antartica, 15: 113-146.

Truswell EM. 1986. Palynology. In: Barrett P J, eds. Antarctic Cenozoic History from the MSSTS-1 Drillhole, McMurdo Sound. Department of Scientific and Industrial Research Bulletin, 237: 131-134.

Truswell EM, Macphail MK. 2009. Polar forests on the edge of extinction: what does the fossil spore and pollen evidence from East Antarctica say? Australian Systematic Botany, 22: 57-106.

Truswell EM, Quilty PG, Mcminn A, et al. 2005. Late Miocene vegetation and palaeoenvironments of the Drygalski Formation, Heard Island, Indian Ocean: evidence from palynology. Antarctic Science, 17: 427-442.

Wang JJ, Wang YH, Wang XM, et al. 2007. Penguins and vegetations on Ardley Island, Antarctica: evolution in the past years. Polar Biology, 30: 1475-1481.

Warnke DA, Marzo B, Hodell DA. 1996. Major deglaciation of east Antarctic during the early Pliocene? Not Likely from marine perspective. Marine Micropaleontology, 27: 237-251.

Warny SA, Bart PJ, Suc JP. 2003. Timing and progression of climatic, tectonic and glacioeustatic influences on the Messinian Salinity Crisis. Palaeogeography, Palaeoclimatology, Palaeoecology, 202: 59-66.

Webb PN, et al. 1996. A marine and terrestrial Sirius Group succession, middle Beardmore Glacier-Queen Alexandra Range, Transantarctic Mountains. Marine Micropaleontology, 27 (3): 273-297.

Webb PN, Harwood DM. 1993. Pliocene fossil Nothofagus (southern beech) from Antarctica: phytogeography, dispersal strategies, and survival in high latitude glacial-deglacial environments. In: Alden J, Mastrantonio J L, and Ødum S eds. Forest development in Cold Climates. New York (Plenum), 135-165.

Webb PN, Harwood DM. 1987. Terrestrial flora of the Sirius Formation: its significance for Late Cenozoic glacial history. Antarctic Journal of the United States, 22: 7-11.

Wei LJ, Raine JI, Liu XH. 2013a. Terrestrial palynomorphs of the Cenozoic Pagodroma Group, northern Prince Charles Mountains, East Antarctica, Antarctic Science, in press.

Whitehead JM, McKelvey BC. 2002. Cenozoic glacigene sedimentation and erosion at the Menzies Range, southern Prince

Charles mountains, Antarctica. Journal of Glaciology, 48 (2): 207-247.

Whitehead JM, Harwood DM, McKelvey BC, et al. 2004. Diatom biostratigraphy of the Cenozoic fjordal Pagodroma Group, Northern Prince Charles Mountains, East Antarctica. Australian Journal of Earth Sciences, 51: 521- 547.

Whitehead JM, Harwood DM, McMinn A. 2003. Ice-distal Upper Miocene marine strata from inland Antarctica. Sedimentology, 50: 531- 552.

Whitehead JM, McKelvey BC. 2001. The stratigraphy of the Pliocene-lower Pleistocene Bardin Bluffs Formation, Amery Oasis, northern Prince Charles Mountains, Antarctica. Antarctic Science, 13: 79-86.

Wilson GS, Roberts AP, Verosub KL, et al. 1998. Magnetobiostratigraphic chronology of the Eocene-Oligocene transition in the CIROS-1 core, Victoria Land margin, Antarctica: implications for Antarctic glacial history. Geological Society of America bulletin, 110: 35-47.

Wingham DJ, Siegert MJ, Shepherd A, et al. 2006. Rapid discharge connects Antarctic subglacial lakes. Nature, 440: 1033-1036.

Wilson GS, Harwood DM, Levy RH, et al. 1999. Late Neogene Sirius group strata in Reedy Valley: A multiple resolution of climate, ice sheet and sea level events. Journal of Glaciology, 44: 437-447.

Wilson GS. 1995. The Neogene East Antarctic Ice Sheet: A dynamic or stable feature? Quaternary Science Reviews, 14: 101-123.

Xie ZQ, Sun LG. 2008. A 1, 800-year record of arsenic concentration in the penguin dropping sediment, Antarctic. Environmental Geology, 55: 1055-1059.

Yang QC, Sun LG, Kong DM, et al. 2010. Variation of Antarctic seal population in response to human activities in 20th century. Chinese Science Bulletin, 55 (11): 1084-1087.

Yin XB, Xia LJ, Sun LG, et al. 2008. Animal excrement: A potential biomonitor of heavy metal contamination in the marine environment. Science of The Total Environment, 399: 179-185.

Yin XB, Liu XD, Sun LG, et al. 2006. A 1500-year record of lead, copper, arsenic, cadmium, zinc level in Antarctic seal hairs and sediments. Science of the Total Environment, 371: 252-257.

3 南极大气观测与气候研究

3.1 概述

南极是全球大气研究计划（GARP）、世界气候研究计划（WCRP）及国际岩石圈生物圈计划（IGBP）研究全球变化的关键地区（GARP，1975；IGBP，2001）；政府间气候变化委员会（IPCC，2007）的历次报告都对极地给予了足够的重视。南极是地球上的气候敏感地区，其特殊地理位置及其特有的大气环境，突出了南极在全球变化研究中的作用与地位（SCAR，1993）。我国开展南极科学考察研究，始于20世纪80年代，起步较晚，但近30年来取得了显著进展（秦大河等，2006；高登义等，2008；陆龙骅等，2011b）。1984年，我国进行了首次南极考察并建立了中国南极长城气象站，开创了我国极地大气科学考察的新纪元。近30年来，我国已组织了31次南极考察，在南极建成了4个科学考察站、7个自动气象站，初步形成了以南极长城站、中山站、昆仑站、泰山站、南极冰盖自动气象站和“雪龙”号破冰科学考察船为主体的南极大气科学考察研究硬件支撑体系（陆龙骅等，2012）。大气科学考察研究是南极科学研究的重要组成部分。中国南极大气科学考察与研究是近30年来在我国有较大进展的科学领域，从“七五”至“十二五”在国家海洋局和中国气象局的支持下，稳步推进和完善了极地大气环境的监测系统，并利用获取的大量观测资料结合国外资料，对南极地区近代气候的变化规律、大气边界层物理和海冰气相互作用、冰雪、能量平衡过程、温室气体的本底特征和臭氧洞形成过程、南极考察气象业务天气预报系统、南极大气环境对东亚环流和中国天气气候的影响等方面开展了一系列的研究，取得了很多国内外有影响的研究成果，加深了南极气候在全球变化中的作用及其对我国气候和国民经济可持续发展影响的认识。本章对30年来我国南极大气科学研究的进展进行综述，为我国南极大气科学考察与研究的发展和开拓创新提供了参考。

3.2 南极大气观测

3.2.1 长城站地面气象观测

中国南极长城气象站（图3-1）位于西南极乔治王岛，建立于1985年2月。长城站的气象观测是按中国气象观察规范建立的，一开始就纳入了国家海洋局和中国气象局南极考察常规观测项目的规范化管理，很快取得了世界气象组织（WMO）编制的国际区站号（89058），并列入南极基本天气站网（ABSN）和南极基本气候站网（ABCN）。南极长城站地面气象观测按照中国气象局的地面观测规范执行。每天世界时00：00、06：00、12：00、18：00进行地面气象观测，并编制天气报发送到南极气象中心。每年的地面气象观测资料按气象观测规范的要求，制作月报表和年报表，经校对和审核后，报送中国气象局国家气象档案馆和中国极地研究中心信息中心存档和共享。长城站的常规地面观测项目有：云、能见度、天气现象，气压，温度、湿度，风向、风速，地温、深层地温，降水，蒸发，太阳辐射，日照等。1992年以后，长城站安装了国内研发中国气象局规范技术的有线遥测观测系统，由传感器、采集器和计算机组成，数据采集实现了自动化连续观测。2008年对有线遥测观测系统进行了升级和更新。长城站地面气象观测达到了国际上的先进水平。长城站的气象观测资料已在国际天气网和南极考察天气预报及气候变化研究中得到了广泛应用（卞林根等，2010a）。

图3-1 中国南极长城站气象站

3.2.2 中山站地面气象观测

中国南极中山气象台（图3-2），位于东南极大陆普里兹湾的拉斯曼丘陵，建成于1989年2月。中山站的国际区站号为89573，除与长城站一样，也很快列入了世界气象组织（WMO）的南极基本天气站网（ABSN）和南极基本气候站网（ABCN）外，还列入了全球气候观测系统地面站网（GSN）。中山站气象台气象观测与长城站初期一样，为人工观测。1991年，地面气象观测系统中采用美国进口数据采集仪器，初步实现数据采集自动化，由于不是专用的规范化观测系统和软件，数据处理和气象报的编制均由人工进行。1992年与长城站同步，安装了国内研发的有线遥测观测系统。为保障考察活动的安全和顺利进行，1992年在站上安装了从美国进口的低分辨率的卫星云图接收系统。其后，气象观测系统采用中国气象局规范化的统一软件，并进行了多次升级和更新，中山站气象台的气象观测和天气预报系统达到了国际上的先进水平。2008年“十五”能力建设项目中，国家海洋环境预报中心在中山站安装了高分辨率的卫星遥感接收系统替代了低分辨率的卫星云图接收系统，气象台的各种资料收集和发送都由站上的网络系统来完成。目前，中山气象台的观测仪器和装备实现了现代化，为资料收集和提高天气预报能力发挥了重要作用，在国内外具有重要影响（Bian et al.，2011）。

图 3-2 中国南极中山气象台

3.2.3 中山站至昆仑站自动气象站

2002 年 1 月 22 日中国第 18 次南极考察期间，在东南极冰盖 Lambert 冰盆西侧的 Princess Elizabeth 地安装了 LGB69 自动气象站（AWS），位于 70°50′S，77°04′E，海拔 1 854 m，距离海岸 160 km。2005 年 1 月中国第 21 次南极考察队又安装了 Eagle（飞鹰）和冰穹 A 两套 AWS。Eagle 位于76°25′S，77°01′E，海拔 2 852 m，距海岸 806 km；冰穹 A 位于 80°22′S，77°22′E，海拔 4 093 m，距海岸 1 228 km，是南极内陆冰盖最高昆仑站的 AWS（图 3-3）。2009 年、2012 年在距中山站 580 km 处和 520 km 处（泰山站）分别安装了 PANDA-1 和泰山 AWS（图 3-4）。LGB69、Eagle 和冰穹 A 3 个 AWS 均为中国与澳大利亚南极局合作项目，在澳大利亚南极局组装并经 -90℃低温环境测试和传感器测值订正后运往南极安装。AWS 传感器全部安装在 4 m 高的气象塔上，观测要素包括 3 层气温和 3 层风速（1 m，2 m，4 m）、1 层矢量风速和 1 层风向（4 m）、1 层相对湿度（4 m）和 1 层总辐射（4 m）、4 层雪温（-0.1 m，-1 m，-3 m，-10 m）以及气压和雪面高程（SSH）。PANDA-1 和泰山 AWS 均为国内研发，采用国内外先进的采集器和传感器及超低温电源系统，在运往南极前，在中国气象局国家气象计量中心进行了-70℃的试验。观测要素包括 2 层气温和 2 层风速（1 m，2 m，4 m）、2 层风向（2 m，4 m）、2 层相对湿度（4 m）和 X 向上向下的短波和长波辐射（4 m）、2 层雪温（0.1 m，0.4 m）以及气压。AWS 的采样数据都是由发射系统通过 ARGOS 通信系统实时发往全球气象资料交换系统（GTS），并通过 FTP 从 ARGOS 网站下载资料。AWS 观测环境下垫面均为平坦的雪面。

在 AWS 安装时考虑了中山站至冰穹 A 考察断面的特点。从中山站至冰穹 A 最高点，断面总长度为 1 228 km（直线距离）。将该考察断面分为 3 段来看。① 中山站至 300 km 段，为物质高积累区，300 km 处的海拔约 2 200 m；除沿岸 60 km 为冰裂隙密集带外，其余部分较平坦。② 300 km 至 800 km 段，海拔在 2 200~2 900 m 变化。400~650 km 为格罗夫山（Grove Mountain）的上游，为冰裂隙密集区，是下降风盛行区域，发育大量雪丘，积累率变化较大。该段主要受区域性海洋气团控制。从 800 km 开始海拔升高幅度加大，根据断面表面化学分析结果，800 km 处是海洋气团与内陆

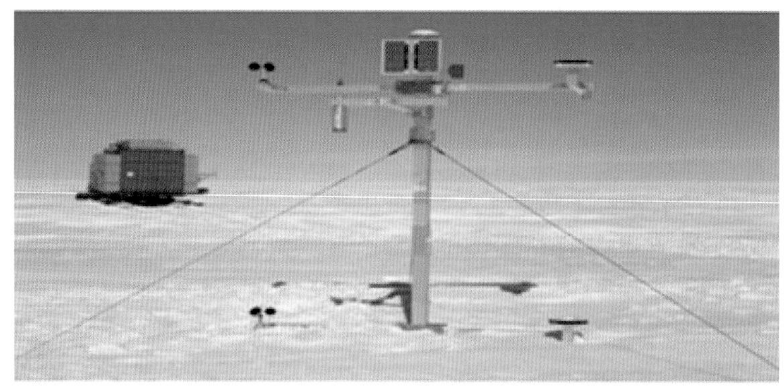

图 3-3　中国南极昆仑站自动气象站（AWS）

图 3-4　南极泰山站自动气象站（AWS）

气团相互作用的地区，也是断面海拔变化的转折点。③ 800 km 至冰穹 A 最高点段：海拔从2 900 m 升高到近 4 100 m，是继沿岸 60 km 处断面上海拔升高最快的区段。从 800 km 向南海洋性气团的影响逐渐降低，内陆气团影响逐渐加强，在海拔 3 800 m 以上区域，海洋性气团的影响基本消失。2002 年以来，已获取了大量的 AWS 气象资料，并在国际天气网和南极考察天气预报及气候变化研究中得到了广泛应用。

3.2.4　中山站大气臭氧观测

20 世纪 80 年代中期，日本和英国科学家先后发现（Chubachi，1984；Farman et al.，1985），春季南极站观测到的大气臭氧总量值与 10 年前相比减少了 30%～40%；随后美国科学家用卫星资料也证实了春季南极上空存在臭氧洞（Stolariski et al.，1986）。对臭氧洞的监测及形成机理的研究成为国内外的热点问题。南极春季臭氧洞形成的第一个必要条件是大气中存在含氯、溴等消耗臭氧的物质（人为因素），此外，第二个必要条件是春季南极存在因低温而产生的平流层冰晶云（自然因素）。只有同时满足这两个条件，在平流层极地涡旋中低温（温度低于-78℃）条件下形成的冰晶云或液态硫酸气溶胶表面，吸附了大气污染物质，才能在太阳光照耀下，激发氯和溴的活性，通过光化学反应大量消耗臭氧，在南极春季形成臭氧洞。只有这两个必要条件合起来，才是形成臭氧洞的充分必要条件（陆龙骅，1997c）。我国对南极大气臭氧的考察研究始于20世纪80年代，我国学者利用在国外南极站考察的资料，讨论了春季平流层爆发性增温与臭氧变化的关系、南极极夜期间臭氧含量变化及其与平流层风温关系（高登义等，1989a；邹捍，1990；曲绍厚，1992）。1988—1989年，北京大学利用研制的太阳光谱仪，在长城站开展了大气臭氧的观测试验，并分析了臭氧总量的日变化（毛节泰，1989）。

为研究南极臭氧洞获取地基观测资料，1993年在中山站安装了国际标准BREWER臭氧探测仪器（图3-5），对大气臭氧总量和紫外辐射开展观测。2008年在“十五”能力建设项目中，更新了BREWER臭氧探测系统，至今已连续运行26年。中山站的大气臭氧监测为南极臭氧洞的研究提供了基础数据，也得到了WMO等国际组织的密切关注。每年8—12月南极臭氧洞期间，每周发送臭氧资料报告到世界气象组织的南极臭氧中心和WMO南极臭氧公报。中山站的Brewer臭氧观测资料，为完成自“八五”以来的国家级南极科研项目提供了基础数据（郑向东等，1995；孔琴心等，1996a；周秀骥等，1994；陆龙骅等，1996a；郭松等，1997b），也得到了WMO等国际组织的密切关注和广泛应用。

图3-5 中国南极中山站臭氧光谱仪

3.2.5 南极大气成分本底监测

为了准确地认识全球大气成分的变化，需要了解全球各个区域的大气组分，特别是对气候、环境、生态等有重要影响的微量气体成分在全球范围内的分布状况，即所谓的“大气本底”。南极是地球上最后一块人类活动罕至的大陆，监测南极地区的大气本底状况，对于研究全球大气成分的变化状况，进而研究全球大气环境变化及其对其他地球系统的影响，具有十分重要的意义。美国极点站和德国纽梅站历史较长、观测项目多，已成为全球24个最完备的全球大气成分观测站之一。日本昭和站和英国哈利站因发现南极的臭氧洞而闻名。法国、澳大利亚等国也开展了大气成分长期观测和研究（王玉婷等，2011）。国际极地年期间（2007/2008年），第24次南极考察队，采用国际标准的温室气体观测仪器，在中山站建成了大气本底观测系统，开始了地面臭氧、一氧化碳、黑炭气溶胶的长期连续观测，并定期采集二氧化碳和甲烷的分析样品。2009/2010年第26次南极考察期间，增加了一套采用衰荡腔激光光谱测量技术（CRDS）的大气二氧化碳、甲烷在线测量系统，使中山站成为继美国极点站、日本昭和站等发达国家考察站之后初步具备在南极进行连续在线测量、精确获取各种大气成分本底状况研究能力的考察站（卞林根等，2014）。

中山站大气成分本底站建在站区西北端的天鹅岭顶部西侧一块平坦裸岩上（图 3-6），北面和西面是内拉峡湾，东北为双峰山和望京岛，西南与小西天相望，东南是目前中山站观测设施最集中的前山坡—观景山—气象山地区，南侧可见站区内最大湖泊——莫愁湖。2008 年前，天鹅岭及周边很少有观测设施，只有东坡上建有地球潮汐观测房和高空物理天线阵。2008 年，经过细致选址后，天鹅岭顶部以西的一块较平整的地区已经被划为大气化学/空间定位观测场，周边长约 330 m，面积约 6 000 m^2。影响本底观测的站区内污染源最有可能来自发电栋和垃圾焚烧炉，位于观测机房的 135°方位角上，距离为 400 m，两者中间的前山坡—观景山—气象山等山丘能够形成一定的阻隔。由于中山站区的主导风向为东风，一般情况下，观测栋接收的气流主要来自于双峰山和前山坡两个山丘间峡谷及面对的海面，当出现东南风时，黑炭观测数据呈现短时的明显增高，显示了污染源影响的存在，对 2007/2008 夏季观测资料的分析结果显示，这种影响最大不超过 7%。中山站大气成分观测系统于 2007 年 8—10 月在北京进行初步组装调试，12 月 14 日运抵中山站，又经过 10 余天的紧张工作，完成了观测站址确定、直升机吊运、电线敷设、仪器安装等工作，全部系统于 12 月 25 日通电运行。经过近 1 个月的调试和校准，于 2008 年 1 月 16 日开始转入运行观测。2008/2009 年第 25 次南极考察度夏期间，第 25 次度夏队员和第 24 次越冬队员又在大气化学栋旁边安装了 193 #Brewer 臭氧光谱仪。2010 年 2 月 16 日至 3 月 5 日，26 次度夏队员和越冬队员利用极为短暂的 17 天时间，对中山站极地大气化学观测系统的原有部分进行了全面的维护、调整和完善，并安装了 Picarro G1301 CO_2/CH_4/H_2O 观测系统。

图 3-6　中国南极中山站大气本底监测站

3.2.6　卫星资料接收

卫星遥感是南极研究的重要工具。2009 年年底和 2010 年年初，中国南极长城、中山站的 X/L 双频段卫星遥感接收系统分别建成并投入使用，此系统可接收美国 NASA 的 Terra 和 Aqua 卫星的 MODIS 数据、NOAA 系列卫星以及中国风云一号卫星的数据，实现了对南极地区天气、积雪、海冰以及南大洋海洋生态等的实时监测（图 3-7），并将在中国多个学科领域的南极研究中发挥重要作用。该系统将应用于开展南极下降风、南极冰雪覆盖及反照率、南极大气和海洋数值模式等各领域的深入研究工作中。

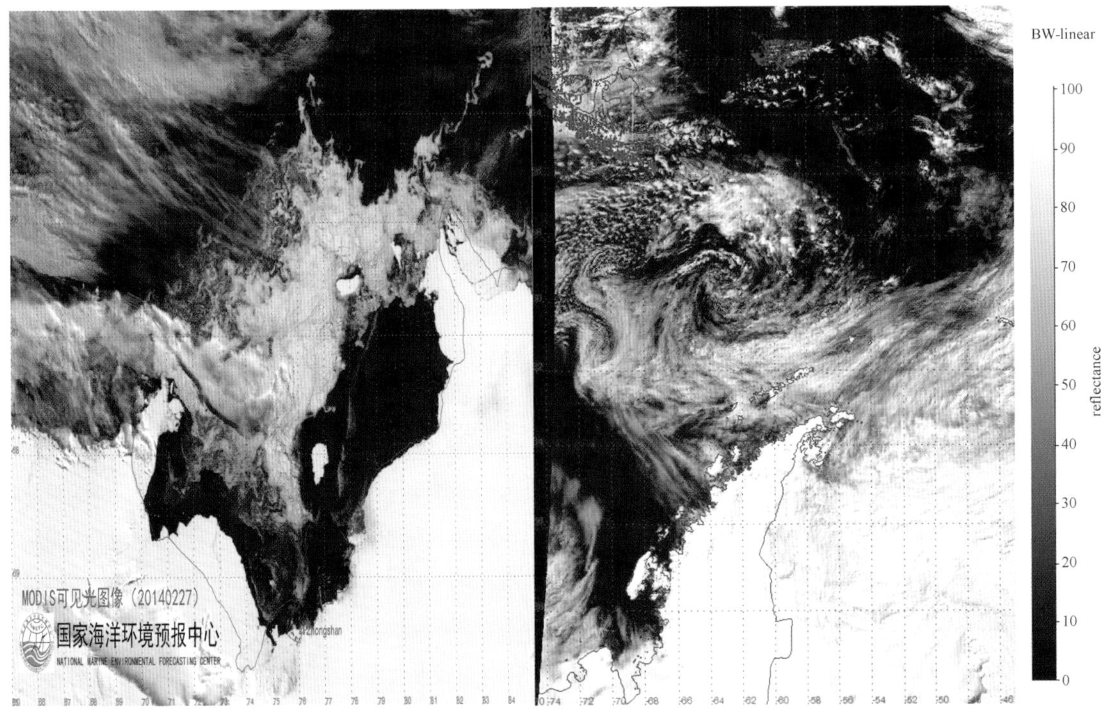

图 3-7　长城站接收和处理后的卫星遥感海冰分布

3.2.7　南极海冰物理参数观测

普里兹湾地区有 4 个常年运行的考察站，分别是戴维斯站（澳大利亚）、莫森站（澳大利亚）、进步站Ⅱ（俄罗斯）、中山站（中国）。中山站海冰观测自 1989 年建站开始，观测场位于天鹅岭下的平整海冰上，无固定观测点，观测项目包括海冰厚度观测和冰上积雪观测，通常自每年极夜后的 8 月开始，至 12 月止，频率为 10~15 天一次，以手摇钻钻孔测量为主。张青松（1986）利用 1981 年在戴维斯站越冬机会，参与了该站海域海冰厚度的手动钻孔测量，给出了 1981 年 3—11 月戴维斯站海冰厚度变化曲线和月平均增长速度。这是中国人首次参与南极海冰厚度观测工作。利用电磁感应原理进行极地海冰厚度观测是目前进行海冰厚度测量较为可靠快捷的方式之一。孙波等（2002）在中国首次北极考察期间利用雷达电磁波探测海冰厚度，结果表明雷达波可穿透 6 m 的海冰，并反映出海冰下表面的形态特征。郭井学等（2008）利用 EM31-ICE 型电磁感应仪和激光测距仪组合成船载海冰厚度探测系统，沿“雪龙”船航线测量海冰厚度，与观测对比表明该系统是可以大范围测量海冰厚度的有效方式。

2010 年春季至夏季在中山站附近的固定冰面开展了海冰反照率观测（图 3-8）。海冰反照率观测，在天鹅岭下平整的海冰上，采用净辐射传感器连续测量向上、向下四分量辐射强度。同时，在海冰上安装了湍流通量观测系统，对大气—海冰表面感热和潜热通量进行观测，获得了大量资料，为研究海冰物理参数和改进海冰模式中参数化方案打下重要基础（杨清华等，2013）。

3.3　南极大气科学研究进展

南极是地球大气的主要冷源之一。南极洲大部分地区被冰盖、冰架和终年不化的积雪所覆盖，

图 3-8　中山站海冰观测现场

加上周围海域的海冰，形成了一个名副其实的冰大陆。作为全球大气的主要冷源，在南半球热量、动量和水汽等物理量的交换中起着重要的作用，直接影响着全球大气环流和天气气候的变化。南极地区气候和大气环境变化及其与全球气候变化关系的研究，不仅在大气科学理论上，而且对气候变化预测和全球气候中的作用有重要意义。因此，南极气候及其作用是大气科学研究的重要内容（Ma et al.，2010）。

3.3.1　长城站气候特征

30 年的观测资料表明，长城站所在的南极半岛地区具有很明显的副极地海洋性气候特征，主要受南极大陆性冷气团与副极地乃至中纬度海洋性暖湿气团的影响，是气候变化的敏感地区之一。长城站与亚南极测站相似，温度呈上升趋势。年平均气温为-2.2℃，年极端最高温度为 11.7℃，出现在 1 月；极端最低温度为-27.7℃（图 3-9），出现在 9 月。长城站地区多阴雨天气，年平均降水量为 543.3 mm、年降水天数为 249 天，降水呈增加趋势，变化速率为 32.5 mm/10 a；年平均湿度为 89.0%；平均总云量达 8.9 成，有明显的季节变化，均为冬半年大于夏半年。年平均风速为 7.3 m/s，各年月极大风速等级均在十级风以上，以十二级风力为主，占 45%，最大风速为 38.0 m/s（图 3-9）；盛行风向为 WNW，大风天气频繁，一年中有 137 天会出现 17 m/s 以上的大风天气（卞林根等，2010b）。

长城站和别林斯高晋站同期的温度变化速率分别为 0.06℃/10 a 和 0.05℃/10 a；两站的短期和长期变化趋势都比较接近，并具有可比性。长城站观测到的温度变化趋势，具有南极乔治王岛地区的代表性。长城站 4 个季节平均气温都呈上升趋势，春季的变化速率为 0.18℃/10 a、夏季为 -0.23℃/10 a、秋季为 0.26℃/10 a、冬季为-0.03℃/10 a。表明该地区秋季的增温速率最大，冬季和夏季呈降温趋势。长城站的多年平均降水量与乔治王岛南韩世宗王站的平均年降水量基本相当，表明长城站的降水资料具有区域的代表性（杨清华等，2007a；Bian et al.，2011）。

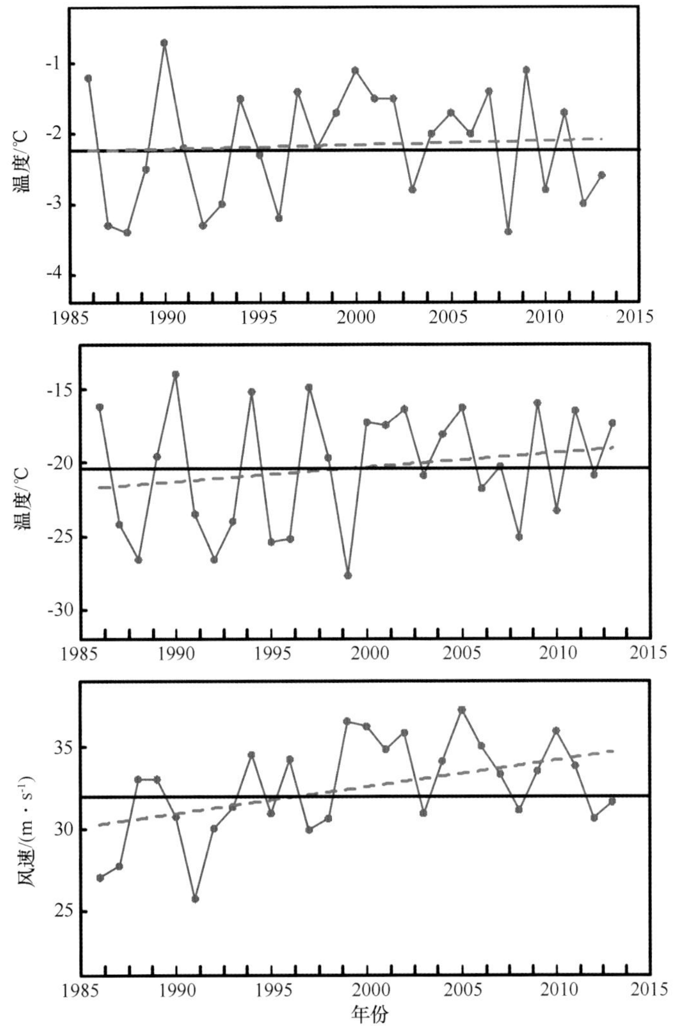

图 3-9 南极长城站 1985—2013 年年平均温度（上）、年最低温度（中）和年最大风速（下）的时间序列

黑线是平均线，红线是趋势线

3.3.2 中山站气候特征

中山站具有低温酷寒，湿度低，大风和暴风雪天气频繁，南极大陆沿岸的气候特点。1989 年以来的观测资料表明，中山站年平均温度-9.9℃（图 3-10）、极端最高 9.6℃、极端最低-45.7℃（图 3-10），分别比长城站低 7.7℃、2.1℃和 18.0℃。年平均相对湿度 57.8%，总云量 6.2 成，降水天数 142 天；年平均大风（≥17 m/s）的天数为 151 天，比长城站多 15 天，极端最大风速 50.3 m/s（图 3-10）。由此可见，中山站与长城站的气候特点差异较大，中山站在南极大陆上，邻近南极大陆冰盖；而长城站在海岛上，周围被海洋包围，具有暖湿气候。两站纬度都高于 60°S，因

而温度年变化都有极地特有的无心冬季和短暂夏季的变化特点（王欣等，2002）。中山站和戴维斯站的同期温度变化速率分别为 0.04℃/10 a 和 0.07℃/10 a。两站都位于东南极沿岸普里兹湾的东侧，长期和短期的温度变化趋势基本相似，表明中山站观测的温度资料具有东南极沿岸区的代表性。中山站 4 个季节平均温度的变化速率春季为-0.01℃/10 a、夏季为 0.07℃/10 a、秋季为 1.1℃/10 a、冬季为-0.03℃/10 a。显示出春季和冬季具有降温趋势，秋季和夏季具有升温倾向。年降水日数呈下降趋势，变化速率为-12 d/10 a，年平均风速减少趋势不明显，变化速率为每 10 年-0.23 m/s；大风有明显减小趋势，变化速率为每 10 年-3.8 m/s。年平均气压为 985 hPa，变化速率为-0.80 hPa/10 a 与长城站气压的变化趋势相反。两站云量的差异显示了所在地区气候带的特点，即长城站地区全年云多、阴天多，而中山站则云少、晴天多（杨清华等，2010）。

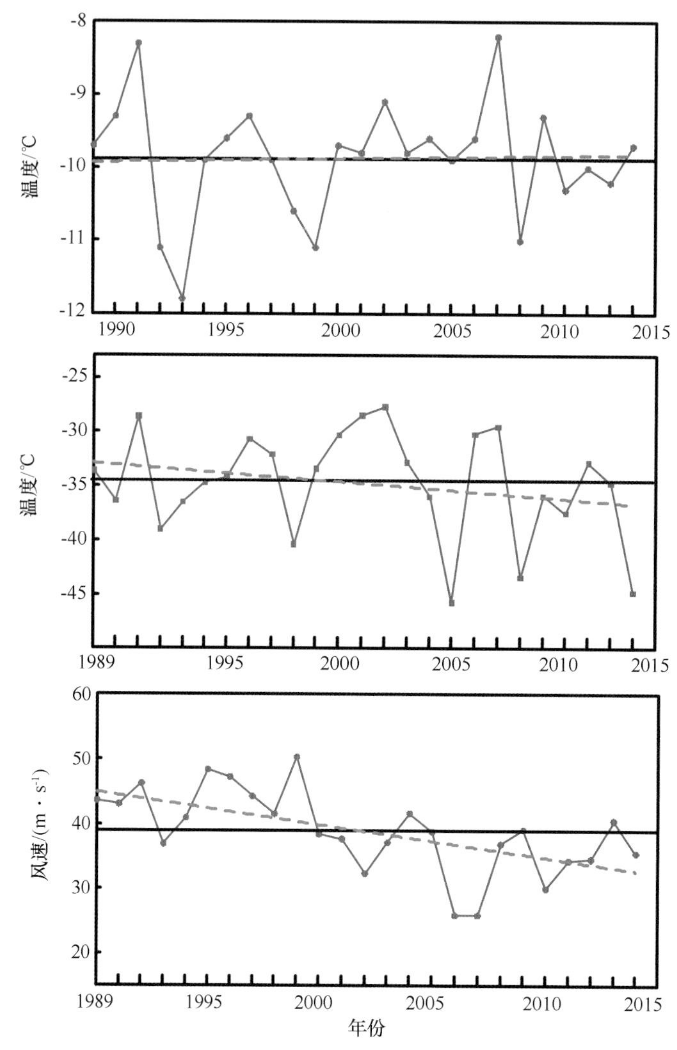

图 3-10 中山站 1989—2013 年年平均温度（上）、年最低温度（中）和年最大风速（下）的时间序列

黑线是平均线，红线是趋势线

3.3.3 海冰反照率

中山站周边海冰区观测资料分析显示，在春夏过渡期，表面反照率呈下降趋势，平均反照率从

9月的0.80下降到12月的0.62，平均为0.70。雪厚是影响反照率变化的重要因子，融化前期的反照率受表面温度影响较大，干雪期反照率对表面温度并不敏感（杨清华等，2013）。降雪可通过增加表面雪厚和减小表面积雪粒径显著增加反照率，云层则可通过吸收入射太阳光中的近红外波段增加反照率，降雪和阴天反照率可比晴天观测平均增加0.18和0.06；吹雪则可通过改变积雪光学厚度导致反照率发生显著变化。受太阳天顶角变化和积雪变性的共同影响，晴天或少云时的反照率在上午随太阳天顶角呈准线性递减，下午则几乎不发生变化；最高值、最低值分别出现在凌晨和下午。研究给出了一组分别表述厚干雪、薄干雪和湿雪反照率日变化的参数化方案，通过太阳天顶角的线性函数隐式考虑进了积雪变性的影响。相比常数反照率方案，该参数化方案能有效提高对反照率日变化的估算能力（杨清华等，2013）。

3.3.4 中山站至昆仑站的气候特征

我国获取的南极内陆冰盖自动气象站观测资料，不仅填补了无观测资料的空白，而且对认识南极气候的气候特征和冰—气相互作用过程提供了重要基础。分析表明，在南极冰盖随着地表雪的累积或消融，自动气象站（AWS）传感器相对地面的高度随之发生变化，故所记录的资料不能直接反映相对地表固定高度上的气象参数。已利用3个自动气象站资料，在积累率对AWS观测气温影响的基础上，将AWS连续观测气温修正到相对于雪表面的某一真实高度上（马永锋等，2008）。结果显示，气温、雪温、积累率和比湿等气象条件都是随着海拔的升高和远离海岸而减小。年平均气温由沿岸中山站的-9.2℃下降到内陆高原冰穹A的-51.2℃（图3-11）；积累率从LGB69的0.199 m w.e./a下降至冰穹A的0.032 m w.e./a；比湿从沿岸的1.154 g/kg快速下降至内陆高原冰穹A的0.044 g/kg。最低气温出现在冰穹A，-82.5℃。一年中有8个月的月平均气温低于-50℃，而沿岸的中山站却没有低于-20℃的月份；风速由沿岸向冰盖陡坡区快速增大，然后向内陆高原迅速减小，最大风速出现在地表坡度最陡处。气温和气压都具有明显的半年振荡特征，有关学者对南极冰盖的近地面气象特征进行了研究（效存德等，2004b，2007；谌志刚等，2006；陈百炼等，2010；Chen et al.，2010a，2010b）。根据LGB69、Eagle和冰穹A的现场实测积雪密度（406.67 kg/m^3、336.67 kg/m^{3}和265.56 kg/m^3）计算出相应的水当量（图3-12），LGB69两年半的总水当量约0.525 m，Eagle和冰穹A 3年的总水当量分别为0.306 m和0.106 m（Ma et al.，2010）。

东南极高原泰山站AWS站观测到的辐射平衡分量研究结果表明，夏季是东南极高原获得太阳能的主要时段，总辐射通量夏季平均为365.0 W/m^2，总量达到2 752.1 MJ/m^2，占全年总辐射量的58%（图3-13）。各个季节均能出现总辐射瞬时值大于大气顶水平总辐射，春季发生频率最高，冬季最小总辐射平均日变化呈单峰型。大气长波辐射除夏季外，日变化不明显。冰雪面长波辐射除冬季外，各季节平均日变化呈明显的单峰单谷型。净辐射12月和1月为很小的正值，其他月均为负值。年平均净辐射为-8.7 W/m^2，表明地表相对于大气为冷源。该站的辐射平衡特征与其他南极内陆高原站相似，雪面具有强烈的辐射冷却效应，导致净辐射绝对值都小于下降风区。由于南极内陆高寒地区的资料难以获取，该观测结果可为模式结果的验证提供参考（傅良等，2014）。

3.3.5 南极考察气象保障

南极地区自然条件恶劣、天气多变。从中国首次南极考察开始，在考察船和考察站上，都建立了为南极考察服务的业务天气和海洋气象预报系统（解思梅等，2000；魏文良，2008），为考察计划的实施提供了气象保障。对南极地区气旋、海雾、大风、雪暴、下降风等灾害性天气及预报方法

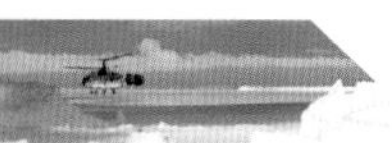

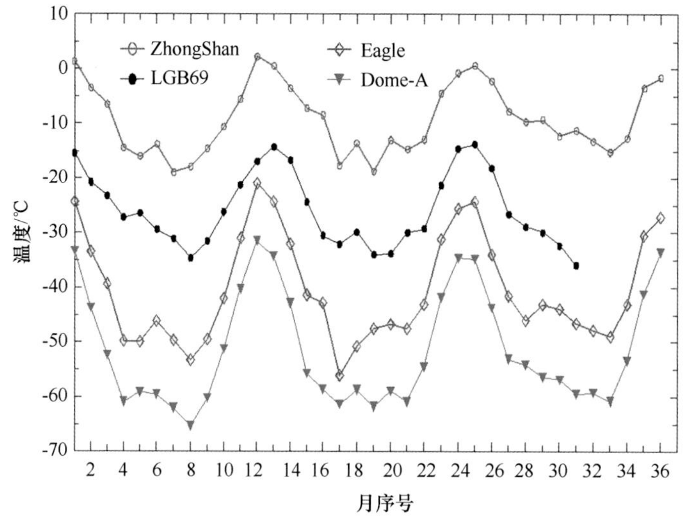

图 3-11　中山站（Zhongshan）和内陆 LGB69、Eagle、冰穹 A AWS 站 2005 年 1 月至 2007 年 12 月（36 个月）逐月平均温度

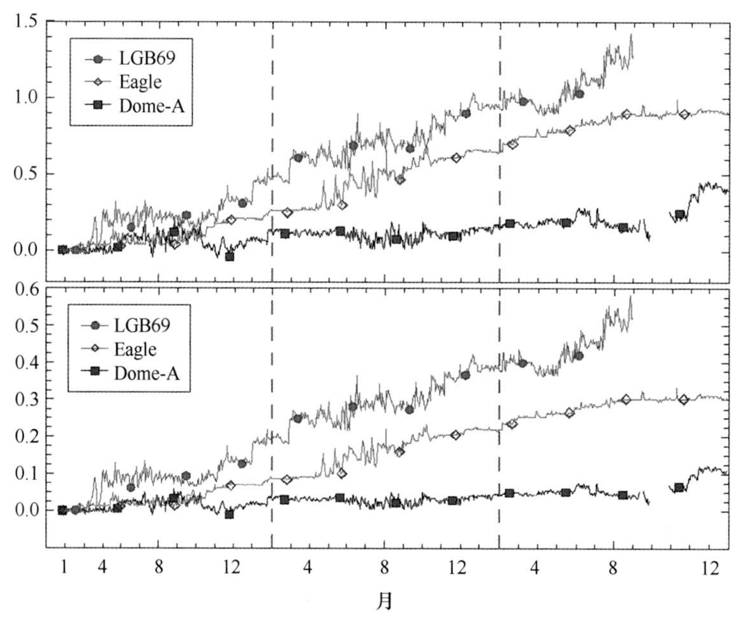

图 3-12　内陆 LGB69、Eagle、冰穹 A 自动气象站 2005 年 1 月至 2007 年 12 月（36 个月）日平均积雪厚度（上）及对应的水当量（下）的时间序列

进行的研究分析表明，气旋是造成南极长城站大风及暴风雪天气的主要天气系统，平均 3 天左右便有一次气旋过境（陈善敏等，1987b，1989a；王景毅等，1990；解思梅等，2002）；长城站海域海雾大多为平流冷却雾，高频率的偏北风和南大洋极锋附近显著的经向海温梯度是海雾多发的根本原因，“低压锋前型”是其主要类型；海雾的持续时间取决于高压在南极半岛维持时间的长短（黄耀荣等，2000a，2000b，2000c；杨清华等，2007a，2007b）。影响长城站和中山站地区的大风天气与环流类型关系密切，由此归纳总结的各类大风天气类型的预报要点（卞林根等，2000；杨清华等，2008；许淙等，2010），对全面提高南大洋和南极地区的气象预报技术水平发挥了作用。

在南极普里兹湾海域，海冰分布季节性变化很大，密集度 30% 的海冰外缘线冬季可延伸到

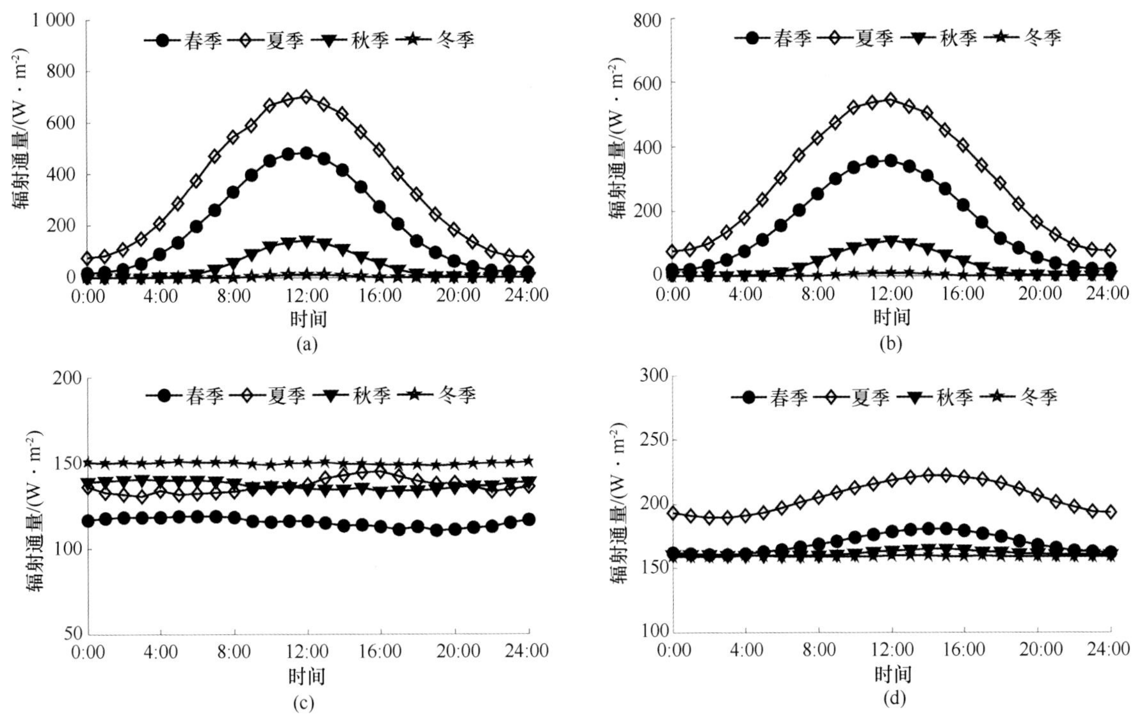

图 3-13 泰山站向下短波辐射（a），向上短波辐射（b），
向上长波辐射，向下长波辐射（d）的各个季节平均日变化

57.5°S，夏季可退至68°S。受南极绕极海流、偏东风的共同影响，普里兹湾湾口东北部常有一条冰坝，使中山站沿岸常常堆积着大量的碎冰山和碎冰。只有中山站地区出现偏西风时，沿岸的碎冰山和碎冰才会漂离站区。中山站基本常年受偏东风控制，偏西风出现的机会很少（卞林根等，1998c），故每年考察船抵达中山站附近时，近地面风的状况，对考察活动的影响很大。

近几年来，随着对南极大气环流状况研究的深入、模式分辨率的提高以及观测资料的日渐丰富，南极地区的数值预报模式有了显著的改善。国家海洋环境预报中心于2011年首次建立南极大气数值预报系统，显著提升了我国极地考察现场天气预报能力，在之后的极地考察中发挥了重要作用，为考察任务的顺利完成提供了重要的参考依据。预报中心利用南极各种气象资料，从业务需求入手，总结了一些重要天气现象的特征和预报技术，逐步完善了南极地区的天气预报业务（张林等，2012；孙启振等，2011）。

3.3.5.1 长城站天气预报

利用2002—2006年长城站的常规气象观测资料及澳大利亚的天气图，分析研究了长城站地区的冷空气活动特征，研究结果显示：长城站冬季冷空气活动具有频数多、降温快、风力强、影响时间短的特点；气旋是诱使长城站冷空气爆发的关键因子；冷空气的路径主要有东路和西路两种，东路最为常见，常伴有东—东南向大风，以“南高北低”为主要天气形势，平均影响时间2天，西路伴有西—西南向大风，主要天气形势是“西低”型，影响时间较短，仅有1天（杨清华等，2010）。

统计分析长城站海雾特征和形成机制，认为：长城站海雾形成的天气形势基本可分为低压锋前型、鞍形场型和弱气旋过境型3类，其中低压锋前型是长城站海雾形成的主要天气形势；长城站以平流冷却雾为主，也存在其他类型的雾；高频率的偏北风和南大洋极锋附近显著的经向海温梯度是长城站多海雾的根本原因；长城站夏半年海雾多于冬半年，海雾的年际分布差异明显；海雾可出现于各级风力中，偏北风最有利于海雾的维持；气温为-2~4℃、气—海温差为0~2℃时最易出现海雾；海雾的发生一般伴有稳定的大气层结；“东高西低”是长城站海雾的主要天气型；海雾的持续时间取决于高压在南极半岛维持的时间，平均为10小时（杨清华等，2007a）。

国家海洋环境预报中心针对南极长城站地区的雪暴进行分析研究，认为：雪暴由“南高北低”天气形势对应的偏东大风引起；高空暖平流输送提供了水汽条件，有利的涡度散度场配置和强烈的大气垂直上升运动使高层暖空气和低层冷空气充分混合是导致强降雪、进而引发雪暴的动力原因；雪暴后期伴有明显的低层逆温，它对雪暴后期的维持可能起着重要作用（杨清华等，2010a）。

3.3.5.2　中山站天气预报

在中山站地区，利用现场气象观测资料和卫星遥感资料，研究了普里兹湾气旋的生消发展，提出夏季绕极气旋进入普里兹湾会发展加强，在普里兹湾东风带里也能生成气旋，修正了普里兹湾仅是气旋墓地的说法，从而进一步完善了南极西风带绕极气旋和东风带上气旋生消发展的理论；通过个例分析，研究了普里兹湾冰—气—海相互作用的机理，解释了气旋发生、发展的物理过程。利用整体动力学输送法计算了进入普里兹湾的绕极气旋爆发性发展的能量交换，指出气旋在超过冰坝进入冰间湖可以获得巨大的热量，使气旋迅速发展成为具有南极特色的强风暴。

利用南极中山站及戴维斯站的气象观测数据，统计分析了表面气温、气压、风向风速和相对湿度的年际，年和日尺度变化特征和长期变化趋势，结果表明：中山站年均气温趋于升高，气压趋于下降，但变化趋势不明显，说明在全球气候变化大背景下，南极中山站的气象要素保持相对稳定；但风速有比较显著的减弱趋势，而气温在秋季增暖趋势明显。利用中山站和3个南极内陆自动气象站的气象资料，分析了东南极中山站至冰穹A沿线风的分布特征，结果表明：南极沿海陆坡区下降风的风力最强，越向内陆，风力越小；冰穹A地处内陆冰穹，没有下降风；近沿海区由于受地形的影响，下降风十分明显，风向以东北风为主，多发生在夏季夜间（杨清华等，2007a）。

3.3.6　南极海冰变化与大气环流的关系

南极海冰季节变化最大，备受大气科学家关心的下垫面特征（符淙斌，1981；彭公炳等，1989，1992；贾朋群等，1992；周秀骥等，1996；解思梅等，2002；马丽娟等，2006；2007；卞林根等，2005）。近30年来，在北极海冰减少的同时，南极海冰恰在增加（IPCC，2007）。南极半岛西侧的别林斯高晋海及罗斯海外围是两个具有“跷跷板”特征、与ENSO有紧密联系的两个关键区，也反映了南极海冰变化的区域差异。由此定义的南极海冰涛动指数（ASOI）与SOI、Niño3指数的变化有密切关系。可用南极海冰涛动指数来讨论海冰状况和南极海冰关键区的活动，南极海冰涛动指数的建立，将为进一步认识南极海冰变化对大气环流及中国天气气候影响的研究提供新的思路，为中国短期气候预测提供新的线索（Lu et al.，2003，2011）。近30年南极海冰的季节变化是不对称的，海冰融化速度远大于凝结速度，而北极海冰的季节变化基本上是对称的；南极海冰面积指数呈增加趋势，其年平均面积指数的倾向率为28/10 a，而北极海冰年际变化则相反，呈减少趋势。南极海冰涛动指数能代表南极地区近1/3的海水变化，是南极海冰变化的重要指数，它具有10年、3~5年和2年左右的准振荡周期（马丽娟等，2004，2007）。用一维海冰热力学模式较好地模拟了南极海冰在垂直方向上的变化趋势，发现南极普里兹湾海冰冰厚变化对海洋热通量的选取非常敏感，在海洋热通量和渗透辐射比给定的情况下，海冰的融化速度与冰内温度结构有关，在冰上无积雪的情况下，17%的渗透辐射比数值能很好地反映无冰期和海冰的凝结时间（张林等，2000；吴辉碇，1995）。对南极海冰的季节变化、年际变化和关键区的分析已经表明，除南极海冰具有不对称的季节变化和明显的年际变化外，最大的特点是罗斯海外围地区与东南极周围海区的海冰密集度存在“跷跷板”式的变化规律。程彦杰等（2002）使用美国冰雪中心（NSIDC）资料及 EOF 和 SVD 方法对南极海冰密集度资料的研究（图 3-14），揭示了罗斯海外围地区以及南极半岛地区的海冰场存在趋势相反的变化信号，并将罗斯海外围 A 区（138°—144°W，61°—63°S）和别林斯高晋海 B 区（60°—66°W，61°—63°S）海冰密集度空间平均的差，定义为南极海冰涛动指数 ASOI。很多研究显示南极海冰的季节变化和年际变化主要集中在罗斯海、威德尔海和别林斯高晋海 3 大海区（程彦杰等，2003）。

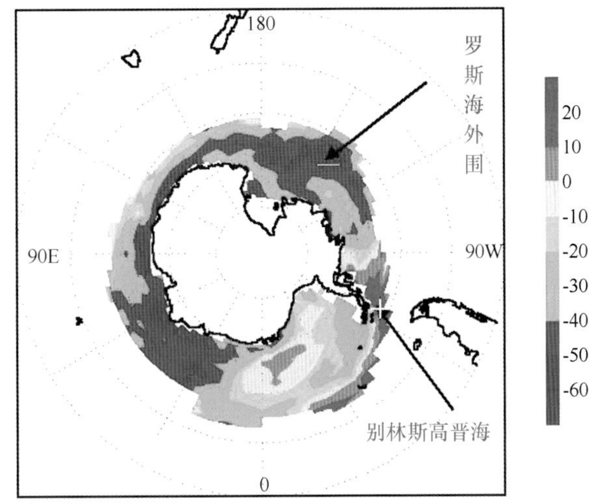

图 3-14 南极海冰密集度计算的南极海冰涛动 EOF 第一模态的分布

3.3.7 南极臭氧洞变化及其趋势

近 50 年来，南极地区的大气臭氧有明显的减少趋势，1970 年前后为一转折点，在此前南极地区臭氧是增加的，而此后是减少的。中山站地区臭氧亏损主要发生在春季（图 3-15），主要是由于南极臭氧洞的形成与发展条件有关（陆龙骅等，1996）。观测与气象卫星 TOMS 反演结果一致性很好，说明中山站 Brewer 观测是可靠的，有国际可比性。在中山站上空大气臭氧总量逐日变化是十分显著的，与中山站位于臭氧洞边缘、受南极平流层极地涡旋摆动与伸缩的动力过程影响有关（郑向东等，1999）。南极地区的大气臭氧总量的变化与全球大气臭氧总量变化趋势相同，但也有其时空多样性的特点（周秀骥等，1997）。臭氧洞的产生与人类活动排放到大气中的污染物（CFCs、Halons、NO_x等）在平流层低温条件下气溶胶冰晶云（PSC）表面的光化学反应密切相关（张永萍等，1990；任传森等，1996）。人为因素和自然因素分别是春季南极臭氧洞形成的两个必要条件。秋季南极臭氧相对低值的产生主要与天文日照减少有关。在南极除春季臭氧洞外，秋季也出现臭氧低值。秋季相对低值的出现，主要与南半球夏至后、南极地区日照时数减少有关，产生机理与春季臭氧洞不同（陆龙骅等，2008）。

利用中山站和其他南极站臭氧总量的观测资料，分析了南极臭氧洞的影响因子及其变化趋势，探讨了南极臭氧洞期间中山站臭氧突变过程与大气动力的作用（卞林根等，2011b）。认识到平流层氯和溴的卤化物当量（ESSC）及流层温度是影响南极臭氧洞面积变化的关键因子。中山站和昭和站的臭氧总量与 ESSC 和平流层温度均具有显著相关，ESSC 和平流层温度对臭氧总量的变化起决定性的作用，同时也验证了 ECCS 参数在东南极大陆沿岸具有适用性。天基卫星观测和地基观测结果

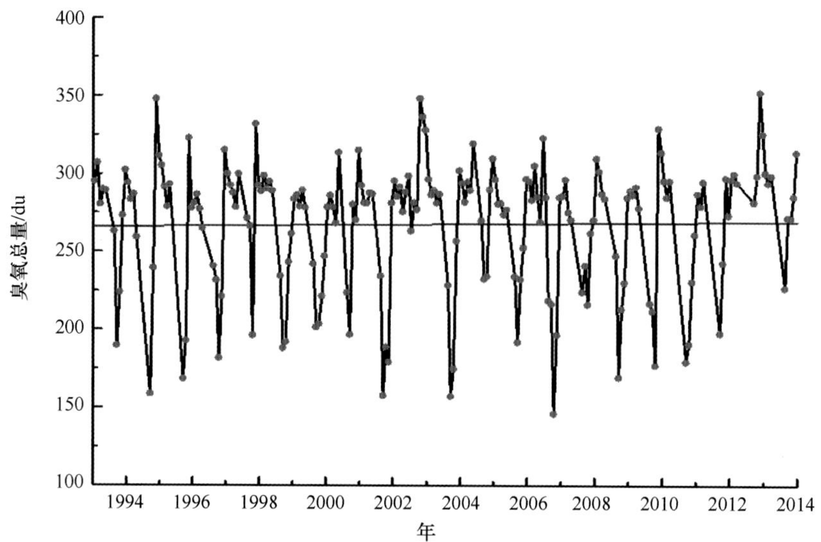

图 3-15　中国南极中山站观测的 1993—2013 年臭氧总量的时间序列

表明（图 3-16），南极臭氧总量在 20 世纪 80 年代至 90 年代早期迅速减少并形成臭氧洞，90 年代后期臭氧洞面积变化趋缓，21 世纪以来基本稳定。依据 WMO A1 方案给出的 ESSC，臭氧洞面积与 ESSC 的回归结果表明，到 2010 年后臭氧洞面积逐渐减小，在 2070 年左右可能恢复到 1980 年前的水平（Bian et al.，2012a）。

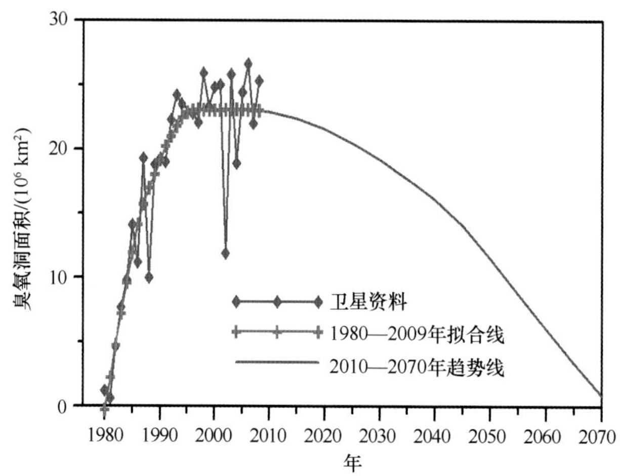

图 3-16　1980—2009 年卫星观测的臭氧洞面积与卤化物当量相关关系及其 2010—2070 年的变化趋势

3.3.8　南极臭氧洞的垂直结构

在南极开展大气和臭氧垂直结构的探测研究，对于深入认识南极臭氧对气候变化的影响机制和预测未来的变化趋势都有重要意义。在国际极地年（IPY）期间，我国第 25 次南极越冬队在南极中山站开展了一整年的大气温度和臭氧等要素的探空观测（卞林根等，2011a），并对大气臭氧和温度的垂直结构及季节变化特征进行了研究（图 3-17）。在中山站上空，热对流层顶和臭氧对流层顶的高度相近，年平均高度分别为 7.9 km 和 7.4 km。在对流层，臭氧垂直分布的年振幅很小，季节变化不显著；而在平流层，臭氧垂直分布的季节变化十分明显。研究发现，春季下平流层臭氧严重耗损出现在 14 km 附近，最大分压出现在上平流层；其他季节下平流层臭氧随高度增加而升高。中山站上空春季下平流层臭氧的严重损耗，与极夜过后该区域低温条件下，平流层冰晶云表面消耗臭氧的非均相化学反应有密切关系（Bian et al.，2012b）。

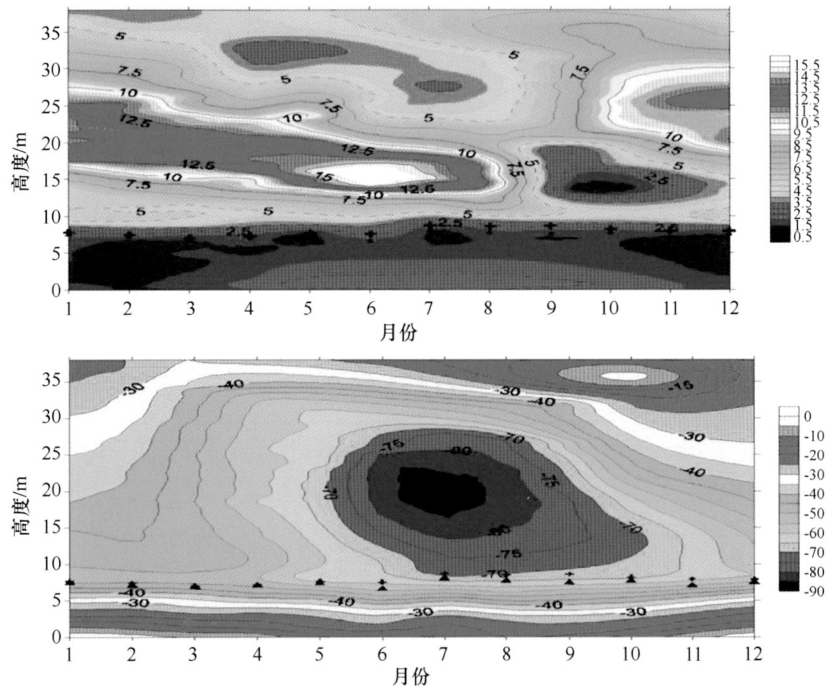

图 3-17 南极中山站 2008 年臭氧（上）和温度（下）月平均值的垂直剖面

3.3.9 地面臭氧本底特征

大气中 90%的臭氧分布在平流层中，仅 10%的臭氧存在于对流层。平流层臭氧和对流层臭氧在气候变化的辐射强迫的贡献分别为-（0.05±0.10）W/m^2 和+（0.35±0.15）W/m^2（IPCC，2007）。南极地区地面臭氧观测始于 20 世纪 50 年代，全球大气监测网（GAW）在南极地区仅有两个全球站对地面臭氧进行长期观测。陆龙骅等（2001c）利用 1999—2000 年中国首次北极考察和第 16 次南极科学考察走航期间获得的地面臭氧资料，给出了地面臭氧随纬度的变化和不同纬度地区地面臭氧的日变化特征。对中山站地面臭氧的本底特征、季节变化以及臭氧损耗事件的研究表明（Wang et al.，2011），不同风向和风速条件下地面臭氧浓度的分布变化不大，仅在 12 月西北或东南偏南风时，存在短时较高的浓度值，没有显示中山站局地污染源对地面臭氧浓度有明显的影响，观测数据可以代表中山站未受局地污染的本底浓度。地面臭氧浓度季节变化的主要特征是冬季高、夏季低。地面臭氧浓度与紫外辐射呈负相关，显示光化学破坏作用占主导地位。通过分析两次显著的臭氧损耗事件发现，其事件与低温过程、风速小等条件以及中山站北部 BrO 高值区有密切关系，结合气流后向轨迹分析表明，中山站地面臭氧损耗事件主要是受 BrO 的影响（图 3-18，图 3-19）。地面臭氧平均浓度为 25.0×10^{-9}，与其他南极沿海站点非常接近。因此，中山站地面臭氧可以代表整个南极地区的本底状况。

3.3.10 二氧化碳的本底特征

二氧化碳（CO_2）是寿命较长的温室气体，能吸收 12～17 μm 波段的红外辐射，对全球变暖的

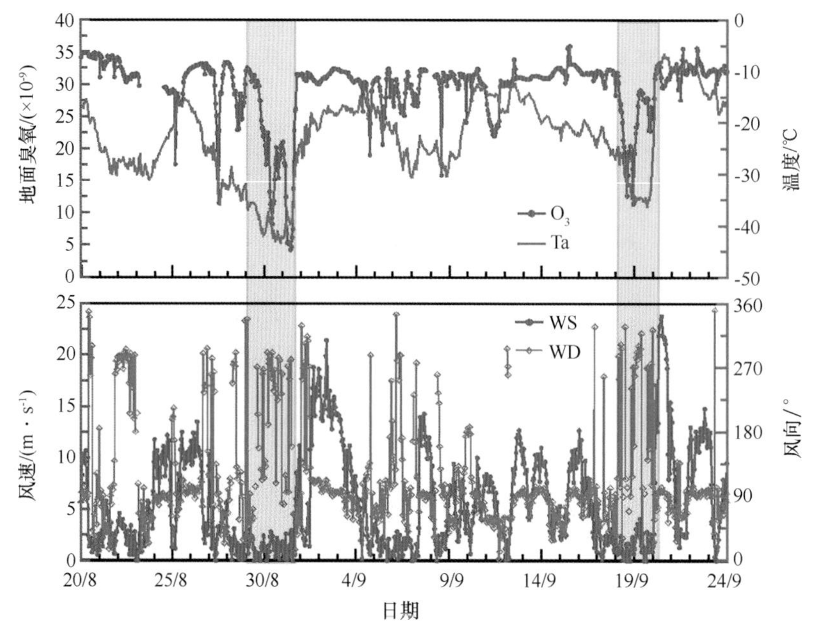

图 3-18　2008 年 8 月 20 日—9 月 24 日中山站地面臭氧（O_3）与温度（Ta）、风速（WS）和风向（WD）的时间序列

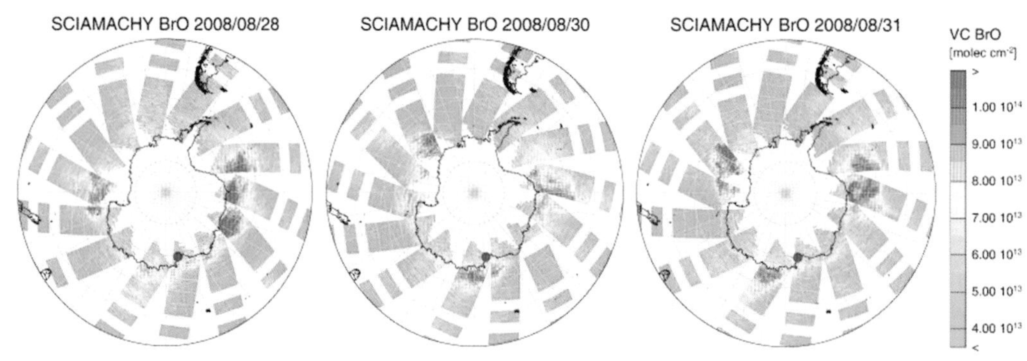

图 3-19　2008 年 8 月 28—31 日南极海冰区 SCIAMACHY 卫星观测的 BrO 总量空间分布

贡献占所有温室气体的 60%。南极站温室气体的监测，采用 FLASK 瓶采样和实验室分析方法，采样频率较低。利用中山站 2010—2013 年 CO_2 在线观测数据，分析了 CO_2 浓度的本底特征，评估了 CO_2 在线观测资料的代表性（图 3-20）。结果显示，不同风向和风速的条件下 CO_2 浓度变化较小，仅在偏西风条件下略有升高，局地可能污染的数据为 1.7%，表明观测数据能够代表东南极大陆沿岸的本地浓度。中山站 CO_2 浓度存在显著的季节变化，3 月出现最低值，11 月达到最大浓度。从秋季至春末为 CO_2 浓度的增长期，夏季为全年低值期。CO_2 浓度季节变化的原因可能与南极海冰面积的年变化有关。南极大陆沿岸海冰一般从 3—4 月开始冻结，面积逐渐扩大，阻隔了 CO_2 进入海洋中，引起大气 CO_2 浓度升高；夏季海冰消失，海洋吸收 CO_2，使得大气 CO_2 浓度下降。同时，CO_2 浓度季节变化也与南半球陆地生态系统和大气环流的季节变化有关（Sun et al.，2014）。

3.3.11　一氧化碳本底浓度

一氧化碳（CO）虽然不是温室气体，但它能通过与 OH 自由基发生光化学反应影响大气的氧

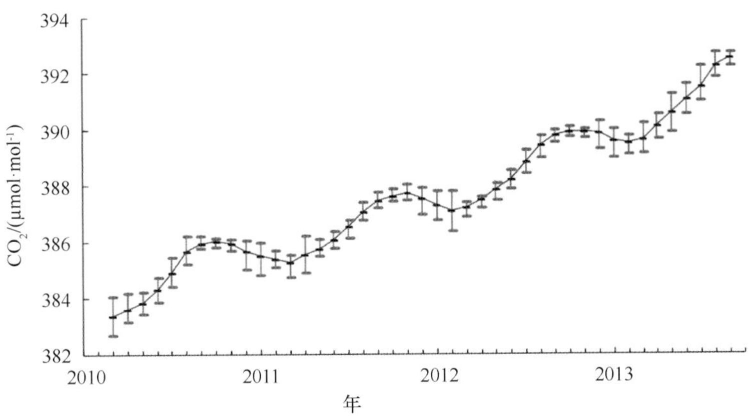

图 3-20 2010—2013 年月平均 CO_2浓度及其最大值和最小值的时间序列

化能力，从而影响大气 CO_2和 CH_4的浓度，因此，CO 是一种间接的温室气体。为研究 CO 在大气化学过程中的作用及其对全球气候的影响，世界气象组织（WMO）在全球范围内统一了 CO 监测的技术标准。在国际极地年期间，我国在中山站大气成分监测站开始 CO 的测量。卞林根等（2014）利用 2008—2011 年 CO 浓度和相关资料，对东南极大陆沿岸大气中 CO 浓度本底特征及其季节变化进行了研究（图 3-21）。结果表明，中山站观测的 CO 浓度可以代表南极中山站未受局地污染的本底浓度，与其他南极站相似，CO 浓度具有非对称的季节变化，最高值出现在春季，最低值在夏末秋初，包括中山站在内的南极各站点的月平均 CO 浓度年振幅在 $30\times10^{-6}\sim65\times10^{-6}$，年际变化范围差异不大，均为 $2\sim3\times10^{-9}$。东南极大陆沿岸 Casey 站 CO 年平均浓度与南极点相同，是南极 CO 浓度最低的测站。

3.3.12 南极近地层湍流参数

为研究南极地区的近地面层湍流特征，我国在中山站和长城站先后开展了近地面微气象梯度观测和湍流观测试验，探讨了南极大陆沿海地区边界层中各种热力和动力过程，并从能量平衡的角度对该地区地表能量平衡各分量的变化进行了分析，研究了南极不同下垫面近地面辐射、热平衡和大气边界层结构特征，并为气候模式提供重要的边界层物理参数（周秀骥等，1989；陆龙骅等，1992；卞林根等，1992，1996c，1997；周明煜等，1996a；曲绍厚等，1996a；林忠等，2009；李诗民等，2010）。近几年来，我国与澳大利亚合作在东南极地区从沿岸中山站至冰穹 A 建立了 AWS，为我国进一步研究南极内陆近地面气候特征、稳定层结下湍流通量的参数化、雪—冰—气相互作用过程的研究提供了宝贵的观测资料。

在国际极地年期间，我国利用先进的湍流通量观测仪器在南极开展了全年的观测试验，获得了大量的研究数据（李诗民等，2010）。辐射通量的分析表明，中山站年均总辐射通量为 120.4 W/m^2，12 月极昼期间总辐射通量最大，月平均值达到 33.6 W/m^2。年均净辐射通量为 12.9 W/m^2，夏半年净辐射通量为正值，表示地面获得热量，冬半年净辐射为负值，表示地面失去热量。年均地表反射率为 0.421，夏季地表反射率最小，月平均值为 0.269，8 月最大，月平均值为 0.537。感热通量与净辐射类似，夏半年为正值，冬半年为负值，年平均为 2 W/m^2。潜热通量全年都为正值，年平均为 11.1 W/m^2。长城站到达地面的总辐射仅为中山站的 50%左右。在冬半年，有积雪覆盖时地面反射率达 0.4~0.5，积雪覆盖时仅 0.2 左右。净辐射夏半年为正，冬半年为负。年净辐射均大于 0，地面对大气而言为热源。南极中山站地区的年平均滞凝系数 Cd 为 1.11×10^{-3}，年变化并不大。长城站

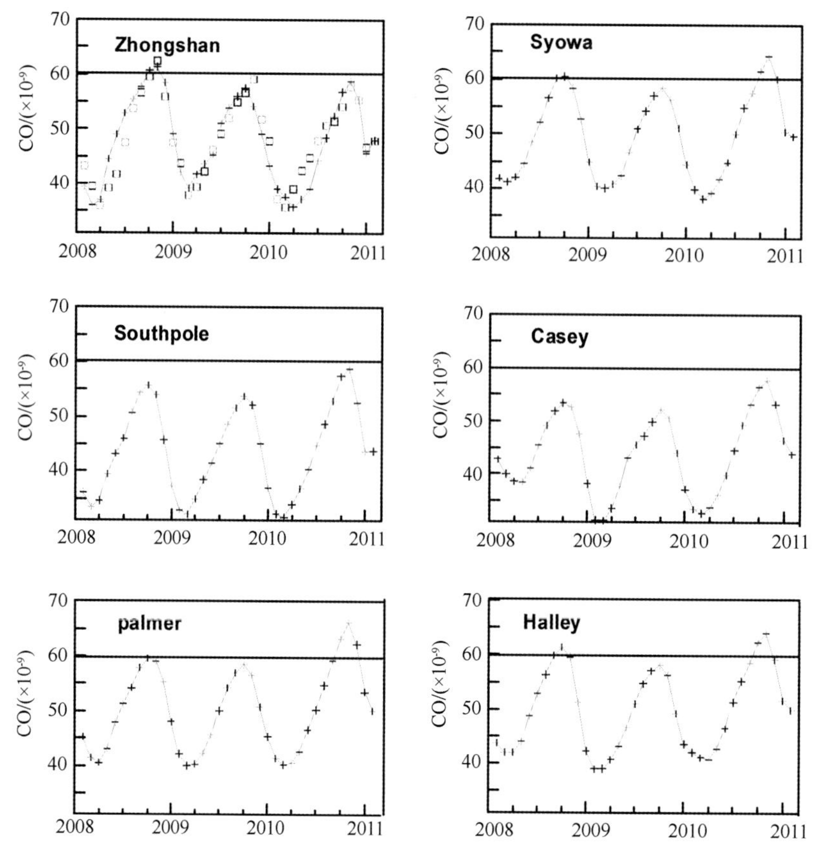

图 3-21　中国南极中山站（zhongshan）、日本 Syowa、美国极点 Southpole 和 Palmer、澳大利亚 Casey、英国 hally 站 2008—2011 年月平均 CO 浓度的比较

中山站图中□为采样瓶气样分析资料，+为在线观测资料

地区夏季 Cd 为 1.21×10^{-3}，基本与夏季中山站（1.19×10^{-3}）（Bian et al.，1998）、南极瑞穗站附近冰雪覆盖面上［（0.8~1.5）$\times10^{-3}$］的值相近（刘树华等，1993）。表明南极大陆边缘地区与亚南极地区一样，近地面湍流交换的能力较弱。朱蓉等（2000）用湍流统计的多尺度理论解释了近地层大气逆温较强时的逆梯度输送现象。南极地区近地层大气逆温较强时，也可出现热量自下向上输送的逆梯度输送现象，这对近地面逆温的发展和维持具有重要意义。这一现象可以用湍流统计的多尺度理论来解释。

利用中山站至冰穹 A 断面上的 AWS 观测资料，以及国际极地年（IPY）期间在中山站附近冰盖上所获取的湍流脉动资料，对近地表湍流通量进行了估算，初步得出了中山站至冰穹 A 断面近地表各种湍流特征参数的空间分布特点（马永锋等，2011）。研究结果表明，南极冰盖冬季近地层空气主要以感热形式向雪冰表面输送热量，来补偿雪冰表面以近乎黑体形式所释放长波辐射所损失的能量，而地表向大气释放的潜热却很小。潜热通量只有在沿岸地区对地表能量平衡较为重要，在内陆高原其量值相当小。夏季地表获得强的太阳辐射使雪冰表面快速增暖，致使近地表空气出现不稳定层结，雪冰表面以感热的形式向大气输送热量的最大。地表粗糙度只取决于地表的物理属性而不受风速的影响，但在南极冰盖风速的大小直接影响着地表雪面波纹的形成和发展、影响表层雪的密实化程度和雪粒大小，因此，风速对该地区的地表粗糙度有着决定性的作用。南极内陆冰盖上的风速、风向较为稳定，从而使得地表摩擦速度为风速的线性函数（Annette et al.，2012）。中山站至冰穹 A 沿线下垫面的地表摩擦速度（u_*）（湍流速度尺度）均可以用 $u_*=0.04U$（U 为当地 4 m 风速）来表示。夏季各站点近地层大气主要呈近中性层结，但往内陆高原稳定和不稳定层结所占比例明显增加，冰穹 A 稳定和不稳定层结分别占 10.1%和 37.5%。由于南极地区温度低，太阳辐射弱，南极大陆大多为稳定边界层结构，而沿海地区由于下垫面热力特性、地形地貌的差异，大气边界层结构特征要更加复杂一些（Mingyu et al.，2009）。

3.3.13 大气边界层结构

大气边界层高度是表征大气边界层的一个重要参数，在大气模式边界层参数化、大气污染扩散、各物理量廓线中都是一个重要的特征量。确定大气边界层高度传统的方法是使用无线电探空仪观测的温度、湿度或者风廓线来判断，但边界层高度是伴随着时间和空间不断变化着的，因此使用无线电探空仪测量的数据得到的边界层高度只是一个近似值。

3.3.14 中山站对流边界层高度

利用中山站全年的探测资料和气块法分析了中山站对流边界层高度（图 3-22）。结果显示，中山站白天下午能观测到不同的边界层类型，其中 84%的对流边界层主要在 10 月至翌年 2 月，稳定边界层主要出现在 4—9 月。在暖季白天出现稳定边界层是由于地表辐射冷却或者暖平流经过形成。而在冷季也能观测到弱的对流不稳定，这是由于强的冷空气经过所致（图 3-23）。中山站午后 16 时对流边界层平均高度 600 m，最低为 200 m 左右，最高达到 1 000 m，比南极内陆地区高。全年中山站地区边界层高度大约为 1 500 m。除夏季外边界层内 500 m 附近存在一个臭氧峰值，多与稳定边界层结构有关，而夏季臭氧在边界层梯度很小（Bian et al.，2013）。

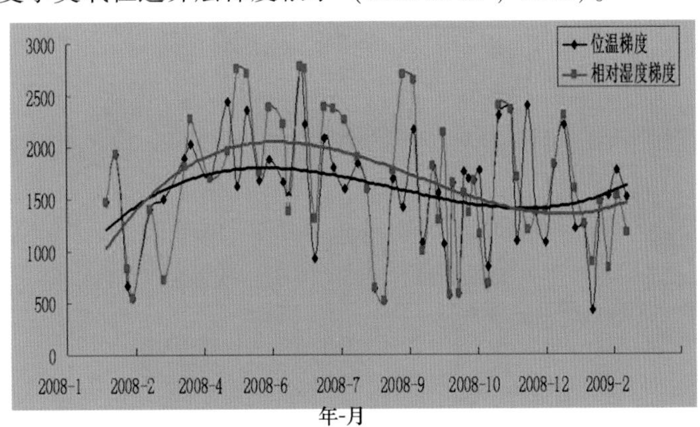

图 3-22 2008 年 2 月至 2009 年 2 月中山站边界层顶高度的时间序列（实线为拟合线）

3.3.15 东南极冰盖边界层结构

东南极冰盖昆仑站大气垂直结构和边界层特征研究表明，南极高原对流层中部平均垂直温度递减率为 5.2℃/km，低于全球平均的对流层中部的递减率（6.5℃/km），递减率（LRT）对流层顶平均高度和平均温度分别为 4.6 km 和-51.3℃。水汽主要集中在距地 2 km 以下的对流层中。边界层中存在多层逆温结构，强逆温层出现在 500 m 以下高度，边界层平均高度为 890 m，并具有上午低、午间高的日变化特征。其结果已为卫星资料在南极内陆地区的验证提供了地面真值，也是验证大气环流模式的模拟结果的依据（傅良等，2014）。

在大气环流模式中需要应用 Ekman 动力学参数和热力边界层参数，如摩擦系数、曲率参数和湍

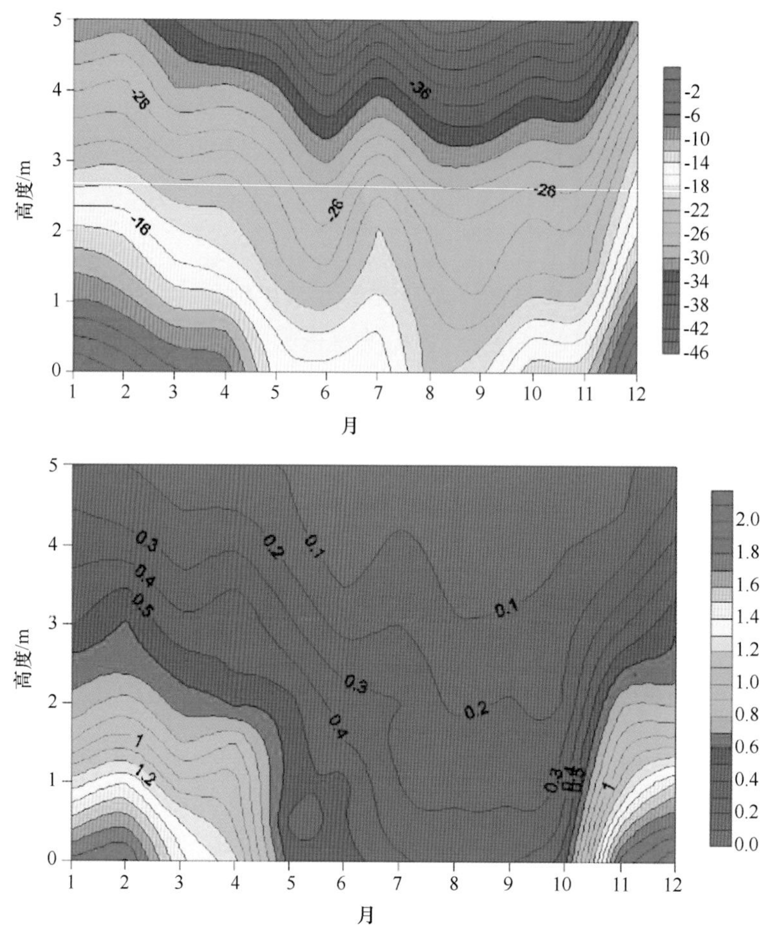

图 3-23　2008 年中山站 5 km 以下温度（上，单位℃）和比湿（下，单位 g/kg）的垂直剖面

流应力等。不同地区这些参数存在明显差异，模式中这些参数一般是以常数设定的，正确与否需要通过实测资料加以验证。南极大陆是地球上最大冷源，平均海拔高度 2 000 多米。到目前为止，南极内陆地区只有南极点 1 个探空站，大气 Ekman 边界层特征的观测和研究甚少。采用昆仑站 2012 年和 2013 年夏季 GPS 大气探测资料（图 3-24），研究了极地边界层的动力特征。结果表明，南极高原大气行星边界层风随高度分布存在显著 Ekman 结构特征（图 3-25），Ekman 结构理论计算与观测分析证实，高原边界层风随高度增加极快，高空层结干冷稳定，南极行星边界层厚度较高。昆仑站上空 900~3 400 m，为深厚的行星边界层，其特征是风随高度增加较快，风向左转，为显著行星边界层 Ekman 层结构。低空 900 m 以下为近地面对流混合层上下重叠的南极边界层特征结构（王继志等，2014）。

3.3.16　南极苔原温室气体通量

在 1998/1999 年中国第 15 次南极科学考察期间，孙立广等（2000）首次开展了南极菲尔德斯半岛苔原氧化亚氮（N_2O）、甲烷（CH_4）和二氧化碳（CO_2）浓度和通量观测研究，开拓了南极温室气体研究的新领域。在南极沿海无冰区苔原，海陆相互作用强烈，海洋动物将大量的 C、N、P 等从海洋转移到陆地，在南极苔原元素循环中起着重要的作用，有利于温室气体的产生。同时，南极地区受人类活动的影响小，苔原生态系统结构简单，对全球气候变化尤为敏感，为研究自然条件

图 3-24 在昆仑站开展 GPS 大气探测现场

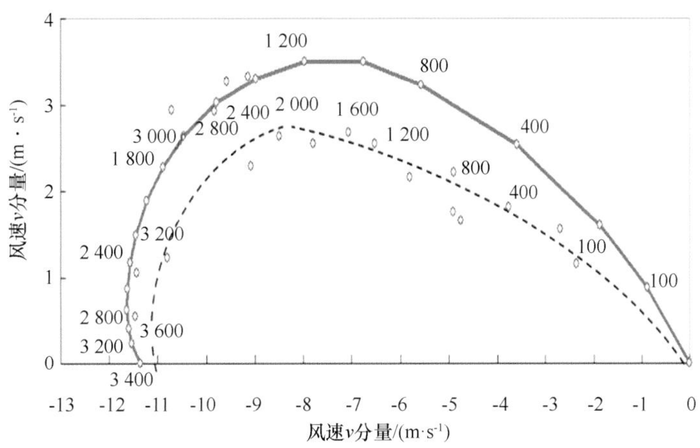

图 3-25 南极昆仑站 Ekman 螺线的理论计算（黑色）和观测的风矢量高度值（红色）对比

下温室气体的排放过程提供了理想场所。

对南极菲尔德斯半岛苔原 N_2O 和 CH_4 浓度和通量的观测研究，发现裸露的普通苔原土壤 N_2O 通量和 CH_4 通量普遍很低，而企鹅粪土表现为强的排放源（孙立广等，2000，2001a，2001b）。在精细的时空尺度上，发现积雪覆盖的普通苔原仍产生和积累 N_2O，并随夏季积雪融化而大量排放，导致大气 N_2O 浓度显著增加；而苔原在积雪覆盖的低温下消耗大气 CH_4，这些结果为寒区积雪覆盖下土壤微生物能产生 N_2O 而消耗 CH_4 提供了证据；查明了普通苔原 CH_4 通量的夏季变化主要受 PTO（降水-地表温度乘积）所驱动（Zhu et al.，2005a）。海洋动物排泄物含量决定了南极苔原 C、N 库，并影响着该地区现在和未来温室气体净排放量（Zhu et al.，2009a）。通过研究，阐明了南极苔原沼泽 N_2O 和 CH_4 通量空间变化取决于当地的水文条件：夏季淹水沼泽通常表现为 N_2O 汇，而相对干和半干旱的苔原是弱或强的 N_2O 源；干旱/高地苔原表现为弱到强的 CH_4 汇，淹水苔原表现为弱到强的 CH_4 排放等（Zhu et al.，2014）。在较大的空间尺度上，发现相对于普通苔原，特别高的 N_2O 排放速率出现在企鹅和海豹聚居地；动物聚居地苔原 N_2O 排放速率显著高于动物缺乏的苔原；证实企鹅、海豹聚居地苔原是强的 CH_4 排放源；而动物缺乏的苔原通常表现为强的 CH_4 汇。

首次测定了南极苔原不同生态区土壤排放的 N_2O 氮、氧同位素自然丰度，发现海洋动物粪土排放的 N_2O 相对于大气显著消耗 ^{15}N 和 ^{18}O。海洋大气 CO_2 同位素组成是 CO_2 源汇强度灵敏的指示剂；发现南极米洛半岛大气 N_2O 的 $\delta^{15}N$ 与 $\delta^{18}O$ 显著高于北半球低纬度大气和洋面大气（Zhu et al.，2008c）。这些数据为合理评估“南极地区温室气体源汇过程对全球变化的响应关系”提供了科学支撑。

对东南极卧龙滩沼泽和团结湖畔沼泽湿地 N_2O 排放通量进行了观测研究，结果表明非冻结期 N_2O 通量与地温存在明显的响应关系，冻融过程显著增加了 N_2O 排放量，水位控制了 N_2O 通量空间变化。对湿地 CH_4 通量的观测结果表明，CH_4 通量空间变化与水位存在明显的正相关；而 CH_4 通量夏季变化、日变化与地温有关；证实气候变暖也增加了湿地 CH_4 排放。在东南极 3 个富藻湖泊（莫愁湖、团结湖和大明湖）近岸水体中，N_2O 通量的夏季变化与日照强度、气温呈显著正相关。估算了 3 个湖泊的 N_2O 净排放量，指出湖泊的 N_2O 排放量在南极具有区域上的重要性。夏季富藻无冰湖泊是 CO_2 强吸收汇和 CH_4 弱排放源，对南极碳循环具有重要性（Zhu et al.，2010）。采用透光箱和暗箱法，对大明湖 N_2O、CH_4 和 CO_2 通量进行了两年夏季的观测，发现在光照和黑暗条件下 CH_4 和 N_2O 排放通量差异显著，光照条件促进了藻类光合而大大增加了 N_2O 的排放，但减少了 CH_4 排放。这些结果对南极夏季开放的湖泊温室气体净收支评估具有重要性（Zhu et al.，2006，2011）。

3.3.17　南极地区气候及其作用

3.3.17.1　南极海冰对我夏季天气的可能影响

很多研究表明，南极温度和海冰变化与北半球夏季的环流形势和我国降水存在遥相关关系；特别与我国长江流域梅雨及我国东北地区夏季低温关系密切（符淙斌，1981；卞林根等，1996e，1989a，1989b，2008；龚道溢等，1998，2002；南素兰等，2005）。南极海冰与极涡指数与台风活动也有一定的联系。冬季（12 月至翌年 2 月）南极海冰涛动高值年，我国汛期（6—8 月）降水分布为南涝北旱型，雨带偏南；反之，则为南旱北涝型，雨带偏北。前期南极海冰涛动低指数时，夏季长江中下游降水偏多；北方大部分地区气温偏低（马丽娟等，2006）。数值模拟结果表明，南极地区海温、海冰等大气环境特征异常，先是通过赤道纬向环流异常，然后在西北太平洋自南向北激发一串涡列、影响中国地区的天气气候，这可能就是南极温度及南极冰异常对大气环流影响的遥相关机制（陈隆勋等，1996）。

南极海冰涛动（ASOI）和南极涛动（AAO）的物理意义差异很大。ASOI 表示了南极半岛西侧的别林斯高晋海及罗斯海域的海冰变化具有“跷跷板”特征，并与 SOI、Nino3 指数的变化有密切关系，由此定义为南极海冰涛动指数。AAO 确是南半球中高纬度大气环流主要的模态，具有很强的纬向对称性，可以表示南半球极区与中纬度之间的大尺度质量交换，反映了南半球绕极低压带和副热带高压带之具有跷跷板式的变化规律。因此研究 ASOI 和 AAO 的异常变化及其在气候变化中的作用，是分析南极海冰与大气相互作用气候过程的重要途径。南极海冰涛动指数的功率谱分析（卞林根等，2009）显示，超过 0.05 显著性水平的周期主要集中在 3 个时段：120 个月（波数 1），这个周期接近太阳黑子 11 年周期；二是 3~5 年周期（波数 2~3），这个周期与海洋和大气活动中心变化周期较为相似；三是准 2 年振荡周期（波数 4~7），这个周期在高层大气中比较普遍，平流层最为明显。卞林根等（2008）研究了南极海冰涛动指数与我国季风降水和东亚夏季大气系统的关系及其影响的可能过程（图 3-26），指出冬季南极海冰涛动指数和我国汛期（6—8 月）降水距平百分比存在较好的相关。正相关主要在长江流域及其以南地区，其中长江中下流及以南地区的相关系数已超过5%信度，长江流域以北为负相关。冬季南极海冰涛动指数与南海夏季风爆发早晚密切相关。当冬季南极海冰涛动指数为负值时，南海季风爆发早，概率为11/14=79%；当它为正值时，南海季风爆发晚，概率为12/15=80%。冬季南极海冰涛动指数和春季850 hPa经向风距平的相关表明：在东亚季风环流区，超过0.05显著性水平的区域在澳大利亚西部和东亚越赤道气流区，两者都为反相关。

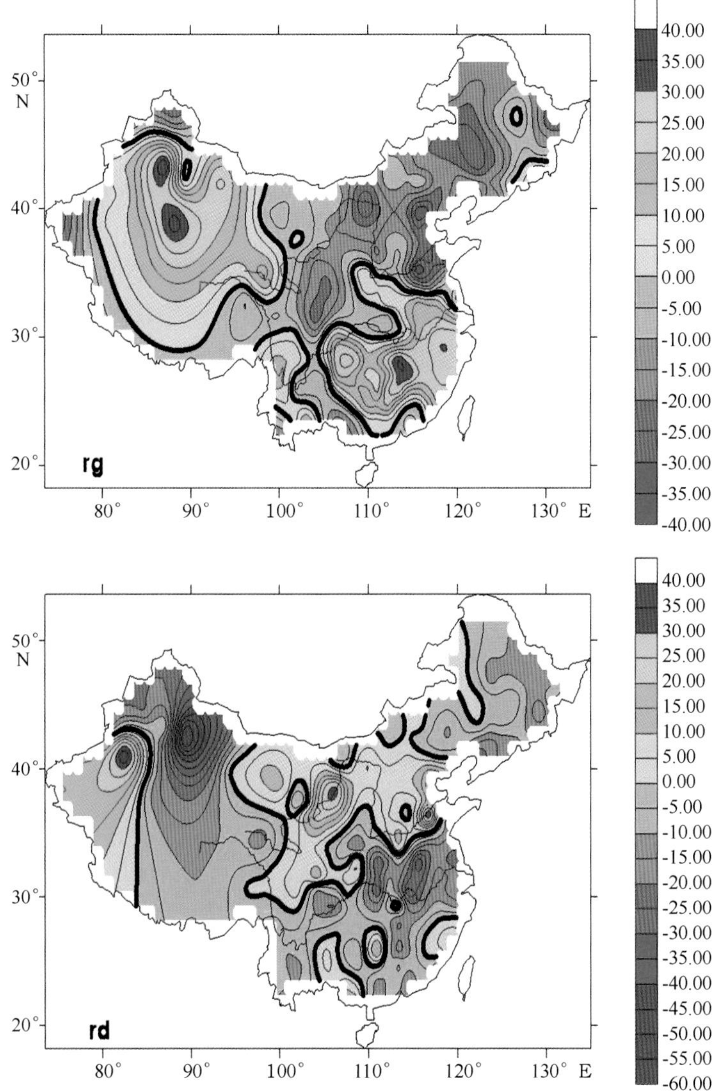

图3-26 冬季南极海冰涛动指数与我国汛期（6—8月）降水分布的关系，冬季南极海冰涛动指数高值年（rg）；冬季南极海冰涛动指数低值年（rd）

3.3.17.2 南极温度变化与绕极流

在南极地区气象观测的130多个站中，只有25个站观测记录是连续的。对25个气象站逐月温度资料的聚类分析结果表明，南极地区的气候变化从时间、空间上来说都是多样的。在南极和邻近地区，以温度为代表的常规气候特征变化不一致，存在着罗斯湾（Ⅰ区）、南极半岛（Ⅱ区）、东南极（Ⅲ区）、南太平洋（Ⅳ区）和东南极西部（Ⅴ区）5个温度变化不同的区域（陆龙骅等，1997b）。温度在东南极只分了一个区。海冰序列长度增加后，海冰分区情况基本不变（马丽娟，

2004）。南极地区近百年的增暖主要发生在南极半岛地区，且气温有 3 个跃变点，而在南极大陆主体增暖并不明显，近 10 余年来还有降温趋势（Lu et al.，2003）。美国科学家指出，气候模式过高估计南极变暖，20 世纪南极地区的实测温度仅上升 0.2℃，而模拟结果强健却上升了 0.75℃（曾晓梅等，2008）。长城站近 20 余年来温度是上升的，而中山站增温不显著，近 10 余年来恰有下降趋势。南极地区气候变化时空多样性的提出为进一步研究南极地区对全球变化的响应提供了重要的线索。

南极绕极流的发现只有几年的时间，是全球海洋中新发现的重要现象之一（效存德等，2004；Bian et al.，2012c）。南极绕极流在南大洋以及南半球的气候变化中扮演了重要的角色，是南大洋海气相互作用系统中极其重要的一部分，引起了海洋学家、气象学家们的极大兴趣。南极涛动（AAO）是近几年来得到确认的南半球中高纬度大气环流主要的模态（龚道益等，1998）。南极涛动有年代际、年际和季节内时间尺度变化。南极涛动正（强）异常时，绕极低压带加深和副热带高压带加强，高、中纬度之间的气压梯度加大（Xiao et al.，2004），高纬西风加强。已有研究表明：南极涛动异常能够影响南半球中高纬度的天气气候异常，且有明显的长期变化倾向；南极涛动异常还能影响我国的天气气候变化（南素兰等，2005）。卞林根等（2009）用 1951 年 1 月至 2002 年 12 月共 624 个连续月的 NCEP 再分析月平均海平面气压资料，重新定义了南极涛动指数，研究了南极涛动指数的年代际变化及其对南半球海平面气压、温度、850 hPa 风场和绕极环流的影响。揭示出近百余年来的南极涛动的年代际变化，发现 1900 年以来南极涛动经历了 3 个年代际偏强期和 2 个偏弱期（图 3-27）。1940—1960 年和 1980—2000 年这两个南极绕极波的典型活跃期南极涛动正处于年代际偏强（正距平）期，而当南极涛动持续偏弱时南极绕极波多消失不见。尽管南极涛动对南极绕极波的出现和活跃有重要影响，但并不具备决定作用，绕极波的出现和活跃可能是多个因素的作用过程。

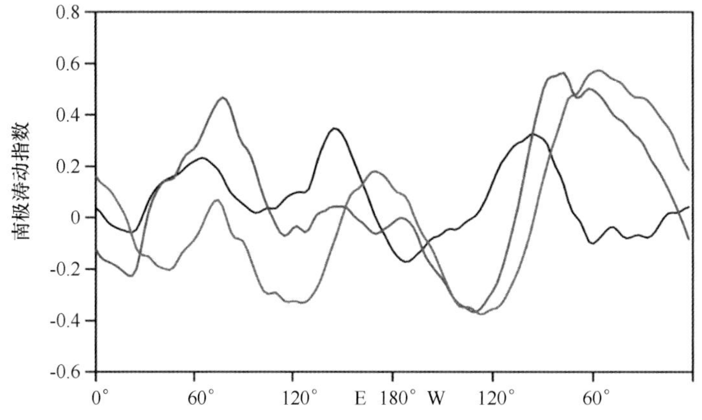

图 3-27 50°—60°S 表面平均温度经 3~5 年滤波与标准化的绕极波指数（ACW）3 个阶段的同期相关

3 个阶段为：1951—1973（黑线），1974—1980（蓝线），1981—2010（红线），分别表示弱、中、强

3.3.17.3 南极大气模拟

利用中国南极中山站到冰穹 A 断面考察自动气象站资料和南极站点资料，结合 ERA40 再分析资料和 NCEP 再分析资料，评估了区域气候模式 HIRHAM 对南极气温气候态的模拟能力，并分析了模拟偏差产生的主要原因，为 HIRHAM 模式的进一步提高和发展提供参考依据（Xin et al.，2013；辛于飞等，2013）。随着我国对南极科学研究的投入大幅度增加，科学考察活动日趋频繁，其对精

确的天气预报的需求大大增加。然而，我国每次的南极考察都只依赖于卫星云图和国外传真图来做预报，到目前为止仍没有自己专门的南极数值天气预报系统。因此，发展南极数值天气预报模式，建立我国自己的南极数值天气预报系统迫在眉睫。

对 Polar WRF 对南极地区天气过程的模拟试验研究。利用中山站至冰穹 A 考察断面上 4 个观测站 2008 年地面气象要素（地面气压、2 m 气温、2 m 比湿、10 m 风速和风向）的逐 3 h 观测资料（图 3-28），对 NCEP GFS FNL 再分析资料和 ECMWF ERA-Interim 再分析资料在该断面上的适用性进行了统计对比分析，为模式在南极地区选取更准确的初始场提供了参考依据（马永锋，2012）。ERAI 与 FNL 的地表温度、气温和风场，以及高空 500 hPa 位势高度、温度场和风场在南极地区的空间分布非常一致，两者一致地表现出了南极的下降风、绕极涡旋、地面冷中心和高空冷涡等及其位置。但是在南极内陆高原中心区域，ERAI 的地表冷中心（<-55℃）范围较 FNL 偏大，强度偏强，中心温度低达 -60℃，2 m 气温较 FNL 偏冷，近地表风速较 FNL 偏大；而高空 500 hPa 冷涡却较 FNL 略微偏暖，与地面的偏冷相反，风速较 FNL 偏大。就南极大陆平均而言，ERAI 地表温度和 2 m 气温均较 FNL 年平均偏冷，近地表风速较 FNL 年平均偏大，近地表逆温强度较 FNL 偏大；夏季，ERAI 地表温度在海拔大于 2 400 m 的内陆高原中心区域较 FNL 偏暖，而其在冬季与夏季截然相反，较 FNL 偏冷，正因为冬季如此强的偏冷才致使其年平均较 FNL 在内陆高原区偏冷。

HIRHAM 模式是在区域高分辨率天气预报模式 HIRLAM 动力框架的基础上，加入了 ECHAM4 模式的物理参数化方案和极地参数化方案，使其适用于两极地区的应用。目前所用的模式已经发展到第 5 个版本。HIRHAM 为静力平衡均匀网格的区域气候模式。水平分辨率为 0.5°×0.5°，约为 50 km。时间差分采用半隐式半拉格朗日方案。HIRHAM 模拟的 41 年南极 2 m 气温，与 ERA40 和 NCEP 再分析资料和站点观测资料对比发现，HIRHAM 模拟的南极 2 m 气温多年平均值偏低，比 EAR40 平均偏低 1.8℃，与 NCEP 偏低 5.1℃。在极昼时期，HIRHAM 平均偏低达 3.4℃；在极夜期间，两者偏差不大，秋季 HIRHAM 平均偏暖只有 0.004℃。分析发现，HIRHAM 模式模拟的夏季近地层大气湍流与观测不同是 2 m 气温模拟偏差产生的原因。在夏季，观测的近地层逆温和非逆温并存，冰穹 A 站观测的逆温占总样本的 24%，非逆温占 58%，但 HIRHAM 模式模拟基本全是逆温状况；在南极秋、冬季，观测到的近地层温度分布为逆温；HIRHAM 与之较为吻合，这部分解释了在秋、冬季，模式模拟偏差较小的原因。HIRHAM 模式模拟的夏季近地层逆温状况与实际存在偏差，导致 2 m 气温多年平均值模拟偏冷。感热通量模拟与观测的偏差，是逆温状况偏差的主要原因（Xin et al.，2014）。

利用高分辨率的区域天气模式（Polar WRF）对 2008 年南极地区全年的天气过程进行了模拟与评估。模式初始化时间为每日 0000UTC，积分时间为 48 h，并且将前 24 h 作为模式物理过程的调整适应时间，将其结果去除。通过与 12 个站点的近地面常规气象观测和 5 个站点的 GPS 探空观测进行统计验证分析，讨论了初始场的不确定性、大尺度环流的季节性变化、海冰特征和水平分辨率，以及积云、微物理、边界层和辐射等几个主要物理过程的不同参数化方案等方面对模式的天气预报技能的影响。

分析表明，Polar WRF 对地面气压、气温、比湿和风速，以及高空位势高度、温度、风速和风向在全年中都具有很高的模拟技能，尤其是其能够准确地捕获冬、夏季近地表与高空各气象要素的天气尺度变率，如高低压的变化过程、冬季气温的突然增暖或降温过程、大风过程和风向的转变，以及冬季低压系统过后气温上升导致的比湿增大的过程等。模拟地面气压与观测的逐月平均偏差一般小于 2 hPa，且相关系数大于 0.98；气温一般在沿岸地区全年均较观测偏冷（小于 2℃），在内陆地区平均偏暖（小于 2℃），但其在冬季略微偏冷（小于 0.7℃），模拟与观测的逐月相关系数均大于 0.85；风速在内陆地区一般较观测偏大小于 2 m/s，但在沿岸地区个别站点明显偏大。南极大陆近地表气象条件对水平分辨率很敏感，尤其是沿岸地区的气温和风速对高水平分辨率最为敏感。即使是在冰穹 A 和 South Pole 这种地形较为平坦的内陆高原地区其对水平分辨率仍然很敏感。高水平分辨率下各气象要素在不同站点、不同季节的表现不尽相同，这表明并非水平分辨率越高模拟越准确。ERA-Interim 作为初始场时，Polar WRF 模拟结果中的近地表气温和比湿，以及高空温度和风速的表现均优于 GFS-FNL 作为初始场的模拟结果，而地面气压和高空位势高度的表现却不如 GFS-FNL 作为初始场时的模拟结果，其中近地表气温、比湿和气压的表现与初始场 ERA-Interim 和 GFS-FNL 在沿岸地区的表现相一致。ERA-Interim 和 GFS-FNL 均可作为模式在南极地区的初始场和侧边界条件的不错选择。研究结果将为 Polar WRF 在南极地区的改进与发展提供参考依据，为建立我国自己的南极数值天气预报平台打下基础（马永锋，2012）。

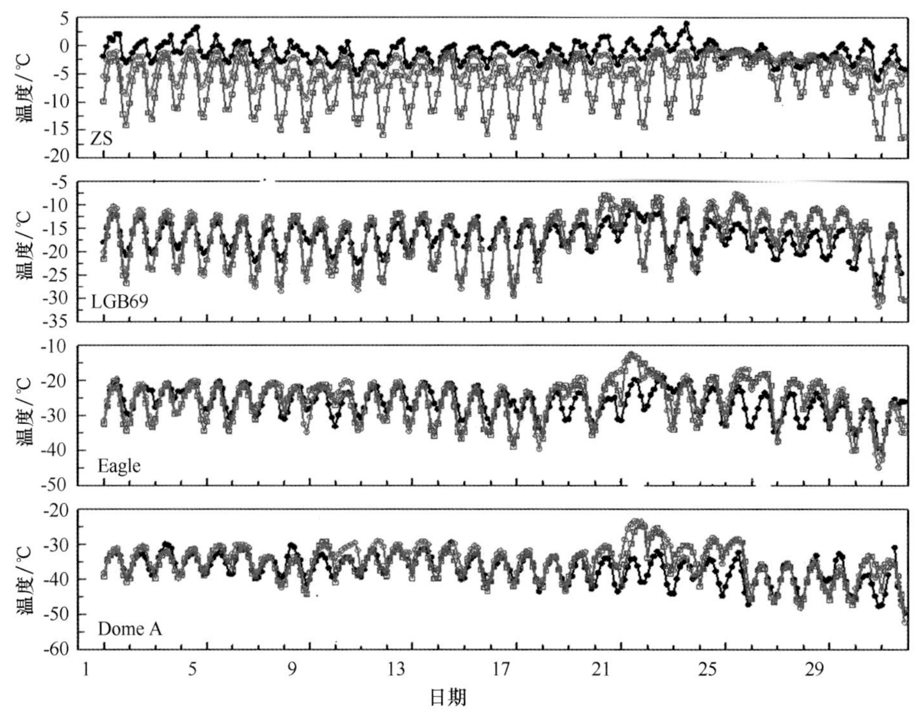

图 3-28　模拟的中山站（ZS）和 3 个内陆自动气象站（LGB69、Eagle、冰穹 A）2008 年 1 月 3 h 间隔气温（T）与观测的时间序列

黑线为观测值，红线和紫色线为模拟值

3.4　结语与展望

近 30 年来，我国南极大气科学考察与研究取得了长足进展和研究成果。在长城站、中山站、昆仑站、泰山站和维多利亚站都开展了大气科学考察，特别是国际极地年期间，我国紧紧围绕中山站—南极冰盖冰穹 A 断面的综合考察和计划，开展了一系列的大气考察活动，突出重点、协同攻关，大幅度提升了我国极地与全球变化研究的水平。在南极地区，瞄准冰冻圈和极地大气科学研究的国际前沿，加强和完善了观测站网，提高了南极气象观测能力。

1985 年和 1989 年中国在南极建立了南极长城气象站和中山气象台，1993 年在中山站安装国际标准的臭氧光谱仪，开始了大气臭氧总量和紫外辐射的观测，并延续至今。在国际极地年期间，在中山站建成了大气本底站，开始了温室气体长期观测。2002年以来，在中山站到泰山站和昆仑站的断面上，先后安装了6套由卫星传输资料的自动气象站，获取的资料在国内外研究中已得到应用。中国南极大气科学研究是近30年来在我国有较大进展的科学领域，对南极地区近代气候的变化规律、大气边界层物理和海冰气相互作用、冰雪、能量平衡过程、温室气体的本底特征和臭氧洞形成过程、南极考察气象业务天气预报系统、南极大气环境对东亚环流和中国天气气候的影响等方面开展了一系列的研究，取得了很多国内外有影响的研究成果，加深了南极气候在全球变化中作用及其对我国天气气候和可持续发展影响的认识。

南极是目前全球气象资料最贫乏的地区之一，气象台站的密度远小于人类居住的其他地区。虽然利用高分辨率卫星遥感资料，可以通过一系列计算获得大气温度、湿度及臭氧总量大范围的反演数据，并由此建立南极地区长期气候序列，但在计算中需要用地面实测资料来进行对比和校正。南极地区的实地气象观测仍是不可取代的。气象观测是气象工作和大气科学发展的基础，极地气象台站也是世界天气监视网中不可缺少的重要组成部分。随着全球变化研究的不断深入，极地气象科学观测正在从传统的压、温、湿观测，向包括大气物理、大气化学和大气环境在内的大气科学领域发展，使观测南极地区气象数据，能够满足气候变化研究和南极环境变化的研究需求。因此，进一步提高我国极地气象观测能力和业务水平，深入开展极地近地面物理海—冰—气相互作用和大气边界层特征、南极地区大气臭氧变化机理及其臭氧洞的恢复趋势、改建新一代的气候模式模拟南极在全球气候变化中的作用及其对东亚和中国气候影响的研究，为中国短期气候预测提供新的线索，是今后极地大气科学考察和研究的重要任务。

参考文献

卞林根，林忠，张东启，等. 2011a. 南极大气臭氧和温度垂直结构及其季节变化的研究. 中国科学，41（12）：1762-1770.

卞林根. 1989a. 南极海冰的时空特征及其与西太平洋台风和副高的相关关系. 见：国家南极考察委员会. 南极科学考察论文集（第四集）. 北京：海洋出版社：45-54.

卞林根，贾朋群，陆龙骅，等. 1992. 南极中山站1990年地表能量通量变化的观测研究. 中国科学（B），22（11）：1224-1232.

卞林根，林学椿. 2008. 南极海冰涛动及其对东亚季风和我国夏季降水的可能影响. 冰川冻土，30（2）：196-203.

卞林根，林学椿. 2005. 近30年南极海冰的变化特征. 极地研究，17（4）：233-244.

卞林根，林学椿. 2009. 南极涛动和南极绕极波的年代际变化. 大气科学，33（2）：251-260.

卞林根，林忠，郑向东，等. 2011b. 南极臭氧洞的影响因子和变化趋势. 气候变化研究进展，7（2）：90-96.

卞林根，陆龙骅，贾朋群. 1996b. 南极拉斯曼地区紫外辐射的特征. 南极研究，8（3）：29-35.

卞林根，陆龙骅，贾朋群. 1996c. 南极中山站紫外辐射的观测研究. 科学通报，41（9）：805-807.

卞林根，陆龙骅，贾朋群. 1996e. 南极海冰和极涡指数的时空特征及相互关系. 地理学报，51（1）：33-43.

卞林根，陆龙骅，贾朋群. 1997. 南极冰盖极昼期间近地面湍流特征的实验观测，中国科学（D），40（4）：432-438.

卞林根，陆龙骅，张永萍. 1989b. 南极温度的时空特征及其与我国夏季天气的关系. 南极研究，1（3）：8-17.

卞林根，马永锋，逯昌贵，等. 2010a. 南极长城站（1985—2008年）和中山站（1989—2008年）地面温度变化. 极地研究，22（1）：1-9.

卞林根，马永锋，逯昌贵，等. 2010b. 南极长城站（1985—2008年）和中山站（1989—2008年）风和降水等要素的气候特征. 极地研究，22（4）：321-333.

卞林根，汤洁，赖新，等. 2014. 南极中山站一氧化碳本底的监测与分析. 环境科学学报，34（2）：310-317.

卞林根，薛正夫，逯昌贵，等. 1998c. 拉斯曼丘陵的短期气候特征. 南极研究，10（1）：37-46.
卞林根，张雅斌. 2000. 南极天气预报业务的进展. 极地研究，12（3）：219-232.
陈百炼，张人禾，效存德，等. 2010. 东南极 Dome A 近地面气温及雪层温度的观测研究. 科学通报，2（11）：1122-1129.
陈隆勋，缪群，王予辉. 1996. 南极冰对大气环流和东亚季风影响的数值试验. 见：周秀骥、陆龙骅主编. 南极与全球气候环境相互作用和影响的研究. 北京：气象出版社：36-42.
陈善敏，李松如. 1987. 1985 年 1—3 月南极长城站风的特征. 气象学报，45（3）：363-3657.
陈善敏、蒋维东. 1989. 南极半岛地区极地气旋活动云图特征的个例分析. 见：国家南极考察委员会. 南极科学考察论文集（第四集）. 北京：海洋出版社：1-9.
谌志刚，卞林根，效存德，等. 2006. 东南极 Princess Elizabeth 冰盖近地层大气参数的年变化特征. 海洋学报，28（1）：35-41.
程彦杰，卞林根，陆龙骅. 2002. 南极海冰涛动与 ENSO 的关系. 应用气象学报，13（6）：711-717.
程彦杰，陆龙骅，卞林根，等. 2003. 南极半岛地区气温与南极海冰涛动、ENSO 的联系. 极地研究，15（2）：121-128.
符淙斌. 1981. 我国长江流域梅雨变动与南极冰雪状况的可能联系. 科学通报，26：484-486.
傅良，卞林根，效存德，等. 2014. 东南极高原辐射平衡观测研究. 气象学报，56（4）：234-239.
高登义，川口贞男. 1989. 春季南极平流层爆发性增温与臭氧变化的关系. 见：国家南极考察委员会. 南极科学考察论文集（第四集）. 北京：海洋出版社：130-136.
高登义，邹捍，周立波，等. 2008. 极地大气科学考察研究与展望. 大气科学，32（4）：882-892.
龚道溢，王绍武. 1998. 南极涛动. 科学通报，43（3）：296-301.
龚道溢，朱锦红，王绍武. 2002. 长江流域夏季降水与前期 AO 的显著相关. 科学通报，47（7）：546-549.
郭松，周秀骥，郑向东，等. 1997. 南极中山站臭氧洞期间臭氧廓线的观测研究. 极地研究，9（1）：78-82.
郭井学，孙波，田钢，等. 2008. 南极普里兹湾海冰厚度的电磁感应探测方法研究. 地球物理学报. 51（2）：596-602.
黄耀荣. 2000c. 西南极海区的海雾. 海洋学报，22（增刊）：123-128.
黄耀荣，许淙，尹涛，等. 2000a. 南极长城站气压场和风场分析. 极地研究，12（2）：129-136.
黄耀荣，许淙，张海影，等. 2000b. 西南极长城站地区晴好天气研究. 极地研究，12（3）：203-210.
贾朋群，卞林根，陆龙骅. 1992. 南极海冰问题评述：观测. 南极研究，4（1）：51-58.
解思梅，郝春江，梅山，等. 2002. 南极普里兹湾气旋的生消发展. 海洋学报，24（6）：11-19.
解思梅，郝春江，邹斌. 2000. 新型船载气象卫星接收系统. 海洋学报，22（4）：31-40.
孔琴心，刘广仁，王庚辰. 1996. 1993 年春季南极中山站上空大气臭氧的观测分析研究. 大气科学，20（4）：395-400.
李诗民，王先桥，周明煜，等. 2010. 极区通量观测系统及其在国际极地年（IPY）全球协同观测中的应用. 海洋预报，27（1）：62-71.
林忠，卞林根，马永锋，等. 2009. 南极中山站附近冰盖近地面层湍流参数的观测研究. 极地研究，21（3）：221-233.
刘树华，熊康. 1993. 南极瑞穗站的辐射特征. 南极研究，5（1）：39-45.
陆龙骅. 1997c. 近年来的南极臭氧洞. 气象科技，（1）：4-8.
陆龙骅. 2008. 春季南极臭氧洞与环境保护. 科学，60（2）：15-18.
陆龙骅，卞林根，张正秋. 2011b. 极地和青藏高原地区的气候变化及其影响. 极地研究，23（2）：82-89.
陆龙骅，卞林根. 2012. 中国极地大气科学观测工程. 中国工程科学，14（9）：73-82.
陆龙骅，卞林根，贾朋群. 1997b. 南极和邻近地区温度的时空变化特征. 中国科学（D），27（3），284-288.
陆龙骅，卞林根，贾朋群. 1992. 南极中山站极夜和极昼期间的辐射特征. 科学通报，37（15）：1388-1393.
陆龙骅，卞林根，贾朋群. 1997a. 南极臭氧的短期气候变化特征. 应用气象学报，8（4）：402-412.

陆龙骅，卞林根，逯昌贵，等. 2001c. 75°N、70°S UV-B 辐射经向变化特征的观测研究. 自然科学进展，11（8）：835-839.

陆龙骅，周秀骥，卞林根. 等. 1996. 1993 年南极臭氧洞期间普里兹湾地区的大气振荡. 科学通报，41（7）：636-639.

马丽娟，陆龙骅，卞林根. 2004. 南极海冰的时空变化特征. 极地研究，16（1）：29-37.

马丽娟，陆龙骅，卞林根. 2006. 南极海冰与我国夏季天气的关系. 极地研究，18（1）：30-37.

马丽娟，陆龙骅，卞林根. 2007. 南极海冰北界涛动指数及其与我国夏季天气气候的关系. 应用气象学报，18（4）：568-572.

马永锋. 2012. Polar WRF 对南极地区天气过程的模拟试验研究. 北京：中国气象科学研究院：1-120.

马永锋，卞林根，效存德，等. 2008. 积雪对南极冰盖自动气象站气温观测影响的研究. 极地研究，20（4）：299-309.

马永锋，卞林根，效存德，等. 2011. 南极中山站至 Dome A 考察断面近地层湍流参数特征. 地球物理学报，54（8）：1960-1971.

毛节泰. 1989. 南极长城站大气臭氧和 NO_2 的观测研究. 气象，15（12）：1-5.

南素兰，李建平. 2005. 春季南半球环状模与夏季长江中下游降水的关系及机理分析. 见：俞永强、陈文，等. 海—气相互作用对我国气候变化的影响. 北京：气象出版社：177-197.

彭公炳，李倩，钱步东. 1992. 气候与冰雪覆盖. 北京：气象出版社：1-349.

彭公炳，王宝贯. 1989. 南极海冰对西北太平洋副热带高压的影响及其海洋大气环流背景. 科学通报，34（1）：56-58.

秦大河，效存德，丁永建，等. 2006. 国际冰冻圈研究动态和我国冰冻圈研究的现状与展望. 应用气象学，17（6）：649-656.

曲绍厚. 1992. 南极上空臭氧洞形成和演变的分析研究. 高原气象，11（1）：83-89.

曲绍厚，高登义. 1996. 中山站地区大气边界层结构和湍流通量输送特征. 南极研究，8（4）：1-10.

任传森，李维亮，周秀骥. 1996. 南极臭氧洞形成机理的模拟研究. 见：周秀骥，陆龙骅. 南极与全球气候环境相互作用和影响的研究. 北京：气象出版社：341-354.

孙波，温家洪，何茂兵，等. 2002. 北冰洋海冰厚度穿透雷达探测与下表面形态特征分析. 中国科学（D 辑）. 32（11）：952-958.

孙立广，朱仁斌，谢周清，等. 2001c. 南极菲尔德斯半岛植被土壤 CH_4 通量特征. 环境科学学报，21（3）：296-300.

孙立广，谢周清，赵俊琳，等. 2000b. 南极菲尔德斯半岛 N_2O 浓度的监测. 科学通报，45（11）：1195-1198.

孙立广，朱仁斌，谢周清，等. 2001a. 南极 Fildes 半岛 CH_4 浓度监测. 自然科学进展，11（9）：995-998.

王欣，卞林根，陆龙骅，等. 2002. 普里兹湾地区近十年来的气候变化特征. 极地研究. 14（3）：195-202.

王继志，卞林根，效存德，等. 南极高原夏季 Ekman 边界层动力学分析. 科学通报，2014，59（11）：999-1005.

王景毅，谭燕燕. 1990. 南极南大洋夏季气旋爆发性发展的观测实例及分析. 海洋学报，12（2）：251-256.

王玉婷，卞林根，马永锋，等. 2011. 南极中山站地面臭氧的监测和本底特征. 科学通报. 56（11）：848-857.

魏文良. 2008. 中国极地考察航线海洋气象研究. 北京：海洋出版社：1-234.

吴辉碇. 1995. 海冰数值模拟. 见：周秀骥. 南极与全球气候环境相互作用和影响研究进展. 北京：科学出版社：86-114.

效存德，程彦杰，任贾文，等. 2004a. 冰芯记录的南印度洋南极绕极波近期信号. 科学通报，49（23）：2455-2463.

效存德，秦大河，卞林根，等. 2004b. 东南极 Lambert 冰盆-Amery 冰架区域雪面相对高程变化的精确监测. 中国科学（D 辑），34（7）：675-685.

辛羽飞，卞林根，等. 2013. 一个区域气候模式对南极 2 m 气温的模拟及其评估. 中国科学，56（1）：1-7.

许淙，杨清华，薛振和. 2010. 南极长城站海雾形成的气候背景及天气形势分析，极地研究. 22（1）：42-49.

杨清华，刘骥平，孙启振，等. 2013. 2010 年春季南极固定冰反照率变化特征及其影响因子. 地球物理学报，56

（7）：2177-2184.
杨清华，尹朝晖，张林，等. 2010. 南极长城站雪暴的个例研究. 极地研究，22（2）：141-149.
杨清华，尹涛，张林，等. 2007a. 南极中山站——Dome A 沿线风要素特征分析. 极地研究，19（4）：295-304.
杨清华，尹涛，张林，等. 2008. 南极长城站冬季冷空气活动分析和预报. 极地研究，20（1）：72-78.
杨清华，张林，薛振和，等. 2007b. 南极长城站海雾特征分析. 极地研究，19（2）：111-120.
曾晓梅. 2008. 气候模式过高估计南极变暖. 气象科技，36（3）：304-304.
张林，程展，任北期，等. 2000. 南极普里兹湾海冰数值模拟试验. 海洋学报，22（1）：131-135.
张青松. 1986. 南极大陆东部戴维斯站地区海冰观测. 冰川冻土，8（2）：143-148.
张永萍，陆龙骅. 1990. 南极臭氧洞研究综述. 南极研究，2（2）：67-80.
郑向东，陆龙骅，周秀骥. 1999. 近六年中山站春季臭氧低值的观测结果分析. 极地研究，11（4）：265-174.
郑向东，周秀骥，陆龙骅，等. 1995. 1993 年中山站南极臭氧洞的观测研究. 科学通报，40（6）：533-535.
周明煜，李诗明，吕乃平，等. 1996. 近南极洲海域夏季潜热及感热通量计算. 见：周秀骥，陆龙骅. 南极与全球气候环境相互作用和影响的研究. 北京：气象出版社：121-125.
周秀骥，卞林根，贾朋群，等. 1989. 南极长城站夏季热状况的初步分析. 科学通报，34（17）：1323-1325.
周秀骥，陆龙骅. 1996. 南极与全球气候环境相互作用和影响的研究. 北京：气象出版社：1-402.
周秀骥，陆龙骅，卞林根，等. 1997. 南极地区温度、海冰、臭氧的变化特征. 自然科学进展，7（4）：460-466.
周秀骥，郑向东，陆龙骅，等. 1994. 1993 年中山站地区臭氧洞和 UV-B 的特征分析. 南极研究，6（4）：14-22.
朱蓉，徐大海，卞林根，等. 2000. 南极近地层大气热量逆梯度输送现象. 气象学报，58（2）：214-222.
邹捍. 1990. 1988 年 8 月下旬南极平流层爆发性增温及其与臭氧的关系. 南极研究，2（2）：51-60.
Annette Rinke，Yongfeng Ma，Lingen Bian，et al. 2012. Evaluation of atmospheric boundary layer-surface process relationships in a regional climate modela long an East Antarctic traverse. Journal of Geophysical Research，117：1-20，D09121，doi：10. 1029/2011JD016441.
Bian Lingen，Lin Xiang. 2012. Interdecadal change in the Antarctic Circumpolar Wave during 1951—2010. Advances in Atmospheric Sciences，29（3）：464-470.
Bian Lingen，Jia Pengqun. 1998. Experimental oberving on the characteristics of the near - surface turbulence over the Antarctic ice sheets during the polar day period. Science in China（series D），41（3）：262-268.
Bian Lingen，Lin Zhong，et al. 2012b. The vertical structure and seasonal changes of atmosphere ozone and temperature at Zhongshan Station over East Antarctica. Science China Earth Sciences，55（2）：262-270.
Bian Lingen，Lin Zhong，et al. 2012a. Trend of Antarctic Ozone Hole and Its Influencing Factors. Advances in Climate Change Research，3（2）：67-74，DOI：10. 3724/SP. J. 1248.
Bian Lingen，Ma Yongfeng，Lu Changgui，et al. 2011. Temperature variations at the Greatwll and Zhongshan stations. Advances in Polar Science，（1）：42-48.
Bian Lingen，Zou Han，et al. 2013. Structure and seasonal changes in atmospheric boundary layer on coast of the east Antarctic continent. Advances in Polar Science，24（3）：139-146.
Bian Lingen，Lu Longhua，Jia Pengqun. 1996. A preliminary study on the Ultraviolet radiation in Zhongshan station，Antarctica，Chinese Science Bulletin，41（21）：1811-1814.
Chen Bailian，Zhang Renhe，Xiao Cunde，et al. 2010b. Observational analysis on the air and firn temperature near the ground At Dome-A，summit of the Antarctic plature. Chinese. Bull.，55（11）：1048-1054.
Chen Bailian，Zhang Renhe，Xiao Cunde，et al. 2010a. A one-dimensional heat transfer model of Antarctic Ice Sheet and modeling of near-surface temperatures at Dome A，the summit of Antarctic Plate Science. China Earth Sciences，53（5）：763-772.
Chubachi S. 1984. Preliminary result of ozone observations at Syowa station from February 1982 to January 1983. Mem. Nati. Inst. Polar Res，Spec. Issue. 34：13-19.
Farman JD，Gardiner BG，Shanklin JD. 1985. Large losses of total ozone in Antarctica reveal seasonal ClOx/NOx

interaction. Nature, 315: 207-210.

GARP. The physical basis of climate and climate modeling. GARP Publication Series, 1975, No: 16. WMO/ICSU.

IGBP. 2001. Towards global sustainability. IGBP Science Series, 4: 27-29.

IPCC. 2007. Climate Change 2007, The Physical Scientific Basis. Working Group I Contribution to the Fourth Assessment Report of the Intergovernmental Panel on Climate Change. Cambridge, UK: Cambridge University Press, 1009pp.

Lu Longhua, Bian Lingen, Zhang Zhengqiu. 2011. Climate change: impact on the Arctic, Antarctic and Tibetan Plateau. Advances in Polar Science, 22 (2): 67-73.

LU Longhua, Bian Lingen. 2003. The characteristics of Antarctic climatic change. ISCC, Beijing, China, 2003, 368-369. WMO/TD-No. 1172. Proceedings of ISCC, Beijing, China, 251-254.

Ma Yongfeng, Bian Lingen, et al. 2010. Near surface climate of the traverse route from Zhongshan Station to Dome A, East Antarctica. Antarctic Science, 22 (4): 443-4591.

Mingyu Zhou, Zhanhai Zhang, et al. 2009. Observations of near-surface wind and temperature structures and their variations with topography and latitude in East Antarctica. Journal of Geophysical Research, 117, D17115, 1-8.

SCAR. 1993. The role of the Antarctic in global change: an International plan for a regional research program. Weller G. E. ed.

Stolariski RS, Krueger AJ. 1986. Nimbus-7 satellite measurements of the spring time Antarctic ozone decrease. Nature, 332: 808-811.

Sun LG, Zhu RB, Xie Q, et al. 2002. Emissions of nitrous and methane from Antarctic Tundra: role of penguin dropping deposition. Atmospheric Environment, 36: 4977-4982.

Wang Yuting, Bian Lingen, et al. 2011. Surface Ozone Monitoring and Background Characteristics at Zhongshan Station Over Antarctica. Chinese SCI. Bull., 56 (10): 1011-1019 .

Xiao C, Mayewski P, Qin D, et al. 2004. Sea level pressure change of the Southern Indian Ocean inferred from a glaciochemical record in Princess Elizabeth Land, east Antarctica. J. Geophy. Res., 109, D16101, doi: 10. 1029/2003JD004065.

Xin Yufei, Bian Lingen, et al. 2014. Simulation and Evaluation of 2-m Temperature over Antarctica in Polar Regional Climate Model. Science China, 57 (4): 703-709doi: 10. 1007/s11430-013-4709.

Yufei Xin, Annette Rinke, Lingen Bian, et al. 2010. Climate and forecast mode simulations for Antarctica: Implications for temperature and wind - a case study for the Davis station. AAS, 27: 1453-1472.

Zhu RB, Sun LG. 2005. Methane fluxes from tundra soils and snowpack in the maritime Antarctic. Chemosphere, 59: 1583-1593.

Zhu RB, Liu YS, Ma ED, et al. 2009a. Greenhouse gas emissions from penguin guanos and ornithogenic soils in coastal Antarctica: Effects of freezing-thawing cycles. Atmospheric Environment, 43: 2336-2347.

Zhu RB, Liu YS, Xu H, et al. 2008a. Nitrous oxide emissions from sea animal colonies in the maritime Antarctic. Geophysical Research Letters, 35, L09807, doi: 10. 1029/2007GL032541.

Zhu RB, Ma DW, Hua Xu. 2014. Summer time N_2O, CH_4 and CO_2 exchanges from a tundra marsh and an upland tundra in maritime Antarctica. Atmospheric Environment, 83: 269-281.

Zhu RB, Sun JJ, Liu YS, et al. 2010. Potential ammonia emissions from penguin guano, ornithogenic soils and seal colony soils in coastal Antarctica: effects of freezing-thawing cycles and selected environmental variables. Antarctic Science, doi: 10. 1017/S0954102010000623.

4 南极生态环境监测与研究

4.1 概述

我国南极长城站所在的南极半岛地区是南极升温最快的区域，是监测与研究南极生态系统对气候变化响应的理想之地。与此同时，南极作为地球上至今受人类活动影响最少的大陆，一直保持着相对完好与独特的自然生态环境，最适合于人类活动影响的监测与研究。国际上极为关注南极站基的生态环境监测与研究，并制订了“南极海冰区近岸和陆架区生态学研究计划”（CS-EASIZ）、“南极生态系统恢复与适应临界值”（AnT-ERA）等一系列国际监测与研究计划。

我国从开展南极考察以来，重点在菲尔德斯半岛开展了生态环境长期监测与研究。对陆地、湖泊、潮间带和浅海生态系统结构进行分析，建立了4个系统间的相互作用模型。对地衣群体及分布进行了系统分析，发现了3个新种；采集了31个属的3 000余份标本，获得30余株地衣共生藻及共生菌。研究显示，南极地衣具有很高的抗氧化活性，簇化石萝（*Usnea aurantiacoatra*）较适合于对南极大气沉降的重金属元素监测。对土壤微生物群落和多样性进行了分析，发表了6个细菌新属、12个细菌新种和1个酵母菌新种。研究表明氨化细菌、反硝化细菌和固氮菌在该地区土壤成熟过程中起着重要作用，人类活动会给土壤带来丰富的营养物质，进而影响土壤细菌群落结构。记录了潮间带软体、棘皮、环节、海绵和腔肠动物的100多个物种，分析表明底质的不同是造成底栖动物群落结构差异的主要原因之一。共鉴定长城站沿岸潮间带冰融期砂和砾质砂中微小型硅藻6门47属165种、变种和变型，以及中山站沿岸潮间带微小型硅藻28属114种。对海冰生物群落的研究表明，海冰结构和形成过程差异导致长城站近岸海冰生物主要集中在中间层，而中山站的主要集中在底层；中山站近岸冰藻秋季优势种为赖氏菱形藻（*Nitzschia lecointei*），巴克利菱形藻（*N. barkleyi*）和筒状菱形藻（*N. cylindrus*）；春季优势种为克氏茧形藻（*Amphiprora kjelmani*），橙红伯克力藻（*Berkeleya rutilans*）和赖氏菱形藻；秋季、春季冰底冰藻水华的形成以现场生长为主，夏初冰藻释放入水后对冰下浮游植物的播种作用并不明显。南极长城站近岸海域呈现出高营养盐低叶绿素a的特征，夏季较低的水温和较高的风速天气是浮游植物营养盐生物利用较低的主要原因；水温是控制浮游植物生物量的一个重要因素，0.8℃是启动浮游植物水华的一个阈值；受风场等因素的影响，浮游植物生物量存在明显的年际变化。对南极菲尔德斯半岛及协和半岛土壤重点性重金属环境基线进行了分析，结果显示铜（Cu）为最大污染元素，铅（Pb）、锌（Zn）、铬（Cr）未产生污染；分析了多种环境介质中重金属和部分持久性有机污染物的分布趋势和来源，利用理论模型阐明了在不同环境相中分配、迁移累积以及驱动因素，揭示了持久性有机污染物（POPs）在南极的生物链中的富集和传递规律。

我国30年的南极考察，使得南极站基生态环境的监测与研究取得了极有价值的研究成果。在“十二五”开展系统的本底调查后，选取部分关键参数进行长期的跟踪监测与研究，极大地推动了我国对南极生态环境及其变化机理的理解。

4.2 生态环境监测

4.2.1 国际监测动态

南极是地球上至今受人类活动影响最少的大陆，一直保持着相对完好与独特的自然生态环境。但随着人类在南极大陆上的活动日益频繁，对南极生态环境的污染及其所造成的影响已日益严重。这在一定程度上造成了南极原本脆弱的生态系统与结构的扰动和破坏，导致环境质量的衰退，南极站基生态环境监测与研究对于指导站区环境管理、落实环境保护措施具有重要的指导意义。南极站基生态环境监测同时也是国际和各国开展全球监测系统不可或缺的一部分，如美国就把其南极麦克默多站附近干谷陆地和淡水生态系统以及帕尔默站近海生态系统监测纳入了其全球生态系统监测网络。

国际地球物理年（IGY 1957—1958）以来，随着各国在南极大陆建站，站基生态环境监测得以实施。各国对生态环境监测的重视程度不一，部分考察站开展了相对系统的生态环境监测与研究，其中包括我国的南极长城站。鉴于南极地区的相对洁净，受人类活动的影响较小，对南极这块“圣地”的保护受到了各国政府和科学家的格外关注：1991 年南极条约体系通过并颁布了《南极条约环境保护议定书》；1991 年国家南极局局长理事会组织（COMNAP）编辑了《南极环境评价指南》；1992 年 SCAR 和 COMNAP 共同起草了《南极洲的环境监测》。对站基的环境监测是目前南极考察各国开展环境管理和保护的必要手段。

对南极地衣的研究始于 1895 年，卡斯滕·博克格雷温克（Carsten Borchgrevink）最早在南极圈内发现了地衣。南极地衣的组成及物种多样性一直是南极地衣研究的重点，但从 20 世纪 80 年代开始对地衣的光合作用及环境影响进行了研究，并用于环境污染的监测与指示。自 20 世纪末起，研究者从南极地衣中分离、鉴定出多种独特的色素或代谢产物，它们具有抗菌、抗氧化或细胞毒等活性，也可作为酶抑制剂或引发免疫反应。2005 年和 2007 年欧洲空间局联合俄罗斯航天局共同实施了南极地衣太空生存实验，地衣与其他石内生蓝藻、细菌等样品完全暴露在开放的宇宙空间之中达 10 天以上，仅有地衣存活。

早在 19 世纪英国库克船长南极探险时代，就已发现海冰变色的现象，但当时并不知道这是由于冰藻的着色造成的。直到 19 世纪初至中叶，才开始有了对这种现象的观察和描述。对海冰生物群落的科学研究始于国际地球物理年（IGY 1957—1958），至今主要经历了以南极沿岸考察站位依托的近岸冰区生态学初步研究、以考察船和破冰船为依托的大洋冰缘区和浮冰区生态学考察以及以南极近岸考察站位依托的近岸和陆架海冰区生态学研究 3 个主要发展阶段（何剑锋等，1998）。国际上南极科学委员会（SCAR）曾于 1990 年和 1994 年分别推出了南极海冰区生态学研究（EASIZ）和南极海冰区近岸和陆架区生态学研究（CS-EASIZ）计划。

南极南设德兰群岛邻近海域是最早开展考察的海域之一。1927—1930 年英国先后 4 次在布兰斯菲尔德海峡及其邻近海域开展大规模的调查工作，较全面地阐述了该海峡的水文特性和环境特征（Clowes，1934；羊天柱等，1988）；20 世纪 80 年代 SCAR 和 SCOR（海洋科学委员会）等组织发起了 BIOMASS（南大洋生态系统及生物资源考察）计划，南大洋生态环境及生物资源是其核心研究内容。20 世纪 90 年代以来，IGBP（国际地圈生物圈计划）和 GLOBEC（国际海洋生态系统动力学）等计划都针对“南极地区”提出了各自相应的 SO-JGOFS 和 SO-GLOBEC 计划。

4.2.2 我国的南极站基生态环境监测

我国南极长城站所在的南极半岛地区是南极升温最快的地区。1985—2008 年长城站的气象观测数据表明，站区气温的变化速率为 0.27℃/10 a，呈现出明显的气候变暖趋势（卞林根等，2010）。该地区生物区系和生物多样性丰富，是监测和研究南极生态系统对全球变化响应的理想场所。南极条约协商国在南极地区专门设立了南极特别科学兴趣区，对南极的特有生物资源和生态环境进行保护。长城站所在的南极乔治王岛地区具有极为丰富的极地科学考察与研究资源。在南极研究科学委员会（SCAR）于南极所设立的 37 个特别科学兴趣区中，有 6 处集中在面积仅为 1 160 km^2 的乔治王岛。以长城站为基地开展生态环境监测对监测南极重要生物资源的变动、评估生物资源的可利用度、保护南极脆弱的生态系统和提高我国在南极生态环境保护的影响力具有重要意义。我国的南极站基生态环境监测与研究，同时也是我国生态观测网的重要补充和有益尝试。

4.2.2.1 监测与研究历史

我国的南极站基生态环境监测与研究主要包括大气科学、生命科学和环境科学等几个大类。根据性质和内容，大致可分为以下 5 个阶段。

1）“七五”是学习与经验积累阶段

在我国建立南极长城站之前，我国科学工作者参与了国外南极考察站的科学考察，积累了相应的现场考察经验，如来自国家海洋局第一海洋研究所的吕培顶和张坤城分别参加了澳大利亚戴维斯站和智利费雷站的近岸海域生态学考察（吕培顶，1986a；张坤城等，1986b），魏江春院士于 1983/1984 年采集了南极菲尔德斯半岛的地衣样品并进行了分类学研究（魏江春，1988），这些研究为我国的后续监测与研究奠定了重要基础。

2）“八五”、“九五”阶段

依托国家“八五”、“九五”科技攻关项目，实施了南极长城站所在的菲尔德斯半岛陆地、淡水、潮间带和浅海生态系统的考察研究，阐明了生态系统的结构及主要功能，定量明确了各亚生态系统的关键成分和主要特征，研究了营养阶层完整的生态系统变化趋势、初级生产过程、海冰生态学过程和典型污染物现状及生态效应，建立了生态系统相互作用模型（朱明远等，2004）。“南极菲尔德斯半岛及其附近地区生态系统的研究”被列为国家科技攻关项目“中国南极考察科学研究”（85-9-5-02）的七大专题之一，对于推动该地区生态环境系统研究起到了积极作用。

“九五”期间，我国在南极中山站实施了近岸冰区生态越冬考察（何剑锋等，1995），揭示了该地区海冰生物群落及季节变化特性。对中山站所在的协和半岛、布洛尼斯半岛和斯托尼斯半岛淡水生态系统的生物种群结构与功能特点进行定性和定量研究。蒲家彬等（1995）研究了南极乔治王岛地区六六六（HCHs）、滴滴涕（DDTs）和多氯联苯（PCBs）的残留水平，这是我国最早对南极地区的有机污染物进行研究。

与日本科学家合作，开展了菲尔德斯半岛地区的苔藓地衣、雪藻、陆上节肢动物和冰藻生态等方面的研究，初步搞清了陆上苔藓地衣的种类与分析，节肢动物的种类、分布、群落结构特征及部分螨类的耐寒性，雪藻分布与生物量以及冰藻生长特性。与德国科学家合作开展了苔藓植物微气候研究。

3）“十五”阶段

长城站地区主要实施了人类活动对乔治王岛鸟类生态的影响以及中—德合作海鸟观测等项目。

4）“十一五”阶段

长城站成为了国家野外观测研究站。在科技部和有关单位的支持下，以中国极地研究中心为主，重点开展了近岸海域生态系统研究，揭示了微型生物群落特性及年际变化特征。同时，考察站也开展了地衣和污染等方面的研究。与我国台湾地区科学家合作，开展了南极海洋生物活性物质以及环境污染物研究。

在国家极地“十五”能力建设项目的支持下，长城站建成了低温实验室，并添置了一批新的样品采集、预处理、基础分析、保藏和培养设备，使得长城站的科研支撑条件有了极大的改善，特别是站基的微生物分离培养和实验能力。

5）“十二五”阶段

重点实施了“南北极环境综合考察与评估专项”（简称：极地环境专项）站基生物生态环境本地考察专题，开展了系统的生态环境本底调查。在菲尔德斯半岛陆地植被研究方面，除延续南极地衣多样性及系统学研究之外，实现了在站对地衣的共生菌藻进行分离培养；在第 29、第 30 次考察期间，建立了 8 个陆地植被监测样方，对样方内的绿色植物、苔藓、地衣的种类及盖度以及土壤理化性质、土壤中的微生物组成等指标进行长期监测，以全面了解全球气候变化对南极陆地生态系统的影响。

对菲尔德斯半岛潮间带和近海生物群落进行了系统考察，分析了其群落结构、生物多样性及环境适应性；开展了陆地微生物群落生物多样性分析；同时，对菲尔德斯半岛和中山站所在的协和半岛的环境污染进行了系统分析。尝试在长城湾水域布放和回收南极近岸海洋环境监测系统用于近岸海域生态环境的长期监测与研究，获得了 18 个月的连续观测数据。

4.2.2.2 监测区域、内容、手段和主要参与单位

在第 30 次南极考察中，首次对纳尔逊冰盖前沿的地衣多样性进行了调查。中山站所在的和协半岛（拉斯曼丘陵）由于环境更为恶劣、生物类群更为单一，夏季沿岸有大量海冰和冰山分布，无法开展夏季浅海生态环境考察，相关研究主要局限在淡水生态、微生物考察和近岸海冰生态学冬季考察研究。

现场考察主要通过徒步考察方式，辅以车辆和直升机支持（如拉斯曼丘陵靠近埃默里冰架的斯托尼斯半岛）；长城站近岸海洋考察主要依托站上的橡皮艇，南极近岸海洋环境监测系统的布放和回收得到了智利和俄罗斯考察站小艇的支持，站上的野外考察支撑手段仍有待进一步提高。

依据国家《海洋监测规范》、专项支持编写的《极地生态环境监测规范》等规范在南极现场开展考察。样品采集后在站区实验室完成预处理和基础分析，利用培养设施进行地衣生菌、共生藻的分离培养以及微生物的分离培养，基础分析包括：使用 CI-340 便携式光合仪等对南极地衣的光合活性等参与进行测定，用分光光度计等对水体营养盐和叶绿素等进行测定。

样品或预处理后的样品根据不同分析要求进行包装，利用“雪龙”船或通过商业航空/海运常温、低温带回国内实验室进行进一步处理和分析。国内实验室分析仪器包括：高效液相色谱（HPLC）、流式细胞分析仪、电感耦合等离子体原子发射光谱仪（ICP-OES）、质谱仪（ICP-MS）、原子荧光光度计、石墨炉原子吸收分光光度计、直接汞分析仪等。

主要参与机构包括：

（1）陆地植被：中国科学院微生物研究所、河北大学、中国科学院植物研究所。

（2）微生物群落：国家海洋局第一海洋研究所、中国极地研究中心、武汉大学。

（3）潮间带生物群落：国家海洋局第一海洋研究所、国家海洋局第二海洋研究所、上海海洋大

学、中国海洋大学。

（4）近岸海洋浮游生物群落：国家海洋局第一海洋研究所、中国极地研究中心、国家海洋局第二海洋研究所、国家海洋技术中心、国家海洋局第三海洋研究所。

（5）污染物：国家海洋环境监测中心、国家海洋局第三海洋研究所、同济大学、国家海洋局第二海洋研究所。

4.3 我国南极生态环境科学重要研究进展

4.3.1 南极地衣物种资源收集及生态功能分析

地衣是由一种真菌（称为地衣型真菌或地衣共生菌）和一种藻类或一种蓝细菌（称为光合共生体或地衣共生藻）生活在一起而形成共生联合体，也可以视为具有一定结构的共生生态系统或群落。超强的抗逆能力，使地衣成为两极以及荒漠地区这样的高度生存胁迫环境中的优势生态类群。譬如，在南极已记录的地衣有427种（Engelen et al.，2010）；相比之下却仅有约150种苔藓和2种开花植物（Fernandez-Mendoza et al.，2011）。

我国对南极地衣的研究始于20世纪80年代。在长城站建站之前，中国的地衣学家魏江春院士（1983—1984年南极科学考察队员）首次对菲尔德斯半岛地衣进行了考察研究，并对该地区的植被情况进行了扼要介绍（魏江春，1988）。中国南极长城站建站后，20世纪还有陈健斌研究员先后两次赴南极长城站进行考察，对菲尔德斯半岛多个地衣类群进行了仔细研究。经形态、化学、生境等特征的比较，确认了该地区只有南极松萝和簇花松萝两个属于松萝属的地衣物种，并且它们是该地区陆地植被中的优势种；这两种松萝的主要区别在于南极松萝具粉芽，子囊盘稀少或缺乏，而且它们的分布区也略有差异；同时，依据人工建筑上的南极石萝的长度，估算出其生长速率为每年增长0.4~1.1 mm（陈健斌，1996）。此外，在分类学研究基础上对菲尔德斯半岛和阿德雷岛的地衣群落与分布进行了分析，内容涵盖了壳状地衣和枝状地衣两个亚群系中的5个群体和14个亚群体（陈健斌，1997），并报道了菲尔德斯半岛的大型地衣——石蕊属下的12个分类单元，其中有3个地衣物种为南设得兰群岛的新记录种（陈健斌，1999）。

自中国第23次南极考察起，对南极菲尔德斯半岛地衣有了较为连续的长期考察，且研究内容也更加全面。一方面继续对在菲尔德斯半岛地衣多样性进行调查，采集并鉴定松萝属（*Usnea*）、石耳属（*Umbilicaria*）、树花属（*Ramalina*）、柱衣属（*Sphaeophorus*）、肉疣衣属（*Ochrolechia*）、夹果衣属（*Himantormia*）、瘿茶渍属（*Placopsis*）等至少31个属的3 000余份地衣标本，这些标本保藏在中国科学院微生物研究所菌物标本馆中，丰富了馆藏标本，为地衣分类学研究提供了便利条件（Cao et al.，2013）。另一方面，中国科学院微生物研究所真菌学国家重点实验室地衣组的研究人员通过孢子释放法及组织分离培养法对逾200份地衣样品中的地衣共生菌和共生藻进行了分离培养，现已获得30余株来自南极地区的地衣共生菌及共生藻，丰富了地衣共生菌共生藻资源库（图4-1）。

南极地区低温、干燥、高辐射，使生物体代谢过程中积累超氧阴离子、羟基自由基等，对机体造成损伤，而地衣对于这些不利因素具有极强的抗性。研究人员对第23次南极考察期间收集的6种地衣——簇化松萝（*Usnea aurantiacoatra*）、南极松萝（*Usnea antarctica*）、粉球衣（*Sphaerophorus globosus*）、北方石蕊（*Cladonia borealis*）、夹心果衣（*Himantormia lugubris*）及孔树花（*Ramalina terebrata*）提取物的抗氧化能力进行了分析。结果显示，供试南极地衣均具有相当高的抗氧化活性，

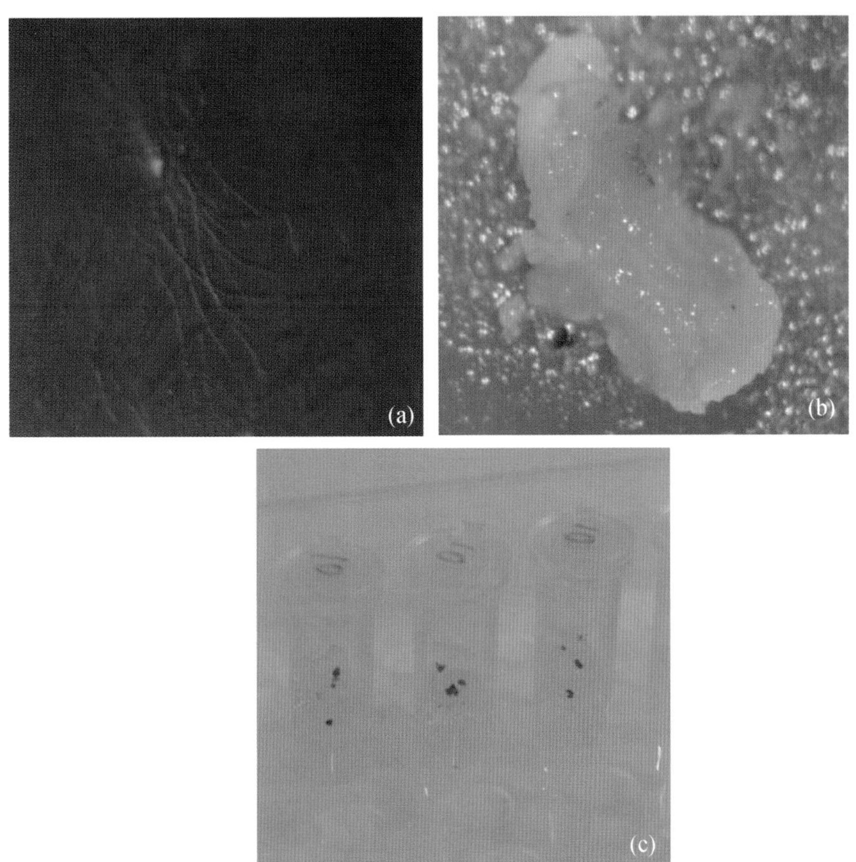

图 4-1 地衣孢子及共生藻菌照片

（a）通过孢子释放法获得的萌发中的簇化石萝孢子；（b）通过组织培养法获得的该地衣共生菌；（c）共生藻

其中，簇化松萝的脂质过氧化抑制率最高，还原力最大；北方石蕊的二苯代苦味酰自由基清除能力最大，且呈剂量依赖关系（韩乐琳等，2009a，2009b）。

地衣是研究重金属元素大气沉降特征的良好材料，但对南极地衣的重金属元素大气沉降富集能力的比较研究甚少。研究者以第 26 次南极科学考察期间收集的 5 种南极优势地衣，即王橙衣（*Caloplaca regalis*）、夹心果衣、孔树花、粉球衣和簇化松萝为材料，测定了这 5 种地衣对钴（Co）、铬（Cr）、铅（Pb）和铜（Cu）的富集能力。结果表明，使用簇化松萝检测南极地区的重金属元素大气沉降是较为合适的（刘华杰等，2010）。

在第 27 次南极科学考察期间，使用 CI-340 便携式光合仪对地衣群落的光合活性进行了原位测量。由于夏季菲尔德斯半岛的湿度非常大，因此水分并不是制约地衣光合的主要因素；本地的地衣在 2℃时即具有光合活性，随着温度升高，光合活性也随之增强，在最高测量温度 11℃时观察到最大净光合。以第 27 次南极考察期间收集的地衣标本为材料，利用 ITS rDNA 序列对南极地衣共生藻的多样性进行了研究，结合其他地区地衣共生藻数据，为地衣中的藻交换现象提供了证据（李慧等，2013）。

自第 28 次南极科学考察起，地衣学者在企鹅岛等地建立了多个地衣定植样方、地衣恢复样方及地衣自然演替过程与规律监测样方；并与中国科学院植物研究所和武汉大学等单位合作，在菲尔德斯半岛建立了 8 个地衣—植被陆地长期监测样方，通过观测样方中地衣、植被、微生物等组成的变化，了解各物种之间的相互关系及全球气候变化对南极陆地生态系统的影响。

与前期的工作相比，虽然考察内容中有相当部分的工作仍属标本采集等传统研究范畴，但已开辟了新的研究方向，并在分子水平上对南极地衣开展了一系列研究。现在的工作重点，一是为南极地衣的应用前景提供物质保障，地衣共生菌藻的成功分离培养为地衣资源的利用奠定了坚实的基础；二是开展长期监测项目：尽管地衣生长缓慢，但寿命很长，个别壳状地衣年龄甚至可达上千年，菲尔德斯半岛上的松萝个体一般也都是存活数十年之久，适合用作长期监测的对象。

4.3.2 微生物群落分布与结构特征

4.3.2.1 南极土壤微生物群落结构特征研究

南极地区生态环境独特，长期处在低温、干旱、贫瘠、烈风、强辐射等环境中，南极微生物在漫长的进化过程中，逐渐形成了特殊的遗传进化特征和独特的生物代谢途径以便适应极端环境。这些微生物在南极自然环境下的物质循环、生物地球化学过程中担负着重要作用。因此，要深入研究南极地区的生态系统结构和作用，弄清微生物的种类、数量以及与环境之间相互作用关系至关重要。

我国老一辈微生物科研工作者如陈皓文等从 20 世纪 80 年代就对南极菲尔德斯半岛地区的空气、土壤微生物进行了计数统计研究，采用的方法主要是平板涂布法。发现长城站土壤微生物中芽孢杆菌数量较多，超过 25℃培养几乎无细菌出现（陈皓文等，1992）。同时，陈皓文等还对站区不同地点的空气微生物进行了统计研究，发现站区室内霉菌数量较多，并对产生原因和应对措施提出了建议（陈皓文等，2000；陈皓文等，2001）。

在 20 世纪 90 年代初肖昌松等也对菲尔德斯半岛的土壤微生物进行了研究，同样采用平板涂布、划线的方法，并对分离纯化的细菌和真菌做了种属鉴定，在 35 个土壤样品中发现了 7 个属的细菌和 5 个属的真菌。细菌以假单胞菌属和芽孢杆菌属为优势菌种，真菌以青霉菌属和枝孢霉属为优势菌种（肖昌松等，1994）。又对氨化细菌、反硝化细菌和固氮菌进行了分类研究，结合土壤的基本理化性质如有机质、总氮、无机氮、pH 值等，认为以上种群的微生物在当地土壤的成熟过程中起了重要作用（肖昌松等，1995）。

进入 21 世纪以来，微生物多样性研究在传统的平板涂布、画线的基础上，逐渐发展出基于 DNA 水平的分子生物学方法，能够克服传统分类方法只能分离可培养微生物的缺点，可以更全面和准确地反映土壤微生物群落的结构组成。李会荣等通过聚合酶链式反应（polymerase chain reaction，PCR）结合变性梯度凝胶电泳（denaturing gradient gel electrophoresis，DGGE）技术对从南极长城站附近表层土壤样品中获得的微生物 16S rDNA 序列特征片段 V3 区序列进行分离并测序比对，发现其中属于 β、γ、δ-变形细菌亚群、噬纤维菌-屈挠杆菌-拟杆菌群细菌、放线细菌、蓝细菌属、酸杆菌属和绿屈挠菌属的细菌比较丰富（李会荣等，2005）。张涛等对中国南极长城站所在的菲尔德斯半岛地区的三种苔藓植物狭基细裂瓣苔（*Barbilophozia hatcheri*）、藓类针叶离齿藓（*Chorisodontium aciphyllum*）和柳叶藓（*Sanionia uncinata*）的内生真菌物种多样性进行研究表明，南极苔藓物种内真菌物种多样性丰富，且不同苔藓物种的内生真菌群落存在明显差异（Zhang et al.，2013a；Zhang et al.，2013b）。

随着我国极地环境专项的启动，相关科研工作者对南极菲尔德斯半岛典型站位土壤微生物群落与环境之间的联系进行了研究。属分布及丰度的热力图如图 4-2 所示。研究表明，在本底水平上黏胶球形菌门（Lentisphaerae）的丰度明显高于其他区域，厚壁菌门（Firmicutes）、纤维杆菌（Fibrobacteria）也具有较高的丰度；而在人类活动较多的长城站驻地，受车辆压踏、人类踩踏、生活用水、垃圾焚烧等影响，土壤中营养丰富，有机碳氮含量较高，细菌的群落结构中拟杆菌（Bacteroidetes）丰度高于其他区域，纤维杆菌（Fibrobacteria）几乎没有，在其他南极自然区域数量极少的异常球菌-栖热菌门（Deinococcus-Thermus）丰度较高，说明人类活动带来的明显影响。而在企鹅岛上，酸杆菌门（Acidobacteria）、芽单胞菌门（Gemmatimonadetes）丰度较高，可能与企鹅粪便的成分有关；在海豹区，厚壁菌门（Firmicutes）明显少于其他区域，不可分类细菌（unclassified）多，纤维杆菌（Fibrobacteria）也具有较高的丰度。结合土壤理化性质指标后，发现有机碳、氮、溶解氮、磷酸盐、pH 值均对人类活动频繁的长城站区域土壤微生物的多样性产生影响，说明该区域的特殊性明显由人的活动造成的，人通过站区活动给土壤带来了丰富的营养物，引起土壤 pH 值升高，从而改变土壤中细菌的群落结构，形成与其他南极自然站位不同的群落结构特征。这种差异性通过群落结构组成、全样本相似度分析、基于各样品属分布及丰度的热力图来看都不明显，而通过主成分分析法（PCA）分析各样品间的微生物组成能够一目了然地看出区域的独立性（图 4-3）（王能飞，2014；Pan et al.，2013）。

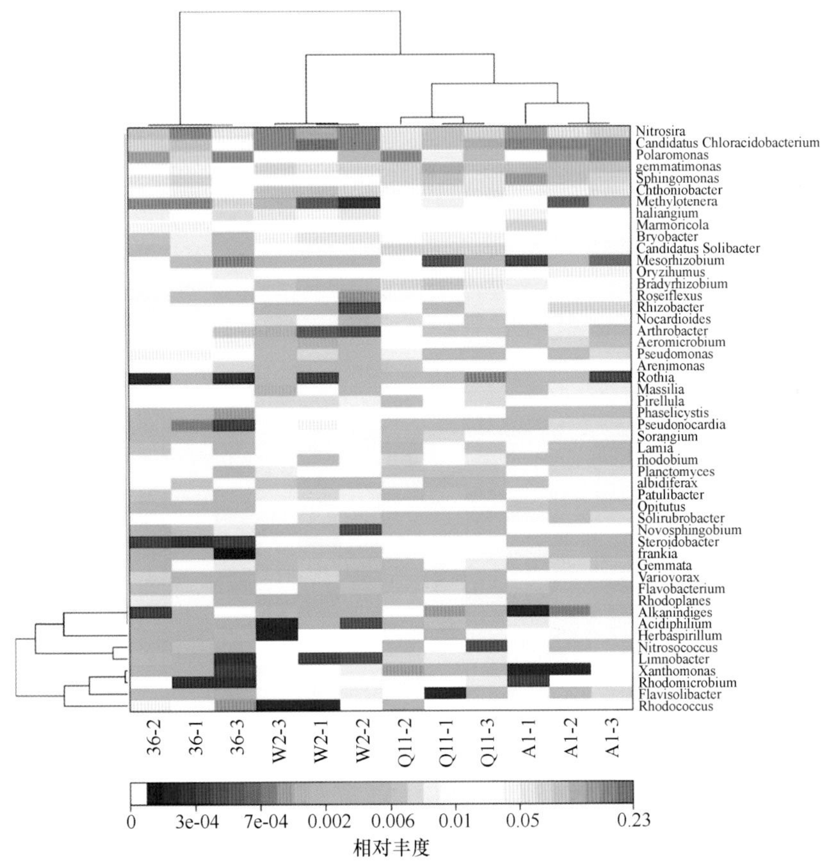

图 4-2 菲尔德斯半岛土壤基于各样品属分布及丰度的热力图

4.3.2.2 微生物新物种的发现与分类研究

与世隔绝的地理条件、恶劣的极端环境、多样的生境类型，使得南极存在大量未知的微生物新物种。比如，从中国南极中山站近岸潮间带沉积物中分离的，超过 1/3 的细菌菌株为潜在的新物种（Yu et al.，2010）。微生物新物种的发现与分类研究是我国南极考察的一项重要工作，其所获得的研究成果丰富了人们对南极微生物物种多样性及微生物系统进化的认识。30 年来，我国总计发表了

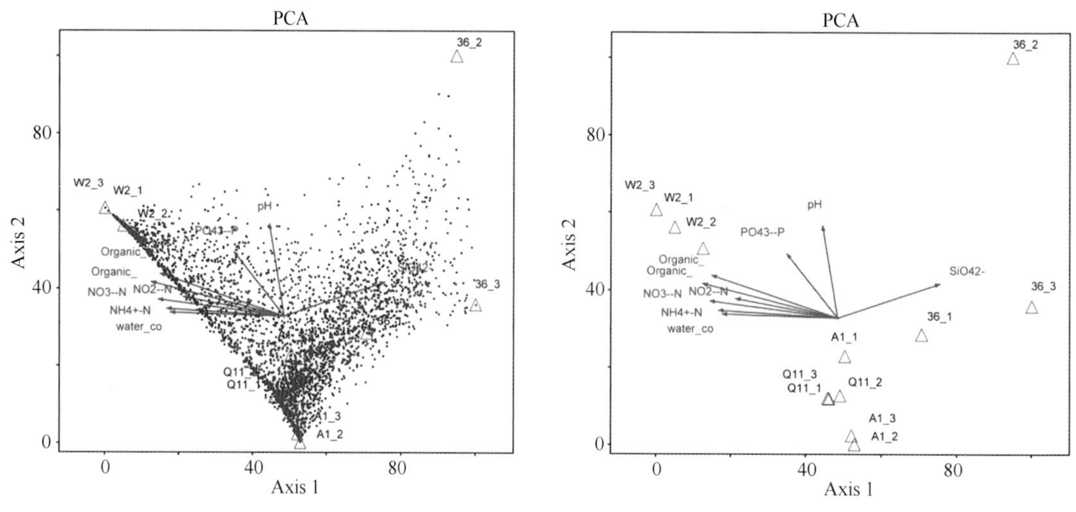

图 4-3　菲尔德斯半岛各土壤样品与理化因子的主成分分析（PCA）

来源于南极陆地和近岸海洋等不同生境的细菌新属 6 个、细菌新种 12 个和酵母菌新种 1 个（表 4-1），部分新种照片如图 4-4 所示。

表 4-1　南极陆地和近岸海洋环境来源的微生物新种

	种名	来源生境	参考文献
放线菌			
湿润巴里恩托斯菌	*Barrientosiimonas humi*	巴里恩托斯（Barrientos）岛土壤	Lee et al. 2013
细菌			
南极海杆状菌	*Marinobacter antarcticus*	中山站近岸潮间带沉积物	Liu et al. 2012
南极海洋沉积菌	*Marisediminicola Antarctica*	中山站近岸潮间带沉积物	Li et al. 2010
南极微球菌	*Micrococcus antarcticus*	长城站土壤	Liu et al. 2000
南极海神杆菌	*Neptunomonas antarctica*	中山站近岸纳拉湾海洋沉积物	Zhang et al. 2010
南极中国极地研究中心菌	*Pricia Antarctica*	中山站近岸潮间带沉积物	Yu et al. 2012
南极假红杆菌	*Pseudorhodobacter antarcticus*	中山站近岸潮间带沉积物	Chen et al. 2012
南极粉红杆菌	*Puniceibacterium antarcticum*	长城站近岸海水	Liu et al. 2014
南极玫瑰柠檬菌	*Roseicitreum antarcticum*	中山站近岸潮间带沉积物	Yu et al. 2011
南极芽孢八叠球菌	*Sporosarcina Antarctica*	长城站土壤	Yu et al. 2008
南极中山站菌	*Zhongshania Antarctica*	中山站近岸潮间带海冰	Li et al. 2011
郭琨中山站菌	*Zhongshania guokunii*	中山站近岸潮间带海冰	Li et al. 2011
酵母菌			
菲尔德斯隐球酵母	*Cryptococcus fildesensis*	长城站苔藓	Zhang et al. 2014

* 种所属的属为新属。

4.3.2.3　有机质降解细菌的多样性研究

有机质降解是海洋物质循环的重要步骤，微生物在该过程中扮演着极为重要的角色，尤其是它们产生的各种胞外水解酶类被认为是有机质最终降解的关键作用力。但目前对极地环境有机质微生物降解过程的了解极为有限。对南极乔治王岛近海沉积物产蛋白酶细菌及其所产蛋白酶的多样性研

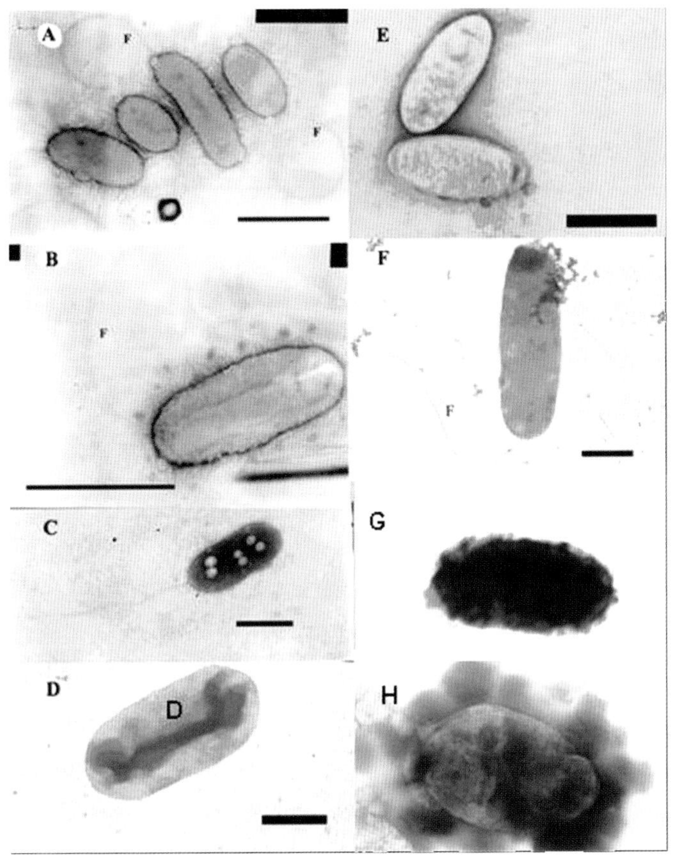

图 4-4 部分微生物新物种的电镜照片

A. 南极中山站菌；B. 郭琨中山站菌；C. 南极海神杆菌；D. 南极粉红杆菌；
E. 南极假红杆菌；F. 南极海杆状菌；G. 南极中国极地研究中心菌；H. 南极玫瑰柠檬菌

究表明，在南极乔治王岛近海 8 个站位的沉积物样品中可培养的产蛋白酶的细菌数可达 10^5 cells/g。这些产蛋白酶细菌隶属于放线菌、厚壁菌、拟杆菌和变形杆菌等不同的细菌门（图 4-5），其中优势细菌属为杆状菌属（*Bacillus*，22.9%），黄杆菌属（*Flavobacterium*，21.0%）和湖饲养者菌属（*Lacinutrix*，16.2%）；而属于假交替单胞菌属（*Pseudoalteromonas*）和黄杆菌（*Flavobacterium*）的细菌表现出较高的蛋白酶活性。抑制剂实验表明这些细菌所产的蛋白酶几乎全部为金属蛋白酶或丝氨酸蛋白酶。这些结果为研究南极海域产蛋白酶细菌及其所产蛋白酶的多样性、开发利用南极产蛋白酶细菌及蛋白酶资源奠定了基础（Zhou et al.，2013）。

4.3.3 潮间带生态系统结构与功能

4.3.3.1 站基潮间带环境因子研究

中国首次南大洋考察队对该海域进行了化学海洋学、生物海洋学等多学科的科学考察（王玉衡等，1989a；1989b），其中对南极菲尔德斯半岛及其附近夏季潮间带主要环境因子的时空变化进行了较为详细的研究报道。杨宝玲等（1997）根据 1994/1995 年在南极菲尔德斯半岛及其附近地区的现场调查资料的研究表明，南极菲尔德斯半岛夏季潮间带低潮时潮间带水温主要受气温和潮间带裸露时间长短的影响，低潮区为 2.4~2.8℃，低于高潮区和中潮区；盐度的变化趋势与水温一致，主

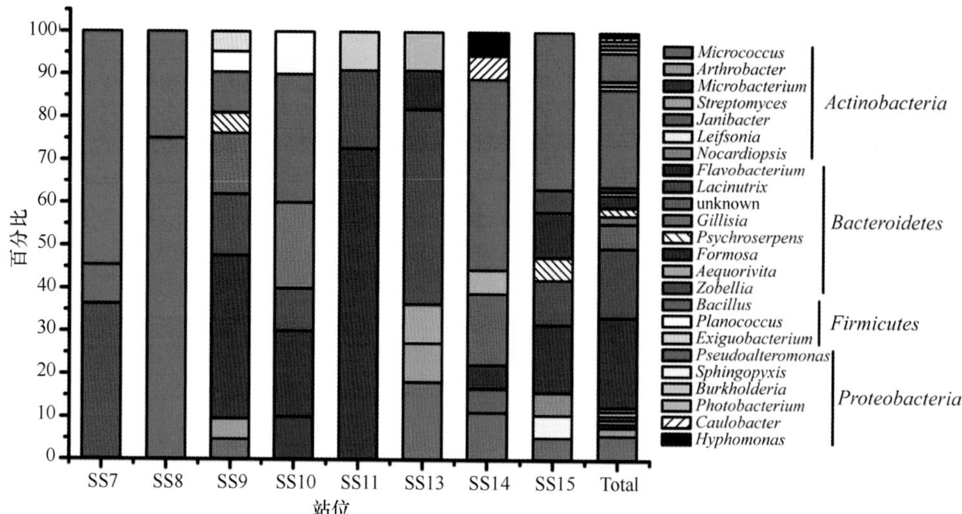

图 4-5　南极乔治王岛近海 8 个站位海洋沉积物中分离的产蛋白酶细菌所属种群的相对丰度

要受陆地淡水渗流到潮间带量的影响。营养盐方面，低潮区硅酸盐（SiO_3-Si）、磷酸盐（PO_4-P）和硝酸盐（NO_3-N）的含量平均为 53.2 μmol/L、1.60 μmol/L 和 13.28 μmol/L，显著高于中潮区。因此，营养盐的来源主要不是来自陆源，但藻类的生长也有可能导致中潮区营养盐偏低。而 1992 年 12 月至 1993 年 3 月对南极长城湾的研究表明，南极长城湾潮间带叶绿素 a 含量普遍较高，变化范围为 1.43~33.66 mg/m^3，平均值可高达 9.27 mg/m^3，涨潮时是退潮时的十几倍，并且与光照条件的日变化和浮游植物的节律性有直接关系（李宝华等，1999）。

4.3.3.2　南极潮间带底栖动物研究

南极菲尔德斯半岛潮间带具有丰富的生物多样性。自 1985 年南极长城站建立以来，对潮间带进行了系统的生态学考察（吴宝铃等，1991）。底栖动物是南极潮间带生态系统食物网的关键种类，其群落动态对于全球变化下南极潮间带生态系统结构和功能的演变起着决定性作用。当前的研究主要集中在潮间带底栖动物的种群动态、优势种类的生理生态学等方面。

杨宗岱等（1992）根据 1987 年 11 月至 1989 年 3 月连续跨年度在菲尔德斯半岛潮间带浅海区域进行的系统的生态学考察，发现常见的底栖生物有软体动物中的南极帽贝、极地光滨螺、小型红蛤、海螂、香螺、玉螺、石鳖等；棘皮动物中的海星、海盘车、海胆、瓜参和海羊齿等；环节动物中的沙蚕、鳞沙蚕、节节虫、螺旋虫等；海绵动物中的海绵、腔肠动物中的沙海葵，以及大纽虫、扁虫、苔藓虫等一些种类共 100 多种，优势种类是南极笠贝与小型红蛤、极地光滨螺等。不同区域的潮间带的底栖动物种类和生物量存在着显著差别，岩相底质潮间带软体动物生物量占优势，在砾石滩软体动物比例有所上升，而在软相底质的泥沙滩甲壳动物跃升为优势种类。

2013 年 1—2 月刘晓收和霍元子应用样方法对南极长城站所在菲尔德斯半岛东、西海岸潮间带的 19 个样点的底栖动物进行了更大范围的潮间带底栖生物的定量调查，研究发现底栖动物的丰度变化范围为 0~10 216 ind./m^2，平均为 2 957.79 ind./m^2；生物量（湿重）变化范围为 0~109.30 g/m^2，平均为 42.90 g/m^2。优势种包括软体动物南极帽贝、小红蛤、极地光滨螺，环节动物征节虫，节肢动物马耳他钩虾和一种涡虫。香农-威纳多样性指数变化范围为 0~2.16，平均为 1.26。群落结构的聚类分析表明，底质的不同也是造成菲尔德斯半岛潮间带底栖动物群落结构差异的主要原因之一。唐森铭（2006）研究也表明菲尔德斯半岛东、西海岸两侧潮间带除帽贝种群密度不同外，帽贝个体大小也存在较大差异。

除了对南极站基潮间带底栖动物生态学特征进行调查以外，还对南极潮间带底栖动物的优势种类的种群动态进行了较为详细的研究。蒋南青等（2006）于 1994 年 12 月—1995 年 3 月对南极菲尔德斯半岛潮间带帽贝的研究表明，南极帽贝种群分布均呈疏松的个体群，其是聚集的且可能是由环境异质性所引起的，且在个体群内呈随机分布，帽贝在岩石滩的个体群较大（面积为 0.04～0.16 m^2），在卵石滩个体群较小（0.01～0.04 m^2），在垂直岩面也较小（0.01 m^2）。调查还发现，卵石滩潮间带的帽贝分布于中潮区及低潮区，有随季节（冬季来临）向潮下带移动的趋势；岩石滩潮间带的帽贝具有类似的垂直分布特征，但其在分布带上的发生频次有很大差异，呈波动状态；而在垂直岩面上，帽贝数量在低潮区的底部更为集中（黄凤鹏等，1999）。洪旭光等（1999）于 1993 年 11 月至 1994 年 3 月在南极长城站开展了小红蛤（*Kidderia subquadratum*）摄食、呼吸和排泄的研究，为小红蛤的能量预算及南极菲尔德斯半岛生态系统的次级生产力和能流模型的建立提供基础性的研究资料。

4.3.3.3 南极潮间带藻类研究

底栖藻类是南极潮间带生物的重要组成部分，作为主要的初级生产者在南极潮间带生态系统结构和功能中发挥着非常重要的作用，但国内相关的生态学研究较少。张新胜和张坤城（1986）曾报道过南极长城站站基附近的马尔士基地疣状杉藻、小腺囊藻等 18 种大型海藻类，杨宗岱等（1992）又发现海膜、舌状酸藻等近 40 种大型海藻。杨宗岱等（1992）于 1987 年 11 月至 1988 年 3 月应用定性与定量的研究方法研究表明，南极菲尔德斯半岛潮间带大型海藻在潮间带生物组成中占有绝对的优势，在长城湾的硬相底质潮间带，总生物量达到 5 733 g/m^2，藻类生物量约占到 81.8%，居首位；在砾石断面，潮间带总生物量达到 1 658 g/m^2，其中仍以藻类居首；在浪击带岩相的半三角潮间带，几乎全为藻类占据，生物量可高达 4 390 g/m^2，而在阿德雷岛背浪面的碎石滩，各类生物量达到 598 g/m^2，大型海藻类的生物量低于原生动物。

2013 年 1—2 月霍元子和刘晓收等在长城站站基生物生态环境本底考察中对菲尔德斯半岛东西海岸的大型海藻种类组成、生物量等进行了较为详细的调查，共鉴定出大型海藻类 26 种，其中东海岸调查区域内共发现 7 种优势种类，东海岸共发现 6 种优势种类。西海岸生物量分布更为集中，东海岸各个调查区域生物量分布差异较大。虽然东海岸有 7 种大型藻类分布，但分布很不均匀，生物量差异也较大。菲尔德斯半岛东、西海岸大型藻类区系相差不大，但各种类分布比例差异较大，东海岸优势种为小腺囊藻和羽状尾孢藻，而羽状尾孢藻在西海岸分布较少，西海岸优势种红藻在东海岸极少有分布；囊翼藻仅在东海岸有分布，而绿藻只分布在西海岸。

潮间带小型底栖藻类是潮间带鱼、贝类和小型动物的直接或间接饵料，在南极生态系中起着重要的作用。朱根海（1991）于 1987 年 2 月对南极长城站砾砂滩潮间带中潮区的分析表明，生物量在 106×10^3～605×10^3 cells/g，共鉴定出 6 门 47 属 165 种、变种和变型，其中硅藻占 75.76%，蓝藻占 13.94%，海水和半咸水底栖种类非别占到 66% 和 34%，11 种硅藻占到总数的 94.84%。底质中砾砂、泥质粉砂和生物碎屑物的组成比率决定着小型底栖植物的种类组成和数量分布。朱根海和王自磐（1994a，1994b）于 1989 年 1 月和 1990 年 2 月对南极中山站沿岸潮间带冰融期砂和砾质砂中微小型硅藻的分布、种类组成的研究表明，共鉴定出微小型硅藻 28 属 114 种，种类主要以舟形藻属（*Navicula* spp.）和菱形藻属（*Nitzschia* spp.）最多，两次调查的细胞丰度范围分别为 146×10^3～3 657×10^3 cells/g 和 56×10^3～2 633×10^3 cells/g，大部分为冷水种或冰雪种，部分为南极特有种，仅少数为广温广布种或世界广布种。统计分析表明，砾砂含量与硅藻的细胞丰度关系不大，但与冰雪有关。另外，研究也表明南极中山站潮间带微小型硅藻具有细胞个体小、丰度大等特点，细胞长度小于 30 μm 的达 80%以上。

4.3.3.4 南极潮间带沉积物中细菌研究

南极潮间带细菌是构成潮间带腐食食物链的重要生物组分，同时由于南极特殊的环境条件，蕴藏着大量具有独特性质的微生物，这些微生物在生理、代谢和生态功能等方面呈现的新颖性和多样性，具有重要的生态功能和开发利用前景。杨宗岱等（1992）指出菲尔德斯半岛地区优势与习见的微生物种类有黄杆菌（*Flavobacterium*）、纤维黏细菌（噬纤维菌）（*Cytophaga*）、莫拉氏菌（*Moraxella*）、不动细菌（*Acinetobacter*）、库尔斯氏菌（*Kurthia*）、假单孢菌（*Pseudomonus*）、芽孢杆菌（*Bacillus*）、动胶菌（*Zooloea*）、葡萄球菌（*Staphlococcus*）、足球菌（*Pediococcus*）、酵母（*Yeast*）等，构成了腐食食物链的主要环节。陈春晓（2012）对在 2007 年 3 月采自中山站附近潮间带沉积物中分离出的两个菌株进行了鉴定，判定两株细菌均为新种，定名为南极海杆菌（*Marinobacter antarcticus* sp. nov）和南极假红杆菌（*Pseudorhodobacter antarcticus* sp. nov）。

4.3.3.5 南极潮间带生态系统食物网和能流途径

研究南极潮间带生态系统食物网结构及其能流途径对于理解南极潮间带生态系统结构和功能的变动及其对全球变化的响应至关重要。杨宗岱等（1992）根据 1987 年 11 月至 1988 年 3 月对长城站所在的菲尔德是半岛生态系统研究的基础上构建了初步的南极菲尔德斯半岛潮间带的食物网（图 4-6）。其食物链结构较为简单，一般说来在不利环境条件下的生物群落只有很少的消费者和较少的营养级，显著特征是生产者的高数量，高级消费者的小型化，较高比例的兼食者以及消费者具有大量、重叠的食物，作为营养级顶层的主要肉食性动物是栖息在潮间带以外的黑背海鸥，而过量的初级生产者大型海藻将构成重要的腐食食物链。

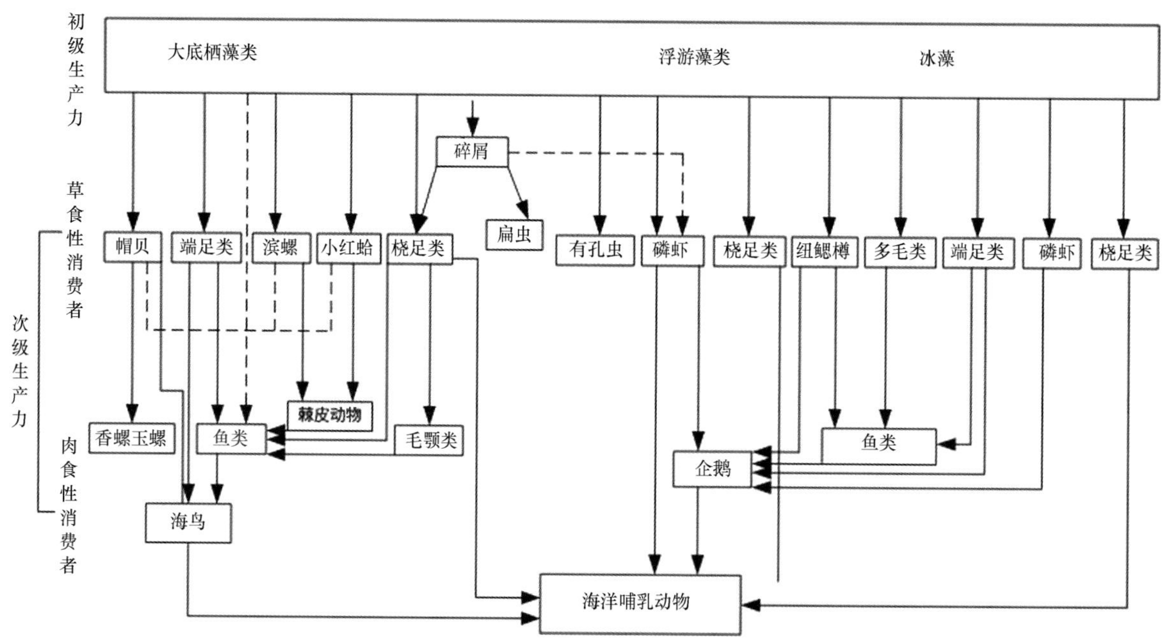

图 4-6 南极菲尔德斯半岛潮间带食物网

沈静等（1999）根据我国在菲尔德斯半岛地区10年的各项研究成果和南极其他相关地区的研究结果，综合分析了菲尔德斯半岛潮间带生态系统的结构及与其他生态系统之间的相互关系（图4-7）。南极潮间带生态系统是近海和陆地生态系统的联结纽带，表现出相对丰富的生物多样性。在南极潮间带的物质流动途径中，几种主要的肉食性捕食者除了香螺外，几乎都来自外系统，如黑背鸥和南极鳕鱼。主要的草食性动物是帽贝、小红蛤和极地光滨螺，它们是潮间带的主要优势种，取食潮间带的藻类。帽贝则主要被黑背鸥、南极鳕鱼和香螺等捕食。潮间带是其他各个生态系统相互联系和相互作用的过渡地带。

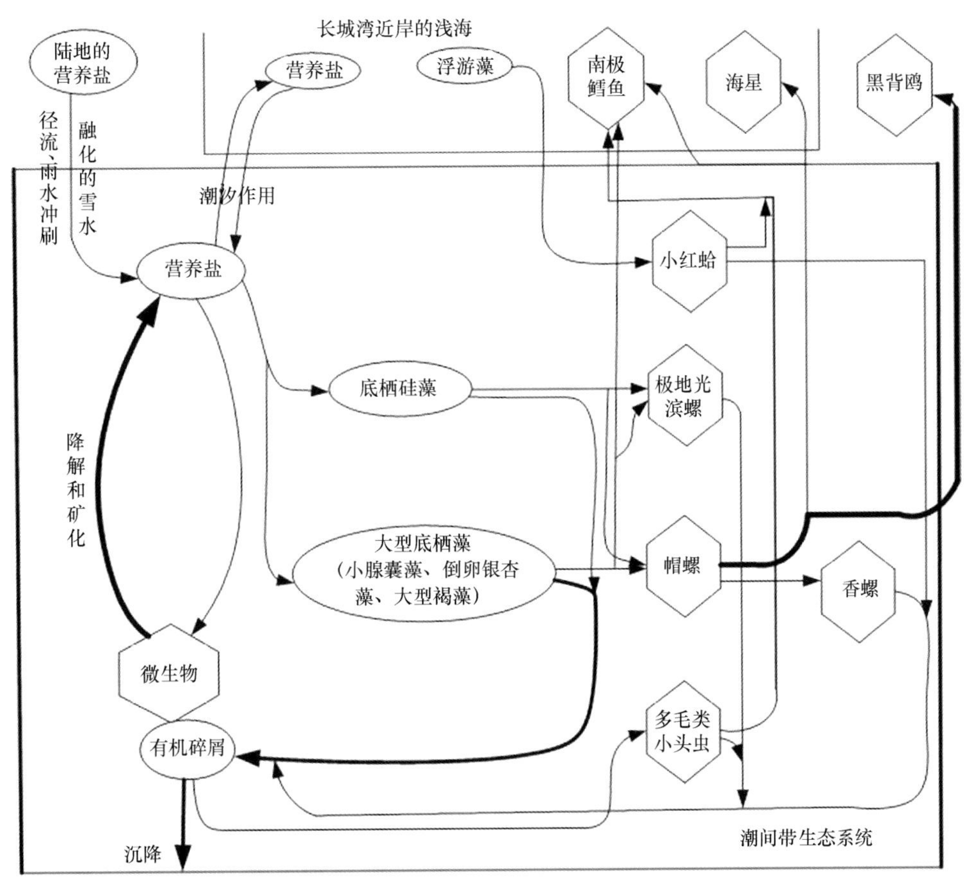

图4-7 菲尔德斯半岛地区潮间带生态系统的营养物质的流动

粗线表示营养物质流动的主要途径

4.3.4 冰藻群落及环境相关性研究

我国的南极海冰生态学以冰藻作为主要研究对象，研究始于1982年。受澳大利亚南极局的邀请，吕培顶参加了澳大利亚戴维斯站的越冬生物学考察，并获得我国有关南极海冰生态学研究的第一批科研成果（吕培顶，1986；俞建銮等，1986），1987—1989年我国第四次和第五次南极考察期间，张坤城、黄凤鹏和吕培顶等人在长城站度夏或越冬，对长城湾冰藻进行了分析，并与日本科学家开展了合作研究（张坤城等，1986b；吕培顶等，1994）。在1992年、1993年和1997年，何剑锋、黄凤鹏和陈波等在我国南极中山站开展了3年的越冬近岸海冰生态学研究，取得了一批相对系统的研究成果（何剑锋等，1995；何剑锋等，1996；何剑锋等，1998；何剑锋等，1998）。

与此同时，陈兴群、王自磐和戴芳芳等通过与德国科学家合作，在1992—2006年依托德国

“极星”号南极航次，对威德尔海浮冰和近岸固定冰的冰藻生物量和群落结构进行了研究（陈兴群等，1989；王自磐等，1997；戴芳芳等，2008a）。我国还对冰区细菌生物多样性和原生动物群落结构等进行了研究（宋微波等，1999；马吉飞等，2013）。

4.3.4.1 冰藻生长史

何剑锋等（2003）对冰藻生活史进行了系统总结。中山站近岸固定冰冰藻生物量主要集中在冰底，包括间隙类群和藻席—丝类群，其中间隙类群底数厘米的骨架层中春季水华则普遍超过 2 000 mg/m^3（陈兴群等，1989；何剑锋等，1995），冰底藻席—丝类群伴随春季冰底水华而出现，链状的藻丝附着在冰底并挂入冰下水柱，长度在几厘米至几十厘米不等，从而在冰—水界面形成密集的席状藻层。春季冰藻水华期间冰底优势种主要是呈链状群体藻种（何剑锋等，1995），由于冰底类群的生长受冰内空间的限制，而向水柱方向的生长则不受空间的限制，导致链状群体不断向水柱方向生长而成为藻丝。

在近岸固定冰区，秋季水华主要源于冰藻的现场生长。对中山站近岸冰芯的地层学剖面的分析表明，颗粒冰通常仅分布在海冰上表层 2~4.5 cm（何剑锋等，1996），而冰藻水华则出现在厚达 50 cm 海冰的冰底，因而可排除海冰形成过程中颗粒冰的物理学富集作用，而其间冰底藻类优势种在上层水柱中浓度并不高（何剑锋等，1999），由其他物理富集作用所形成的可能性也不大。冬季对中山站近岸海冰区的调查表明，叶绿素 a 在叶绿素 a 和脱镁色素中的比例普遍低于 50%，与秋季和春季的大于 80%形成鲜明对照，并且固定冰层中的叶绿素 a 浓度随着时间而逐步下降，一直延续到春季（何剑锋等，1995），表明至少在海冰分裂成浮冰块之前，海冰内部的冰藻并没有表现出明显的活性。春末夏初，类似于中山站等冰底缺少冰小板层的固定冰区，一般存在冰底间隙类群和冰下藻席—丝类群，生物量通常不超过 100 mg/m^2（Hoshiai，1981；何剑锋等，1995）。从浮冰和固定冰区水华形成的层次表明，海冰生境与外部海水间的水体交换对水华的形成起着决定性的作用。

4.3.4.2 冰藻丰度和生物量

1985 年 1—2 月对威德尔海陆缘 3 个不同区域固定冰的调查显示，底部 10~30 cm 的海冰多呈褐色，硅藻为其优势种，丰度变化大，最高可达 10^8 cells/L，叶绿素 a 浓度高达 2 220 mg/m^3，中部常见到大量小型的失去色素乃至死亡的硅藻细胞（陈兴群等，1993）。而 1988 年 11 月至 1989 年 3 月对南极乔治王岛长城湾海冰的研究表明，海冰中存在 1~2 层的有色层，叶绿素 a 浓度范围在 2.55~56.8 mg/m^3，且主要集中在海冰的中间层，而不像其他海区如昭和、戴维斯、凯西和麦克默多等站，大部分叶绿素 a 集中在海冰底部，造成这种差别的原因可能是海冰的结构和形成过程不同（吕培顶等，1991）。而从 1992 年 4—12 月对东南极中山站近岸当年冰生物量研究显示，冰底有色层出现在 4 月下旬和 11 月下旬，集中于冰底 2~3 cm，叶绿素 a 最高含量分别为 88.3 mg/m^{3}和 2 810 mg/m^3，相应的冰藻数量分别为 3.5×10^6 cells/L 和 1.21×10^8 cells/L；柱总叶绿素 a 含量的季节性变化极为显著，尤其是以春季的大幅度快速增殖为特征，变化范围为 1.17~59.7 mg/m^2；冰藻生物量主要分布在冰底，冬季期间则集中在冰底或冰的中上层（何剑锋等，1995）。

2006 年 8—10 月对南极威德尔海冬季的海冰考察显示，海冰叶绿素 a 含量在 14.7~1519.2 mg/m^3，要明显高于该海域初冬和深冬的含量。海冰叶绿素垂直分布不均匀。海冰 R 值为 83%，表明冬季冰藻具有较强活性，不仅有利于暖季大量冰藻释放促成海域浮游植物水华与初级生产者的迅速增长，同时为浮游动物幼体的生长发育提供丰富的食物来源（戴芳芳等，2008a，2008b）。

4.3.4.3 冰藻群落结构

研究结果表明，东南极中山站近岸当年冰藻类优势种较为单一，秋季优势种为赖氏菱形藻（*Nitzschia lecointei*）、巴克利菱形藻（*N. barkleyi*）和筒状菱形藻（*N. cylindrus*）；春季优势种为克氏茧形藻（*Amphiprora kjelmani*）、橙红伯克力藻（*Berkeleya rutilans*）和赖氏菱形藻（何剑锋等，1995）。而通过中—德合作对威德尔海陆缘固冰区的调查则显示，初步鉴定出的26种硅藻中，多数隶属于茧形藻属（*Amphiprora*）、斜纹藻属（*Pleurosigma*）、菱形藻属（*Nitzschia*）、盒形藻属（*Biddulphia*）、角刺藻属（*Corethron*）、海毛藻属（*Thalassiothrix*）、海链藻属（*Thalassiosira*），以及脆杆藻属（*Fragilaria*）等，并观察到了寡种和多种集群的两种不同的底部生态类型（陈兴群等，1993），显示冰藻存在明显的季节变化，并且不同区域的冰藻群落存在一定的差异。

对南极长城站附近海区冰藻色素的分析表明，共分离出色素15种，分别为：胡萝卜素，脱镁叶绿素a，叶绿素a、b、c，叶黄素，岩藻黄质，脱植基叶绿酸a，紫黄质，脱镁叶绿素c，叶绿酸a，叶绿素c的衍生物，硅甲藻素，以及两种未能鉴定的色素。该海域冰藻色素具明显的季节变化，但研究没有分析冰藻类群（李宝华等，1992）。

4.3.4.4 冰下浮游植物

自1992年4月12日至12月30日，对中山站附近内拉峡湾冰下水柱中浮游植物生物量以及环境因子的季节变化进行了测定。水中叶绿素a含量在0.03~21.40 mg/m^{3}间波动，在覆冰期间，生物量基本上随深度的增加而下降；5—9月各层次的生物量普遍低于0.5 mg/m^3，8—9月低于0.1 mg/m^3。各层次中以水表含量的季节变化最为明显，成冰后在9月形成低谷，于12月中旬紧接着冰底水华的消失而形成单一峰值。生物量中微型浮游植物（<20 μm）的比重在4—9月的多数层次占有一半以上，10月后随着生物量的上升而下降，在水华期水表的比重最低，仅占总量的3.2%。其柱总生物量基本上与冰中生物量处于同一数量级，在冰藻水华期其量值甚至低于冰中生物量。营养盐（μmol/L）的波动范围为：PO_4-P，0.32~0.79；SiO_3-Si，26.47~69.92；NO_3-N，1.41~31.75。尽管水华期水表营养盐含量降至观测期间的最低点，但仍能满足冰下浮游植物的生长所需。光辐照度由于在冰水界面的量值仅为冰表入射光的不足5.3%至低于1%，成为水中产量最为可能的限制因子（何剑锋等，1996）。

而自1988年11月至1989年3月对南极长城湾的测定显示，海水中叶绿素a的变化范围在0.30~1.48 mg/m^3，叶绿素a的最大值出现在11月26日5号站的表层水中，海冰中叶绿素a的含量远远高于海水中的含量，海冰中叶绿素a的变化范围在2.55~56.84 mg/m^3。磷酸盐含量变化范围在1.023~2.187 μg/L，亚硝酸盐含量变化范围在0.093~0.186 μg/L，硝酸盐含量变化范围在13.308~26.584 μg/L（吕培顶等，1994）。与中山站近岸海域的对比显示，水体中的叶绿素含量要高于长城站，磷酸盐明显低于长城湾，但硝酸盐总体上低于长城湾。

4.3.4.5 冰藻与冰下浮游植物和海冰环境相关性

自1992年4月12日至12月30日，对中山站以西内拉峡湾海冰和冰下水柱中藻类优势种组成和丰度进行了测定。4月和11月中旬，至12月中旬冰柱和水柱（0~50 m）中藻类丰度高达10^8~10^9cells/m^2。冰藻的普遍或季节性优势种主要包括克氏茧形藻、橙红伯克力藻、冰川舟形藻（*Navicula glaciei*）、巴克利菱形藻、筒状菱形藻、赖氏菱形藻以及舟形藻属种类（*Nitzschia* sp.）（何剑锋等，1997）。由于藻类结合入冰后自身的演替，春—夏季海冰剖面中所记录的优势种组成并不能准确反映冰底优势种的季节演替过程。从冰底和水表藻种组成的对比表明，两者仅在春末冰底冰藻水华期间具有较强的相似性。秋季、春季冰底冰藻水华的形成以现场生长为主，夏初冰藻释放入水后对冰下浮游植物的播种作用不明显。而对海冰营养盐的分析表明，海冰中多数层次的硝酸盐浓度低于冰下表层海水的浓度，而磷酸盐和硅酸盐浓度则正好相反，亚硝酸盐浓度在观测期间均高于冰下表层海水的浓度。海冰营养盐浓度无明显的变化规律，呈现较大的波动，它可以是冰下表层海水的数分之一直至高出一个数量级，除显著的冰底水华期外，并不构成冰藻生长的限制因素。海冰营养盐的分布与叶绿素 a 含量无明显的相关性（何剑锋等，1999）。

1992 年 3—5 月极星号第 8 南极秋季航次（ANT/Ⅷ），对南极威德尔海东北海域浮冰区形成期新冰生态结构进行考察研究。结果表明，海冰物理结构特征与海冰生成环境及其形成过程有很大关系。冰体结构以颗粒冰、柱状冰以及混合冰为主，以颗粒冰为主结构的海冰较多地聚集浮游生物细胞，消耗部分冰中营养盐，柱状冰较少聚集生物细胞，其营养盐波动较小。同时，新形成期海冰中，叶绿素含量普遍低于一年冰，而营养盐含量则较高，基本处于初始状态，由此表明，海冰中生命活动随海冰冰龄增加而不断增强（王自磐等，1997）。威德尔海冬季航次分析结果则显示，冰体叶绿素 a 含量与分布取决于海冰冰晶物理结构及其所处冰层部位，并和海冰生成环境、冰体发育和成冰过程密切相关（戴芳芳等，2008b）。

4. 3. 4. 6　其他类群研究

宋微波和徐奎栋（1999）对采集南极威德尔海冰下水柱（0~20 m）的 11 种砂壳纤毛虫进行了分类学描述，包括柱状拟铃虫、船生孔环虫、亚圆原波纹虫、杯状波缘杯虫、梵氏波缘杯虫、简单原纹虫、短原纹虫、变形条纹虫、针状平顶虫和截短角口虫以及一未定种拟波膜虫（*Parundela* sp.）。

对南极普里兹湾海冰和冰下海水古菌的分析显示，海冰仅在底部检测到古菌，且全为泉古菌（*Grenarchaeota*）；冰下海水古菌多样性较高，主要归属于泉古菌海洋 I 簇（marine goup Ⅰ）和广古菌（*Euryarchaeota*）海洋Ⅱ、Ⅲ簇（Marine Group Ⅱ、Ⅲ）（马吉飞等，2013a）；对细菌生物多样性的分析则表明，细菌主要属 γ-变形细菌纲（γ-Proteobacteria），其次为 α-变形细菌纲（α-Proteobacteria）以及拟杆菌门（Bacteroidetes）。在海冰底部样品中未检测到拟杆菌门；海冰不同层次中的细菌组成呈现一定的差异性，可能由铵离子在海冰不同层次的分布造成（马吉飞等，2013b）。

4. 3. 5　近岸海洋环境及浮游生物群落变化特征

4. 3. 5. 1　生源要素及生态效应

长城湾和阿德雷湾夏季水体营养盐含量普遍较高，呈现出高营养盐低叶绿素 a（high nutrient low chlorophyll，HNLC）的特征（Gao et al.，2014）。2013 年调查结果显示，磷酸盐、溶解无机氮（dissolved inorganic nitrogen，DIN）和硅酸盐平均浓度分别为 1. 94、25. 36、78. 6 和 1. 96、25. 94、79. 3（μmol/L），叶绿素 a 则相对较低（平均分别为 1. 29 μg/L 和 1. 08 μg/L）（Gao et al.，2014），与中国首次科学考察在布兰斯菲尔德海峡邻近海域浓度相当（王玉衡等，1989b）。1992/1993 年中国第 9 次南极科学考察期间对长城湾表层水的无机磷和无机氮等营养盐月变化进行了观测，结果表明长城湾表层水营养盐月变化明显。无机磷与总无机氮含量均逐月递增。12 月至翌年 3 月间，1 月份处于最低水平，在 3 月为最高值。这主要与湾内浮游生物等的活动密切相关。入湾淡水量的变化对湾内营养盐水平也有一定程度的影响（蒲家彬等，1996）。2013 年 1 月调查结果显示，夏季流入长城湾、阿德雷湾的溪流水营养盐浓度普遍都很低，表明周边注入的河水、雪融水以及冰川融化均对两湾营养盐的分布起稀释作用。受南部富含营养盐的布兰斯菲尔德海流的强劲影响及湾内企鹅等鸟粪的降解是湾内水域营养盐的主要来源。南极长城站附近夏季较低的水温和较高的风速天气则是浮游植物营养盐生物利用较低的主要原因（图 4-8）（Gao et al.，2014）。

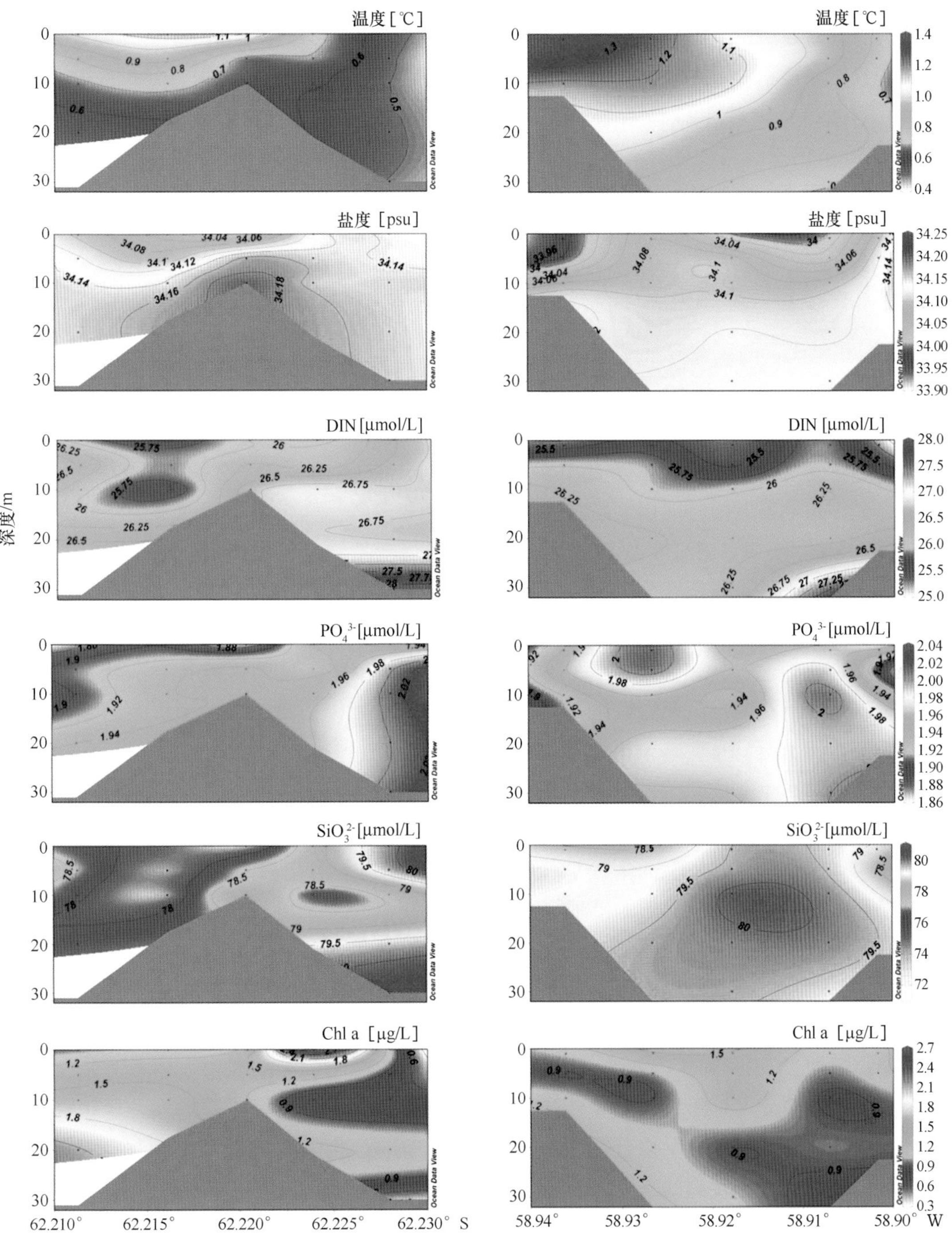

图 4-8　南极长城湾与阿德雷湾生源要素及 Chla 断面分布

4.3.5.2 长城湾浮游植物生物量的分布与变化

多年的监测数据显示，长城湾叶绿素波动范围为0.05～11.51 μg/L（何剑锋等，2011）。1998/1999年度叶绿素含量峰值出现在11月和1月（俞建銮等，1992），而1988/1989年度出现在1月和2月下旬（蒲家彬等，1996），推测长城湾浮游植物生物量变化与环境参数的波动相关。

长城湾叶绿素含量的垂直分布同样存在年际变化。吴宝龄等于1988年3月至1989年2月间对长城湾的调查结果显示，由于风引起的垂直混合，15 m上层水柱叶绿素的垂直分布基本上是均匀的（吴宝龄等，1992）；1992年和1994年12月的调查均显示叶绿素a含量随着深度的增加而增加，高值层出现在30 m的深层（朱明远等，1999）；而1999年12月至2000年3月的调查显示不同月份、不同站位均出现明显的次表层极大值现象，该极大值层在25 m以深海域出现在5～10 m（李保华，2004）。垂直分布的年际变化可能与风场密切相关（吴宝龄等，1992）。

4.3.5.3 长城站邻近海域小型浮游植物群落结构

20世纪80年代末期我国开展了对南极附近海域微小型藻类（朱根海，1989；詹玉芬，1990；朱根海，1991；朱根海等，1991；俞建銮等，1999）及浮游动物的研究（何德华等，1989）。1987年2月在南极长城站周边海域及潮间带共鉴定了微藻45属179种。1992—1995年3个夏季在长城湾海域共鉴定了浮游植物72种，3个夏季均采集到的种类有33种，占总鉴定总数的45.83%，其主要优势种为聚生角毛藻、海链藻属、脆杆藻属、珍珠异极藻等，数量上呈现明显的年际变化（俞建銮等，1999）。布兰斯菲尔德海峡及象岛邻近水域小型浮游植物的种类组成、数量分布、群落结构与其环境因子密切相关，在调查区域共鉴定了小型浮游植物54属201种，大部分为硅藻类，优势种为扭链角刺藻、长形环毛藻、克革伦氏菱形藻和翼根管藻等种类。小型浮游植物的密度与硅酸盐浓度呈正相关（朱根海，1993）。而小型甲藻则具有鲜明的南极海区的区域特点。调查发现大部分为南极特有种，适宜在南极高寒海域生长繁殖，还有部分为亚南极冷水种、南极寒海域冷水种和寒温带种，仅个别为广温广布种（朱根海等，1991）。

4.3.5.4 南极近岸海洋环境监测系统的应用

利用863目标导向课题研制的南极近岸海洋环境监测系统对南极长城湾的海洋环境进行了监测，结果显示该系统作为一种新型的极地海洋环境监测工具稳定、可靠，与传统监测方法的结合可实现对南极近岸海域环境的精细监测（朱锐等，2010；何剑锋等，2011）。

对监测数据的分析表明，2010年的智利海啸和2011年的日本海啸均影响到了乔治王岛近岸海域。其中，智利海啸的影响在5小时左右到达，到达后的27小时监测到了84.4 mm的波峰；而日本海啸在地震后的26小时到达，到达后11小时监测到了180.0 mm的峰值。地震能量及传播方向是决定影响水平的两个重要因素。海啸会对增加混合程度，从而对南极近岸海域产生短时间的影响（He et al.，2012）。浮游植物生物量在12月中旬开始增加，在1月出现两次水华（3.18 μg/L和4.75 μg/L），并维持一个较高的水平，在2月下旬出现两次短暂的水华（4.93 μg/L）。相关性分析显示，水温是控制生物量的一个重要因素，0.8℃左右是启动浮游植物水华的一个阀值，以及浮游植物对光照的增加存在一个明显的适应过程，显示该系统对于精细研究的重要作用（Ma et al.，2014）。

4.3.6 污染物分布及人类活动影响

4.3.6.1 南极菲尔德斯半岛及协和半岛土壤中典型重金属基线值研究

1）重金属的含量水平以及人类活动对其影响评估

于2009/2010年南极夏季在南极长城站附近菲尔德斯半岛采集土壤样品30个，对土壤中铝（Al）、钙（Ca）、镉（Cd）、铬（Cr）、铜（Cu）、铁（Fe）、汞（Hg）、镁（Mg）、锰（Mn）、镍（Ni）、铅（Pb）、锑（Ti）和锌（Zn）进行了检测；于2012/2013年夏季在南极中山站区所在地拉斯曼丘陵地带协和半岛采集土壤样品44个，测定了Cr、Ni、Cu、Zn、As、Cd、Hg和Pb的浓度。

研究结果表明，菲尔德斯半岛区域内地表土壤中13种金属元素的浓度水平（mg/kg）：分别为41.57~80.65（Zn）、2.76~60.52（Pb）、0.04~0.34（Cd）、7.18~25.03（Ni）、43 255~70 534（Fe）、449~1 401（Mn）、17.10~64.90（Cr）、1 440~25 684（Mg）、10 941~49 354（Ca）、51.10~176.50（Cu）、4 388~12 707（Ti）、28 038~83 849（Al）和0.01~0.06（Hg）。地球化学基线值分别为：Al，39 066 mg/kg；Ca，19 715 mg/kg；Cd，0.09 mg/kg；Cr，22.56 mg/kg；Cu，89.45 mg/kg；Fe，50 615 mg/kg；Hg，13.06 ng/g；Mg，5 719 mg/kg；Mn，640 mg/kg；Ni，10.37 mg/kg；Pb，5.44 mg/kg；Ti，5 679 mg/kg；Zn，51.41 mg/kg。同时采用富集系数和地累积指数法对人类活动对于南极乔治菲尔德半岛的影响进行分析和评估，认为是人类活动造成土壤的金属污染，特别是Cd、Hg和Pb浓度的升高。

协和半岛区域内地表土壤中8种金属元素的浓度水平（mg/kg）分别为：6.08~11.60（As）、40.40~97.80（Zn）、11.00~33.00（Pb）、<0.100~0.35（Cd）、16.70~34.90（Ni）、42.20~75.00（Cr）、17.70~37.00（Cu）和<0.002~0.016（Hg）。地球化学基线值分别为：As，8.25 mg/kg；Cd，0.11 mg/kg；Cr，51.00 mg/kg；Cu，23.20 mg/kg；Hg，0.007 mg/kg；Pb，18.00 mg/kg；Zn，58.20 mg/kg。同时采用富集系数和地累积指数法对人类活动对于南极协和半岛的影响进行分析和评估，认为是人类活动造成土壤的金属污染，特别是Cd、Hg和Pb浓度的升高。

李文君等（2014）依托第28次南极考察，对采集自南极菲尔德斯半岛地区的植物和表层土壤中的化学元素进行了分析，讨论了其元素含量、相关性、富集系数及污染指数等化学特征。研究表明，南极菲尔德斯半岛土壤和植物中的Ni、Li、As、Cs变异系数波动较大，且土壤中元素的区域性变化小于植物。植物中的Al、Fe、Mn元素丰度主要依赖于土壤元素丰度的高背景值，而对Ca、K、Cr、Ba元素具有较强的选择吸收能力，对重金属元素Cr、Cu、Zn、Cd、Pb的富集能力很强。重金属污染评价表明，南极菲尔德斯半岛地区受到不同程度的污染，Cu元素存在普遍污染，Cd和As均达到了轻度污染，Cd元素的潜在生态风险最大。

2）生物累积过程（富集因素法）

由图4-9可知，富集系数较大的元素从大到小依次为P（磷）、B（硼）、Se（硒）、Cd、Hg、As、Bi（铋）、Zn、Pb、Cr，其中P、B、Se、Zn等元素可能主要来自于磷虾，Cd、Hg、As、Bi、Pb、Cr等可能受到局地或长距离传输的人为影响。

部分站位地衣中的Pb、Hg、As、Cu、Ni、Zn相对于所在的下伏土壤有富集现象（图4-10），最大富集倍数分别为Pb（10.377）、Hg（10.905）、As（3.083）、Cu（1.541）、Ni（1.319）、Zn（1.297）；富集样品数占所有样品数比例最高为Hg（96%），其次为Pb（12%），再次为As、Cu、Ni、Zn（4%），Cd和Cr未出现明显富集现象；由于地衣生长缓慢，且受大气环境影响较大，推断其汞、铅超标的来源为大气，同一位置的不同种属地衣对大气中污染物的富集程度不一。

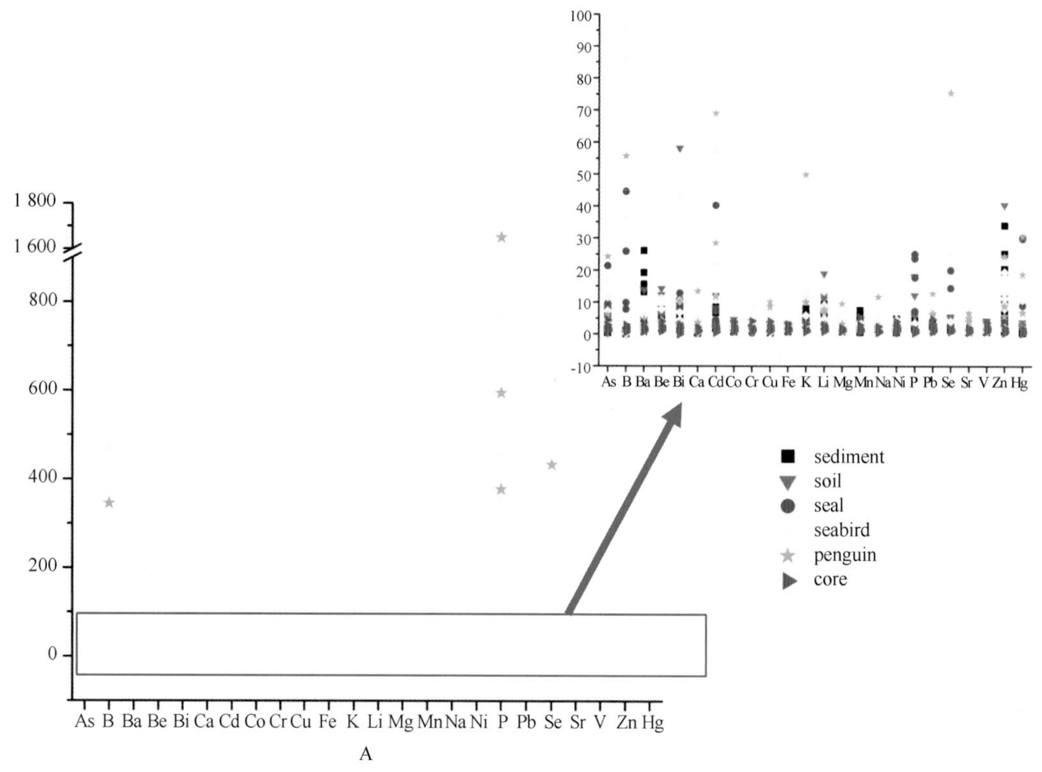

图 4-9　不同介质中的各类金属富集系数

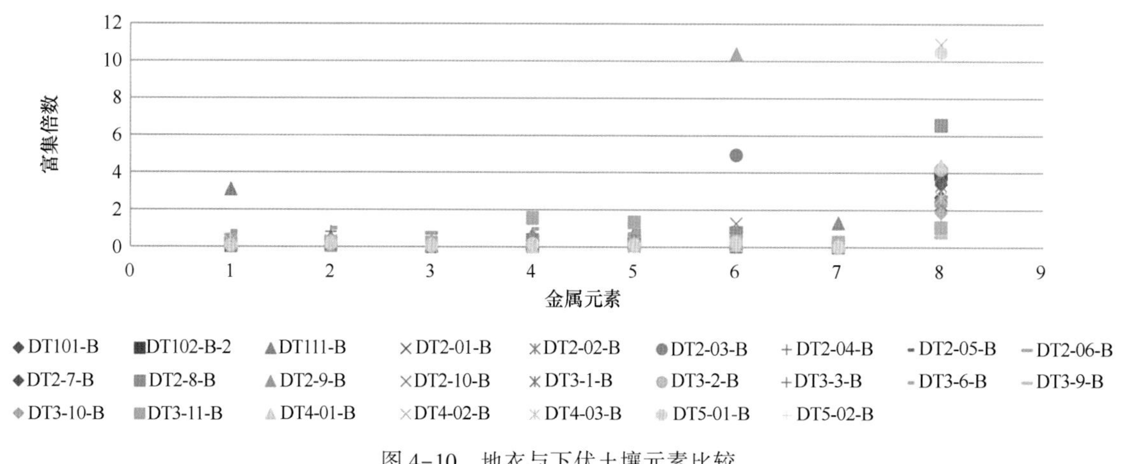

图 4-10　地衣与下伏土壤元素比较

金属元素代码：1. As；2. Cd；3. Cr；4. Cu；5. Ni；6. Pb；7. Zn；8. Hg

部分点位苔藓中的 Cd、Hg、As、Ni、Cu、Cr、Zn 相对于所在的下伏土壤有富集现象（图 4-11），最大富集倍数分别为 Cd（4.952）、Hg（3.775）、As（3.362）、Ni（1.859）、Cu（1.817）、Cr（1.375）、Zn（1.345）；富集样品数占所有样品数比例最高为 Hg（90%），其次为 Cd、Ni（20%），再次为 Cr、Cu、Zn（10%），Pb 未出现明显富集现象；由于苔藓生长缓慢且附着于土壤，受大气环境及本地土壤影响较大，推断其元素超标的来源为大气和土壤的共同作用（Lu et al.，2011）。

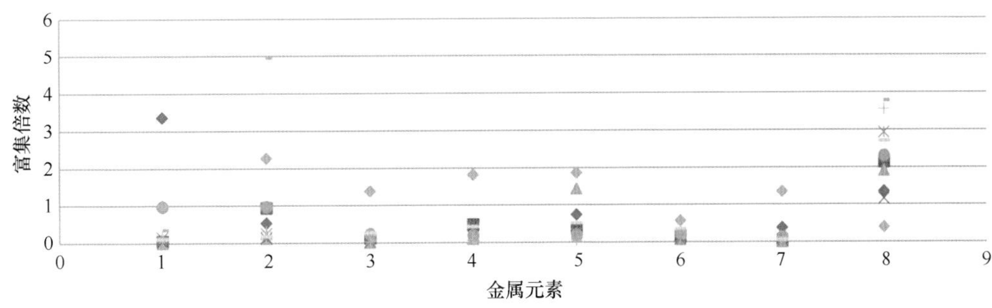

图 4-11 苔藓与下伏土壤元素比较

金属元素代码：1. As；2. Cd；3. Cr；4. Cu；5. Ni；6. Pb；7. Zn；8. Hg

3）风险评价

对南极菲尔德斯半岛地区土壤中的重金属元素，用内梅罗综合污染指数和地质累积指数两种方式评价后，均发现 Cu 为最大污染元素，Pb、Zn、Cr 未产生污染，但对于主要由人类活动伴生引入污染的 Cd 和 As 的污染等级却存在差异。在内梅罗污染指数中，Cd 和 As 达到了轻度污染等级，而在地质积累指数中这两种元素却都未对土壤造成污染。由此可见，这两种评价方法对自然高背景值和人类活动污染的评价结果表现不同。本研究认为，内梅罗污染指数评价对本次实验区域更具有实际性，此评价方法重点突出了污染指数最大的污染物对环境质量的影响和作用；而地质累积指数评价的保守结果可能主要源于该方法对各采样点的某种重金属污染指数评价效果较好，而对元素间或区域间环境不能有效地比较分析；潜在风险指数法主要是将重金属的环境生态效应与其毒理学联系起来，忽略了多种重金属元素符合污染时各金属之间的加权或拮抗作用，评价结果更侧重于毒理方面（李文君等，2014）。

4.3.6.2 南极地区有机污染物的分布及人类活动影响

持久性有机污染物（POPs）的“全球蒸馏效应”和“蚱蜢跳效应”，使其能从低纬度地区逐渐向高纬度地区迁移，并在南北极形成两个“汇”。与北极相比，南极地区的人为干扰因素更少，对全球环境变化的响应更为敏感，研究南极地区环境介质中 POPs 的化学特征，对于掌握和预测 POPs 在全球尺度的迁移、变化和归趋提供数据支持，对了解人类活动与全球环境变化的响应关系具有重要的科学意义。

1）多环芳烃（PAHs）

PAHs 是一类典型的持久性有毒物质，主要来自化石燃料和生物质的不完全燃烧。PAHs 具有持久性、长距离迁移性、亲脂性和“三致”毒性，在环境介质中无处不在。目前，已有不少的研究表明，在南极的无机环境（大气、水体、沉积物和土壤）以及生物圈（植被、藻类、鱼类、海鸟和哺乳动物等）中广泛检出 PAHs 的存在。通过分析 PAHs 的残留状态，结合环境配套数据分析，以及理论模型计算，我国已经获得关于 PAHs 的分布、气—固交换、来源解析等一系列成果。

（1）PAHs 在南极地区的环境介质中的分布趋势。马新东等（2014）于 2009 年 1—3 月采集南极菲尔德斯半岛地区的湖水、海水、雪、土壤、苔藓、企鹅粪便及生物样品，对其中 16 种 PAHs 进行了分析，考察了不同环境介质中 PAHs 的含量分布特征及其环境行为。菲尔德斯半岛地区水体中 ∑PAHs 浓度为 34.9 ~ 346 ng/L（平均值 184 ng/L），土壤中 ∑PAHs 浓度为 68.9 ~ 374 ng/g 干重（平均值 188 ng/g），苔藓中 ∑PAHs 浓度为 122 ~ 894 ng/g 干重（平均值 251 ng/g），企鹅粪便中

∑PAHs浓度为 197~293 ng/g 干重（平均值 245 ng/g），不同生物体中∑PAHs 浓度为 137~443 ng/g 干重（平均值 265 ng/g）。其中，水体中∑PAHs 含量水平（除萘 Nap、苊 Ace、氢苊 Acp 外）与南极罗斯海结果相当（5.1~69.8 ng/L）；干土壤样品中 PAHs 的含量水平与南极其他地区土壤中 PAHs 的水平相当，与北极新奥尔松地区浓度接近（中值为 191 ng/g），但略低于地球“第三极”珠穆朗玛峰 PAHs 的浓度（168~595 ng/g），远低于人口密集地区 PAHs 的含量水平；干苔藓和粪便中∑PAHs 含量水平与北极新奥尔松地区浓度接近（中值分别为 249 ng/g 和 160 ng/g），其中苔藓中∑PAHs 含量低于我国南岭北坡（均值 640.8 ng/g），远低于欧洲地区（910~1 920 ng/g）。整体上南极菲尔德斯半岛地区 PAHs 含量水平与南极其他地区含量相当，远低于中低纬度人口密集地区，其中苔藓、粪便和生物体中 PAHs 含量相对土壤略微偏高。

Na 等（2011）于 2009 年 12 月采集菲尔德斯半岛冰雪，采用固相萃取法富集雪中 PAHs，通过气相色谱/质谱分析其中 PAHs 化学特征。∑PAH 含量范围为 52.15~272.29 ng/L。

（2）PAHs 的来源解析。Na 等（2011）基于主成分分析结果发现，冰雪中 2 环-PAHs 和 3 环-PAHs 是主要组成成分，暗示其来源为大气传输和燃料燃烧。根据美国环保署（EPA）推荐的风险指数（RQ）计算，荧蒽，屈，苯并（a）芘，二苯并（a，h）蒽，茚并（cd）比和苯并（ghi）苝无风险，而其他的单体处于中等风险水平。

马新东等（2014）与其他地区相比，5 种介质中，2+3 环 PAHs 的比例除 1 个土壤站位外均超过 0.5，4 环的比例也多在 0.4 以下，5+6 环 PAHs 的比例则小于 0.2（绝大部分小于 0.1）。土壤和苔藓中 5+6 环 PAHs 的比例与中低纬度人口密集区相比偏低，以中国珠江地区为例，土壤中 5+6 环 PAHs 的比例为 0.2~0.4，苔藓中 5+6 环 PAHs 的比例同样多在 0.2 以上，这进一步说明，污染的来源方式以及传输距离是造成南极菲尔德斯半岛地区 PAHs 分布特征差异的主要因素。对比企鹅肌肉和企鹅粪土发现，企鹅粪土中 2+3 环 PAHs 的比例差别较小，均超过 0.75（分别为 81.9%和 77.7%），而企鹅肌肉中 5+6 环的比例为粪土中的 4 倍（8.5%和 2.2%），这说明 PAHs 在生物体内的再分配作用是影响生物和粪便分布特征差异的一个主要因素。

卢冰等（1997）采用气相色谱和三维全扫描荧光光谱研究采自 1990 年 HY4-901 航次的南极布兰斯菲尔德海峡的表层沉积物中芳烃化合物组成和环数分布。沉积物中芳烃化合物包括萘、菲和芴系化合物。其中，菲系化合物含量最高，在 11%~24%；其次为芴系物，其中硫芴量占芴系物的 24%~61%。三维全扫描荧光分析表明，南极样的发射波长均集中于 350~450 nm，其中，四环的荧光强度与总荧光强度的比值占 58%~67%，归因于五环以上化合物占优势。

（3）气—固分配特征。PAHs 的气—固分配系数（K_P）、正辛醇—空气分配系数（K_{OA}）和正辛醇—水分配系数（K_{OW}）是影响其在不同环境介质中行为和归趋的最主要参数。当 PAHs 在大气中气相和颗粒相分配达到平衡时，PAHs 的 $\log K_P$ 与其过冷饱和蒸气压（$P°_L$）的对数值成反比。菲尔德斯半岛地区的苔藓属于常年生植被，长期与大气中 PAHs 接触，因此作为极地偏远地区一种理想的大气被动采样器，可以假定 PAHs 在大气与苔藓间达到平衡或者接近平衡状态，所以，PAHs 在土壤和苔藓中的浓度比值（Q_{SM}）可以看作该地区 PAHs 气—固分配的镜像。Q_{SM} 定义为：$Q_{SM}=C_S/C_M$；其中，C_S 和 C_M 分别为 PAHs 在土壤和苔藓中的浓度（ng/g dw）。对 $\log Q_{SM}$ 与 $\log P°_L$ 和 $\log K_{OA}$ 分别进行回归分析，结果表明，$\log Q_{SM}$ 与 $\log P°_L$ 呈显著性负相关（斜率 -0.0697，$p<0.01$），$\log Q_{SM}$ 与 $\log K_{OA}$ 呈显著性正相关（斜率 0.068 7，$p<0.001$），这表明，随着分子量越小（即 $\log P°_L$ 增大）$\log Q_{SM}$ 值减小，气相中的 PAHs 越容易在苔藓中富集；随着分子量越大（即 $\log K_{OA}$ 增大），$\log Q_{SM}$ 值增大，颗粒相中的 PAHs 越容易在土壤中富集。

生物体—海水 PAHs 浓度比值（$\log Q_{OW}$）和企鹅肌肉—企鹅粪土（$\log Q_{PD}$）中 PAHs 浓度比值

与 log K_{OW}之间的关系表明，log Q_{OW}和 log Q_{PD}与 log K_{OW}之间均具有显著的线性关系（斜率 0.499 5，$p<0.001$；斜率 0.447 3，$p<0.01$），说明随着 log K_{OW}值增大，高分子量 PAHs 更容易在生物体内富集，同时解释了企鹅肌肉中 5+6 环 PAHs 的比例为企鹅粪土中 4 倍的原因。以上结果表明，PAHs 在土壤—苔藓、生物—海水和企鹅肌肉—企鹅粪土中的分布，可以看作是 PAHs 在极地地区气—固分配行为以及在生物体内分配行为的镜像，这为研究偏远地区 PTS 环境行为和归趋提供了一种新的思路和途径。

2）多氯联苯（PCBs）

PCBs 一直用作变压器油、电容器油以及涂料、密封剂和液压油的添加剂等。早在 1995 年，有研究者发现在海豹脂和鳍足类动物奶中检测到与工业活动有关的化合物如多氯联苯（PCBs）和六氯苯（HCB），但 PCBs 的浓度至少比北极海洋哺乳动物低一个数量级。我国历次科考调查采集的样品包括：大气、水体、沉积物、土壤、植被、海鸟卵、粪土层等。

（1）大气。Li 等（2012）于 2009 年 12 月 8 日至 2010 年 2 月 7 日，采用主动采样器（PUF）采集乔治王岛南极长城站周边大气中 PCBs 和 PBDEs。大气样品采用加速溶剂萃取（ASE）法萃取，萃取液经过多层复合硅胶柱净化，淋洗液经浓缩后加入内标，采用气相色谱（安捷伦 6890）与高效质谱分析，内标法定量。指示性 PCB（PCB-28、52、101、118、138、152 和 180）的浓度 $\sum_7$PCBs为 1.66~6.50 pg/m^3，平均浓度为 4.34 pg/m^3，分布趋势如图 4-12 所示。二噁英类 PCBs（dl-PCBs）的毒性当量为 0.01~1.08 fg/m^3。

大气中 PCBs 的同系物指纹以低氯代 PCB 单体为主。二氯、三氯、四氯代 PCB 单体的贡献分别达到了 38%~56%、20%~25%和 11%~24%。高氯代单体的贡献则较小，如七氯代单体至十氯代 PCB 单体的浓度加和的贡献才为 0.07%~0.43%。这表明大气中的 PCBs 主要来自于大气长距离迁移。

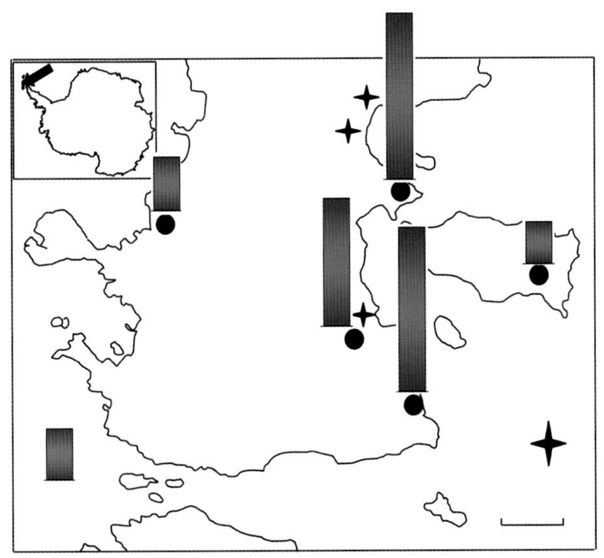

图 4-12　南极大气中$\sum_7$PCBs 的浓度及分布（pg/m^3）

（2）其他介质。南极菲尔德斯半岛和阿德利岛的研究表明，土壤和沉积物干重样品中 PCBs 浓度位于 60.1~1 436 pg/g，平均值为 410 pg/g。阿德雷岛企鹅粪土样品中，PCBs 平均浓度可达 1 087 pg/g，主要归因于候鸟的持续性输送和与之相关的生物过程（如筑巢、排泄等）（Li et al.，2012）。阿德雷岛地衣和苔藓干重样品中 PCBs 总浓度分别在 404~745 pg/g（平均值 544 pg/g）和

406～952 pg/g（平均值 670 pg/g）范围内（Li et al.，2012）。

冯朝军等（2010）分析测定了南极阿德雷岛企鹅（2003 年和 2006 年采集的两只企鹅机体组织）头颅、脂肪、肌肉、骨质和尾臀腺中的 PCBs，含量范围为 126.9～277.0 pg/g，企鹅卵中检出 POPs 含量要远低于贼鸥和巨海燕。对卵样的 POPs 数据进行统计分析发现不同鸟种 POPs 积累水平的差异取决于不同鸟种的生态习性，如活动范围、迁徙距离、觅食习性等。另外，对海鸟栖息地粪土样进行的研究发现 POPs 含量随着不同海鸟的食谱宽窄和巢址选择的不同而变化。

3）有机氯农药（OCPs）

OCPs 等疏水性强，在环境中易于流动，能够扩散到世界各地，并且能够通过食物链传递，在环境中和生物体内难于降解，对生物体毒性大，是典型的持久性有机污染物（POPs）。自从 Sladen 等在 1966 年罗斯岛的阿德利企鹅的肝和脂肪样品中检测到滴滴涕（DDTs）等有机氯农药，首次揭示了南极环境的污染问题。目前，一些科学家针对南极环境介质中 OCPs 进行了分析，并考察了 OCPs 在生物体内富集的情况。

（1）OCPs 在植被中的分布和富集。尹雪斌等（2004）于 1999/2000 年度南半球的夏季对南极乔治王岛无冰区典型的苔原生态系统中 3 种苔原植物及其下覆土壤中六六六（HCH）、滴滴涕（DDT）含量进行了系统分析，结果表明，南极苔原植物体与下覆土壤相比，除南极石萝（*Usnea antarctica*）对 HCH 的富集较明显（富集因子 $BCF_{石萝/土壤}=2.74$）外，金发藓（*Polytrichum alpinum*）、发草（*Deschampsia antarctica*）样品中 HCH、DDT 含量均低于下覆土壤；3 种苔原植物的富集系数还表明，它们对水溶性农药 HCH 的吸收高于对脂溶性农药 DDT 的吸收。同时，对比 3 种苔原植物及其下覆土壤中 HCH 含量发现，在大气沉降 HCH 可以忽略的情况下，植物体的 HCH 主要来源于下覆土壤。因此，植物体及其下覆土壤中 HCH 含量呈现此消彼长的动态变化；3 种苔原植物及其下覆土壤中 DDT 的含量总体上也具有类似特征。此外，对苔原生态系统中 DDT 各种异构体的分析发现，各国对 DDT 的禁用已经有效地抑制了农药污染对南极苔原生态环境的影响。

（2）OCPs 在企鹅体内河粪土中的分布和富集。冯朝军等（2010）采集南极阿德雷岛企鹅（2003 年和 2006 年采集的两只企鹅机体组织分析测定了头颅、脂肪、肌肉、骨质和尾臀腺中的 OCPs）。脂肪和尾臀腺中的有机氯含量比其他组织要高得多，六氯苯（HCB）为 43.2～197.0 pg/g，∑HCH 为 0～20.7 pg/g，∑DDT 为 79.4～110.1 pg/g。

石超英等（2008）于 2002 年中国第 18 次南极科学考察选择符合沉积地层记录的粪土沉积柱样，对南极阿德雷岛企鹅栖息地粪土层进行 ^{210}Pb 测年，同时采用气相色谱—电子捕获检测器（GC-ECD）内标定量法测定了企鹅栖息地粪土混合地层和企鹅蛋卵中有机氯污染物含量，粪土混合地层中有机氯污染物的最高浓度：表层∑PCB 为 0.92 ng/g，∑HCH 为 0.42 ng/g，∑DDT 为 0.70 ng/g，与非栖息地相比较，通过鸟类活动的粪土混合地层（营巢和粪便）输入的 PCBs 和 OCPs 含量比无鸟类生命途径的土壤相对要高。企鹅蛋卵样∑PCB 在 0.4 pg/g～10.2 pg/g，∑DDT 2.4 pg/g～10.3 ng/g，HCB 0.1～9.4 ng/g，∑HCH 0.1～0.5 ng/g，总积蓄水平依次为：∑PCB > ∑DDT > HCB > ∑HCH。

（3）OCPs 在海鸟卵中的分布比较。卢冰等（2005）采用气相色谱—电子捕获检测器（GC-ECD），内标法定量测定了南极乔治王岛世袭栖息地海鸟（棕贼鸥、灰贼鸥、巨海燕、白眉企鹅）卵样中持久性有机氯污染物多氯联苯（PCBs）和有机氯农药（OCPs）残留量，研究探讨了南极海洋食物链顶级生物体有机毒物积累水平及其环境意义。结果显示，卵样中有机毒物积累水平依次为：PCBs > DDTs > HCBs > HCHs。贼鸥卵样∑PCB 含量范围为 91.0～515.5 ng/g，∑DDT 含量 56.6～304.4 ng/g，HCBs 含量 6.5～70.5 ng/g，∑HCH < 0.5～2.0 ng/g；企鹅卵样∑PCB 含量范围

为0.4~0.9 ng/g，∑DDT 含量 2.4~10.3 ng/g，HCBs 含量 6.0~10.2 ng/g，∑HCH 含量 0.1~0.4 ng/g；巨海燕卵样∑PCB 含量范围为 38.1~81.7 ng/g，∑DDT 含量 12.7~53.7 ng/g，HCBs 含量 4.2~8.8 ng/g，HCBs 含量 0.5~1.5 ng/g。研究结果还显示，不同种类海鸟卵样检出多氯联苯和有机氯农药均以七氯、六氯联苯、滴滴涕同系物（p，p′-DDE）和氯代苯化合物为主体。贼鸥、巨海燕卵样检出 9 种多氯联苯同系物（大小依次为 CB180、CB153、CB194、CB138、CB118、CB170、CB101、CB163、CB149）。贼鸥卵样七氯、六氯取代物的多氯联苯同系物含量在 17.5~205.5 ng/g，占 62%；巨海燕卵样在 14.5~30.5 ng/g，占 69%；企鹅卵样检出 5 种 PCBs 同系物相对积蓄较低，其卵样之间变化相对稳定。对不同种类海鸟卵样的有机污染物数据进行统计分析，结果显示不同鸟种有机毒物积累水平的差异取决于不同鸟种的生态习性，特别是海鸟在海洋生态食物链中的位置。有机毒物最高积累水平出现在棕贼鸥卵样中，灰贼鸥和巨海燕次之，企鹅最低。南极海鸟卵样多氯联苯和有机氯农药的检出，是全球性有机氯污染又一新的重要证据。

4）多溴联苯醚（PBDEs）

PBDEs 是一种重要的有机卤素化合物，它对环境已产生越来越严重的影响。PBDEs 作为阻燃剂被广泛用于纺织、家具、建材、交通工具和电子产品中。目前，关于南极地区环境介质中 PBDEs 的报道不多。Li 等（2012）报道了南极长城站周边大气中 PBDE 的研究结果，如图 4-13 所示。$\sum_{14}$PBDEs 的浓度为 0.67 ng/g~2.98 pg/m^3，平均浓度为 1.52 pg/m^3。本研究中的 PBDE 浓度结果为南极大气的首次报道。大气中 PBDEs 的指纹分布表明，低溴代单体 BDE-17 和 BDE-28 是浓度最高的单体，其对$\sum_{14}$PBDEs 的贡献为 27%和 31%。但是高溴代单体 BDE-183 也被检测出来，其对$\sum_{14}$PBDEs 的贡献达到了 19%。BDE-183 是商业 OctaBDEs 产品的主要成分，因此该单体的检出也证实了该区域有 BDE 产品的使用，即存在 PBDE 的本地源。对于南极菲尔德斯半岛和阿德利岛的研究表明，PBDEs 浓度在 2.76~51.4 pg/g 干重之间，平均值为 24.0 pg/g，明显低于其他关于偏远地区 POPs 的调查结果。该地区地衣和苔藓干样中 PBDEs 浓度范围分别在 7.51~22.3 pg/g（平均值14.2 pg/g）和 6.54~36.7 pg/g（平均值 15.8 pg/g）之间，均低于其他已有研究报道。

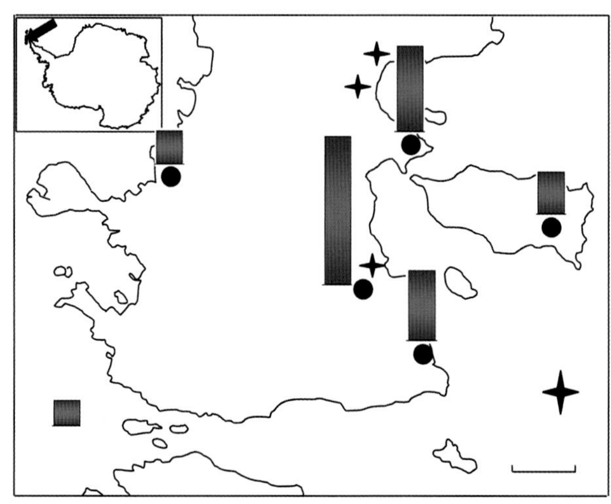

图 4-13 南极长城站周边大气中 PBDEs 的浓度及分布（pg/m^3）

5）短链氯化石蜡（CPs）

CPs 是一组人工合成的直链正构烷烃氯代衍生物，其碳链长度为 10~38 个碳原子，氯代程度通常为 30%~70%（以质量计算）。一般按碳链长度将氯化石蜡分为 3 类：碳链长度为 10~13 个碳原子的为短链氯化石蜡（SCCPs），14~17 个碳原子的为中链氯化石蜡（MCCPs），长链氯化石蜡（LCCPs）的典型碳链长度为 20~30 个碳原子。目前，国内科研工作者对南极地区氯化石蜡赋存状态的研究较为罕见，马新东等（2014）首次报道了氯化石蜡的分布特征以及气—固分配规律。

马新东等（2014）于 2012 年采集乔治王岛菲尔德斯半岛长城站附近大气样品，分析其中氯化石蜡（CPs）的长距离迁移特征。其中，短链氯化石蜡（SCCPs）和中链氯化石蜡（MCCPs）的含量范围为 9.6~20.8 pg/m³（平均值 14.9 pg/m³）和 3.7~5.2 pg/m³（平均值 4.5 pg/m³）。气相和颗粒相中，C10 和 C11 碳链与 Cl5 和 Cl6 碳链为主要成分。

KP 和 PL0 显著相关（$R^2 = 0.437$，$p < 0.01$），KP 和 KOA 显著相关（$R^2 = 0.442$，$p < 0.01$）。两个线性回归方程的斜率（0.31 和 0.39）小于 0.6，说明气溶胶态中有机质含量对于 CPs 在大气中的吸附和迁移产生更重要的影响。J-P 模型与 KOA 模型低估了低氯代 CPs 的吸附，而高估了高氯代 CPs 的吸附。

4.4 结语与展望

南极生态系统研究已逐步向更为系统的方向发展。SCAR 于 2012 年提出的“南极生态系统恢复与适应临界值”国际研究计划［Antarctic Thresholds - Ecosystem Resilience and Adaptation（AnT-ERA）Implementation plan，2012］，旨在从分子、种群和生态系统 3 个层面促进对南大洋、淡水和陆地生态系统变化的了解。2013 年 SCAR 提出了“南极生态系统”国际研究计划（Antarctic Ecosystem，AntEco），重点关注过去和现在的南极所有环境类型中的生物多样性状况（State of the Antarctic Ecosystem Implementation Plan，2013）。

我国 30 年的南极考察，使得南极站基生态环境的监测与研究取得了极有价值的研究成果，其中最为重要的是实施了南极长城站所在的菲尔德斯半岛陆地、淡水、潮间带和浅海生态系统的考察研究，阐明了生态系统的结构及主要功能，定量明确了各亚生态系统的关键成分和主要特征，研究了营养阶层完整的生态系统变化趋势、初级生产过程、海冰生态学过程和典型污染物现状及生态效应，建立了生态系统相互作用模型。但也存在一些问题，如南极长城站所在南极半岛地区是南极升温最快的区域，我国的南极站基监测都是 3~5 年的项目支持，项目和参与单位的不固定，导致监测和分析方法不一致、获得的监测数据不够连续，因而无法获取长周期的变化结果，而这对于了解站基生态环境对气候变化的响应是至关重要的。

南极长城站作为国家极地生态观测与研究站，通过“十五”能力建设，已建立了“亚南极生态环境动力学实验室”，配备了一批样品采集、处理和分析设备，具备了样品采集、样品预处理与保藏、基础分析、微生物培养等良好条件。在“十二五”开展系统的本底调查后，选取部分关键参数进行长期的跟踪监测与研究，能极大地推动我国对南极生态环境及其变化机理的理解。

未来我国可以从以下几个方面更为深入地开展监测与研究。

（1）现场监测系统建设：以南极长城极地生态国家野外观测研究站为主要基地，辅以南极中山站和北极黄河站的对比研究，选取有代表性的监测指标体系，建立相对系统的现场监测网络，开展系统的定点、定指标长期监测与对比研究。

（2）监测体系构建：以海洋公益专项和极地环境专项资助的极地生态环境监测规范研究与制定为基础，通过进一步的论证、验证和完善，形成行业规范；进一步完善监测数据的实时/准实时传输系统，增强数据的时效性；整合现有数据形成专题数据库，实现监测数据和信息的共享利用。

（3）生态环境研究：重点围绕环境变化及其生态响应主题，研究并揭示极地生态系统对环境变化的潜在响应特性、不同生物类群对环境变化的敏感性差异，预测生态系统的未来变化；研究人类活动对生态环境的潜在影响，为站区生态环境管理、保护以及特别保护区、特别管理区的设立提供科学依据。

参考文献

卞林根，马永锋，逯昌贵，等. 2010. 南极长城站（1985—2008）和中山站（1989—2008）地面温度变化. 极地研究，22（1）：1-9.

陈春晓. 2012. 南极中山站潮间带沉积物中两株细菌的多相分类学研究. 济南：山东大学.

陈皓文，宋庆云，卢颖. 1992. 南极长城站微生物考察. 极地研究，4（4）：7-13.

陈皓文，袁峻峰，曹俊杰，等. 2001. 南极菲尔德斯半岛环境微生物含量估计. 黄渤海海洋，（1）：49-54.

陈皓文，洪旭光. 2000. 中国南极长城站室内空气微生物状况. 应用与环境生物学报，6（1）：90-92.

陈立奇，余兴光，孙立广，等. 2004. 人类活动对中国南极站区环境影响的评估. 见：陈立奇. 南极地区对全球变化的响应与反馈作用研究. 北京：海洋出版社，553-587.

陈健斌. 1996. 乔治王岛菲尔德斯半岛地衣研究Ⅰ. 松萝属石萝亚属. 真菌学报，15（1）：21-25.

陈健斌. 1997. 南极菲尔德斯半岛和阿德雷岛的地衣群落. Fung. Sci，12（1，2）：75-80.

陈健斌. 1999. Lichens from Ardley Island and Fildes Peninsula in King Geogre Island，Antarctica Ⅱ. The genus Cladonia. 菌物系统，18（1）：1-8.

陈兴群，迪克曼·G. 1989. 南极威德尔海陆缘固冰区叶绿素 a 及硅藻的分布. 海洋学报，11（4）：501-509.

戴芳芳，王自磐，Allhusen E，等. 2008. 南极威德尔海冬季海冰叶绿素及其生态意义. 极地研究，20（3）：248-257.

戴芳芳，王自磐，李志军，等. 2008. 南极冬季威德尔海海冰物理结构与叶绿素 a 垂直分布特征. 海洋学报，30（4）：104-113.

冯朝军，于培松，卢冰，等. 2010. 南极阿德雷岛企鹅机体组织、蛋卵和粪土中 PCBs 和 OCPs 的分布. 海洋环境科学，29（3）：308-313.

韩乐琳，魏江春. 2009. 两种南极地衣提取物抗氧化能力的初步研究. 畜牧与饲料科学，30（4）：1-2.

韩乐琳，魏江春. 2009. 南极地衣提取物抗氧化能力的初步研究. 菌物学报，28（6）：846-849.

何德华，杨关铭，王春生. 1988. 南极半岛西北海域的浮游桡足类. 见：南极科学考察论文集（第六集）. 北京：海洋出版社：197-219.

何剑锋，陈波. 1995. 南极中山站近岸海冰生态学研究Ⅰ. 1992 年冰藻生物量的垂直分布及季节变化. 南极研究（中文版），7（4）：53-64.

何剑锋，陈波，黄凤鹏. 1996. 南极中山站近岸海冰生态学研究Ⅱ. 1992 年冰下水柱浮游植物生物量的季节变化及其与环境因子的关系. 极地研究，8（2）：26-37.

何剑锋，陈波，吴康. 1996. 南极中山站近岸海冰的发育及结构特征. 见：第五届全国冰川冻土学大会论文集（下册）. 兰州：甘肃文化出版社：1009-1016.

何剑锋，陈波. 1997. 南极中山站近岸海冰生态学研究Ⅲ. 冰藻优势种的季节变化以及与冰下浮游植物的关系. 极地研究，9（3）：82-191.

何剑锋，陈波. 1998. 南极的海冰生态学研究. 地球科学进展，13（2）：173-177.

何剑锋，陈波，吴康. 1991. 南极中山站近岸海冰生态学研究Ⅳ. 海冰营养盐浓度的季节变化及其与生物量的关系. 极地研究，11（1）：25-33.

何剑锋，王桂忠，李少菁，等. 2003. 南极海冰区病灶类群及兴衰过程. 极地研究，15（2）：102-114.

何剑锋，张芳，蔡明红，等. 2011. 基于近岸海洋环境监测系统的南极长城湾生态环境变化初析. 极地研究，23（4）：269-274.

洪旭光，陆华，吴宝铃. 1997. 南极小红蛤生理生态学研究. 极地研究，9（2）：128-133.
黄凤鹏，吴宝铃，徐汝梅，等. 1999. 南极菲尔德斯半岛潮间带南极帽贝的种群生态学研究——夏季种群数量变化和垂直分布. 海洋与湖沼，30（6）：616-623.
黄自强，暨卫东，杨绪林. 2005. 1998 年南极中山站海洋气溶胶的化学组成及其来源判别. 海洋学报，27（3）：59-66.
蒋南青，沈静，徐汝梅，等. 2000. 南极菲尔德斯半岛潮间带南极帽贝的种群生态学研究——空间分布图式. 海洋与湖沼，31（5）：511-517.
李宝华，黄凤鹏，张坤诚. 1992. 南极长城站附近海区冰藻色素的初步分析. 极地研究，4（4）：18-23.
李宝华，朱明远. 1999. 南极长城湾潮间带叶绿素的分布及变化. 极地研究，17（2）：38-42.
李宝华. 2004. 南极长城站及邻近海域叶绿素 a 次表层极大值的研究. 极地研究，16（2）：127-134.
李会荣，孙嘉康，陈丽珊，等. 2005. 南极菲尔德斯半岛表层土壤样品中细菌多样性的系统发育分析. 极地研究，17：245-53.
李慧，曹叔楠，邓红，等. 2013. 对南北极地衣优势共生藻的初步探究. 极地研究，29（1）：53-60.
刘华杰，陈珍，吴清风. 2010. 五种南极地衣的 Co、Cr、Pb 和 Cu 元素富集能力的差异. 菌物学报，29（5）：719-725.
卢冰，唐运千，眭良仁，等. 1997. 南极布兰斯菲尔德海峡表层沉积物中芳烃化合物. 极地研究，9（1）：44-52.
卢冰，王自磐，朱纯，等. 2005. 南极食物链顶端海鸟卵中 PCBs 和 OCPs 积累水平及其全球意义. 生态学报，25（9）：2440-2445.
吕培顶. 1986. 南极戴维斯近岸海冰中叶绿素 a 的含量及其季节变化. 见：南极科学考察论文集（3）. 北京：海洋出版社，11-19.
吕培顶，张坤城，黄凤鹏，等. 1991. 南极乔治王岛长城湾沿岸固定冰中有色层生态观察. 南极研究（中文版），3（3）：56-61.
吕培顶，渡边研太郎. 1994. 1988/1989 年夏季南极长城海湾生态环境观测. 极地研究，6（3）：65-76.
马吉飞，杜宗军，罗玮，等. 2013. 南极普里兹湾夏季不同层次海冰及冰下海水古菌丰度和多样性. 极地研究，25（2）：124-131.
马吉飞，杜宗军，罗玮，等. 2013. 南极普里兹湾夏季不同层次细菌丰度及多样性. 微生物学报，53（2）：185-195.
马新东，姚子伟，王震，等. 2014. 南极菲尔德斯半岛多环境介质中多环芳烃分布特征及环境行为研究. 极地研究，3：待刊.
沈静，徐汝梅，周国法，等. 1999. 南极菲尔德斯半岛陆地、淡水、潮间带、浅海各生态系统的结构及其相互关系的研究. 极地研究，11（2）：100-111.
石超英，孙维萍，卢冰，等. 2008. 南极企鹅粪土沉积柱样、蛋卵中 OCPs、PCBs 含量分布及其环境意义. 极地研究，20（3）：240-247.
宋微波，徐奎栋. 1999. 南极威德尔海冰层下的砂壳纤毛虫. 极地研究，11（1）：34-38.
蒲家彬，李宗品，邵秘华，等. 1995. 南极乔治王岛环境质量现状调查. 南极研究（中文版），7：51-58.
蒲家彬，朱明远. 1996. 1992/1993 年南极夏季长城湾表层水营养盐的月变化特征. 海洋湖沼通报，（2）：44-50.
唐森铭. 2006. 南极菲尔德斯半岛两侧南极帽贝种群结构比较分析. 极地研究，18（3）：197-205.
王能飞. 2014. 南北极近岸土壤微生物群落的结构分析——以南极菲尔德斯半岛和北极新奥尔松地区为例. 北京：中国海洋大学.
王玉衡，董恒霖，徐海龙. 1989. 布兰斯菲尔德海峡及其邻近海区水团化学特征的研究. 见：中国第一届南大洋考察学术讨论会论文专集. 上海：上海科学技术出版社：69-74.
王玉衡，董恒霖，徐海龙. 1989. 布兰斯菲尔德海峡及其邻近海区营养盐的分布、再生和循环的研究. 见：中国第一届南大洋考察学术讨论会论文专集. 上海：上海科学技术出版社：75-79.
王自磐，迪克曼 · G. 1993. 南极海冰区生态特征及其在南极生态系中的作用. 南极研究（中文版），5（1）：1-14.
王自磐，Dieckmann G，Gradinger R. 1997. 南极威德尔海新生期海冰生态结构 Ⅰ. 叶绿素 a 与营养盐. 极地研究，9

（1）：11-19.
魏江春. 1988. 南极乔治王岛地面植物. 见：中国植物学会55周年年会学术论文摘要汇编，58-59.
吴宝龄，朱明远，黄凤鹏. 1992. 南极长城站叶绿素a的季节变化. 南极研究（中文版），4（4）：14-17.
肖昌松，刘大力，周培瑾. 1994. 南极菲尔德斯半岛微生物总量的调查. 南极研究，6（4）：61-72.
肖昌松，刘大力，周培瑾. 1995. 南极长城站地区土壤微生物生态作用的初步探讨. 生物多样性，3（3）：134-1388.
羊天柱，赵金三，许建平. 1988. 南设得兰群岛邻近海域夏季的水团与环流. 见：南极科学考察论文集（第六集），1-13.
杨玉玲，黄凤鹏，吴宝铃，等. 1997. 南极菲尔德斯半岛夏季潮间带环境因子的时空变化. 极地研究，9（1）：53-57.
杨宗岱，吴宝铃，黄凤鹏. 1992. 菲尔德斯半岛潮间带生态系统中的食物网. 南极研究（中文版），4（4）：68-73.
杨宗岱，黄凤鹏，吴宝铃. 1992. 菲尔德斯半岛潮间带生物生态学的研究. 极地研究，4（4）：74-83.
尹雪斌，孙立广，潘灿平. 2004. 南极苔原植物——土壤系统中HCH，DDT的生物富集特征. 自然科学进展，14（7）：822-825.
俞建銮，张坤城，李瑞香. 1986. 南极戴维斯站附近的冰藻. 见：南极科学考察论文集（3）. 北京：海洋出版社：66-71.
俞建銮，李瑞香，黄凤鹏. 1992. 南极长城湾浮游植物生态的初步研究. 南极研究（中文版），4（4）：34-39.
俞建銮，朱明远，李瑞香，等. 1999. 南极长城湾夏季浮游植物变化特征. 极地研究，11（1）：39-45.
张坤城，吕培顶. 1986. 南极冰藻的生态学观察. 南极科学考察论文集（3）. 北京：海洋出版社：49-59.
张坤城，吕培顶. 1986. 南极海冰中冰藻层的形成. 南极科学考察论文集（3）. 北京：海洋出版社：60-65.
张新胜，张坤城. 1986. 南极马尔士基地近岸大型海岸生态学观察. 见：南极科学考察论文集第三集，110-115.
章斐然，王家骧，马家蕊，等.. 1989. 南极长城湾沉积物中重金属的分布. 大连海洋大学学报，（2）：33-41.
朱根海. 1989. 南极欺骗岛潮间带小型藻类的初步研究. 植物学报，31（8）：629-637.
朱根海. 1991. 南极附近水域微小型藻类的研究Ⅰ. 长城站潮间带小型底栖植物的组成特点. 海洋学报，13（2）：282-289.
朱根海. 1993. 南极布兰斯菲尔德海峡及象岛邻近水域小型浮游植物的分布特征研究. 东海海洋，11（3）：40-52.
朱根海，李瑞香. 1991. 南极附近水域微小型藻里的研究Ⅱ. 南设得兰群岛邻近海域微小型浮游甲藻的分布特征. 南极研究，3（4）：31-41.
朱根海，王自磐. 1994. 南极附近水域微小型藻类的研究Ⅳ. 中山站潮间带微小型硅藻的分布. 南极研究（中文版），6（2）：46-52.
朱根海，王自磐. 1994. 南极中山站潮间带微小型藻类的分布特征. 植物学报，36（1）：53-62.
朱明远，李宝华，黄凤鹏，等. 1999. 南极长城湾夏季叶绿素a变化的研究. 极地研究，11（2）：113-121.
朱明远，吕瑞华，徐汝梅，等. 2004. 南极生物群落系统分析和UV-B生态学效应研究. 见：陈立奇. 南极地区对全球变化的响应与反馈作用研究. 北京：海洋出版社，342-354.
朱锐，王项南，石建军，等. 2010. 南极长城湾海域海洋环境监测系统上位机软件设计. 海洋技术，29（4）.
Cao SN, Wei XL, Zhou QM, et al. 2013. Phyllobaeis crustacea sp. nov. from China. Mycotaxon, 126: 31-36.
Clowes AJ. 1934. Hydrology of the Bransfield Strait. Discovery Rep. 9: 1-64.
Chen C-X, Zhang X-Y, Liu C, et al. 2013. Pseudorhodobacter antarcticus sp. nov., isolated from Antarctic intertidal sandy sediment, and emended description of the genus Pseudorhodobacter Uchino et al. 2002 emend. Jung et al. 2012. Int. J. Syst. Evol. Microbiol., 63: 849-854.
Dai Fang-fang, Wang Zi-pan, Yan Xiao-jun, et al. 2010. Physical structure and vertical distribution of chlorophyll a in winter sea ice from the northwestern Weddell Sea, Antarctica. Acta Oceanologica Sinica, 29 (3): 97-105.
Engelen A, Convey P, Ott S. 2010. Life history strategy of Lepraria borealis at an Antarctic inland site, Coal Nunatak. The Lichenologist, 42: 339-346.
Fernández-Mendoza F, Domaschke S, García MA, et al. 2011. Population structure of mycobionts and photobionts of the

widespread lichen Cetraria aculeata. Molecular Ecology, 20 (6): 1208-1232.

Gao SQ, Jin HY, Zhuang YP, et al. 2014. Ecological environmental conditions and the functioning in the waters nearby Chinese Great Wall Station, Antactica. Advances in Polar Science, (under review).

He J, Zhang F, Lin L, et al. 2012. Effects of the 2010 Chile and 2011 Japan tsunamis on the Antarctic coastal waters as detected via online mooring system. Antarctic Science, 24 (6): 665-671.

Lee L-H, Cheah Y-K, Sidik SM, et al. 2013. Barrientosiimonas humi gen. nov., sp. nov., an actinobacterium of the family Dermacoccaceae. Int. J. Syst. Evol. Microbiol., 63: 241-248.

Li H-J, Zhang X-Y, Chen C-X, et al. 2011. Zhongshania antarctica gen. nov., sp. nov. and Zhongshania guokunii sp. nov., new members of the Gammaproteobacteria isolated from coastal attached (fast) ice and surface seawater of the Antarctic, respectively. Int. J. Syst. Evol. Microbiol., 61: 2052-2057.

Li H-R, Yu Y, Luo W, et al. 2010. Marisediminicola antarctica gen. nov., sp. nov., an actinobacterium isolated from the Antarctic. Int. J. Syst. Evol. Microbiol0., 60: 2535-2539.

Li Y, Geng D, Liu F, et al. 2012. Study of PCBs and PBDEs in King George Island, Antarctica, using PUF passive air sampling. Atmospheric Environment, 51: 140-145.

Liu C, Chen C-X, Zhang X-Y, et al. 2012. Marinobacter antarcticus sp. nov., a halotolerant bacterium isolated from Antarctic intertidal sandy sediment. Int. J. Syst. Evol. Microbiol., 62: 1838-1844.

Liu C, Zhang X-Y, Su H-N, et al. 2014. Puniceibacterium antarcticum gen. nov., sp. nov., isolated from seawater. Int. J. Syst. Evol. Microbiol., 64: 1566-1572.

Liu H, Xu Y, Ma Y, et al. 2000. Characterization of Micrococcus antarcticus sp. nov., a psychrophilic bacterium from Antarctica. Int. J. Syst. Evol. Microbiol., 50: 715-719.

Lu Z, Cai M, Wang J, et al. 2011. Baseline values for metals in soils on Fildes Peninsula, King George Island, Antarctica: the extent of anthropogenic pollution. Environmental monitoring and assessment, 184: 1-9.

Ma Y, Zhang F, Yang H, et al. 2013. Detection of phytoplankton blooms at Antarctic coastal water, with an online mooring system during austral summer 2010/2011. Antarctic Science, doi: 10. 1017/S0954102013000400.

Mishra VK, Kim KH, Hong S, et al. 2004. Aerosol composition and its sources at the King Sejong Station, Antarctic peninsula. Atmospheric Environment, 38: 4069-4084.

Pan Q, Wang F, Zhang Y, et al. 2013. Denaturing gradient gel electrophoresis fingerprinting of soil bacteria in the vicinity of the Chinese Great Wall Station, King George Island, Antarctica. J. Environ. Sci., 25 (8): 1649-1655.

Radlein N, Heumann KG. 1992. Trace Analysis of Heavy Metals in Aerosols over the Atlantic Ocean from Antarctica to Europe. International Journal of Environmental Analytical Chemistry, 48: 127-150.

Yu Y, Li H, Zeng Y, et al. 2010. Phylogenetic diversity of culturable bacteria from Antarctic sandy intertidal sediments. Polar Biol, 33: 869-875.

Yu Y, Li H-R, Zeng Y-X, et al. 2012. Pricia antarctica gen. nov., sp. nov., a member of the family Flavobacteriaceae, isolated from Antarctic sandy intertidal sediment. Int. J. Syst. Evol. Microbiol., 62: 2218-2223.

Yu Y, Xin Y-H, Liu H-C, et al. 2008. Sporosarcina antarctica sp. nov., a psychrophilic bacterium isolated from the Antarctic. Int. J. Syst. Evol. Microbiol., 58: 2114-2117.

Yu Y, Yan S-L, Li H-R, et al. 2011. Roseicitreum antarcticum gen. nov. sp. nov., an aerobic bacteriochlorophyll a-containing alphaproteobacterium from Antarctic sandy intertidal sediments. Int. J. Syst. Evol. Microbiol., 61: 2173-2179.

Zhang T, Zhang YQ, Liu HY, et al. 2013a. Diversity and cold adaptation of culturable endophytic fungi from bryophytes in the Fildes Region, King George Island, maritime Antarctica. FEMS Microbiol Letters, 341: 52-61.

Zhang T, Xiang HB, Zhang YQ, et al. 2013b. Molecular analysis of fungal diversity associated with three bryophyte species in the Fildes Region, King George Island, maritime Antarctica. Extremophiles, 17: 757-765.

Zhang T, Zhang Y-Q, Liu H-Y, et al. 2014. Cryptococcus fildesensis sp. nov., a psychrophilic basidiomycetous yeast isolated from Antarctic moss. Int. J. Syst. Evol. Microbio., 64: 675-679.

Zhang X-Y, Zhang Y-J, Yu Y, et al. 2010. Neptunomonas antarctica sp. nov., isolated from marine sediment. Int J Syst Evol Microbiol, 60: 2958-2961.

Zhou M-Y, Wang G-L, Li D, et al. 2013. Diversity of Both the Cultivable Protease-Producing Bacteria and Bacterial Extracellular Proteases in the Coastal Sediments of King George Island, Antarctica. PLoS ONE, 8 (11): e79668.

5　南极考察人员生理心理适应性研究

5.1　概述

南极在气候、地理、空间位置上都很特殊，存在诸多自然和社会应激原（如地理和精神上的“隔绝”，极昼、极夜，冰盖高原低氧等），会使人产生生理和心理的应激、适应和代偿，考察队员适应不良会产生应激性疾病。我国南极医学随建站起步发展，迄今已对长城站、中山站和昆仑站的29个队列共454名考察队员进行了系统的生理和心理的适应性研究，获得了不同环境、考察时间和任务的考察队员生理心理适应模式，为考察队员的选拔、适应、防护、站务管理和有关政策制定等提供科学依据，探讨了南极特殊环境下生命科学的一些问题，取得重大进展，2014年研究论文发表在国际权威期刊“分子精神病学”（Molecular Psychiatry，IF：15.14），是自1962年以来国际南极医学研究SCI收录影响因子最高的非综述研究性论文。通过人类对南极冰穹A适应的生理心理表型变化与全基因组表达差异基因间的关联分析，鉴定了与情绪状态紊乱密切相关的70个差异基因，其中的42个已报道，提示余下的28个基因可能是与情绪状态紊乱机制相关的新基因，它为揭示人类表型变化与机制之间的联系提供了新的方法。

5.2　早期生理、心理适应性、劳动卫生和营养膳食等多学科综合研究

1985年受卫生部委托，由中国医学科学院基础医学研究所薛全福负责南极医学与保障研究，并与北京市劳动卫生职业病研究所和北京大学心理系共同进行国家“八五”攻关项目“南极环境对人体生理、心理健康及劳动能力的影响和医学保障”。1986—1998年对第3、第4、第6、第7、第8、第10、第11、第16次南极考察100多名队员进行研究。于永中和薛全福负责的“八五”攻关项目分别获北京市科技进步二等奖和卫生部科技进步二等奖，“中国南极考察科学研究”获海洋局科技进步特等奖和国家科技进步二等奖，南极医学研究专题为7个获奖专题之一。

5.2.1　起始阶段

1985年卫生部计划教育司司长亲临中国医学科学院下达任务，开展南极医学与保障研究，落实到中国医学科学院基础医学研究所（简称：基础所），由病理生理研究室薛全福研究员负责。1985年6月南极考察“七五”规划专家论证会上，参加过国外合作的南极考察队员和第1次南极考察的长城站队员反映，在南极除了要面对严寒，还要耐受孤寂。初到南极有憋气感、易疲劳、失眠、食欲减退、焦虑、易怒、记忆力减退，还有头发易变白，从南极回国初期常患感冒等，普遍关心在南极居留是否会影响健康。

1986 年基础所病理生理室在本单位生理室和同仁医院的支持下，对第 3 次南极考察长城站 16 名队员，乘船去南极前和返回后，检测了呼吸和心功能及微循环状态，发现心射血功能加强。第一秒用力呼气流量增加反映肺功能加强。“内关”“商阳”穴位微循环血流量增加，表明人体对南极环境有适应能力。

1987 年基础所派员赴南极测定了第 4 次南极考察长城站队员的心、肺、微循环及植物神经功能，22 名长城站队员到南极第 3 天心功能有代偿性增强（心输出量及每搏输出量均增加），到达第 20 天有所下降，第 90 天降至低于正常。还测得第 20 天胸水指数降低（反映肺水增加，队员反映此时有憋气感，可能与此有关），第 90 天复原，表明此变化是一过性的。暴露的面部（尤其是太阳穴等）微循环血流量明显增加，可能是强紫外线的作用。肺通气及植物神经功能检测无明显变化。提示今后应重视对心功能的监测。协和医院队医测定的体温曲线显示，赴南极后生物钟变化能很快复原（Xue，et al.，1989；薛全福，1994）。随后的检测也表明一些重要生理指标（如血压、心率、体温）的节律变化也能保持正常。应用艾森克人格和 A 型行为问卷对 24 名长城站队员进行心理调查，结果表明：130~140 天后，有人格（性格）变化者占 43%，特别是两例转变为高度神经质型者，易出现焦虑、忧郁，情感易冲动，严重时甚至发生不理智行为，影响集体生活；有行为变化者占 40%，特别是 4 例由中间型转变为 A 型（A 型行为特征为急躁、情绪不稳、争强好胜、怀有戒心、缺乏耐心，虽工作效率可能提高，但不易共处），可能影响人际关系；常发生在 23~40 岁年龄段，表明年轻队员较不稳定。提示在长城站环境下多数队员心理能适应（薛祚纮等，1990，1997，1998）。

5.2.2 攻关阶段

1989 年由基础所牵头，与北京市劳动卫生、职业病防治所（简称：劳卫所）和北京大学心理学系组成协作组，赴长城站和新建的环境更恶劣的中山站，进行系统的观察和综合性研究。1991 年南极学术委员会将南极医学研究列为 7 个重点研究之一，“南极环境对人体生理、心理健康及劳动能力的影响和医学保障”（1991—1995）列为国家“八五”攻关项目，下设两个课题：①“短期及长期（一年以上）居留南极对人体生理及心理功能的影响及其病理生理意义”由薛全福负责；②“长期（一年以上）居留南极对人体健康及劳动能力（人脑工作能力和免疫功能）影响及防护措施研究”。

协作组中基础所邓希贤教授、劳卫所于永中教授当时均任所长参加第 6 次南极考察赴长城站进行心、脑、免疫功能及环境和劳动卫生考察研究（于永中兼任副队长）。薛全福参加第 8 次南极考察长城站度夏，北大薛祚纮参加第 7 次南极考察中山站越冬，第 11 南极考察长城站（兼任队长）越冬，北京劳卫所巫雯参加第 8 次南极考察中山站越冬，杨殿平参加第 10 次南极考察长城站越冬，王宗惠参加第 11 次南极考察长城站度夏。协作组通过 9 人次赴南极现场对百名队员进行系统检测和研究，结果分述如下。

1）环境卫生方面

对空气洁净度、居室温度、饮水质量、污物处理等检测结果表明，长城、中山两站站区大气洁净，但在长城站已测到微量工业污染物正己烷、苯、甲苯、二甲苯等，虽远低于卫生标准，但从长远角度考虑仍应加强柴油机废气净化。站区并非绝对无菌，如中山站室内曾检出 37℃生存的细菌，但主要为非致病菌和条件致病菌，在室外 100 m 外地区无菌，故为队员带入南极的。中山站宿舍温差大，室温 20℃，地面却为零度，有时还结冰，冬季通风也不良。中山站饮用水仅达我国第 5 类标准，不能作为直接饮用水，而且 pH 值低于国家标准，酸性高会腐蚀金属水管（经北大检测 19 名队员头发中微量元素 Fe 确有增高)。流行病学统计表明队员胃肠道疾病（腹泻、肠炎）患病率最高，其次为感冒和腰腿关节痛，可能与饮水饮食欠卫生，室内温差大有关。问题提出后已予整改，如水管全更改为塑料管，宿舍地面改造等（于永中等，1991）。

2）热能及营养方面

对第 6、第 10、第 11 次队长城站队员，用气体代谢法测定热能消耗量，均高于用饮食称重法测定的热能摄入量（3 次测定平均消耗量为 3 238 kcal，摄入量为 2 873 kcal，呈负平衡，负 12.7%），表明当时工作繁重（经统计每天需工作 10~11 小时）而摄入不足。维生素摄入也偏低，尤甚介维生素 B_1、维生素 B_2 及维生素 A。维生素 B_1 标准量应为 1.5 mg，但第 6、第 10、第 11 队分别为 1.35 mg、0.72 mg 和 0.56 mg。维生素 B_2 标准量应 1.50 mg，但 3 个队分别为 0.91、1.07 mg 和 0.66 mg。维生素 A 标准量应为 2 200 国际单位，但 3 个队分别为 723.9、231.6 和 901.2 国际单位。对 3 个队摄入不足的原因作了分析，对维生素补充以及食物热量保证等方面的问题提出建议，被接纳作了改进（于永中等，1991）。朱镕基总理去智利时，关心长城站的南极科考及队员工作和生活，极地办汇报时引用了上述研究结果，不久后队员生活津贴费得到提高。

3）大脑机能状态的变化

对 17 名长城站和 23 名中山站队员赴南极前，到达后第 3、第 6、第 9、第 12 个月及回国后测定的脑电图和眼电图结果均显示，β 波波率及 β 指数到达南极 3 个月后即增高，中山站更明显，同时队员有失眠、容易疲劳、注意力不集中等症状，回国后 3 个月还没有完全恢复。在长城站还有 α 波的指数减少。这些变化表明大脑电活动异步化增强，兴奋过程减弱，均衡性失调，与神经衰弱患者相似，与焦虑和抑郁情绪变化有关（于永中等，1991；张文诚等，1994）。

4）免疫功能的变化

通过对赴南极前，到达中山站后 6 个月、12 个月和返回国内后两个月作动态测定，发现 23 名队员到达南极后 6 个月，血清免疫球蛋白 IgM 和 IgG 即下降，回国两个月后 IgM 尚未复原。长城站 17 名队员变化与此类似，但 IgM 下降晚于中山站，居留 12 个月才下降 20.4%。部分队员回国两个月后复查，IgM 略有回升，未达原水平，这些队员回国后几乎均患过感冒，提示免疫抗病能力可能下降。在南极超净环境下缺少抗原刺激，新产生的 IgM 会减少，故血清 IgM 水平逐渐下降。长城站与外界人员接触多，病原易传播，抗原攻击多，故 IgM 生成较多，血清 IgM 下降比中山站晚。淋巴 T 细胞能辅助 B 细胞产生免疫球蛋白，故还可用 T 细胞增殖力反映机体的免疫能力，队员 T 细胞增殖力在南极降低。上述免疫力下降，除了与抗原性刺激减少有关，还发现与孤寂环境引起的心理应激反应有关，脑电图 β 波波率及 β 指数到达南极后逐步升高，而 T 淋巴细胞转换率（转变为成熟细胞的能力，也反映免疫能力）逐步降低，两者呈负相关。也表明免疫系统不是独立的自我调节系统，仍受中枢神经系统控制（Yu et al.，1994）。

5）心功能的变化

在长城站，对 6 次队 28 名度夏队员进行赴南极前、到达长城站后 1 个月及 3 个月测定。总体分析，各项指标在正常范围内变动，表明队员能适应。但如果将队员分成两组进行分析，发现小于 40 岁的青年组［23~39 岁，平均（30.8±1.1）岁，17 人］代偿能力强于 40 岁的中年组（42~58 岁，平均（40.0±1.7）岁，11 人）。到达南极后 1 个月，中年组队员的反映心脏泵血功能的指标，如心输出量、心指数、每搏量、每搏指数、心室射血指数、收缩指数等均有所降低，说明代偿力减弱，但青年组不降反升说明代偿力强，两组相比差异明显。到达两个月时两组仍存差异，表明成人低年龄组心脏储备和适应能力优于高年龄组，但高年龄组中也有适应力较好者，随着居留时间的延长，高年龄的不适应加重，低年龄代偿削弱，因而长期居留南极对心功能影响不容忽视（邓希贤等，

1998)。随后，又在长城站和中山站对越冬队员进行检测。对去南极前，到达南极后冬季、冬季极夜期、进入极昼期作动态测定（中山站在返回国内后两个月加测一次）。长城站第 11 次队 15 名队员，到达南极 4 个月（冬季）、8 个月（冬极夜期）、12 个月（极昼期）的检测结果显示，与赴南极前比较，心输出量和每搏量有增加趋势，心室射血指数增高（$p<0.001$），表明心功能代偿增强。而 15 名队员到达南极中山站后 3 个月（冬季）起，心室射血指数（EVI，即心室射血速度的峰值）降低，射血时间也延长（即 VET 增高），持续至到达 7 个月（冬极夜期）和到达 11 个月（极昼期），返回国内后两个月仍未复原，提示心脏收缩力减弱。而对 15 名以往（2 年以上）到过南极的队员作心功能追踪复查，均在正常范围（薛全福等，1998）。通过第 3、第 4、第 6、第 7、第 11 次队百人以上的检测，长城站队员主要显示适应代偿，但随着居留时间的延长，部分中年人已有失代偿趋势，中山站队员主要显示失代偿。上述心功能及免疫功能的动态测定，尤其回国后两个月的测定，需各地队员专程前来，数据很珍贵。

6）心理变化

在第 4 次南极考察队问卷调查基础上，对中山站 20 人，长城站 17 人赴南极前，到达南极入冬、极夜、入夏时（中山站在回国 2 个月后测一次）进行问卷调查，除原有两种又加上 16 种人格因素（16PF）及社会反应量表问卷，以及访谈、长期观察和仪器检测。在长城站发现越冬时情绪稳定者减少（16PF 中的 C 项稳定性的平均得分，从 6.46 ± 0.45 降至 5.20 ± 1.42，$p<0.01$）。而且“反应时测定”及“穿洞稳定性测验”也表明情绪不稳定。自律不严和神经质者增加，还有向 A 型转化者。“划消测验”表明高级神经灵活性降低，“敲击实验”表明易疲劳。但“字母—数字配对检测”表明记忆力未见减退。“内外控制源倾向”问卷（也称社会反应问卷；凡认为社会生活和工作中发生不测或不良事件应归咎于外部原因者，称外控，过多地归咎于当事人本身者称内控），结果表明 12 名队员中原来为内控者 10 名，到达南极后一年，有 5 名向外控转变，平均得分也增高，提示这些队员认识到个人对南极恶劣环境控制力是有限的，只能设法适应，这一转变是有利的。虽然中山站环境更恶劣，但心理变化总趋势与长城站大体相似，多数队员甚至有更积极的变化来克服更多困难，如艾森克人格问卷结果表明，15 例中原有 3 例 A 型，后有 1 例转变为 B 型，2 例转为中间型，回国后两个月维持基本不变，有利于适应。社会反应量表结果也表明，2/3 队员向外控转变，15 名队员平均得分由去南极前国内测试的 8.07 ± 3.21 增至在南极的 11.13 ± 3.67 及回国后的 11.9 ± 3.09（$p<0.05$；$p<0.01$）。情绪稳定性及高级神经灵活性降低均为越冬时一过性改变，回国后两个月已复原。记忆力测试也未见减退。总体而言，我国队员心理较稳定，适应性强，但原来为神经质的队员在南极环境下很难适应，入冬后易发展成心理障碍，会影响集体生活和工作，应防止心理易挫者入选。从 13 次队起，正式开展心理选拔预测，现已作为越冬队员选拔中的一项重要内容（薛祚纮等，1998 ）。1998 年中国、美国、俄罗斯、波兰、印度协作（美方牵头），对 5 国各 1 个考察站 217 名不同国籍、不同文化背景的队员，进行历时 3 年的心理变化研究，发现越冬时均有活力下降，但心理变化特征不同。如美国 South Pole 站美国队员易疲劳，且焦虑和紧张者增多，而邻近的地理条件相似的俄罗斯 Vostok 站队员无此表现。中国长城站队员易出现抑郁、认知混乱，而邻近的波兰 ArctoWski 站队员易愤怒（Lawrence A Palinkas，et al.，2004）。

7）神经内分泌变化

考虑特殊环境会引起内分泌和体液因素的变化，并可能是上述生理和心理变化的基础，1991 年薛全福赴长城站重点开展这方面的研究，采集队员血样及 24 小时尿样回国检测。24 小时尿中去甲肾上腺素（NA）与去南极前比，先升高后降至原水平以下，回国后仍未复原。尿中肾上腺素（Ad）升高回国后仍高（有人认为肾上腺素受心理影响更大）表明处于应激状态，会影响生理功能

（朱广瑾等，1998）。陈祥银等测得血及尿中皮质醇（Cor）均明显升高，越冬回国后仍处高水平。血浆睾丸酮含量赴南极后一个月即明显增高，一年后降至低于赴南极前水平，回国后一个月仍未恢复，这可能也是对寒冷、孤寂等因素的应激反应，睾丸酮水平降低可使食欲不佳、负氮平衡及骨骼肌蛋白合成减少等，故也应予以重视（Xue et al.，1994）。

国外对南极考察队员褪黑激素变化进行过系统研究，但对作用有类同的体液因子5-羟色胺研究甚少，两者的前体都是色氨酸。色氨酸是人体必需的氨基酸之一，人体不会合成，必须由食物提供，能透过血脑屏障在脑内合成5-羟色胺，参与睡眠、情绪等的调节。南极环境可导致越冬综合征，表现为压抑、睡眠紊乱、轻微的认知障碍、敌意等。队员在南极居留时血中色氨酸（Trp）下降，一年内保持低水平，回国后也未复原。体内5-羟色胺代谢产物（5-羟吲哚乙酸，5HIAA）在到达南极后半年升高，一年后更高，回国后可恢复，上述变化与抑郁症患者变化相似，可能是越冬综合征的原因之一。可能是进入脑内色氨酸减少，导致脑内合成的5-羟色胺减少所致。建议越冬综合征不严重者可吃富含色氨酸的食物，或临睡前喝牛奶或糖水，症状严重者可考虑口服L-色氨酸（许澍淮等，1996；Xu，et al.，1997）。无论度夏或越冬队员在南极居留后，孙仁宇等测得血清脂质过氧化物及丙二醇增加、红细胞超氧化物歧化酶的活性降低（均会促进氧化损伤）。陈祥银等测得血浆β葡萄糖酸酶活性增加（反映细胞溶酶体损伤使酶外逸），推想可能是南极的应激刺激包括强紫外线所致（Xue et al.，1994）。

“八五”项目中于永中和薛全福分头负责的课题分别获北京市科技进步二等奖和卫生部科技进步二等奖，“中国南极考察科学研究”获海洋局科技进步特等奖和国家科技进步二等奖，协作组专题为其中7个获奖专题之一。2000年在日本召开的第26届SCAR会上，协作组10多年的研究总结被选为大会发言（由薛全福报告），表明我国有关研究已受到国际同行的重视。

对第16、第17次队长城站越冬20名队员赴南极前和经南极居留54周回国后两个时间点采集血样做甲状腺轴和肾上腺髓质轴激素研究，发现队员血清总三碘甲状腺原氨酸（TT3）、游离三碘甲状腺原氨酸（FT3）和游离甲状腺素（FT4）含量无明显差异，总甲状腺素（TT4）含量有显著性降低（$p<0.01$），促甲状腺激素（TSH）含量有显著性升高（$p<0.01$）；血浆中的去甲肾上腺素（NE）、多巴胺（DA）含量无显著性差异，肾上腺素（E）的含量有显著性降低（$p<0.05$）［徐成丽等，2001；Xu et al.，2003（A）］。对长城站第16次队每月一次连续进行了8个月的情绪状态POMS心理问卷（profile of mood states）测试显示，经过南极越冬期，队员仅活力显著性降低（$p<0.01$），紧张、焦虑、抑郁、愤怒、认知混淆、疲劳等情绪状态无明显变化。这与西方队员在南极出现的激素和情绪变化并不相同，但中国队员情绪变化与甲状腺激素变化具有相关性［Xu et al.，2003（B）］。采用无创性量子分析技术（QRS）检测头发来测定甲状腺内分泌激素和心理指标，结果一致。

5.3 我国南极站区不同环境因子对考察队员的影响及其机制研究

2003—2014年中国医学科学院基础医学研究所徐成丽采用生理学医学和心理学综合研究方法，主要开展4个方面的工作：长期居留南极中山站和长城站对越冬队员生理和心理的影响；南极冰穹A低氧复合高寒环境对考察队员的交互作用（昆仑站）；模拟高海拔低氧环境进行低氧应激机制研究；西藏高原低氧易感冰盖考察预选队员筛查选拔冰盖考察队员。2005—2008年，徐成丽参加中国第22和第24次南极度夏考察，赴长城站和中山站开展现场考察和第4次国际极地年南极医学国际合作研究。

2003—2014 年徐成丽在 3 个国家自然基金面上项目、第 4 次国际极地年中国行动计划医学项目、多个国家海洋局极地考察办公室项目、中国医学科学院基础医学研究所的院校科研事业费、极地专项医学项目和“973”研究计划等各类经费的连续资助下，已对第 20~30 次中国南极考察长城站（第 20、第 21 和第 28 次长城站越冬队）、中山站（第 20~30 次中山站越冬队）和冰穹 A 昆仑站（第 21、24~29 次冰盖考察队）共 20 个队列的 354 名队员进行出发前、南极期间和返回的系统追踪研究，经过多次队列的数据资料积累和综合分析，初步探得长期居留南极越冬队员的社会—心理—神经—内分泌—免疫调节网络的适应模式；初步探得短期南极冰穹 A 考察队员对低氧复合高寒环境的生理心理适应模式，即从整体、心、脑、肺和血液系统功能，社会—心理—神经—内分泌—免疫调节网络，外周血白细胞全基因组表达谱型等水平取得的数据进行分析和整合，从整体上探讨人体应激的分子、细胞、器官、系统之间的相互作用，评估人体对南极特殊环境因子如特殊的光—黑暗周期（极昼、极夜）、隔绝、低氧、高寒、强紫外、高危等多种恶劣环境因子交互作用的应激、代偿、适应与损伤状况，一方面为南极考察队员的选拔、防护、站务管理和有关政策制定等提供重要数据资料，另一方面探讨低氧复合高寒交互作用对人体的生理与病理生理学意义，不断拓展人类在极端环境下探索的空间。

伴随着我国南极事业的不断发展，考察范围从 20 世纪 80 年代亚南极的长城站、东南极大陆边缘的中山站，至 2005 年已深入到内陆冰盖冰穹 A 地区，恶劣环境因子也随之增加，考察队员适应不良将产生应激性疾病，为了保障我国南极考察队员有效工作和身心健康，更深入开展人类在南极高寒缺氧和孤独寂寞隔绝环境下的生理心理适应性及其防治对策，2010 年 5 月中国医学科学院基础医学研究所与国家海洋局极地考察办公室共建了“极地医学联合实验室”。

2014 年徐成丽课题组与蒋澄宇课题组经过多年合作研究取得了重要成果，研究论文“An association analysis between psychophysical characteristics and genome-wide gene expression changes in human adaption to the extreme climate at Antarctic”发表在国际权威期刊“分子精神病学杂志”（Molecular Psychiatry，IF：15），是自 1962 年以来国际南极医学研究 SCI 收录影响因子最高的非综述研究性论文。研究为揭示表型与机制之间联系提供了新的方法，通过人类对南极冰穹 A 极端环境适应的生理心理表型与全基因组表达差异基因间的关联分析，发现情绪紊乱，如紧张（焦虑）、抑郁、愤怒和疲劳与性激素睾酮存在显著线性相关，发现富集的差异表达基因功能集与心理生理表型变化一致，发现 70 个与负性情绪变化有很强相关的基因已有 42 个文献报道，这提示剩余 28 个基因可能是与情绪状态紊乱相关的新基因。

对第 20~30 次中国南极考察长城站（第 20、第 21 和第 28 次长城站越冬队）、中山站（第 20~30 次中山站越冬队）和冰穹 A 昆仑站（第 21、第 24~29 次冰盖考察队）共 20 个队列的 354 名队员进行系统追踪研究的标志性研究进展简述如下。

5.3.1 长期居留南极对越冬队员生理和心理的影响

南极在气候、地理、空间位置上都很特殊，存在诸多自然和社会应激原（如精神和地理上的“与世隔绝”，寒极、雪极、风极、白色沙漠、极昼、极夜等），使考察队员处于生理和心理的应激，激活了人体的社会—心理—神经—内分泌—免疫网络调节系统。西方队员在南极居留 4~5 个月后，易产生“南极 T3 综合征”，主要表现为：血清中促甲状腺激素（TSH）含量升高，总三碘甲腺原氨酸（TT3）的合成和清除增加，游离甲状腺素 4（FT4）含量减少，并伴有紧张、焦虑、抑郁、易怒、疲劳、注意力不集中等情绪紊乱。越冬期间队员还易产生抑郁、焦虑等常见的心理变化和神经、内分泌、免疫功能紊乱相伴的“越冬综合征”，并且“南极 T3 综合征”与南极“越冬综合征”、“季节性情绪失调亚临床综合征”明显相联系。南极“越冬综合征”是一组亚临床症状，包括睡眠问题、认知改变和人际关系冲突增加，趋向于在冬季的中期达到顶峰，到越冬期末缓解。“季节性情绪失调亚临床综合征”是指南极的夏、冬季更替产生的负性情绪增加。

5.3.1.1 第 20 次南极考察越冬队员生理心理对比研究

“南极 T3 综合征”由 Reed HL 提出，表现为 TSH 升高，TT3 合成和清除增加，血清总甲状腺素（TT4）减少，并且甲状腺激素变化与心理行为变化相伴。国外研究报道，考察站环境的恶劣程度（站区大小/海拔/纬度/温度/越冬队人数）与越冬综合征的严重程度（如负性情绪）呈负相关，表明环境越隔绝和限制、自然条件越极端，考察队员的适应能力越强。本研究同步对比了第 20 次长城站和中山站越冬队员在南极不同环境下，应激的心理—神经体液—内分泌—免疫调节网络的不同变化模式及其相互关系，为不同站区间的防治提供科学依据。

采集两站队员赴南极前、越冬期、越冬结束和返回国内 4 个标志性的时间节点的血样品，并同步进行心理问卷调查。血样品存 -80℃ 冰箱带回国内实验室检测下丘脑—垂体—甲状腺轴激素（TT3、TT4、FT3、FT4、TSH），肾上腺髓质激素［肾上腺素（E）、去甲肾上腺素（NE）、多巴胺（DA）］和免疫细胞因子［白细胞介素 1β（IL-1β）、白细胞介素 2α（IL- 2α）］的浓度。将两站生理心理指标进行比较，生理心理指标之间进行相关分析（图 5-1 至图 5-4）。

结果表明：上海出发时中山站与长城站越冬队员相比，中山站队员愤怒得分较高（$p<0.05$），NE 较低（$p<0.05$）。与上海出发相比，中山站越冬队员越冬中期疲劳、抑郁、愤怒显著增加（$p<0.05$），越冬末期疲劳仍显著增加（$p<0.05$）；越冬中期和末期 FT4 均显著降低（$p<0.05$），越冬中期 NE 显著降低（$p<0.05$）。返回上海时中山站和长城站越冬队员 IL-2α 均显著降低（$p<0.05$）；中山站越冬队员 TT3、TSH 显著升高（$p<0.05$）。长城站和中山站生理心理指标变化率比较：越冬期中山站队员愤怒比长城站队员增加更多（$p<0.05$）；TT4，NE 降低更多（$p<0.05$）；越冬末期中山站队员 FT4，E 比长城站队员降低更多（$p<0.05$）；长城站队员 TT3 比中山站队员升高更多（$p<0.05$）；返回国内后中山站队员 TSH 明显比长城站队员升高更多（$p<0.05$）。综上，越冬期间，中山站队员负性情绪（愤怒）增加程度更大，“南极 T3 综合征”表现典型（TT4、FT4 降低更多，且与情绪相关）。

与长城站相比，中山站位于南极圈内，纬度更高，气候更恶劣，暴风雪更多，气温更低，周围无其他考察站，站间的交流少，越冬期间交通工具不能靠近站点，难以对付突如其来的事件，与外界更加隔绝。在环境条件更差的中山站，我国越冬队员越冬相关症状（“南极 T3 综合征”和“越冬综合征”）更明显；这与已报道的西方考察队员“环境越差适应越强”的表现不同。应加强中山站队员的选拔及越冬期间的心理疏导。对第 20 次南极考察长城站和中山站越冬队员生理和心理对比的研究表明，中山站越冬队员表现出典型的甲状腺激素变化与一系列负性情绪相伴的“南极 T3 综合征”，隔绝是重要的环境影响因子。

5.3.1.2 南极极昼和极夜对越冬队员昼节律、睡眠模式和心理的影响

人类生理、代谢和行为的很多方面都是 24 h（昼夜）节律主导的，这对人类健康和情绪有重要作用。中国南极中山站全年可分为夏季（12 月至翌年 2 月）和冬季（3—11 月），每年冬季有 2 个月是极夜期，夏季有 2 个月是极昼期，这不同寻常的光—黑暗周期，可能会增加人类睡眠问题和昼夜节律不同步的发生风险，导致睡眠时间和稳定性紊乱，引起褪黑素昼夜节律失准，削弱人的工作

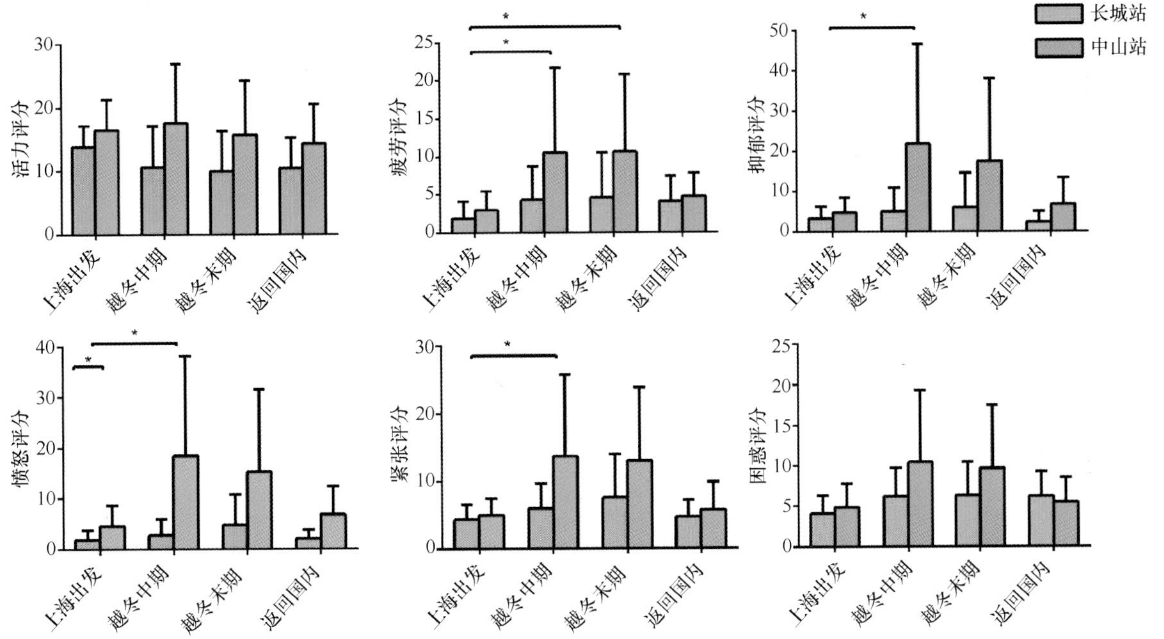

图 5-1 与上海出发相比，中山站越冬队员在越冬中期疲劳、抑郁、愤怒显著增加（$*p<0.05$），越冬末期疲劳仍显著增加（$*p<0.05$）；上海出发时，中山站与长城站越冬队员相比，愤怒得分较高（$*p<0.05$）

横轴表示研究时间：出发，越冬中期，越冬末期和返回国内；纵轴表示情绪指标得分

和认知能力，增加事故、损伤和错误的发生率。睡眠障碍和疲劳会加剧压力和焦虑反应，加深长时间在中山站的隔离小群体中人员之间的矛盾。睡眠障碍和昼夜节律不同步还会给人类健康带来长期风险。故在南极中山站建立实时无创监测技术，预测和防止灾难性心理事件和疲劳相关事故具有现实意义。南极越冬与月球和火星任务宇航员经历的许多环境和心理挑战十分相似，故是长期空间任务高保真模型研究，具有重要应用价值。

采用综合研究方案，在第 27 次南极考察中山站越冬队的 17 名男队员［平均年龄（36.8±10.3）岁］从上海出发（2010 年 11 月）、中山站连续 8 个月的越冬（2011 年 3—10 月）和返回上海（2012 年 4 月）的 3 个标志性时间段，通过队员佩戴睡眠—活动监测腕表和填写睡眠日志，获得 10 个月睡眠数据；对采集队员每月连续 48 h 内的每次尿样，用 Elisa 方法测定尿中褪黑素代谢物（aMT6s）和皮质醇的浓度，获得 10 个月 aMT6s 的昼夜节律和 48 h 尿皮质醇水平；同步采用情绪状态自评量表（POMS）、压力与焦虑自评量表、季节性模式评估量表、清晨型与夜晚型量表、怀尔健康行为和能力团队测试问卷（BHP）等，评估队员心理健康和团队功能。验证尿褪黑素代谢物（aMT6s）是昼夜节律相位标志物，尿皮质醇是 HPA 轴活性和压力的标志物，可预测睡眠和情绪的紊乱，为制定光治疗、心理或药物干预及优化工作时间提供关键数据（图 5-5 和图 5-6）。

结果表明：队员（$n=9$）的 aMT6s 的 24 h 昼夜节律峰值相位在 2011 年 3 月、4 月越冬初期分别推迟了 1.94 h、1.69 h（$\rho<0.05$），6 月、7 月极夜期分别推迟了 2.31 h、3.17 h（$\rho<0.001$），越冬末期 9 月推迟 2.70 h（$\rho<0.01$），2012 年 3 月将抵达上海时仍推迟 2.42 h（$p<0.05$）。队员（$n=11$）入睡时间、清醒时间在 2011 年 3—9 月均分别推后 1.43~1.76 h 和 0.87~1.77 h（$p<0.05$），冬季结束后恢复。睡眠长度、睡眠效率和睡眠潜伏期无明显变化。清晨型与夜晚型量表完整的队员 11 人中，出发时 4 个中间型、2 个清晨型经过南极居留 15 个月无变化，1 个清醒型返回时变成中间型，2 个中间型返回时变为夜晚型，2 个夜晚型变为中间型，故睡眠时相改变的占 45.5%。

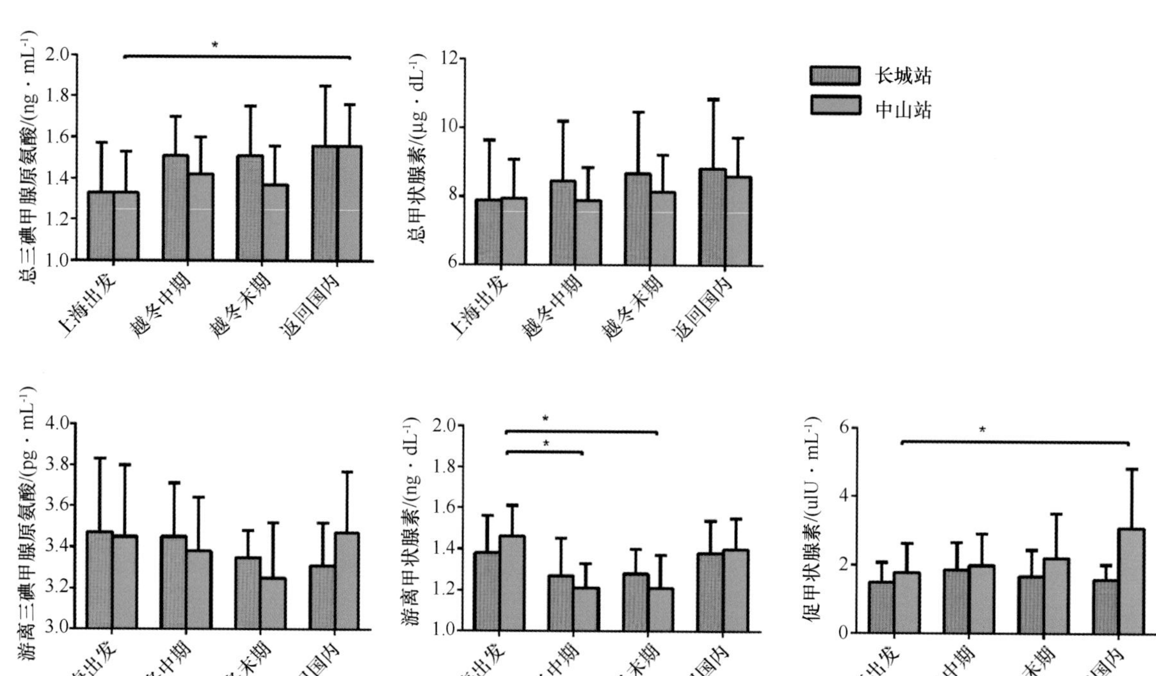

图 5-2　与上海出发相比，中山站越冬队员越冬中期、越冬末期 FT4 均显著降低（ $*p<0.05$ ），返回上海时 TT3、TSH 显著升高（ $*p<0.05$ ）

横轴表示研究时间：出发，越冬中期，越冬末期和返回国内；

纵轴表示甲状腺功能激素水平：总三碘甲腺原氨酸（TT3，ng/mL），总甲状腺素（TT4，μg/dL），游离三碘甲腺原氨酸（FT3，pg/mL），游离甲状腺素（FT4，ng/dL），促甲状腺激素（TSH，uIU/mL）

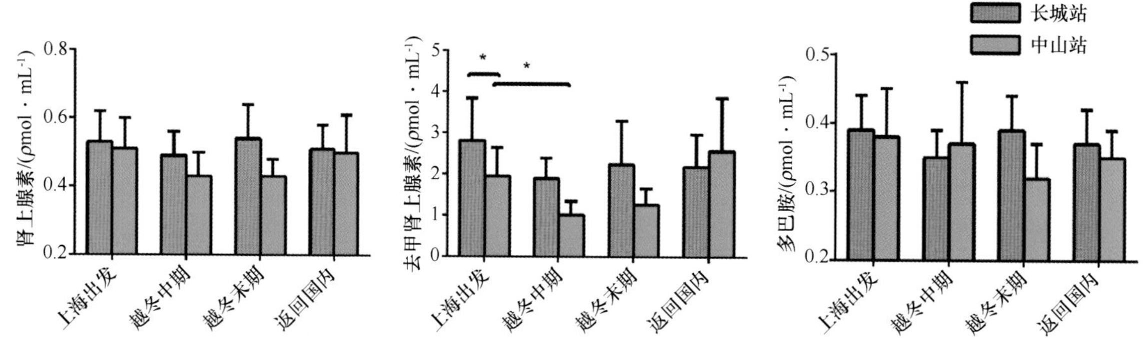

图 5-3　与上海出发相比，中山站越冬队员越冬中期 NE 显著降低（ $*p<0.05$ ）；上海出发时，中山站与长城站越冬队员相比，NE 较低（ $*p<0.05$ ）

横轴表示研究时间：出发，越冬中期，越冬末期和返回国内；纵轴表示肾上腺功能激素水平：肾上腺激素（E，ρmol/mL），去甲肾上腺激素（NE，ρmol/mL），多巴胺（DA，ρmol/mL）

反应 HPA 轴活性变化的皮质醇水平（$n=17$）在 2011 年 4 月、5 月升高（$p<0.05$），10 月降低（$p<0.01$）。压力与焦虑自评量表（$n=17$）的压力得分在 2011 年 4 月增高（$p<0.05$），焦虑得分在 2011 年 3 月（$p<0.01$）、9 月和 10 月（$p<0.05$）降低，2012 年 3 月返回降低（$p<0.01$）。POMS 问卷（$n=9$）抑郁/沮丧得分 4 月增高（$p<0.05$），困惑/迷茫得分 4 月、5 月、6 月增高（$p<0.05$）。患季节性情绪紊乱亚综合征队员，越冬期为 2~5 人，5 月达到 5 人（发病率 31.3%），返回时仍有

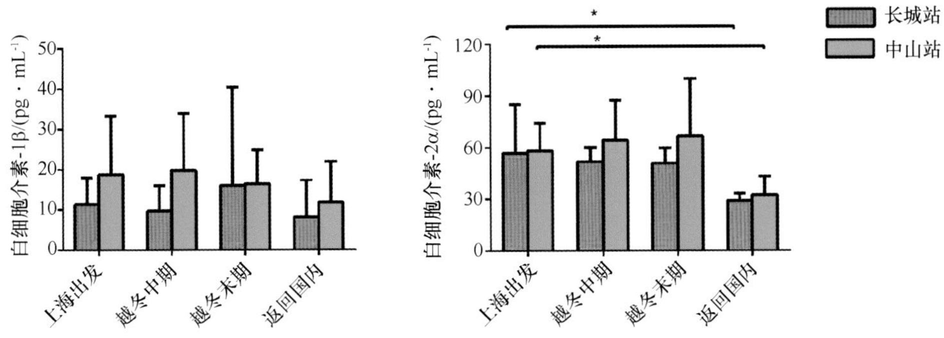

图 5-4　与上海出发相比，返回上海时中山站、长城站越冬队员 IL-2α 均显著降低（ $*p<0.05$）

横轴表示研究时间：出发，越冬中期，越冬末期和返回国内；纵轴表示免疫功能免疫细胞因子指标：白细胞介素 1β（IL-1β，pg/mL），白细胞介素 2α（IL-2α，pg/mL）

4 人。团队成员交流量表（TMX）测试表明成员交流在南极居留 10 个月后减少（$p<0.01$），返回未恢复，行为信任量表（BTI）测试显示成员间信任无变化。

综上所述，南极越冬导致队员褪黑素昼夜节律失准，睡眠紊乱，季节性情绪障碍亚综合征发病增加，越冬期负性情绪增加，团队成员间交流减少。研究结果为建立监测、评估和防治体系提供关键数据，为长期宇航空间任务医学保障提供重要参考数据。

由于每次中山站越冬队仅由 17~18 人组成，各类数据采集时间长达 1 年多且很烦琐，最终获得的完整有效统计数据资料更少，故还需积累多次队列的数据，来探明中山站的光—黑暗周期对越冬队员睡眠和昼夜节律及其心理的作用机制，采取干预策略如光治疗、优化队员作息时间等防治睡眠障碍和昼夜节律失同步。

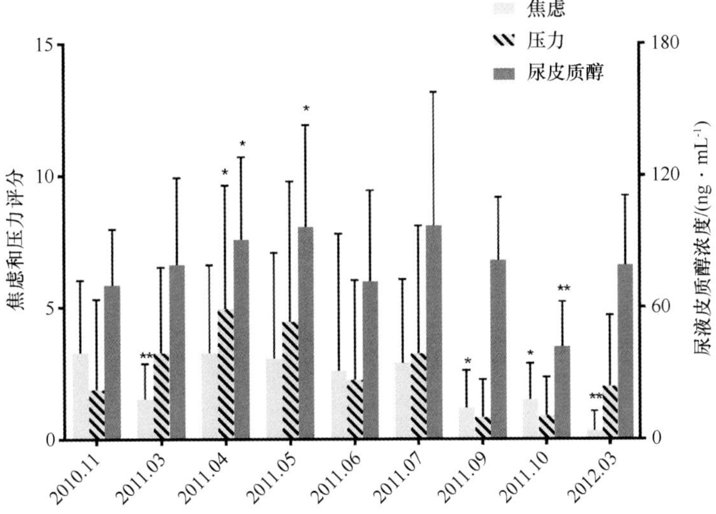

图 5-5　压力与焦虑问卷自评量表结果表明，压力得分在 2011 年 4 月增高（ $*p<0.05$），焦虑得分在 2011 年 3 月（ $**p<0.01$）、9 月和 10 月（ $*p<0.05$）降低，2012 年 3 月返回降低（ $**p<0.01$）

5.3.1.3　中山站越冬队员膳食模式研究

中山站气候寒冷干燥，冬季平均气温-23℃、最低气温-46℃，全年大风天数 188 天。中山站越冬队员每年 11 月初乘坐雪龙船从上海出发，经 1 个月海上航行到达中山站，在中山站工作和生活

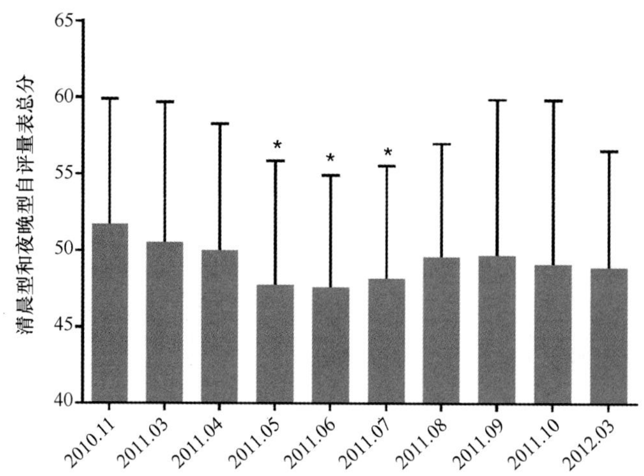

图 5-6　与上海出发时相比（2010 年 11 月），清晨型和夜晚型自评量表总分在极夜期（5 月、6 月、7 月）降低，表明睡眠时相后移。* $p<0.05$

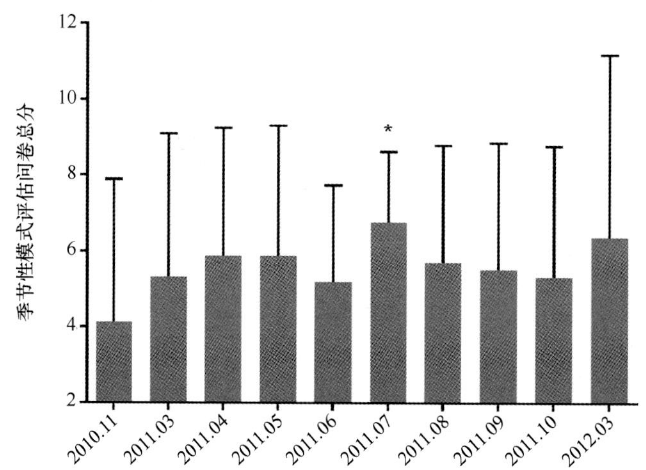

图 5-7　与上海出发时相比（2010 年 11 月），季节性模式评估问卷总分在 7 月升高，表明在 7 月季节变化的影响较大。* $p<0.05$

15 个月，第三年的 3 月乘坐雪龙船离开中山站，4 月初返回上海。越冬期低温、日照短（有近两个月的极夜期）等南极特殊的越冬环境影响着人体生理机能，对膳食供给也相应提出了更高的要求。我国每年只能在南极夏季（11—12 月）通过雪龙船对中山站进行食品补给，在越冬期（4—11 月）中山站越冬队员缺乏新鲜食品尤其是蔬菜、水果。通过在中山站对第 22 次、第 24 次越冬队分别在冬季进行 3 次的动态膳食调查，来评估中国中山站越冬队员膳食营养素摄入状况。通过调查数据的计算分析，探得近年来越冬队员的膳食结构模式，对改善中山站越冬队食谱编制、合理营养与饮食、保持各营养素间数量平衡提供重要依据，以满足越冬队员正常生理需求，保障队员身心健康。

第 22 次中山站 18 名越冬队员，均为男性，平均年龄（42.9±9.2）岁。19 名第 24 次中山站越冬队员，均为男性，平均年龄（35.0±7.5）岁。一日三餐均在食堂就餐，就餐方式为自助餐式。调查期间队员正常工作。2006 年 3 月、7 月和 11 月对第 22 次中山站越冬队员进行 3 次膳食调查，每次连续 4 天共 12 天。2008 年 3 月、7 月和 10 月对第 24 次中山站越冬队员进行 3 次膳食调查，每次连续 3 天共 9 天。采用膳食称重的方法，每菜所用调味品（油盐）按加工时称重放入，同时加工的

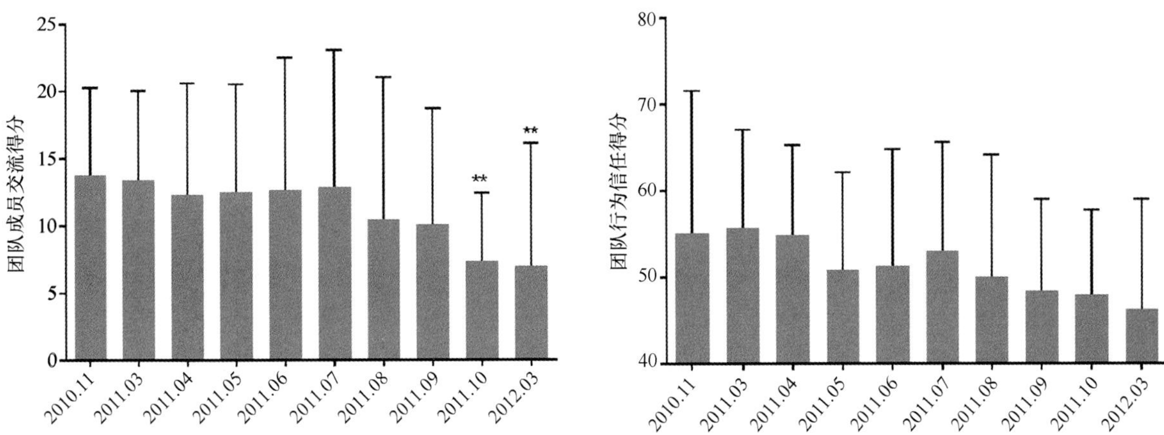

图 5-8　团队成员交流测试表明成员交流在南极居留 10 个月后减少；
行为信任量表测试显示成员间信任无变化。* * $p<0.01$

原料在加工前称重（生重），加工后再称重（熟重），计算生熟比。调味品（油盐）分配按占熟重的比例加权计算。根据每个菜肴所用的原料品种对每个原料占总熟重的比例进行分配加权来确定每一个原料的确定量。被调查队员饭前称重量减去剩余和残余的量，计算获得平均每人每天各种营养素摄取量，所测的营养素种类有 17 种。称量工具为国产电子秤，精确到克（图 5-7 和图 5-8）。

营养素按中国疾病预防控制中心营养与食品安全所编著的《食物成分表 2002 年》进行计算，结果以每日人均摄入量表述，所测的营养素种类见表 5-1。能量及各种营养素的推荐摄入量标准，采用中国营养学会《中国居民膳食营养素参考摄入量（Chinese DRIs）》（以下简称：中国 DRIs 标准）中的推荐摄入量（Recommended Nutrient Intake，RNI）或适宜摄入量（Adequate Intake，AI）。能量及各种营养素的统计分析采用 SAS8.02 统计分析软件计算。中国 DRIs 标准是一个绝对的标准，以人体摄入值是否达到这个界限及达到的百分比进行评价。

结果显示：两队越冬队员平均能量摄入（2 861 kcal、2 889 kcal）在中至重等体力劳动所需量推荐标准范围内（2 700~3 200 kcal）（两队越冬队员当时劳动强度均不高于中至重等体力劳动）。钠的摄入量明显高于适宜摄入量（AI 2 200 mg）。钙摄入不足，除 2008 年 3 月达到适宜摄入量外，其他次均低于适宜摄入量（AI 800 mg）。维生素 A 不足，除 2008 年 3 月达到推荐摄入量外，其他次均低于推荐摄入量（RNI 800 视黄醇当量，视黄醇当量是评价维生素 A 的单位）。维生素 C 不足，除 2008 年 3 月达到推荐摄入量外，其他次均低于推荐摄入量（RNI 100 mg）。微量元素硒均低于推荐摄入量（RNI 50 mg）。其余营养素摄入量基本符合中国 DRIs 标准。第 22 次、第 24 次越冬队每日人均植物油摄入量分别为 81.5 g、46.2 g，每日人均盐摄入量分别为 8.2 g、9.1 g，以中国营养学会推荐的平衡膳食推荐的植物油小于等于 30 g/d、盐小于等于 6 g/d 作为评价标准，均超标。第 22 次、第 24 次越冬队膳食中蛋白质提供的能量分别占能量的 16.6%、17.3%，脂肪占 44.9%、33.0%，碳水化合物占 38.5%、48.5%。脂肪提供的能量明显高于中国营养学会推荐的 20%~30% 的供能比标准，蛋白质提供的能量也高于推荐的 12%~14%，而碳水化合物低于推荐的 55%~65%。

对第 22 和第 24 次中山站越冬队员膳食调查发现的高蛋白质、高脂肪、低碳水化合物、多油、高盐、缺钙和维生素的膳食结构模式，提出改进建议：尽可能增加蔬菜和水果的摄入，可适当饮用果汁等产品，或额外补充维生素 A、维生素 C 营养制剂；炒菜时减少用油，少吃油炸的食物，降低脂肪的摄入；对每天食盐摄入采取总量控制，用量具量出，每餐按量放入菜肴；增加富含钙、硒及维生素 D 食物（如奶制品、鱼、虾等）摄入，必要时服用钙及复合维生素制剂，多晒太阳，加强运动，以促进钙的吸收；购置设备开展光治疗，增强室内光照，建造新站时用新理念新设计保证室内充足光照；加强站务管理，对越冬队员进行营养保健知识的普及，指导队员建立良好的饮食习惯，吃好三餐，科学用膳。

表 5-1　第 22 次、第 24 次南极中山站越冬队员膳食调查部分营养素摄入量与中国 DRIs 标准比较

推荐/适宜摄入量＊ RNI/AI		第 22 次越冬队（2006 年）				第 24 次越冬队（2008 年）			
		3 月	7 月	11 月	平均摄入量	3 月	7 月	11 月	平均摄入量
能量（kJ）	10 042	12 096	11 985	11 823	11 968	10 773	10 167	12 680	11 144
能量（kcal）	2 400	2 892	2 866	2 826	2 861	2 832	2 808	3 028	2 880
蛋白质（g）		118.5	91.8	146.4	118.9	121.4	126.9	127.2	124.4
脂肪（g）		155.9	148.7	123.7	142.8	94.0	111.8	111.7	103.4
碳水化合物（g）		253.5	290.1	281.8	275.1	355.0	309.0	375.0	349.5
纤维素（g）		9.0	11.2	22.9	14.4	17.0	10.9	11.4	13.1
维生素 A（μgRE）	800	233.1	239.4	533.5	335.3	545.4	302.0	270.0	372.3
维生素 B_1（mg）	1.4	1.5	1.5	1.3	1.5	1.1	1.8	0.9	1.2
维生素 B_2（mg）	1.4	2.5	6.3	10.5	6.4	1.8	1.2	1.1	1.5
维生素 C（mg）	100	91.8	56.2	41.4	63.1	158.5	45.8	67	88.8
烟酸（mg）	14.0	33.8	33.8	32.2	33.3	35.5	44.7	27.4	35.6
钾（mg）	2 000	2 125.8	1 634.8	2 395.4	2 052.0	2 980.6	2 021.7	1 901.2	2 445.0
钠（mg）	2 200	4 760.4	6 490.7	3 228.7	4 826.6	4 338.0	1 560.0	5 557.0	3 977.0
钙（mg）	800	418.6	350.1	764.2	510.9	831.6	572.4	559.1	692.2
镁（mg）	350	340.0	254.8	461.2	352.0	405.6	462.7	372.6	410.9
铁（mg）	15.0	24.2	21.6	35.6	27.1	36.5	21.6	30.1	31.0
锌（mg）	15.0	17.5	13.9	20.2	17.2	19.6	16.9	18.0	18.5
铜（mg）	2.0	1.8	1.4	3.6	2.3	2.5	2.6	3.1	2.7
硒（μg）	50.0	14.2	12.8	13.6	13.5	11.0	53.0	43.0	30.7

＊中国营养学会《中国居民膳食营养素参考摄入量（Chinese DRIs）》中营养素推荐摄入量（RNI）、适宜摄入量（AI）被调查人数：第 22 次越冬队员 18 名、第 24 次越冬队员 19 名。表 5-2、表 5-3 与此同。

表 5-2　食用油、盐每日平均摄入量

	推荐摄入量	2006 年（第 22 次越冬队）				2008 年（第 24 次越冬队）			
		3 月	7 月	11 月	平均摄入量	3 月	7 月	11 月	平均摄入量
大豆油	≤30 g	97.2	86.8	60.4	81.5	28.4	26.9	55.7	46.2
盐	≤6g	9.5	9.4	5.8	8.2	9.7	4.1	8.8	9.1

表 5-3 三大营养物质提供的能量比例

	推荐比例%	2006 年（第 22 次越冬队）				2008 年（第 24 次越冬队）			
		3 月	7 月	11 月	平均比例	3 月	7 月	11 月	平均比例
蛋白质	12~14	16.4	12.8	20.7	16.6	17.2	18.1	16.8	17.3
脂肪	20~30	48.5	46.7	39.4	44.9	29.9	35.8	33.2	33.0
碳水化合物	55~65	35.1	40.5	39.9	38.5	50.1	44.0	49.5	48.5

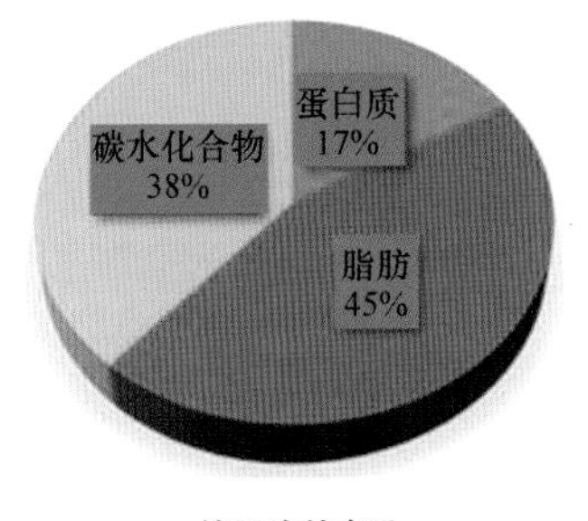

第22次越冬队

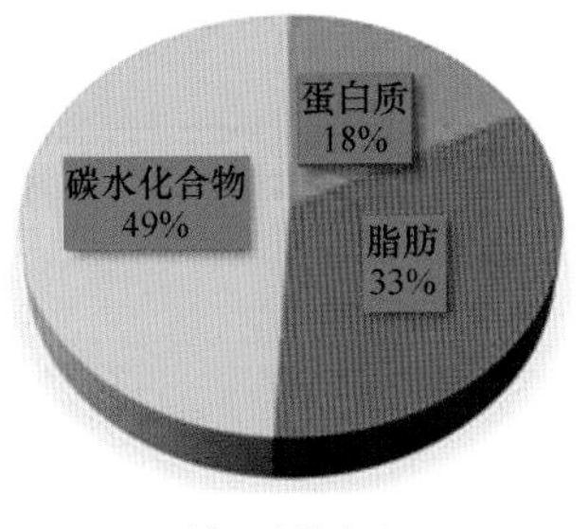

第24次越冬队

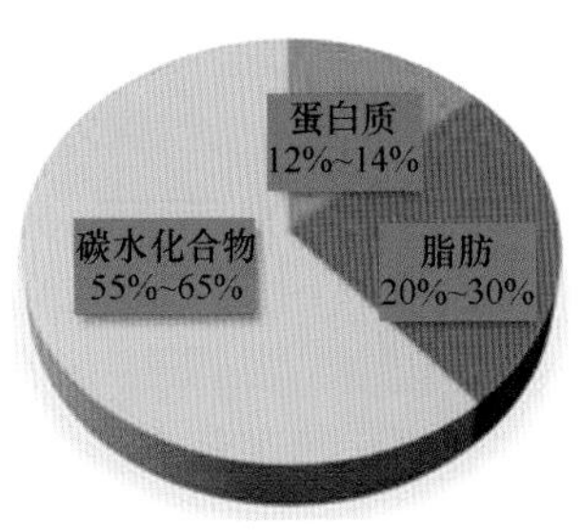

营养学会推荐比例

5.3.2 南极昆仑站高寒环境对考察队员的交互作用

南极冰穹 A 是地球上自然温度最寒冷的地区，最低温度达到-90℃，是世界上最少被探索的地区之一。它位于内陆（80°22′S，77°22′E）1 200 km，是距离海岸线最远的冰穹。冰穹 A 海拔 4 093 m是南极冰盖最高的地区，它还是地球上最干燥的地区，平均年降雪量不到 2 cm 水量。由于这些极端的气候环境，冰穹 A 被称为“不可接近之极”。相对于同在东南极大陆的中山站，冰穹 A 增加了高海拔低氧、酷寒、更难以到达与危险性更大等恶劣自然环境因素和社会环境因素，考察队员的生理心理面临极大的挑战，其中最大的威胁是低氧复合高寒。久居平原的队员到高海拔低氧环境后，生理功能会发生一系列代偿性改变，代偿不全时就会发展为急性高原病（包括急性高原反应或轻型急性高原病，高原肺水肿，高原脑水肿）这种威胁多发生在进入高海拔地区（3 000 m以上）数小时至数天内，发病急，病程短，危险性大；冰穹 A 的酷寒、干燥、辐射强等环境因素以及人体自身的状态，如感冒、疲劳、精神紧张等因素均可诱发或加重高原病。因此，探明队员对内陆冰盖环境的代偿、适应与损伤，进行切实有效的医疗保障意义重大。

2005—2014 年，对第 21 和第 24~29 次共 7 支南极考察内陆冰盖队进行了系统研究，采集出发、在冰穹 A，返回中山站等不同时段的血样品，采用一系列国际先进的便携式生理医学仪器，对低氧高寒敏感的心、脑、肺和血液系统进行了心功能、心电图、脑血氧动力学、肺功能、动脉血气等动态现场检测，采用外周血样研究应激的核心反应免疫—神经—内分泌网络调节的指标变化，采用基因芯片检测队员外周血去除红细胞后的血细胞全基因组转录水平差异表达基因，结合症状和生理心理指标，从不同层面进行相关分析，探讨低氧高寒交互作用的生理病理学意义，寻找低氧高寒敏感显著性指标，为制定切实的防治对策提供重要科学数据，不断拓展人类探索极端环境的空间。

对 17 名男性队员组成的第 24 次南极冰穹 A 考察队在出发和抵达冰穹 A 两个时间点，采集了共 133 项心理生理表型，并通过采集血样进一步获得了全基因组表达谱。采用 Pearson 相关分析，我们发现情绪紊乱，包括紧张（焦虑）、抑郁、愤怒和疲劳与男性激素睾酮水平存在很强的线性正相关，证明了外周血去除红细胞的血细胞全基因组表达差异基因富集功能集与心理生理适应的表型变化一致；通过全基因组表达差异基因与变化的生理心理表型之间的 Pearson 相关分析，发现了一系列与表型变化密切相关的基因。最重要的是，鉴定了与情绪状态紊乱密切相关的 70 个差异基因，对这 70 个与负性情绪强相关的基因进行文献检索，发现其中的 42 个已有报道，提示余下的这 28 个基因可能是与情绪状态紊乱机制相关的新基因（图 5-9 至图 5-11）。

第 24 次南极考察冰盖队乘坐雪龙船于 2007 年 11 月 12 日从中国上海出发，1 个月后抵达中山站，12 月 22 日从中山站出发，于 2008 年 1 月 12 日抵达冰穹 A，1 月 27 日从冰穹 A 撤离，2 月 9 日返回中山站。随队医生采集了冰盖队员的静脉血样，进行心功能、肺功能、脑血氧动力学、血气水平检测，同时采用心理问卷（profile of the mood states，POMS）评估队员的情绪状态变化。全程记录了这支考察队整个行程中的海拔高度、温度、气压、风速和光照时间。

统计分析 13 名考察队员从上海出发和到达冰穹 A 后对环境适应的两个时间点的共 133 项生理心理表型参数的变化，发现考察队员有 47 项表型参数在冰穹 A 暴露后出现了显著性差异，队员在低氧复合高寒的南极冰穹 A 环境下，血气、心功能、肺功能，心电、脑血氧动力学、免疫功能、垂体—甲状腺轴功能和血液学均发生显著改变，抑郁、焦虑、易怒、敌意等情绪得分增加，外周血去除红细胞后的血细胞全基因组表达谱有显著改变。

对有明显变化的 47 个表型进行了 Pearson 相关性分析（the pearson correlation coefficient，PCC）。经多重检验校正后，$p<0.05$ 被认为有显著性差异。随后利用 Metalab 软件 7.0 将统计结果转换为热图。性激素水平与右侧脑区氧合血红蛋白最大变化量呈显著负相关。

采用成对 T 检验进行基因差异表达分析，以 $p<0.05$ 为筛选条件，从基因芯片的 41 000 个探针中选出 4 474 个探针（2 081 个上调，2 391 个下调）表示差异表达基因，最终确定 1 121 个基因是显著差异表达基因。用 PPI 法，从 808、119 个人类蛋白与蛋白的相互作用库中，获得了由 1 121 个基因组成的 10 895 个蛋白与蛋白的相互作用。为了基因功能富集分析，将差异表达基因进行分类，通过 Cytoscape 软件进行差异表达基因功能富集分析，结果发现大多数的差异基因聚类为 3 组：精子发生，神经系统发育以及对药物反应。这些生物学过程显然与冰穹 A 环境下并发的表型变化一致，如睾酮水平增高，右脑氧供不足和剧烈的情绪紊乱（图 5-12 和图 5-13）。

为了进一步识别这些差异表达的基因引起的表型变化，对 47 个显著变化的表型与 1 121 个差异表达基因进行相关分析，最重要的发现是有 92 个基因与睾酮升高呈强的相关性，仅有 11 个基因与 FSH 水平存在中度相关性；在 1 121 个差异表达基因中，有 942 个基因与在冰穹 A 的 47 个变化的表型之间存在相关性，更有趣的是，其中的 343 个基因与情绪参数存在显著的相关性。这些结果表明，基因表达的变化与暴露在极端环境下发生的表型变化是相关的（图 5-10）。

通过 PubMed 文献检索与 4 个情绪因子呈强烈相关的基因（$|R|>0.8$），发现有 11 个基因与紧张（39 个基因）、抑郁（24 个基因）和愤怒（43 个基因）共同存在强相关性，其中 6 个基因已经在相关领域报道，而 3 个与疲劳呈强相关的基因中仅有 1 个被文献报道。

与 4 个情绪因子存在强相关的 70 个基因中已有 42 个基因，这进一步证实了统计分析的可靠和充分。此外，还有 28 个与情绪状态变化相关的基因还未报道过。

为了识别与表型高度相关的基因的功能，采用特定的逐条具有最详细（在最低水平上）分析生物效应的基因功能群的数据库（GO terms）。精子发生与血小板源性生长因子受体（platelet-derived growth factor receptor）信号通路分别是睾酮和 FSH 最富集的基因功能集（GO terms）。发现紧张表型富集的最大的两个基因功能集是神经系统发育和精子发生富集的两条通路。抑郁表型基因功能富集的信号通路是药物的反应和精子发生。愤怒则与生物学效应（GO term）不存在联系。疲劳表型富集的最大基因功能群是前脑的发育。这些基因功能富集结果与表型之间相关数据结果一致。

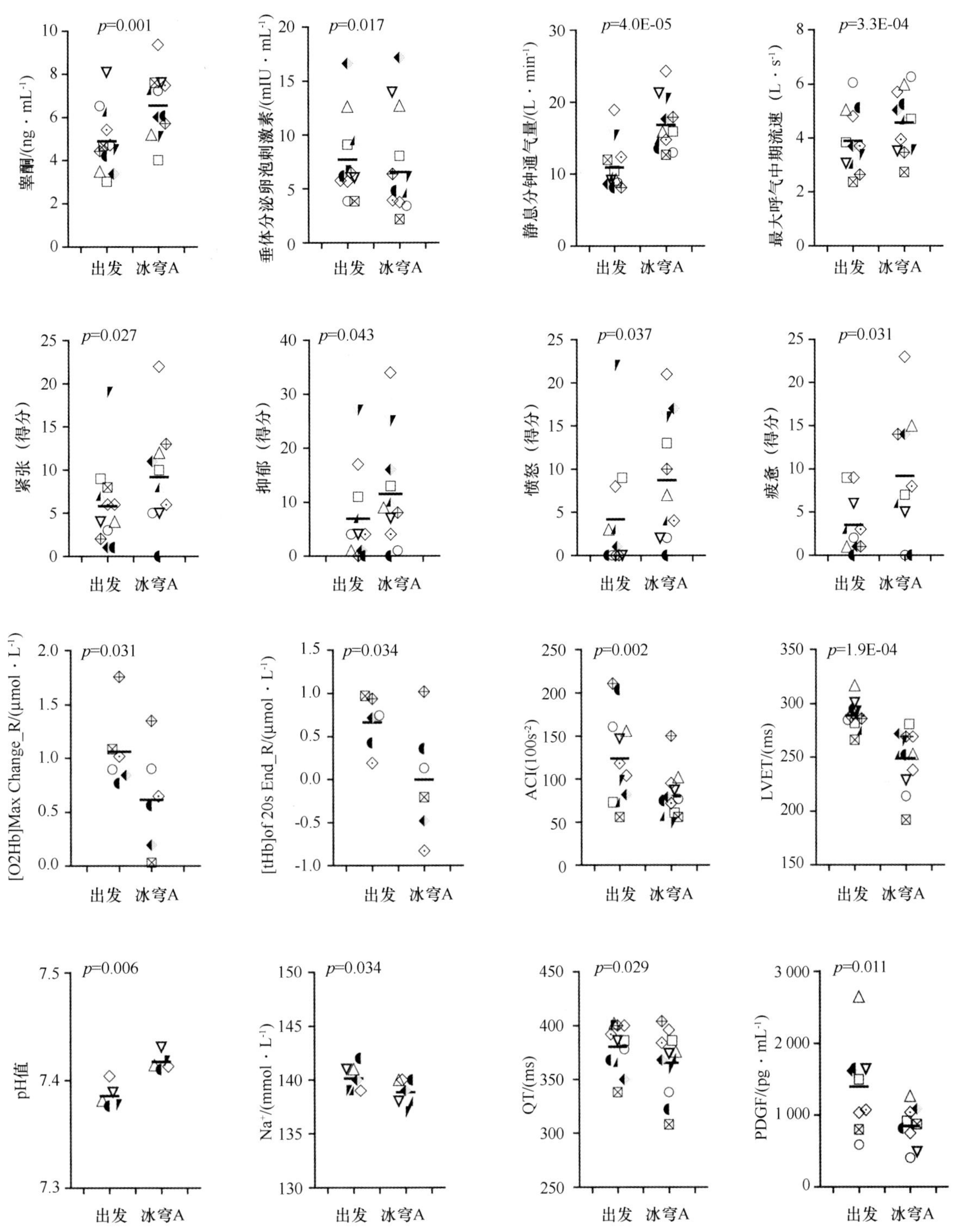

图 5-9　冰穹 A 与出发时相比有统计学显著差异的生理心理表型

有文献报道在寒冷应激和高海拔环境下如南极，会引起情绪紊乱，已证明雄性激素睾酮能减轻患者和健康人的社会不幸、焦虑和抑郁程度。对激素分泌不足或者老年男性采用睾酮治疗与情绪紊乱相关的疾病已表明是有益的。但是，本研究证明人类对冰穹 A 环境的适应期间睾酮水平与紧张（焦虑）、抑郁和疲劳存在显著线性正相关，睾酮水平的变化可能会帮助健康男人来应对极端环境。

人在冰穹 A 环境下血细胞的基因表达模式变化显示 3 种生物学的过程（即 3 个最主要的基因功

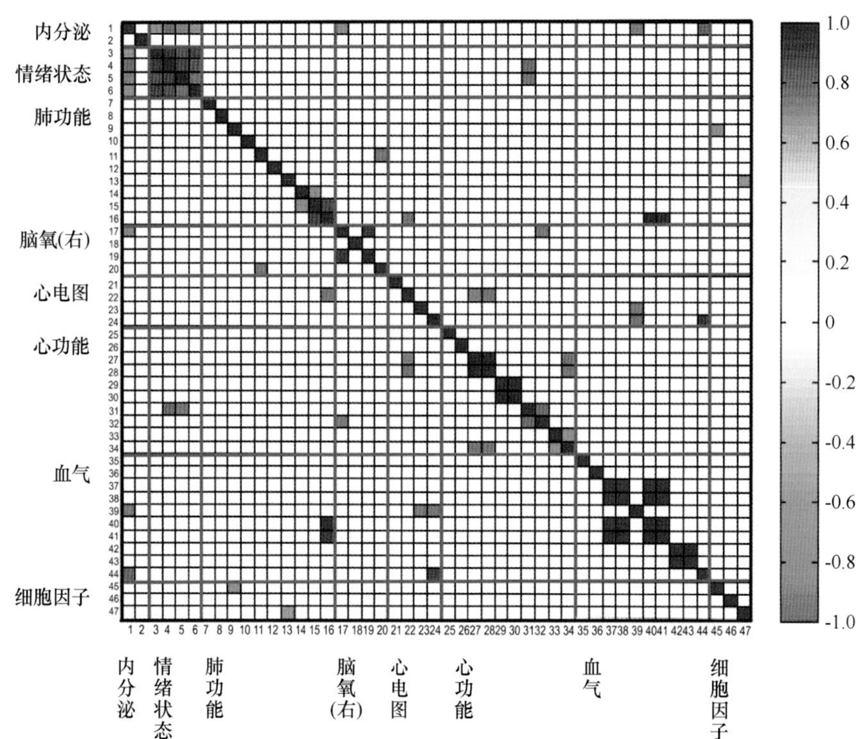

图 5-10　47 个明显变化生理心理表型相关分析

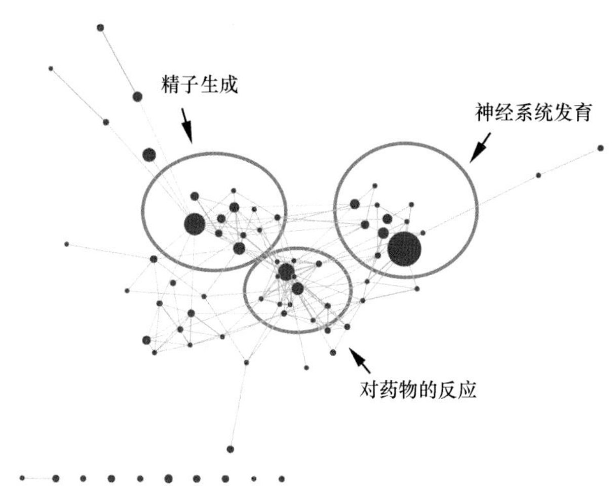

图 5-11　差异基因功能富集聚类

能富集群)：精子发生、神经系统发育和对药物的反应，这些基因表达模式变化与表型变化一致。这些数据支持人类外周血细胞潜在的基因表达谱能够预测在极端环境下生理心理的变化。

综上所述，这是首次采用人外周血去除红细胞的血细胞全基因组表达谱的变化和人对极端环境的适应（如南极冰穹 A）心理生理表型的变化进行研究分析。可能是首次报道外周血去除红细胞的血细胞基因表达的变化会预测心理生理表型的变化。用本研究可靠的分析方法会确定与情绪紊乱相关的新基因。此外，这些发现还需要利用大量类似于本研究这样的心理生理表型研究队列来进一步确认。

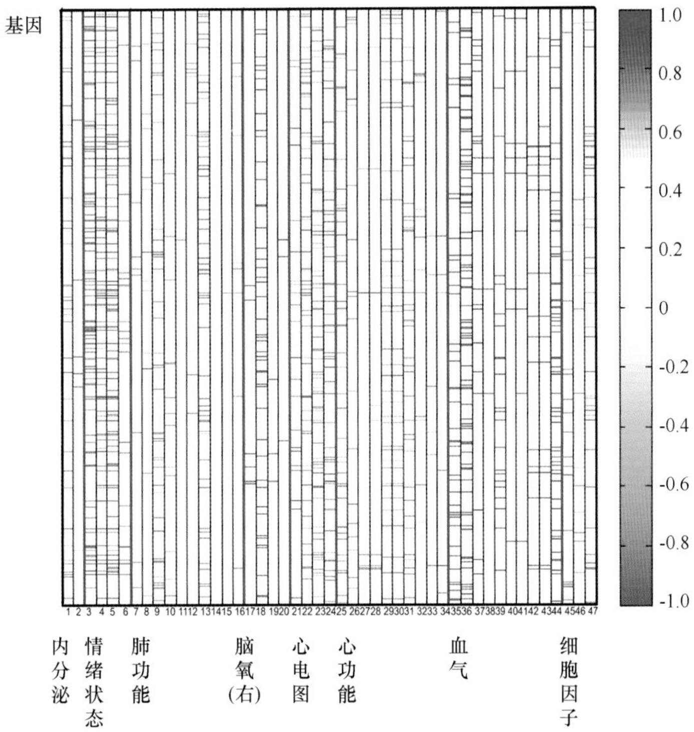

图 5-12　47 个明显变化生理心理表型与 1 121 个差异表达基因相关分析

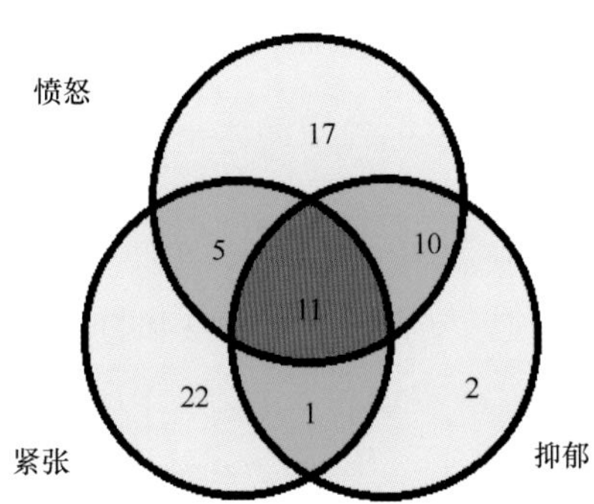

图 5-13　与情绪呈强烈相关的基因数

5.3.3　南极冰盖高原考察队员选拔的研究

每个人对低氧的感受和耐受力不同，目前还没有特异性检查可直接筛查出高原病易感人群，但健康机体对缺氧有较好的耐受和适应能力，可通过直接估测低氧易感队员的方法，即：久居平原的队员急速进入高原后，通过检测对低氧敏感的重要脏器系统心、肺功能变化和血液系统变化，来排除低氧易感队员。

为保障冰穹 A 考察顺利实施，国家海洋局极地考察办公室 2007—2014 年组织 7 支第 24～29、第 31 次南极考察冰穹 A 考察预选队员进行选拔训练中，并委托中国医学科学院基础医学研究所进行低氧易感队员的医学筛查。医学筛查采用国际先进便携式的生理学医学仪器，对队员进行一系列的高原适应性生理指标动态监测，采用国际通行的各类心理学和急性高原病症状学评价问卷调查，通过综合比较分析队员在不同海拔的主要生理心理变化，可较全面地掌握对低氧的适应性，筛查出少数对低氧易感的队员，为选拔冰穹A考察队员提供重要依据，为队医在冰穹A考察中制订队员的个性化医学保障方案提供依据。目前进行7支冰穹A考察预选队在西藏低氧易感队员筛查工作，每年形成工作报告，呈交极地办，作为遴选冰穹A考察队员的科学依据。

对队员的一系列生理心理监测中，发现有许多指标在西藏高原发生了变化，怎样从众多的指标中遴选出对低氧敏感的标志性指标，经过连续几年的工作积累，逐步从表型变化探得一些筛查低氧易感人群的重要指标，例如：血压、血氧饱和度、心电传导、急性轻型高原病症状评分和抑郁、焦虑问卷等，这些在筛查工作中是必需的，能对队员在低氧环境下的耐受和适应作出较全面的评价。

5.3.4 南极高海拔低氧应激机制研究

2009—2014年，根据对南极考察队员表型变化研究中提出的科学问题，采用低压氧舱模拟5 000 m高海拔低氧环境复制动物模型，进行了低氧应激机制研究。标志性研究成果：促肾上腺皮质激素释放激素（CRH）家族在模拟海拔5 000 m低氧介导的厌食和白色脂肪代谢中的作用（The Local Corticotropin-Releasing Hormone Receptor 2 Signalling Pathway Partly Mediates Hypoxia-Induced Increases in Lipolysis via the cAMP-Protein Kinase A Signalling Pathway in White Adipose Tissue）于2014年已在国际专业刊物《分子和细胞内分泌学》（Molecular and Cellular Endocrinology）刊出。

高海拔低氧环境使机体基础代谢率增高能量消耗增加，食欲的降低又加剧了能量代谢失衡。低氧使机体生理功能和代谢水平发生一系列适应性变化，从而与外界环境达到新的平衡。通过研究高原性厌食和物质代谢的调控机制，为防治急性高原病提供了科学依据。研究表明，促肾上腺皮质激素释放激素（corticotropin releasing hormone，CRH）家族在摄食和物质能量代谢调控过程中发挥了关键作用，而尿皮素2（Urocortin2，Ucn2）及促肾上腺皮质激素释放激素2型受体（corticotropin releasing hormone receptor 2，CRHR2）在低氧介导的厌食及外周脂肪组织脂肪动员中的作用还未见报道。

通过低压氧舱模拟5 000 m高海拔低氧环境复制SD大鼠动物模型，采用核团微取样技术和RT-PCR检测了下丘脑摄食调控关键核团室旁核、弓状核和腹内侧核Ucn2、CRHR2、瘦素受体（Obesity receptor b，ObRb）及神经肽Y（Neuropeptid Y，NPY）等基因表达，并通过Western blot检测了低氧对ObRb-信号转导子与转录活化子（Signal transducers and activators of transcription factor 3，STAT3）通路的影响。在组织、细胞和分子水平，探讨了白色脂肪组织局部的CRHR2在低氧环境下脂肪组织甘油三酯合成和分解代谢中的作用及其机制。结果发现：高海拔低氧应激导致SD大鼠摄食量和体重显著降低，阻断CRHR2能够有效逆转低氧介导的摄食量和体重降低。下丘脑弓状核和腹内侧核Ucn2表达显著上调，并伴有外周leptin水平显著增高，使ObRb-STAT3通路激活，参与了低氧介导的厌食效应。低氧环境显著促进大鼠白色脂肪组织甘油三酯分解代谢并抑制合成代谢，导致大鼠白色脂肪湿重和脂肪细胞体积降低。由于低氧使甘油三酯分解代谢增强，游离脂酸释放增加，骨骼肌组织对游离脂酸摄取和β-氧化能力增强。白色脂肪组织局部CRHR2以旁分泌/自分泌的方式通过环磷酸腺苷（Cyclic AMP，cAMP）-蛋白激酶A（Protein kinase A，PKA）-激素敏感性脂肪酶（hormone sensitive lipase，HSL）/周脂素（Perilipin）通路参与了低氧介导的甘油三酯的分解代谢调控，并未参与合成代谢调控。体外实验表明：经Ucn2处理可上调原代脂肪细胞的分解代谢并伴有PKA通路的激活。

综上所述，中枢Ucn2/CRHR2参与了低氧介导的厌食行为调控，白色脂肪组织局部的CRHR2通过旁分泌或自分泌参与了低氧介导的甘油三酯分解代谢。本研究为高原性厌食和能量代谢失衡防治提供了科学依据。

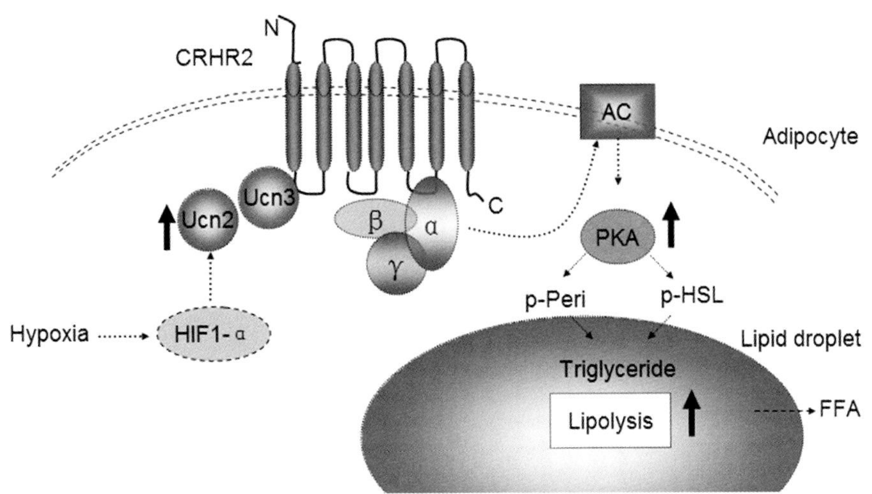

图 5-14　CRHR2 在模拟海拔 5 000 m 低氧介导的白色脂肪代谢中的作用

AC（Adenosine cyclase）：腺苷酸环化酶；Adipocyte：脂肪细胞；CRHR2（Corticotropin releasing hormone receptor 2）：促肾上腺皮质激素释放激素 2 型受体；FFA（Free fatty acid）：游离脂酸；HIF-1α（hypoxia induce factor-1α）：低氧诱导因-1α；Hypoxia：低氧；Lipid droplet：脂滴；Lipolysis：脂肪分解；PKA（Protein kinase A）：蛋白激酶 A；p-HSL（Phosphorylated-Hormone sensitive lipase）：磷酸化的激素敏感性脂肪酶；p-Peri（Phosphorylated-perilipin）：磷酸化的周脂素；Triglyceride：甘油三酯；Ucn2（Urocortin2）：尿皮素 2；Ucn3（Urocortin3）：尿皮素 3

5.4　结语与展望

自 1950 年苏联、欧美等国家和地区在南极大规模建立科学考察站以来，国外学者一直以考察队员为对象，研究人类对南极环境的适应能力，服务于南极考察医学防治。50 多年来，南极医学主要围绕南极特殊环境对人体生理和心理的影响和防治进行研究。美国、英国、澳大利亚、新西兰、日本等国进行了许多南极考察队员的生理心理研究，人体生理研究主要进行了南极环境对内分泌和免疫功能，睡眠和昼夜节律，营养和流行病学研究；人体心理学的研究，涉及问题广泛，包括对被试者完成指定的操作的评价，心理调整及其在人员选拔中的应用，压力、焦虑、抑郁等心理紊乱因素，动机、态度和人格改变，认知能力，领导和越冬人员间的人际关系以及其他各种身心障碍问题，发现南极考察队员最常见的症状包括失眠，认知障碍、抑郁、愤怒、焦虑等负性情绪，人际关系的紧张和冲突，均有季节性发生的规律，随着冬季的推进症状愈加显著。许多国家的学者在南极极端条件下，采用多种方法、多种指标，进行生理学和心理学研究，对前往南极前后以及在南极居留期间所观察的结果加以对比，以探求南极考察队员生理、心理与行为的变化规律。尽管方法不同，生理心理变化结果、应对策略等研究结果差异较大，但对提高南极考察队员在特殊环境中的适应能力，提高他们的身心健康，并为有效地选拔南极工作人员积累了许多资料与经验，获得了较好的实际应用效果。

由于人种与社会文化背景不同，我国队员与西方队员在心理和生理适应上有所不同，澳大利亚、日本等国有 50 多年的本国考察队员生理心理数据库积累，因此必须积累我国队员的数据资料以服务于我国南极考察事业。由于我国建站晚，我国南极医学研究 30 年来经历了从模仿和验证欧美等南极考察强国的生理学医学和心理学研究结果到目前的自主创新性研究，我们探得了不同考察站环境、不同考察时间、承担不同任务的我国队员生理心理适应模式，为考察队员在南极更好地适应、防护，为站务管理和有关政策制定等提供重要的数据资料，并探讨了南极极端环境对人体的生理与病理生理学意义。我国代表多年来一直在国际南极研究科学委员会（SCAR）的人类生物和医学专家小组上，报告我国南极医学研究进展和医学保障，获取国际南极医学最新研究动态和开展合作研究，在国内外发表相关论文30余篇。

今后，南极医学将进一步围绕国家需求开展各项工作。继续开展长城站、中山站和昆仑站的不同环境因子对考察队员生理和心理的影响及其机制研究，将前期研究成果尽快转化为应用，逐步建立南极生理心理健康监测、评估和维护体系，使研究来源于考察队员，使成果服务于南极考察队员医学防治。以南极越冬站模拟空间站，开展南极越冬与长期驻留空间站的生理心理类比研究，建立和验证空间站医学心理学健康监测和维护技术，使南极医学和航天医学成果相互转化应用。以南极为天然实验室，研究大气细颗粒物PM2.5对人体呼吸和心血管等系统的影响及其机制，为我国大气污染防治提供科学数据资料。

本章由徐成丽撰写并统稿，薛全福、陈楠、熊艳蕾和鞠湘武参加撰写。

参考文献

陈楠，金伟，唐德培，等. 2014. 中国第22和第24次南极考察中山站越冬队员膳食调查. 极地研究.

陈维娜，王宗惠，王继明，等. 2009. 南极环境对中国考察队员血清IgG、IgA和IgM的影响. 毒理学杂志，23（2）：136-138.

陈香梅，熊艳蕾，龚辉，等. 2013. 低氧下HIF-1α对小鼠性激素及睾丸生精细胞凋亡的影响. 中国应用生理学杂志，29（4）：289-293.

邓希贤，薛全福，于永中. 1998. 南极长城站科考队员度夏期心功能的变化. 极地研究，10（3）：229-234.

郭郑旻，黄付敏，陆慧，等. 2012. 不同海拔高度对健康成年男性心脏血流动力学和心电图的影响. 中国应用生理学杂志，28（1）：1-4.

黄付敏，郭郑旻，邱波，等. 2011. 应用肺功能指标对中国南极冰穹A考察预选队员进行低氧易感筛查. 基础医学与临床，31（4）：400-403.

徐成丽，陈维娜，陈莉，等. 2008. 南极特殊环境增强中国考察队员肺功能. 基础医学与临床，28（4）：331-334.

徐成丽，王宗惠，李浩，等. 2007. 南极越冬队员血清应激免疫抑制蛋白的研究. 毒理学杂志，21（5）：392-394.

徐成丽，吴全，陈香梅. 2012. 南极大陆冰穹A地区急性高山病1例. 基础医学与临床，32（3）：332-334.

徐成丽，祖淑玉，李晓冬，等. 2001. 居留南极对考察队员血中甲状腺素和儿茶酚胺含量的影响. 极地研究，13（4）：294-300.

许澍淮，金淑敏，斯琴，等. 1996. 留居南极对考察队员血浆色氨酸及尿中5-羟吲哚乙酸水平的影响. 南极研究，8（4）：68-74.

薛全福，薛祚纮，邓希贤. 1998. 考察队员在南极居留时心功能及神经体液内分泌的变化. 见：中国南极考察科学研究论文集. 北京：海洋出版社：292-298.

薛全福. 1994. 人体医学与保健. 见：当代中国的南极考察事业. 北京：当代中国出版社：287-294.

薛祚纮，薛全福，谢剑鸣. 1990. 南极长城站工作人员性格变化的初步测定. 北京大学学报（自然科学版），26（3）：375-379.

薛祚纮，薛全福. 1998. 15名中山站南极考察队员某些心理变化的观察. 见：中国南极考察科学研究论文集. 北京：海洋出版社：307-298.

薛祚纮，薛全福. 1998. 南极考察队员四项生理指标变化的观察. 极地研究，10（2）：1390.

薛祚纮，张研，姚真，等. 1997. 南极长城站越冬队员个性和心理特点研究. 极地研究，9（3），207-213.

薛祚纮，张研，姚真，等. 1999. 南极越冬队员血压，心率，体温和体重的变化. 极地研究，11（1）：55-60.

于永中，邓希贤. 1991（A）. 南极劳动卫生学考察. 基础医学与临床，11（5）：11-16.

于永中，王宗惠，邓希贤，等. 1991（C）. 赴南极考察队员血清免疫球蛋白水平的观察. 中华劳动卫生职业病志，9（5）：1.

于永中，张文诚，邓希贤. 1991（B）. 南极环境对人大脑机能的影响——记忆力及脑电图测定. 中国心理卫生杂志，5（1）：15-17.

张文诚，巫雯，邵玉香，等. 1994. 中国第 8 次南极考察队员生理心理状态分析. 中国劳动卫生职业病杂志，12（5）：279-281.

朱广瑾，段岩平，周朝凤，等. 1998. 南极环境对考察队员儿茶酚胺含量的影响. 极地研究，10（4）：305-309.

Xue Quanfu, Deng Xixian, Cai Yingnian, et al. 1989. Changes in cardiac and respiratory function of Antarctic research expedition members preliminary report. Proc. CSMS and PUMC, 4（2）：112-114.

Xue Quanfu, Xie Jianming, Deng Xixian, et al. 1989. Changes of cardiac and respiratoryfunction of Antarctic research expedition members in Antactic. Proceedings of the international Syposium of antarctic research. Beijing：China Ocean Press：372-375.

Xue Quanfu, Zhu Guangjin, Chen Xiangyin, et al. 1994. A survey on changes of multiple humoral factors in Antarctic expedition members. Antarctic research, 5（1）：21-26.

Xue zuohong, Xue Quanfu. 1994. Psychological changes of fifteen Chinesse Antarctic research expedition members. Antarctic Research, 3（1）：27-33.

Yu Yongzhong, Wang Zonghui, Zhang Wencheng, et al. 1994. Effect of the environment in Antarctica on immune function and electroencephalogram. Antarctic Research, 5（2）：45-52.

Xu Shuhuai, Xue Quanfu, Xue Zhuohong. 1997. Studies of plasma tryptophan on urinary 5-hydroxy-3 indoleacetic acid in expedition members residing in Antarctica. Chinese J. of Polar Science, 8（1）：72-76.

Xu Chengli, Zhu Guangjin, Xue Quanfu, et al. 2003（A）. Changes of serum thyroid hormone and plasma catecholamine of 16th and 17th Chinese Expeditioners in Antarctic environment. Chinese Journal of Polar Science, 14（2）：124-130.

Xu Chengli, Zhu Guangjin, Xue Quanfu, et al. 2003（B）. Effect of the Antarctic environment on hormone Levels and mood of the 16th Chinese expeditioners. International Journal of Circumpolar health, 6（3）：255-267.

Lawrence A Palinkas, Jeffery C Johson, James S Boster, et al. 2004. Cross-Cultural Differences in Psychosocial Adaption to Isolated and Confined Environment. Aviation, Space and Environmental Medicine, 75（11）：973-980.

Yanlei Xiong, Zhuan Qu, Nan Chen, et al. 2014. The Local Corticotropin-Releasing Hormone Receptor 2 Signalling Pathway Partly Mediates Hypoxia-Induced Increases in Lipolysis via the cAMP-Protein Kinase A Signalling Pathway in White Adipose Tissue. Molecular and Cellular Endocrinology, 392：106-114（IF：4. 037）.

Chengli Xu, Xiangwu Ju, Dandan Song, et al. 2014. An association analysis between psychophysical characteristics and genome-wide gene expression changes in human adaption to the extreme climate at the Antarctic Dome Argus. Molecular Psychiatry, 1-9（2013, IF：15. 14）.

6 南极测绘及其遥感应用

6.1 概述

现代测绘科学与空间信息技术等相关学科交叉、集成应用于我国极地科学考察研究中，形成了一个新的学科研究领域——极地测绘遥感信息学。它是综合利用现代大地测量学、遥感学和地理信息学以及边缘学科（如冰川、气象、海洋、地质、环境学等）交叉渗透的理论和方法，通过获取空间数据和信息，研究极地板块运动、表面形态描绘及分布特征、冰雪、冰海环境变化及其动态过程，构建数字极地基础框架等理论和技术的学科。

极地测绘遥感信息学是中国极地多学科综合考察的重要组成部分，由于它具有空对地全数字化、信息化、自动化、实时化的观测和量测优势，特别适用于两极地区人迹难近的高寒冷、高难度、高风险地区考察，可充分发挥出研究的高效益。本学科针对极区特殊环境和条件，利用现代空间测量技术，攻克了我国在南北极地区进行测绘科学考察的一道道难题，解决了极区高精度测绘基准的建立和为中国极地考察提供实时有效的测绘保障，包括南北极常年卫星跟踪观测站、冰海区常年自动验潮站、极地绝对重力基准站等的建设以及研发适应极区的数据采集系统、服务各种功能的地图集、地理信息服务平台构建等。同时，基于空—天—地多源观测理论和技术手段，开展了南极冰雪环境变化过程和物质平衡等科学问题研究。充分利用学科综合空间观测技术优势，向边缘学科、交叉学科渗透，扩展学科研究领域，通过内陆冰盖考察、南极环境遥感调查和极地环境资源信息集成与共享服务等，结合非成像类和成像类空间测量技术，从物理和几何角度研究极地冰雪环境动态过程特征，立体化监测极地冰雪环境变化以及开展极区大气环境研究，包括极区电离层异常响应和 GPS 气象研究等，探索极地冰川、冰盖、冰架运动模式，极地冰雪质量变化、海冰密集度分布规律、上层雪覆盖空间区域变化以及季节性变化过程，为研究地球两极与全球变化关系做出了贡献。

6.2 我国的南极大地测量与测绘考察

我国南极科考 30 年来，大地测量与测绘学科几乎参加了历次科考活动。考察内容包括大地测量基准建立、南极板块运动监测、各种地形图测绘、冰雪变化监测、南极遥感测图、南极航空测量、南极站区地理信息采集等。

在 1984 年我国首次南极科考中，测绘考察队员首先建立了南极长城站大地测量原点，确定了位置基准和方位基准；建立了临时验潮站，确定了高程基准；并用经典测量方法建立了区域大地控制网。同样在 1988 年的南极中山站建站考察中，建立了中山站大地原点和临时高程基准；并建立了大地控制网。这些为随后其他测绘工作奠定了基础。

2004 年和 2008 年分别在南极长城站和中山站开展了绝对重力测量，建立了南极站区绝对重力基准，并开展了相对重力测量，建立了重力网。

早在 1999 年，中国和澳大利亚合作在南极中山站附近建立了验潮站；2009 年和 2010 年分别在南极长城站和中山站建立了压力式冰下验潮站，从而实时获得海面高度，建立了精确的高程基准，为研究海平面变化打下基础。

从 1986 年开始，在长城站附近的菲尔德斯海峡断裂两岸布设了变形监测网，开展地壳运动监测研究。从 1996 年开始分别在南极长城站和中山站开始参加 SCAR GPS 国际联测，以确定南极大陆板块运动特征。1999 年建成南极中山站 GPS 跟踪站，全年不间断获取卫星观测数据，2008 年该站升级为能同时跟踪北斗导航卫星和 GPS 的 GNSS 跟踪站，并实现数据实时回传。南极长城站 GPS 跟踪站于 2008 年建成，同时实现数据实时回传。

1984 年建设长城站初期，采用大平板测图技术，测绘了我国首张南极长城站地形图，并对附近地物进行命名。在南极中山站、昆仑站、泰山站等各个考察站建站之初都开展了各种比例尺地形图的测绘工作，为考察站建设、各学科野外考察提供了基础图件。1997 年、1999 年在长城站锚地、中山站锚地开展了水深测量工作，获得该区域海图。2000 年在南极格罗夫（GROVE）山考察中在核心区开展了 GPS 差分测图，首次获得了该区域实测地形图。2010 年开展了 GROVE 山冰下地形测绘考察，获得了 GROVE 山核心区冰下地形图。

伴随着我国南极内陆考察工作，采用高精度 GPS 测量技术开展了冰川运动监测，在中山站至冰穹 A 断面、昆仑站区附近、埃默里冰架等区域均布设了冰流速监测点，并通过多期复测获得冰盖、冰架运动速度。在中山站附近的达尔克冰川，通过布设监测标志，采用测角前方交会法进行了多期监测，获得该冰川的运动速度。

南极航空测量工作始于 1992 年，在拉斯曼丘陵地区，采用直升机使用小像幅光学相机开展航空摄影测量，获得了拉斯曼丘陵地区航空影像图和航测地形图。2006 年、2008 年分别在南极中山站、长城站附近开展直升机航空摄影测量，采用了数码相机，获得了数字影像图、地形图以及线画图等。

南极遥感考察包括遥感参数的现场采集、合作目标的布设、现场标定等，从 2007 年开始在南极内陆中山站至冰穹 A 断面，布设了多台冰雪环境传感器，现场连续采集遥感参数；在中山站、长城站附近以及内陆冰盖地区，开展了包括反照率、温度、气溶胶等参数的现场采集；2006 年在 GROVE 山地区布设多个地面直角反射器，作为微波遥感合作目标，开展了遥感测图和冰流速研究。

南极地理信息采集包括南极建成站区地物的三维几何信息采集以及建筑物立面的影像信息采集，为建立数字站区提供了基础素材。2006 年在菲尔德斯半岛地区开展了地理环境要素的采集，为环境脆弱性评价提供了基础数据。

6.3 大地测量基准建立

6.3.1 大地测量空间基准与卫星跟踪站

大地测量的主要任务之一是测量和绘制地球的表面形状。为了表示、描绘和分析测量成果，必须首先建立大地测量基准。最初，南极地区的大地测量基准通常是基于地区建立的，而不是整个南极大陆。随着空间大地测量技术的发展，南极地区的大地测量基准逐步采用地心坐标系，纳入到全球参考框架中来。

1984/1985 年，我国执行首次南极科学考察，在西南极乔治王岛登陆建立长城站时，首要工作是确定站区的地理位置。当时采用了国际上最先进的空间大地测量技术——子午仪卫星多普勒导航定位系统，确定了长城站地心坐标（WGS72 坐标系）为：南纬 62°12′59″，西经 58°57′52″；采用传统的天文观测与陀螺定向方法，测定出站区子午线方向，从而建立了我国西南极乔治王岛地区坐标起算基准，并计算出了长城站至北京的距离和大地方位角（鄂栋臣等，1985）。1989 年建立中山站时，采用同样的方法完成我国东南极拉斯曼丘陵地区的大地测量坐标系统和高程系统的建立（陈春明等，1990）。

20 世纪 90 年代初，为了在国际地球参考框架（ITRF）下建立一个三维的、高精度的南极大地测量基准，国际南极研究科学委员会（SCAR）组织了大规模的国际南极 GPS 联测会战（the SCAR Epoch GPS Campaigns）。我国西南极的长城站和东南极的中山站于 1996 年参加会战观测，并逐步建成 GPS 跟踪站，进而升级为能同时接受多种导航卫星系统的 GNSS 跟踪站，实现数据实施回传，南极中山站 GNSS 跟踪站如图 6-1 所示（鄂栋臣等，2005）。该跟踪站为建立大地基准，提高卫星定轨精度发挥了重要作用。

图 6-1　中国南极中山站 GNSS 跟踪站

6.3.2　高程基准与验潮站

在南极地区设立验潮站进行潮汐测量主要是为大地测量提供高程基准，确定平均海平面；为航海提供潮汐预报；监测由于温室效应和地壳均衡回弹而引起的海平面变化；校准卫星测高数据及进行海洋学研究等。近年来，在国际南极研究科学委员会（SCAR）地学常设科学组（GSSG）的组织下，南极先后建有 20 个 SCAR-GGI 永久验潮站。

1984/1985 年，我国执行了首次南极科学考察，利用人工验潮的方法确立了长城湾海拔高程系统。1989 年建立中山站时，采用人工验潮的方法完成我国东南极拉斯曼丘陵地区的高程系统的建立。1999 年我国与澳大利亚国家南极局合作，在中山站建立了中澳联合自动验潮站，实现海洋潮汐信息、数据自动化观测，但由于设备老化，观测数据经常不连续。2009/2010 年，为了完善验潮系统，在中山站天鹅岭西海域建立了我国在南极的首个永久性水下压力式自动验潮站系统。2011 年又在长城站建立了水下压力验潮站。中山站验潮站建设的各项指标达到了相关预期标准，海平面观测精度优于 3 mm。利用海冰上高精度 GPS 连续基线测量方法确定验潮仪零点值以及标定零漂等措施，探索了极地高寒冰海地区实施海洋潮汐观测站建设的有效途径。对潮汐数据的调和分析得到了中山站 170 个潮汐调和常数，结果表明南极中山站的潮汐类型属于不规则日潮。编制了东南极普里兹湾海域的潮汐表，为我国雪龙号破冰船在此海域航行、考察作业以及冰上卸货等提供了必需的潮汐预报（鄂栋臣等，2013）（图 6-2）。

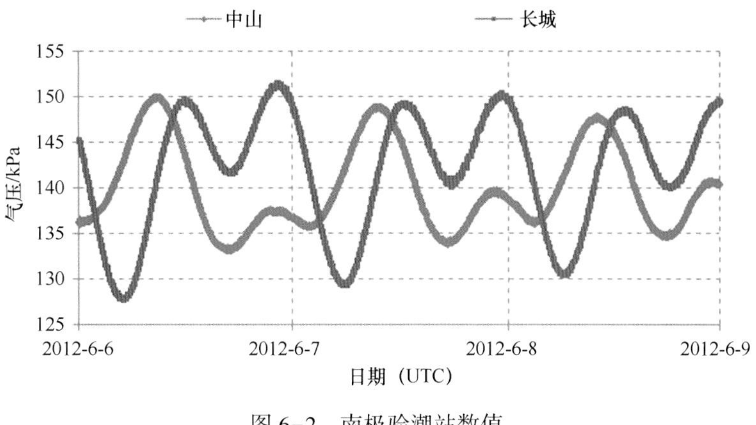

图 6-2　南极验潮站数值

6.3.3　重力基准与大地水准面

高程系统起算面是大地水准面，南极各国通常以某一验潮站的平均海平面代替大地水准面而建立各自独立的高程系统。由于这些起算面不在同一个重力等位面上，因此，相互间的高程系统存在着差异。统一全南极高程基准是 21 世纪南极大地测量要解决的一个基本问题，它取决于建立一个高分辨率的全南极大地水准面模型。在南极地区进行重力测量是建立高程基准的基础，当前世界上已有不少国家致力于用重力测量技术在南极地区开展有关地壳垂直运动、海平面变化、气候变化与大地水准面变化等地球动力学的研究。

我国在长城站建站初期采用 LCR 型重力仪进行了长城站重力基准点国际联测，测得长城站重力基准点重力值及精度为（982 208.682±0.021）mGal，当时受测量仪器的限制，重力测量精度较低。2004/2005 年南极夏季期间，我国第 21 次南极科学考察队利用 FG5 绝对重力仪在长城站两个站点进行了绝对重力测量，精度在$\pm 3\times10^{-8}m/s^2$以内，并同时进行了重力垂直梯度测量和水平梯度测量；利用两台 LCR 相对重力仪在韩国站、智利机场（2 点）和菲尔德斯半岛地区的山海关、盘龙山、香蕉山、半边山等 7 个站点进行了高精度相对重力测量，精度达$\pm10\times10^{-8}m/s^2$，并进行了相对重力仪比例因子的标定，建立了我国南极长城站地区的绝对重力基准（鄂栋臣等，2007）。2008/2009 年南极夏季期间，中国第 25 次南极科学考察队利用 A-10 便携式绝对重力仪和 LaCoaste&Romberg G 相对重力仪在南极中山站及附近拉斯曼丘陵地区建立了高精度重力基准网。该网由 3 个绝对重力点和 10 个相对重力点组成，其绝对和相对重力测量的精度分别优于 $7.5\times10^{-8}m/s^2$、$20\times10^{-8}m/s^2$（鄂栋臣等，2011）。2012/2013 年南极夏季期间，我国第 29 次南极科学考察队利用 ZLS 型相对重力仪在南极中山站进行了重力点扩展测量，在两个已知点、水准原点和码头进行了重力联测，4 个点的观测精度最差为水准原点 0.011 9 mGal。

我国南极长城站和中山站绝对重力测量的实施，对于提高全球重力场模型中南极地区的精度，对于新一代卫星重力计划如 CHAMP、GRACE 和 GOCE 的地面校准以及建立南极地区的高精度、高分辨率的大地水准面模型都具有重要意义。

在地球重力场模型发展过程中，高阶全球参考重力场 EGM 2008 具有一定的代表性，该模型由美国 NGA（National Geospatial-Intelligence Agency）EGM 小组发布。EGM 2008 重力场模型综合 GRACE 卫星数据、卫星测高和地面重力等多种数据得到，最高阶达到 2 160，对应的空间分辨率为

5′。联合高阶全球参考重力场 EGM 2008 和中山站验潮等资料，获得了从中山站至冰穹 A 断面的大地水准面（图 6-3）。

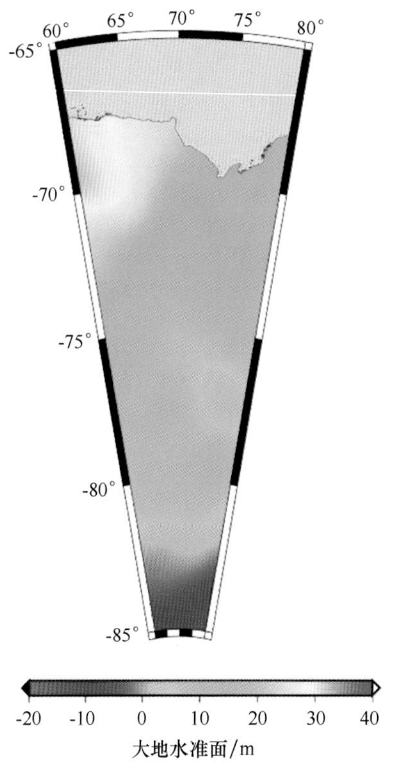

图 6-3　中国内陆考察路线大地水准面

6.4　南极板块运动与冰川运动监测研究

6.4.1　南极板块运动监测

从大尺度范围来讲，南极板块被分成了两块主要的构造区域：东南极和西南极。东南极是比较稳定的前寒武纪地质，而西南极地形复杂，有海底火山运动和裂谷运动。在南极半岛地区，地质活动更为激烈。我国南极板块运动研究开始于 20 世纪 80 年代，在 1985/1986 年南极夏季考察期间，利用地面红外激光测距技术在菲尔德斯海峡断裂带上布设了地面二维监测网。研究发现，菲尔德斯海峡断层活动比较显著，总的趋势是分离，其年扩张率约为 5 mm（陈春明等，1998）。1991 年利用高精度 GPS 测量技术将二维网改造成三维形变监测网，首次在南极开展了利用高精度 GPS 卫星测量手段研究南极地壳运动，获得了水平方向优于 3 mm，垂直方向优于 6 mm 的监测精度（鄂栋臣等，1999）。

GPS 观测可提供高精度、大范围和准实时的地壳运动定量数据，使得在短时间内获取大范围地壳运动速度场成为可能。GPS 技术已成为监测现今地壳运动的一种强有力的工具。SCAR 地学常设科学组（GSSG），即原大地测量与地理信息工作组（WG-GGI）于 1994 年在罗马召开的第ⅩⅩⅢ届 SCAR 科学大会上决定进行国际南极 GPS 联测计划（The SCAR Epoch GPS Campaigns）监测南极板块运动。联测计划每年进行一次，从每年的 1 月 20 日世界时零点开始，至 2 月 10 日世界时 24：00结束，最多时有 10 多个国家的 30 多个南极考察站参加。每个测站观测时遵循：24 h 连续观测，采样率为 15 s，高度角为 5°（鄂栋臣等，2006）。

为了获得观测数据共享，中国南极长城站和中山站分别于 1995 年和 1997 年参加了 SCAR 组织的国际 GPS 联测计划，成为国际合作监测南极板块运动项目的主要成员国。中山站于 1997 年建成 GPS 常年运转跟踪站，长城站于 2008 年建成 GPS 常年跟踪站，为构建南极大地参考框架提供了基础数据，同时也大大增强了我国参与国际南极合作的能力，提高了我国在国际南极地学研究中的地位。

GPS 数据处理采用高精度 GAMIT/GLOBK 软件，在一个单独的自洽的参考框架下确定测站位置和速度矢量。这一方法与前面利用 SCAR 数据研究南极运动所用方法（如 Bouin 等）有一定的不同，不但可以削弱网形随时间变化的影响，而且统一数据处理能够获得更为精确的 GPS 结果。

数据处理主要分为两步。第一步：运用 GAMIT 软件进行单天解算，估计站位置、轨道等参数，其数据源主要有以下三类：① SCAR GPS 观测站；② 在南极的连续跟踪站；③ 南极及其周边的 IGS 站。第二步：运用 GLOBK 软件获得时间序列和速度场。

GPS 结果显示南极板块的欧拉角速度是 0.224（°）/Ma，旋转极的位置为（58.69°N，128.29°W），这与 NNR-NUVEL-1A 预测的和一些前期 GPS 研究的成果有着较大的不同。相对于澳大利亚板块，本结果同其他模型的旋转角速度相差约 0.01（°）/Ma，旋转极的位置相差在 4°以内，不同模型之间的差异相对较小。我国利用长期 GPS 观测数据开展了南极地壳运动研究，并获得了南极洲 GPS 观测站（包括我国长城站和中山站在内）的水平方向运动速度场（图 6-4），达到相关研究的国际先进水平（鄂栋臣等，2009）。

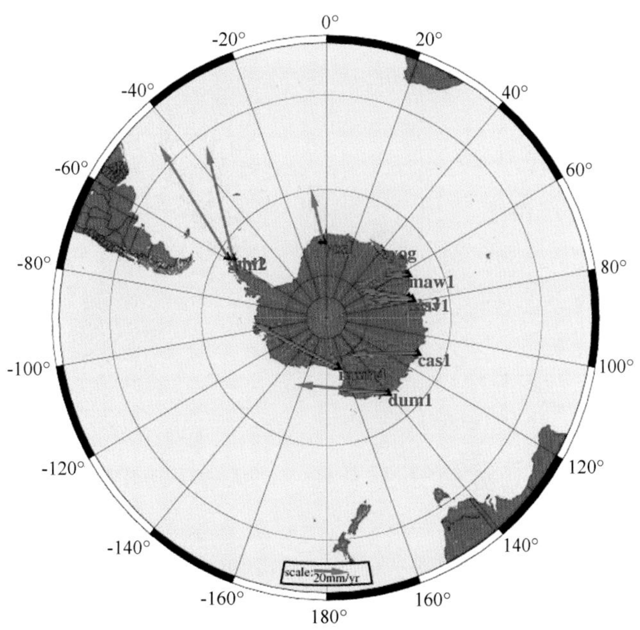

图 6-4　南极洲 GPS 观测站水平方向速度场

6.4.2　南极冰川运动监测

南极 90%的大地被常年不化的冰雪所覆盖，巨大的南极冰盖物质分布平衡状况对全球海平面变化及全球气候变化有着重要影响。冰盖表面地形、表面冰流速及高程变化等是物质平衡研究的重要参数，因而，基于大地测量技术的南极冰川运动及其动力学的研究一直是国际南极研究的重要课题，也是南极测绘学考察的主要对象之一。

自从极地研究开始，国际上就试图采用大地测量技术来进行冰川、冰架、冰盖系统的研究。但早期利用传统测绘仪器进行冰盖冰川测量，效率低、消耗体力大，而且测量精度也不高，不适合南极冰川运动监测。自 20 世纪 90 年代以来，随着现代空间大地测量技术的发展，尤其是 GPS 技术的快速发展，使得冰川测量学出现了一个新的高潮。

我国南极考察初期，为了探索南极冰盖运动状态，曾用常规测绘方法，在西南极南设得兰群岛的纳尔逊岛沿岸冰盖上进行布点监测试验，获得每年冰盖运动速度有十几米的初步认识，但实施难度大，尤其是在冰盖纵深区域，付出代价高，而且由于我国考察运输条件限制等原因，该项考察未能继续。进入 20 世纪 90 年代，一是高精度卫星 GPS 定位技术快速发展，二是卫星遥感分辨率不断提高，三是我国东南极考察向内陆冰盖扩展，使得开展南极冰盖运动监测研究物质平衡状态具备了基础条件。因此，我国开展实质性大规模的南极冰雪动态过程研究始于 20 世纪 90 年代中期的东南极内陆冰盖考察。研究区域为中山站至冰穹 A（Dome A）考察沿线，Amery 冰架及达尔克冰川等地区。

6.4.2.1　埃默里冰架运动监测

埃默里冰架是南极三大冰架之一，面积为 69 000 km²，其动态变化对整个南极冰盖的物质平衡及稳定性有着重要影响（图 6-5）。2002/2003 年和 2003/2004 年南极夏季考察期间，中国南极科学考察队（CHINARE）分别在东南极埃默里冰架进行了 GPS 监测，在 5 个 GPS 观测站获取了两期数据，在大本营站点进行了连续 5 d 的观测，计算出表面冰流速为 2.25 m/d，冰流方向为北偏东 42.8°，流向埃默里冰架出海口的方向（Zhang et al.，2006）。

6.4.2.2　达尔克冰川运动监测

达尔克冰川位于我国中山站的东南面，是东南极冰盖边缘一条典型的冰盖溢出形冰川，它的形成、变化与冰盖运动密切相关。2004/2005 年，我国第 21 次南极科学考察队开始对达尔克冰川进行连续 4 年的监测。多期观测表明，达尔克冰川正以每年约 150 m 的速度向海洋移动，冰川进入海洋的部分会随即崩解成冰山。

6.4.2.3　中山站至 Dome A（冰穹 A）冰盖运动监测研究

我国为执行 SCAR 的 ITASE 计划中的中国计划（即从中山站开始经冰穹 A 至南极点的科学考察计划），从 1996 年开始，正式启动东南极内陆冰盖多学科综合考察，连续 3 次从中山站向格罗夫山、冰穹 A 方向挺进，分别向冰盖延伸至 300 km、464 km 和 1 100 km。测绘科考队员在承担考察路线安全导航的同时，沿途利用双频 GPS 定位系统与中山站卫星观测站联测，对埋设在冰盖上耐低温的特殊监测标杆进行周期性监测（王清华等，2001；Zhang et al.，2007），首次获取了东南极考察沿线长达一千多千米冰盖的表面高程纵剖面图。

通过我国历次南极内陆冰盖沿途高精度 GPS 多期监测数据的综合处理，得出中山站至冰穹 A 沿线的表面冰流速矢量场（图 6-6）。从图中可知，东南极中山站至冰穹 A 沿线冰盖的流速在冰穹 A 附近最小，测站 DT401 距冰穹 A 最高点仅 100 km，表面冰流速为 1.24 m/a，向着海岸方向流速整体趋势逐渐增大；冰盖中部地区冰流状态稳定，流速一般为 8~25 m/a；冰盖边缘临海岸处流速

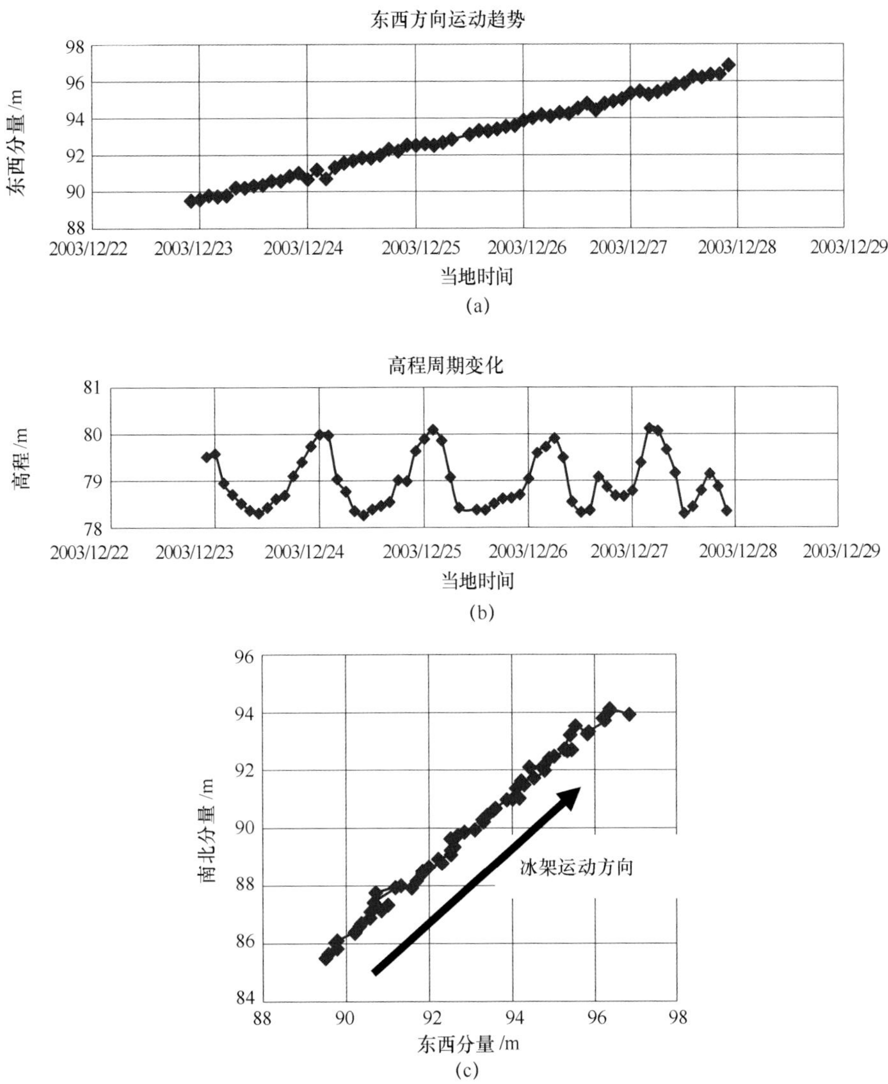

图 6-5 埃默里冰架前端大本营站点的运动状态

（a）冰架前端沿东西方向的运动趋势及运动量；（b）冰架前端在高程方向的周期运动；（c）冰架前端沿水平方向 5 天的综合运动趋势

骤然增大至每年几十米，甚至 100 m/a；从东南极中山站至冰穹 A 沿线中间大部分测站流向较为一致，均为北偏西，沿垂直等高线的方向，流向兰伯特冰川-埃默里冰架系统，仅有 DT085 一点为南偏西 88°；冰穹 A 附近 200 km 内的两测站 DT401 和 DT364 的流向与大多数内陆站点流向不同：DT401 流向北偏东 9°，DT364 为北偏东 36°。分析原因是从 DT364 点（距中山站1 022 km）已经进入冰穹 A 区域，地势上升较快，等高线密集，坡向变化较大引起（Zhang et al.，2008）。

6.5 遥感测绘与南极冰雪环境监测

随着对地观测技术的发展，各种相互协同、互相弥补的全球对地观测系统，准确有效、快速及时地提供了多种空间分辨率、时间分辨率的对地观测数据。同时，这些新的科学技术和手段也不断

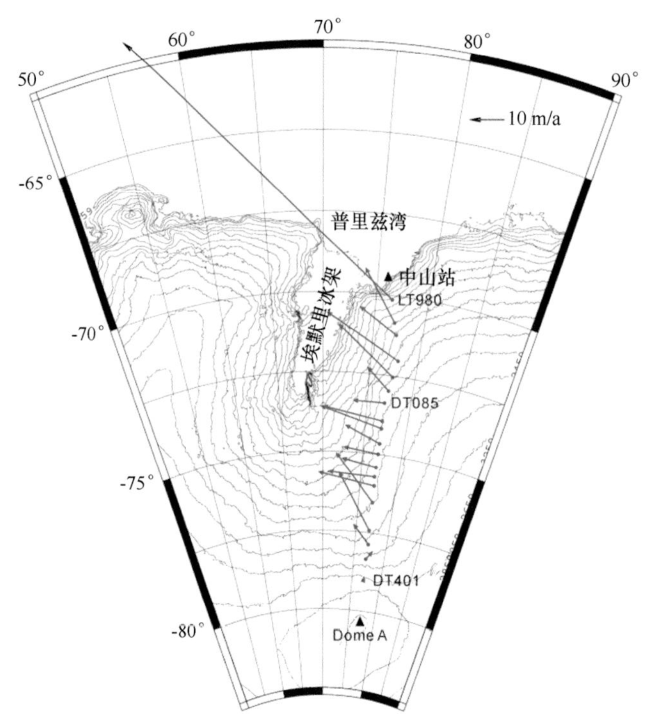

图 6-6　中山站至冰穹 A 沿线的表面冰流速矢量图

填补一个又一个南极科学考察领域的空白，获取许多地面上无法得到的数据和信息，使人们对南极的了解更加全面和深入。我国应用卫星遥感等空对地观测技术，在研究人类无法到达的南极大面积冰盖区地图制作以及冰雪环境动态变化过程等方面，取得长足的进展。

6.4.1　南极航空测量技术研究

20 世纪 90 年代初，我国在东南极建立中山站不久，为获得拉斯曼丘陵裸露区考察急需的地形图，在我国无法花巨资在南极实现常规航摄成图的情况下，创造性地采用直升机作为升空平台，利用普通非量测型 120 相机航拍，在国际上首次完成了拉斯曼丘陵急需 1∶10 000 比例尺精确影像地形图测绘，成功地探索出南极露岩区小像幅航测成图方法，这一成果被专家鉴定为创造出了符合我国国情并具中国特色的南极制图途径，获得国家科技进步二等奖。2005 年，采用普通数码相机加挂在直升机平台上首次获得了拉斯曼丘陵地区彩色数字影像，生产了 1∶1 000、1∶2 000 和 1∶5 000 比例尺 DLG、DOM、DEM 产品 171 幅，此后又陆续完成了菲尔德斯半岛、埃默里冰架前缘和维多利亚地建站区域航空摄影测量。目前，该项成图方法已成为我国南极露岩区大面积测图的主要途径（图 6-7 和图 6-8）。

6.5.2　卫星遥感制图和特殊冰貌分析

在 20 世纪 80 年代，为获得在南极人迹罕见地区我国考察急需的冰貌地图，突破了无地面控制点的卫星遥感影像数字制图难题，制作了大面积考察所需的地面影像地图。同时，利用多波段卫星遥感数据，研究卫星遥感冰雪表面红外辐射强度信息与海拔高度的相关规律，建立了高程反演模型，在室内测绘出南极无法到达区的冰面地形，在国际相关研究中获得了首创性成果。

在 1998 年我国深入内陆冰盖和格罗夫山地区考察之前，开展了冰盖区无地面控制点的数字卫

图 6-7 拉斯曼丘陵小像幅航摄影像图

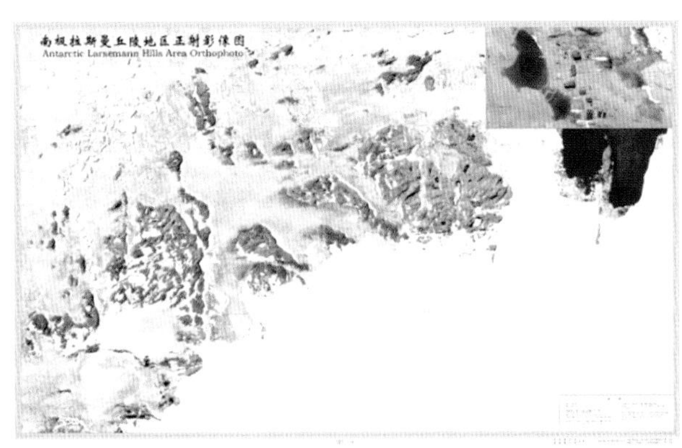

图 6-8 拉斯曼丘陵数字正射影像图

图 6-9 中山站第一幅小像幅航摄影像图
（1990 年 2 月）

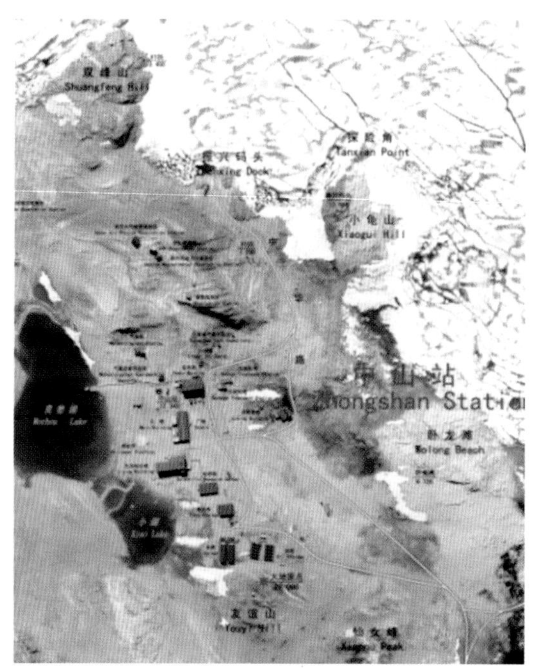

图 6-10　中山站第一幅数字正射影像图
（2006 年 2 月）

南极中山站地区冰貌图

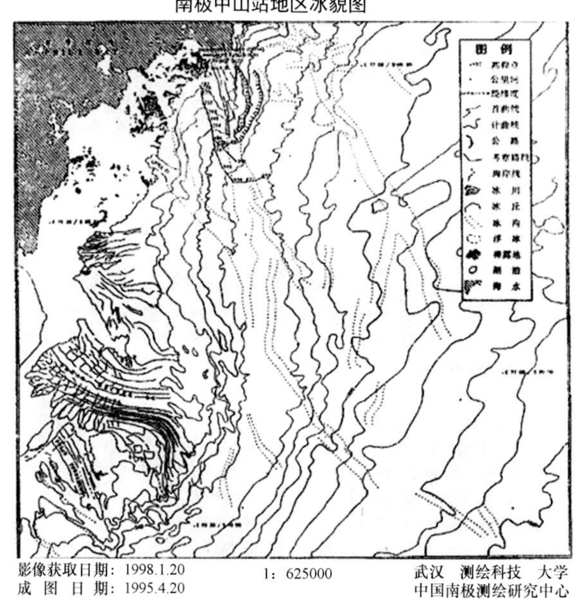

图 6-11　南极中山站地区冰貌图

星影像制图研究，为考察队提供平面定位精度优于 200 m 的格罗夫山地区考察路线和判读使用的彩色卫星影像地图（图 6-9 至图 6-11）。并且在格罗夫山地区，利用蓝冰、雪面、裸岩不同的遥感光谱特征提取蓝冰信息，制作可能富集陨石的蓝冰区影像图，为我国首次在南极寻找到宝贵陨石起到了导向作用（孙家抦等，2001）。

1998 年提出利用新技术 InSAR 获取南极地形，实现格罗夫山地区 DEM 生成，并和实测数据进行比较分析（鄂栋臣等，2004；周春霞等，2004）；随后进一步联合利用光学立体像对、SAR 影像对和卫星测高数据，为我国重点考察区域 PANDA 断面及格罗夫山地区提供大范围、高精度数字高程模型（鄂栋臣等，2007，2009）（图 6-12 至图 6-14）。另外，利用光学影像、SAR 影像及相干图，研究冰裂隙提取的理论和方法，首次进行了 PANDA 断面部分地区和格罗夫山地区的冰裂隙检测，为野外考察安全路线的选择提供了重要参考（周春霞等，2008，2014）；基于多源卫星遥感数据提取蓝冰分布，首次总结出格罗夫山地区蓝冰面积的季节和年际变化规律及蓝冰边缘线的东移现象（鄂栋臣等，2011）。通过卫星影像上对蓝冰的提取，结合实地陨石采集，研究讨论了格罗夫山地区陨石富集机制和陨石分布情况。同时利用对光学影像的分析，发现格罗夫山地区的冰碛也是陨石富集区。首次开发了应用软件和网络工具，应用于陨石数据的可视化和网络共享，同时也将用于格罗夫山地区陨石富集机制的进一步分析（周春霞等，2011）。

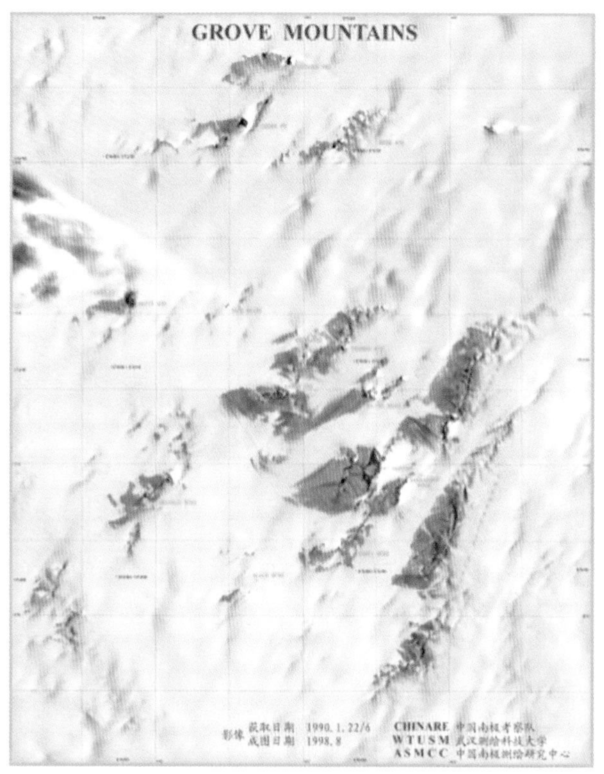

图 6-12　格罗夫山地区 Landsat 假彩色卫星影像图

2007—2010 年，收集、处理了海量高分辨率卫星遥感影像，突破缺乏地面控制点、影像时相季相差异大、高反照率少纹理下的海量数据高精度配准及匀光等关键技术，制作完成最高分辨率为 15 m的全南极洲卫星影像镶嵌，图并研制了国际首个南极洲地表覆盖分类全图（程晓，2011；惠凤鸣等，2013）。在此基础上，采用新的分类算法，对全南极蓝冰进行专题分类制图，获得高分辨率的全南极蓝冰分布图（惠凤鸣等，2014）（图 6-15）。

6.5.3　多源遥感数据冰流速监测

基于遥感技术的冰流速测定主要有特征跟踪、差分干涉测量、偏移量跟踪等方法。采用不同时期的卫星传感器影像，研究了东南极人类无法到达的极记录等冰川长达 17 年的变化过程，在国际上第一次公布了其入海流量，为研究冰川物质平衡提供了依据（孙家抦等，2001）。随后利用冰纹

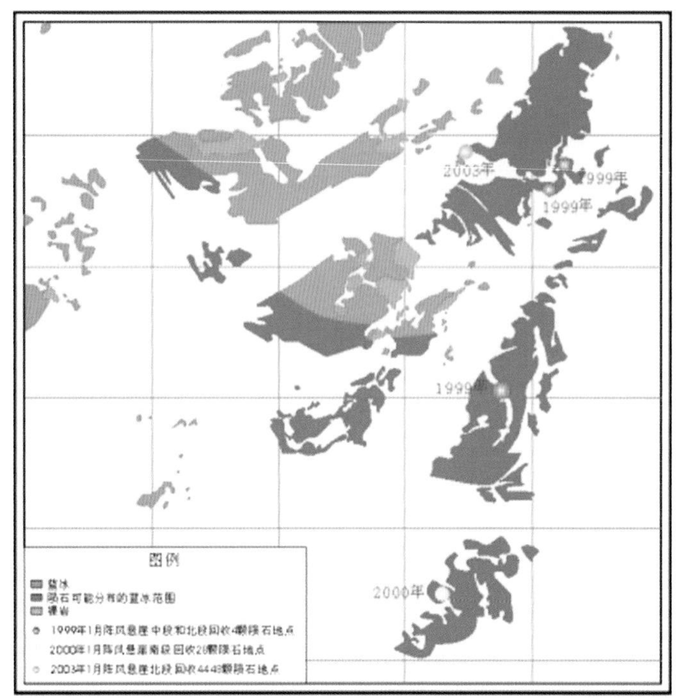

图 6-13　格罗夫山地区蓝冰和陨石分布

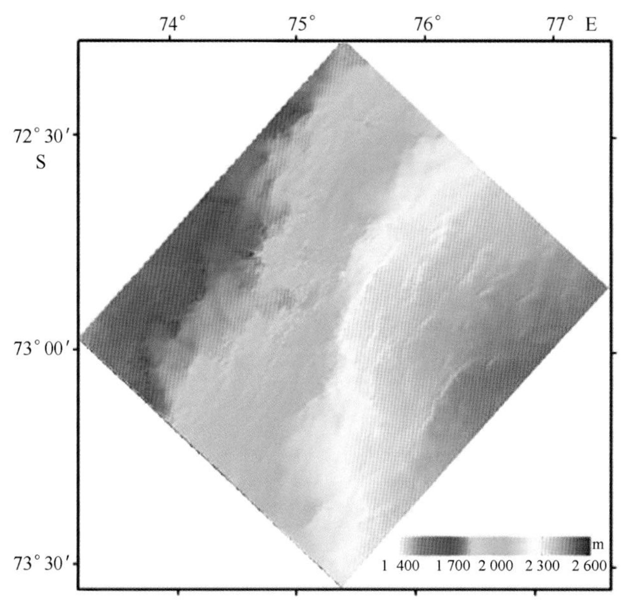

图 6-14　格罗夫山核心区 InSAR DEM

理作为匹配特征提取冰流速，选用 Landsat7 ETM+及 ASTER 光学遥感资料确定了兰伯特冰川—埃默里冰架流域的冰流速（图 6-16 和图 6-17）。

2005 年年底，武汉大学和北京师范大学在格罗夫山架设了 11 台卫星地面角反射器系统，辅助冰流速监测。利用 L/C 双波段卫星雷达干涉组合，首次成功获得南极内陆格罗夫山地区的复杂冰流速形变条纹图（程晓等，2006，2007）。此后在国内首次联合特征跟踪、雷达干涉测量和 GPS 等地

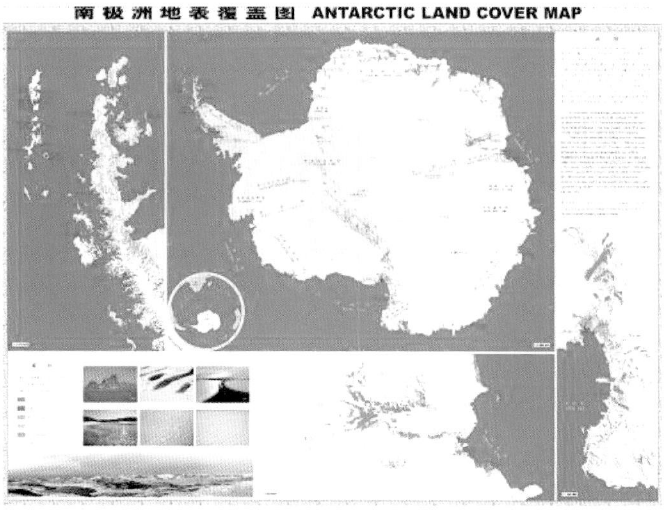

图 6-15 南极洲地表覆盖图

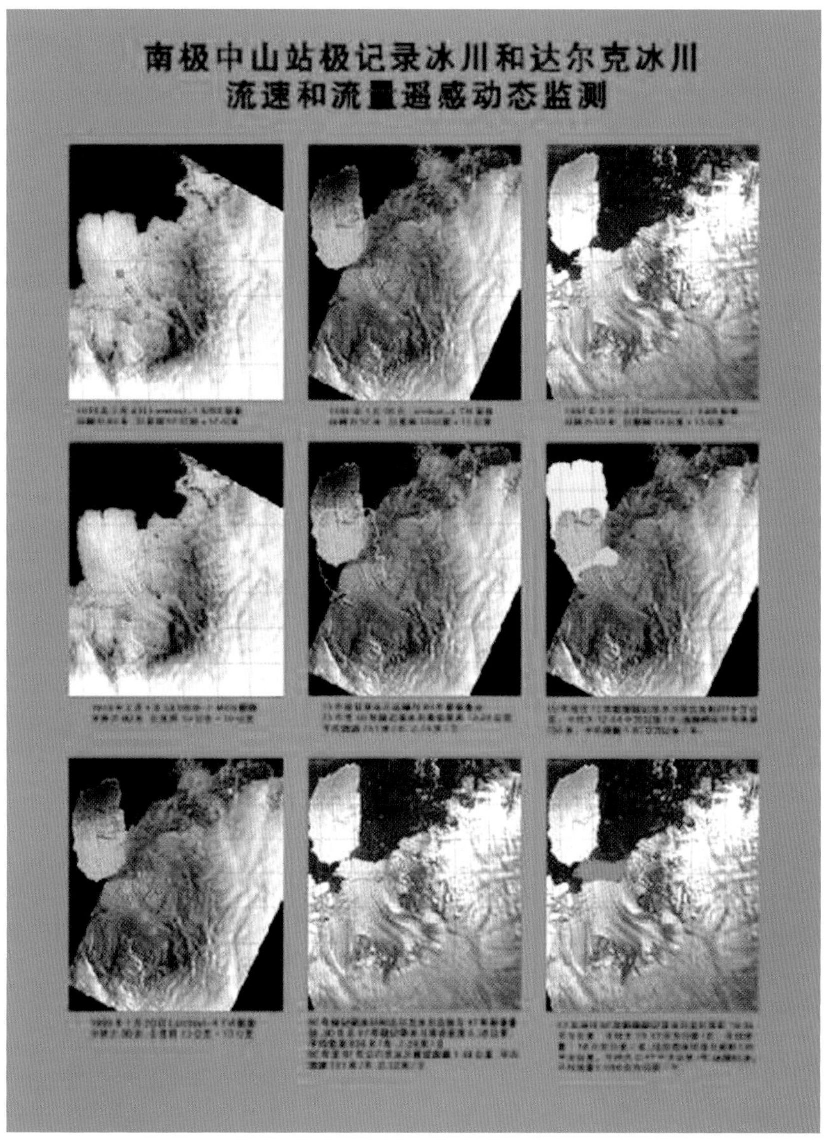

图 6-16 极记录和达尔克冰川动态变化过程

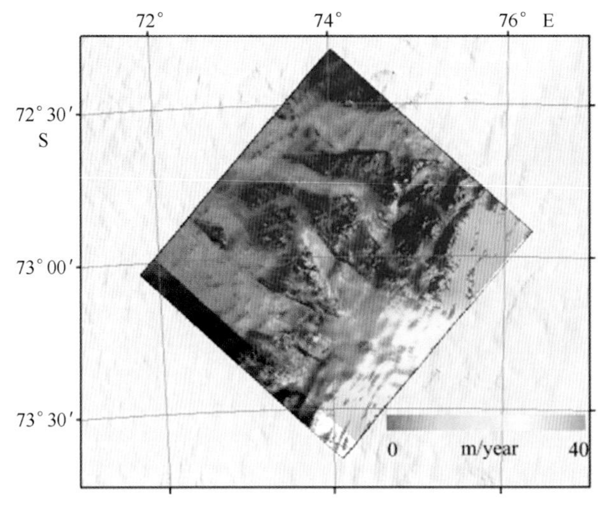

图 6-17　格罗夫山冰流速

面实测数据，确定达尔克冰川地区的冰流速（Zhou et al.，2011；周春霞等，2014）；获得极记录冰川流速的年际、季节特征及边缘时空变化（周春霞等，2014）；提出多基线联合方法，获得格罗夫山地区冰流速图，并攻克无短基线数据获取高精度冰流速的难题。

6.5.4　多源遥感数据冰架、海冰变化监测

多源卫星对地观测数据是监测南极冰架、海冰等的重要数据源（图 6-18）。利用 MODIS 海冰数据，监测中山站附近区域海冰的季节性（尤其是夏季）的消融与冻结情况以及海冰表面温度的变化（张辛等，2008）；提出了 MODIS 影像的 0.86 μm 与 1.24 μm 的新波段组合方法，并结合 AMSR-E 微波数据进行了海冰变化研究，年际变化规律印证了南极海冰 20 年长周期的推断。提出利用卫星测高回波波形数据监测南极海冰密集度，其结果与其他手段一致。

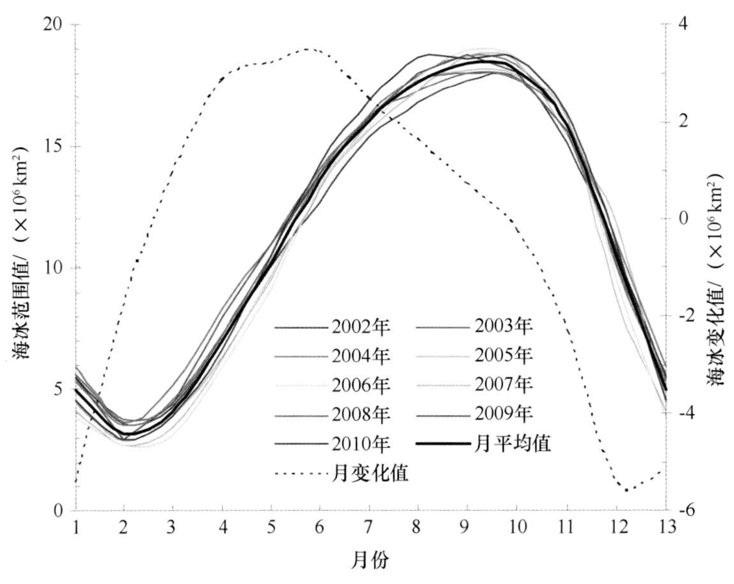

图 6-18　2002—2010 年全南极海冰的季节性变化

基于光学和微波遥感数据，研究了全南极 18 个主要冰架及海岸线的变化，首次获取了 2002—

2011 年每年一幅的动态全南极海岸线数据（张辛等，2013）。利用 ENVISAT ASAR 数据，探测了南极冰架崩解的位置、类型和发生时间，统计分析了南极冰架崩解频率和面积的时空变化（刘岩等，2013）；对埃默里冰架最前沿的裂隙进行了系统监测（赵晨等，2013）。

6.5.5 卫星测高技术用于冰盖高程及其变化探测

卫星测高数据不仅可以获取冰盖高程并探测冰面高程变化，同时还可以拓展高程相关的研究应用。研究内容包括：基于 ICESat 激光测高数据，获得了南极冰穹 A 地区的 DEM（鄂栋臣等，2007）；基于 ERS-1 和 ICESat 分辨率和精度互补的特点，联合获得了全南极冰盖表面 DEM（王泽民等，2013）；基于 ICESat 激光测高数据、ENVISAT 雷达高度计数据，建立南极冰盖 DEM。利用 ICESat 激光测高数据，基于轨道交叉点分析方法，提取了兰伯特冰川—埃默里冰架流域各个子区域内的高程方向变化量，同时评估了物质平衡状况，埃默里冰架接地线附近的冰下净消融率为（28.5±3.4）m/a（沈强等，2011）；利用 ENVISAT 卫星测高数据，采用交叉点分析算法，估算了东南极中国南极考察线路高程变化状况。利用卫星激光测高 ICESat-1/GLAS 高程数据产品提取冰架表面冰裂隙，并以埃默里冰架为例验证了这种方法探测裂隙位置的准确性和深度探测精度，并可用于追踪冰裂隙初始裂口位置和探测导致冰架崩解的高危区（刘岩等，2014）；利用时间序列的 ICESat/GLAS 数据，绘制 Mertz 冰舌的出水高度图，精确提取了冰舌厚度的分布，并估算了崩解量（王显威等，2014）（图 6-19 和图 6-20）。

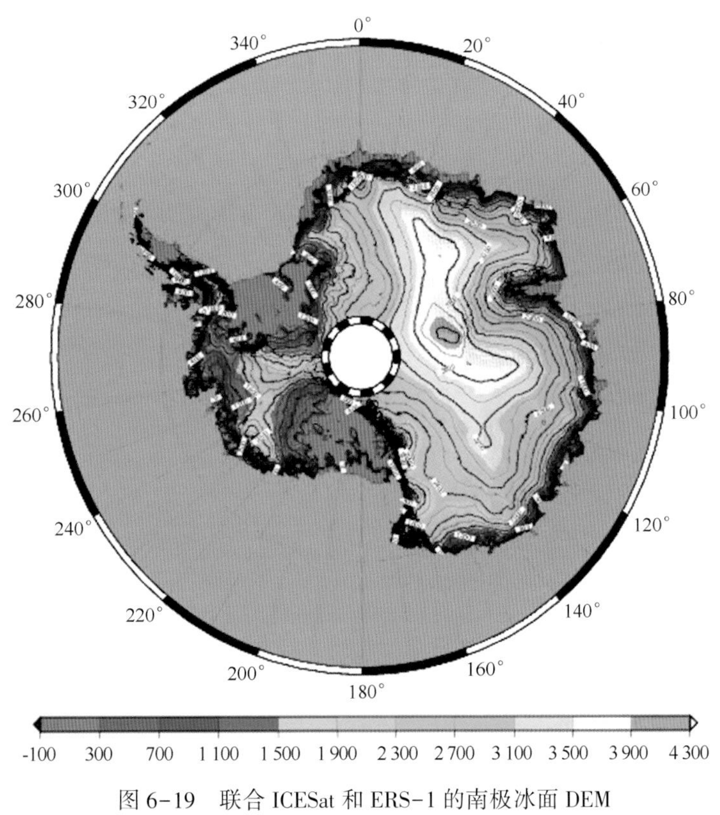

图 6-19 联合 ICESat 和 ERS-1 的南极冰面 DEM

6.5.6 基于卫星重力的南极冰雪物质平衡估算

利用 5 年的 GRACE 卫星重力数据，估算了东南极、西南极和整个南极的物质平衡状态，研究

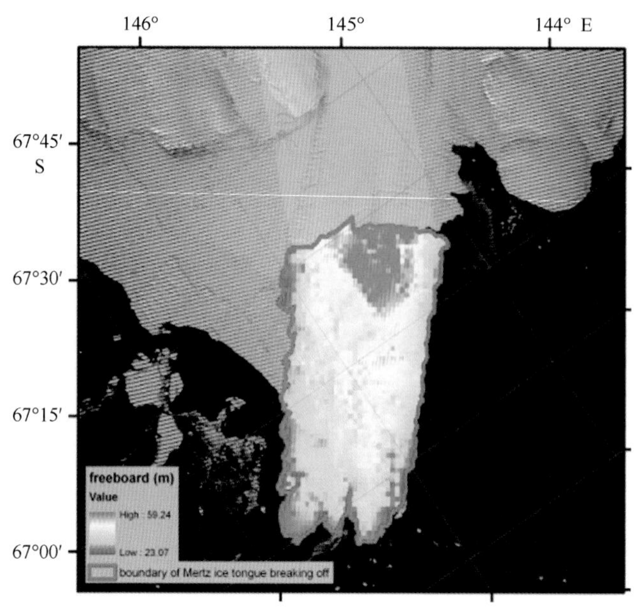

图 6-20　默茨冰架崩解下冰舌的出水高度

发现西南极阿蒙森、南极半岛存在负增长（鄂栋臣等，2009）（图 6-21）。

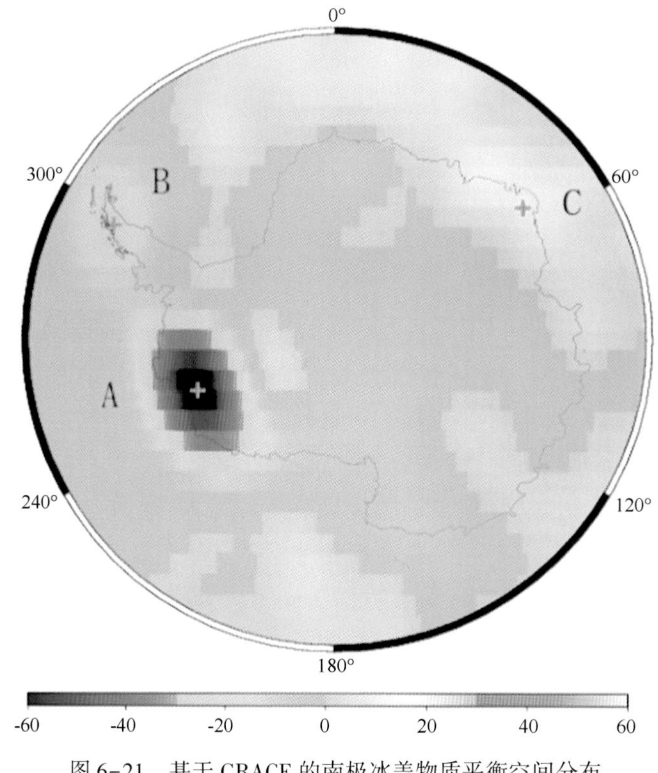

图 6-21　基于 GRACE 的南极冰盖物质平衡空间分布

6.5.7　基于 GNSS 技术的南极电离层和对流层研究

利用 GPS 反演了对流层 PWV，从整体上来看 GPS/PWV 和 Radio/PWV 结果较为一致，少部分天数两者的差距较大（程晓，2002；周悌慧，2011）。进一步提取了中山站和长城站的可降水量，与实际的气象资料记载相符合，即长城站多雨，中山站干燥少雨（图 6-22 和图 6-23）。

利用掩星数据反演了大气剖面，并提取了对流层顶参数，与臭氧对流层顶高度、无线电探空仪对流层顶等基本一致，说明掩星反演算法是有效的（屈小川，2014）。南极对流层顶整体表现为位相相反的一波结构，温度变化范围从 200~230 K，高度变化范围从 9~11 km。并且，南极对流层顶在冬季和春季“消失”，在夏季和秋季出现逆温层。

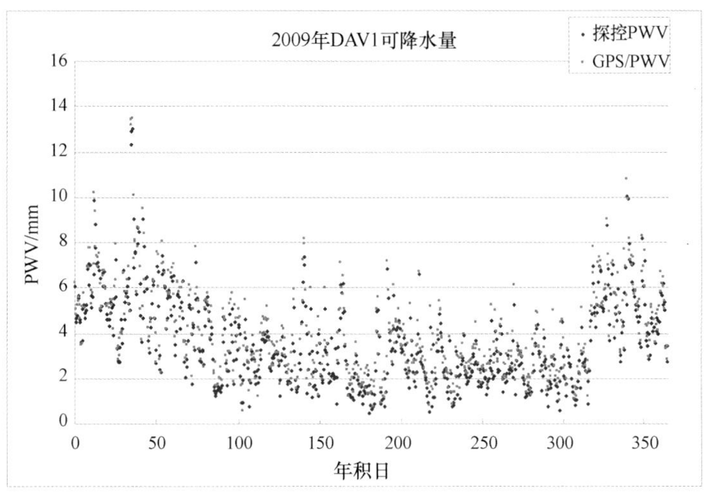

图 6-22　戴维斯站 GPS 和探空反演 PWV 的比较

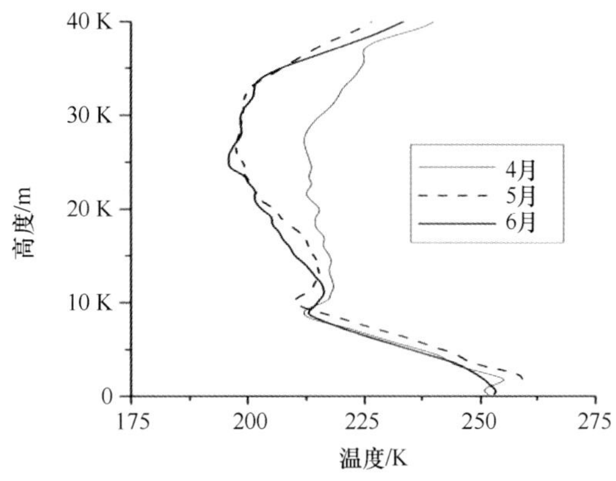

图 6-23　长城站附近温度剖面比较

6.5.8　无线传感器网络

发展了面向环境监测的无线传感器网络软硬件平台技术，并基于该平台研制了两套不同应用目的的极端环境无线传感器网络设备，在南极冰穹 A 和冰盖边缘开展了成功应用（图 6-24）。

6.6　南极数字制图与南极地名

南极数字制图是极地测绘遥感信息科学的重要分支学科，在极地地理信息应用服务中占有重要地位。它依赖于大地测量学、遥感科学和区域地理学，与现代计算机科学技术相结合，是随着我国

图 6-24　安装于南极冰盖上的无线传感器雪冻融监测系统

极地科学的发展而逐步发展起来的学科领域。30 年来，共测绘和编制了覆盖南极近 30×10^4 km^2 的各类地图 400 多幅，开发了多媒体电子地图、网络电子地图、移动终端电子地图等新的地图品种，命名了 300 多条南极地名，为我国极地考察提供了有力的测绘保障和地理信息服务，丰富了极地科学研究成果，维护了国家在南极的权益。

从 1984 年开始，完成了我国第一张南极实测地形图——中国南极长城站地图，并命名了中国第一个南极地名——长城湾。1987 年测绘印刷了乔治王岛菲尔德斯半岛的国际上第一幅精确航测地形图。1992 年，小像幅航摄并编制了南极首张影像地图——拉斯曼丘陵影像地形图。1999 年和 2005 年，采用事后差分 GPS 方法分别测绘了南极格罗夫山核心区和冰穹 A 地区地形图。目前，在南极已编制或测绘多个区域、多个系列比例尺的地图 400 多幅。大中比例尺地形图和影像地图覆盖了菲尔德斯半岛地区、拉斯曼丘陵地区、格罗夫山地区、冰穹 A 地区；卫星影像地图覆盖了中山站到冰穹 A 考察断面。编制了小比例尺地理图、大中比例尺地形图、影像地图、地图集、多媒体电子地图、网络电子地图和移动终端电子地图应用服务等。

6.6.1　南极系列地图研究

随着我国极地事业的发展、极地考察与科学研究的需求的增加和科学技术的不断进步，南极数字制图的内容发生了变化。主要表现为 3 个方面：一是地图内容由单一的普通地理要素发展到科学考察要素、南北极气候、地质、生态、区域地貌等诸多资源环境专题要素，涉及的学科领域更广；二是表现为由普通地理要素的空间分布特征，向要素的多方面特征及其相关制图发展，体现南极多学科科学研究的深度和广度；三是表现为由单一用途的单幅地图向多用途的系列地图、专题地图、综合性地图集方向发展。编制了一系列极地相关专题的定量专题地图、评价结论地图、动态模拟地图等。总之，南极数字制图向专题化和综合性方向有了长足的发展。代表性成果有：中国南极长城站（中山站）站区—菲尔德斯半岛（协和半岛）—乔治王岛（拉斯曼丘陵）系列地图；格罗夫山地区蓝冰分布图、陨石分布图、菲尔德斯半岛地质图、地貌图、脆弱生态环境分布图（庞小平等，2000，2006；鄂栋臣等，2005）；冰下地形图（Wang et al.，2014）、《南北极地图集》等。其中，南极洲全图、《南北极地图集》获得中国测绘学会优秀地图作品裴秀金奖，南北极系列地图获得银奖，南极洲全图还获得了国际制图协会杰出地图作品奖（图 6-25 至图 6-27）。

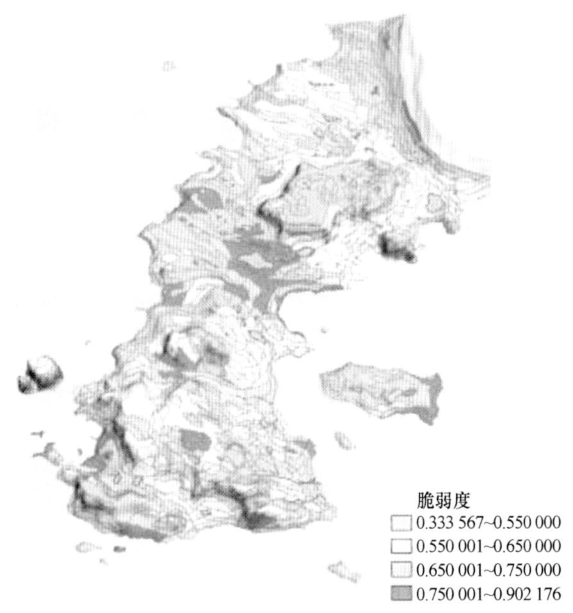

图 6-25　菲尔德斯半岛生态环境脆弱度分布

图 6-26　南北极地图集

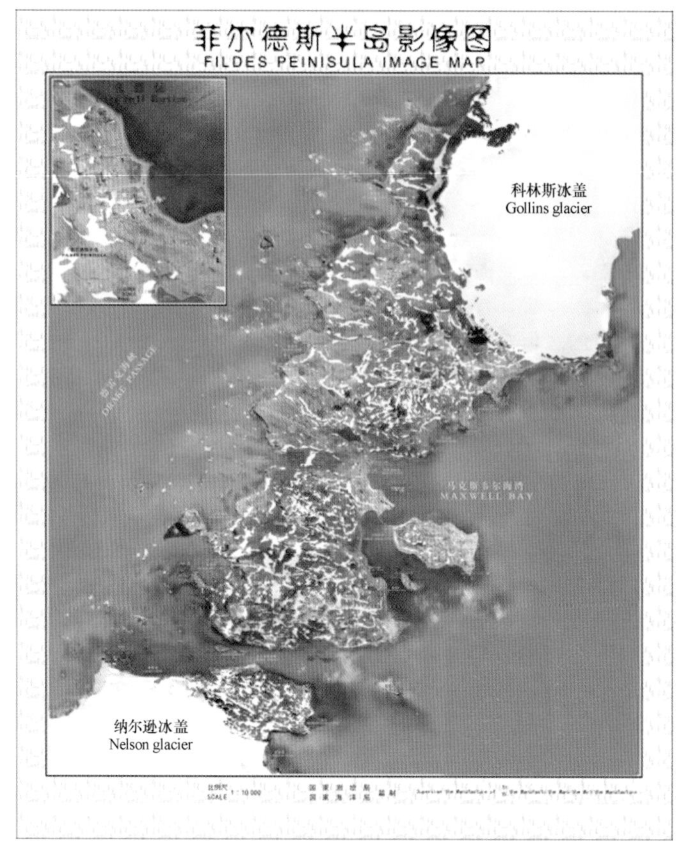

图 6-27　菲尔德斯半岛数字正射影像图

6.6.2　多元化地图产品研究

随着数字制图技术的发展，极大地丰富了南极地图产品的数量和类型。地图服务由原来的传统纸质地图为主发展为纸质地图、4D 产品、多媒体电子地图、网络电子地图、移动终端地图服务等多种形式并重的格局。主要包括各个考察站站区的大比例尺地形图、公开出版的南极系列地图、南极洲全图、南北极多媒体电子地图、中山站—冰穹 A 断面考察导航电子地图、南极地图 APP 等。丰富的地图品种极大地满足了极地考察管理部门规划决策、现场考察、多学科科学研究等不同层次用户的需求（庞小平等，1999，2000；李雪梅等，2006）。

6.6.3　制图方法和工艺研究

南极制图最初经历了由手工制图向遥感制图和计算机辅助制图发展，拓展了南极制图的信息源，提高了制图的自动化程度，缩短成图周期，保证了地图的现势性，提高了成图质量，改变了传统地图的使用方式（图 6-28 和图 6-29）。重点开展了基于遥感和 GPS 相结合的南极数字测图和专题制图研究、基于彩色地图桌面出版技术和图库一体化的制图工艺、地理信息可视化研究等（鄂栋臣等，2003）。在野外测图极端困难的极地地区，将遥感技术应用于极地制图，特别是多分辨率、多光谱、多时相遥感图像的获取和使用，使得遥感制图方法从辅助的制图方法变成了重要的制图手段（Pang et al.，2005）。主要包括基于遥感影像的 DEM 获取和专题信息挖掘与遥感专题制图。结合南北极环境与资源调查系列标准底图制作与发布项目，研究了制图与建库数据的图库一体化地图

图 6-28　南北极电子地图

图 6-29　极地地图在线服务平台

生产工艺，即在同一软件下完成建库数据生产的同时，也能完成制图数据的生产，两套数据作为一个整体存储。

6.6.4　南极地名命名与标准化研究

针对我国南极科学考察区域地理实体名称的具体问题，根据有关地名法规的规定，结合国家和国际标准化的要求，确定了规范南极地名的基本原则和技术路线，对南极地名进行了综合、系统的分析和研究，然后对它们进行汉字与罗马字母拼写的规范化处理，并对地理实体的坐标实施精细化处理，最后给出 359 条中国在南极的标准地名。同时开展了地名标准化研究，制定了相关的标准规范。359 条标准地名经国家民政部审批通过，已报 SCAR 南极地名工作组。编制出版了《南极洲中国地名词典》、《南极地名标准化研究》、《南极地名 第 1 部分：通名》（GB/T 29633. 1—2013）和《南极地名 第 2 部分：分类与代码》（GB/T 29633. 2—2013）。《南极地名图册》目前正在编制中（图 6-30）。

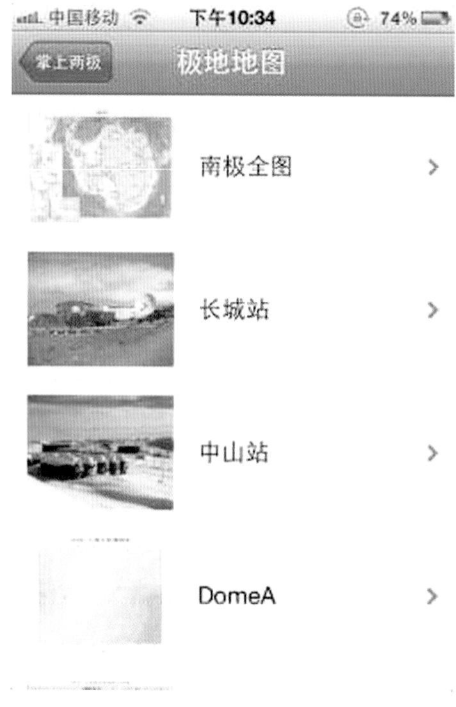

图 6-30　移动端极地地图 APP

6.7　南极地理信息系统与应用

地理信息系统（GIS）自诞生以来经历了快速发展，也在我国南北极考察中得到了广泛应用（图 6-31 和图 6-32）。

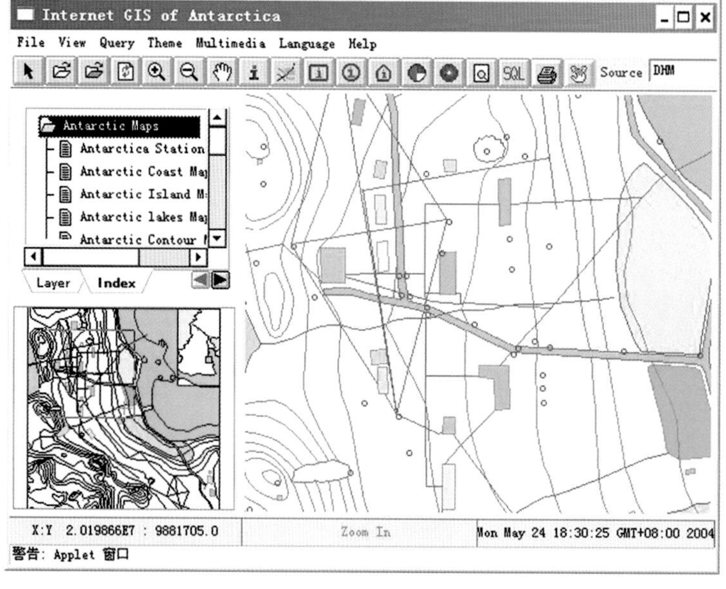

图 6-31　中国互联网南极地理信息原型系统

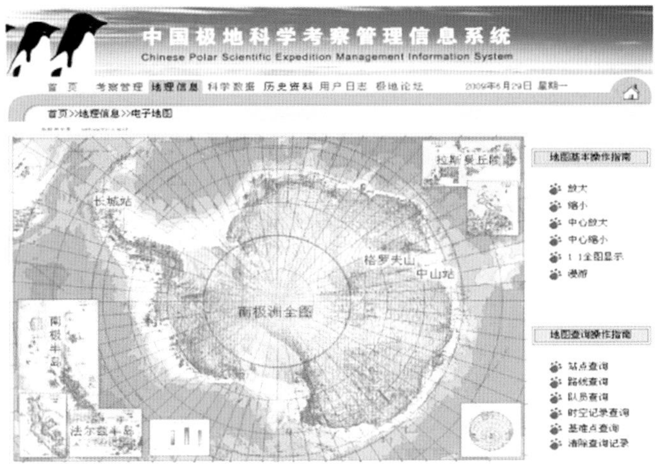

图 6-32　中国极地科学考察管理信息系统

6.7.1　我国南极 GIS 发展进程

我国南极 GIS 的研究起步不算晚，1999 年 3—7 月中国南极测绘研究中心初步建立了中国互联网南极地理信息原型系统，并于同年在波兰华沙召开的第二届国际南极大地测量会议上进行了介绍，得到国际同行的认可（陈能成等，2000）。随后的 2000 年 7 月，SCAR 在武汉召开乔治王岛地理信息系统国际研讨会。鉴于我国在南极 GIS 研究的迅速发展，国家海洋局极地考察办公室于 2002 年 10 月在武汉召开中国南极互联网 GIS 研讨会，并立项建设“基于 GIS 的中国极地科学考察管理信息系统”，这不仅促进了我国极地科考管理信息化水平的提升，也进一步推动了我国南极 GIS 的研究建设。为此，SCAR 于 2004 年 5 月 27—29 日在武汉召开东南极 GIS 国际研讨会，来自美国、加拿大、德国、意大利、波兰、俄罗斯等国的专家与会。SCAR 两次在武汉召开 GIS 国际研讨会，充分体现了我国在南极 GIS 研究领域的领先工作地位。

6.7.2　我国南极 GIS 的主要进展

南极 GIS 研究和建设的核心目标，是整合南极各领域的多种信息资源，为南极研究、考察规划、管理决策提供服务。已经开展了如下工作。

1）基于 GIS 的数据共享和科学研究

GIS 自身的发展迅猛，其对南极研究的贡献也是不可忽视的，利用 GIS 手段开展相关学科的空间数据分析和统计，具有先天的优势。例如，利用 GIS 开展南极长城站所在的菲尔德斯半岛生态脆弱性评价（Pang et al.，2005），基于 GIS 开展格罗夫山自然保护区信息系统建设（陈能成等，2009），利用 Web GIS 开展格罗夫山陨石回收的分布规律研究（Zhou et al.，2011），以及通过 GIS 软件开展冰川地形数据的制图出版（艾松涛等，2012）等。

2）虚拟站区建设

虚拟现实（virtual reality）是 GIS 发展的一个分支，充分利用三维仿真的可视化与沉浸感，给人以置身其中的真实感受。目前，虚拟现实主要是指真三维场景的重建，想要场景越逼真，则所需重建细节越多，其工作量越大。以虚拟考察站区为例，其主要包含了建筑物尺寸大小的测量、表面纹理采集、数字建模、在线发布等多个环节。在 2005 年、2006 年极地考察期间，测绘队员集中开展了站区建筑物纹理的采集，结合之前已有的基础数据，通过不同的技术路线完成了我国南极长城站、中山站、北极黄河站三个站点的站区虚拟现实建设（鄂栋臣等，2006；孟成等，2012）。其间还开展了虚拟“雪龙”船的建设，连同虚拟站区一起，为我国考察队员，尤其是新队员的培训起到了积极的作用。

3）破冰船应急管理

破冰船是开展南北极考察的一个重要运输工具兼科考平台。长期以来，我国的破冰船一旦出海就如同信息孤岛，船岸信息的交互极度匮乏。2009 年，一个基于 Web GIS 的破冰船与国内互动的信息平台——“雪龙在线”投入运行，为极地考察主管部门、考察队员及其家属以及社会公众提供一个了解“雪龙”号航行状态、关注极地考察的窗口，并可通过国内专家团队和专业数据产品为“雪龙”号航行提供有益的信息支撑（艾松涛等，2011）。在此基础上，开展了实时海冰影像的叠加发布（田璐等，2012）；借助手机短信、电子邮件等主动服务手段，建立了雪龙手机报、一周两极播报等极地信息分发机制（图 6-33 和图 6-34）。

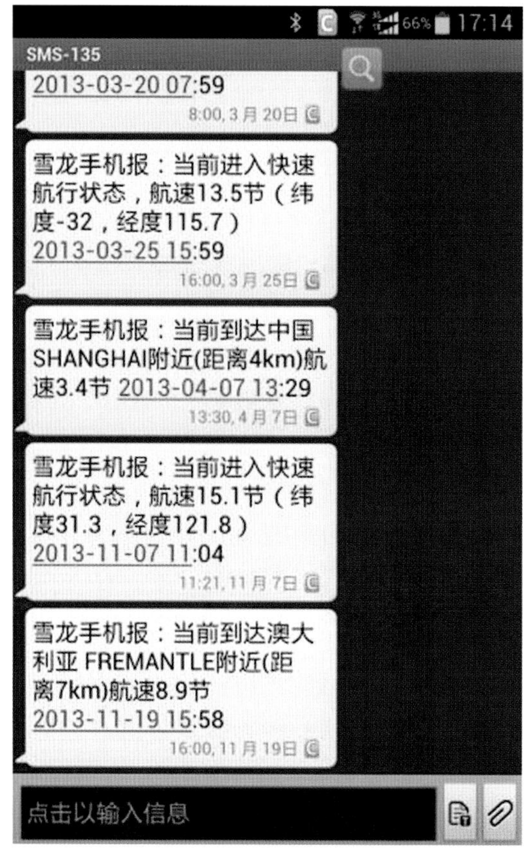

图 6-33 “雪龙”手机报

2009 年，中国极地研究中心与武汉大学等单位联合开发了 PANDA 断面地理信息系统，实现了我国极地考察站点、航线以及资源分布的三维可视化表达，提供了包括控制点，栅格、矢量地图，三维建筑模型、遥感影像以及 DEM 等多种空间数据的共享服务（图 6-35）。

移动互联网的发展势不可当。2013 年，武汉大学研制了首款与极地相关的极地信息移动终端服务平台软件——“掌上两极”。“掌上两极”开发了 iOS 和 Android 两个版本，不仅包含基础的地理信息资源，更融合了极地影像、极地气象、队员报名等诸多功能，方便科研人员和社会公众快速获取南北极环境信息，接入极地网络业务流程（图 6-36）。

图 6-34　一周两极播报

图 6-35　PANDA 极地空间数据共享服务系统

6.8　结语与展望

我国 30 年来的南极测绘考察和研究完成了东西南极站区附近的大地测量基准建设，在南极中山站、长城站建立了导航卫星跟地面跟踪站、常年验潮站以及绝对重力点。从 1992 年开始开展了南极航空摄影测量工作，获得了拉斯曼丘陵和菲尔德斯半岛地区航空影像图和航测地形图。完成了南极遥感参数的现场采集、合作目标的布设、现场标定等工作，并开展了遥感测图、冰流速和冰雪变化等研究。测绘和编制了覆盖南极近 30×10^4 km^2 的各类地图 400 多幅，命名了 300 多条南极地名。

图 6-36　掌上两极

通过 30 年测绘人的不断努力，已基本建立了南极大地测量基准，但还需要继续向现代高精度、时变基准迈进。例如，建立高精度的连续重力基准观测站，以满足南极冰雪质量变化监测所需。通过建立激光人卫观测站，获得高精度的地心基准，填补南极地区的空白。

基于测绘遥感技术的南极冰雪变化监测是一项长期的科学任务，需要充分利用高精度、高分辨率、高时空的空间技术手段，并结合地面连续观测站、机载测绘遥感平台系统，更大范围更加深入地开展冰雪环境监测研究。在极地制图方面，根据极地特殊地理环境和气候特征，开展反映南北极特征的环境与气候变化专题制图。从极地景观、形态、构造不同层面表达南北两极环境变化特征。编制系列南北极地貌景观图、地质构造图、环境类型图、气候图等。我国南极 GIS 的发展目前处在空间数据、应用模型和网络服务的集成阶段，还在逐步建立可互操作的南极空间信息基础设施，为南极制图、考察管理、科学研究、科考决策提供空间数据资源。随着“数字地球”认识的不断加深，未来南极 GIS 的研究也将向“数字南极”方向发展，从目前对极地空间数据和属性数据的可视化表现，向异构数据库互操作集成和基于知识的极地智能专家系统发展。通过多学科交叉、新技术应用，开展全球尺度的系统性、集成性研究已成为国际趋势。全球及南极环境监测研究，需要在卫星遥感，现场地面观测网络，机载平台观测，模型、同化和再分析系统，数据管理系统等方面不断探索，不断利用新技术和新方法，减少现有研究的不确定性，增强定量监测南极冰雪环境变化的能力。极地测绘 30 年是科考队员挥洒汗水、努力拼搏的 30 年，也是科技工作者夜以继日、忘我工作的 30 年，其成果填补了多项极地测绘空白，并在国际交流与合作中发挥了重要作用。随着我国极地科考的深入和加强，测绘事业必将创造更辉煌的明天。

参考文献

艾松涛，鄂栋臣，朱建钢，等. 2011.“雪龙在线”网络信息平台的研发与展望. 极地研究，23（1）：56-61.

艾松涛，王泽民，鄂栋臣，等. 2012. 基于 GPS 的北极冰川表面地形测量与制图. 极地研究，24（1）：53-59.

陈春明，鄂栋臣，徐绍铨. 1990. 南极长城站地区卫星多普勒定位的数据处理及精度分析. 南极研究，2（4）：57-63.

陈春明，鄂栋臣，邱卫宁. 1998. 西南极菲尔德斯半岛地壳形变监测的数据处理与分析. 极地研究，10（1）：71-76.

陈能成，龚健雅，鄂栋臣. 2000. 互联网南极地理信息系统的设计与实现. 武汉测绘科技大学学报，25（2）：133-136.

陈能成，陈亘晗，鄂栋臣，等. 2009. 南极 Grove 山自然保护区信息系统的设计与实现. 地球信息科学学报，11（1）：56-61.

程晓，徐冠华，周春霞，等. 2002. 应用 GPS 资料反演南极大气可降水量的试验分析. 极地研究，14（2）：136-144.

程晓. 2011. 南极洲地表覆盖图. 中国地图出版社，出版号：GS（2011）1752 号.

鄂栋臣，刘永诺，国晓港. 1985. 南极测绘. 测绘学报，14（4）：305-314.

鄂栋臣，张小红，陈春明，等. 1999. 西南极菲尔德斯海峡断层 GPS 卫星地壳形变监测网的重建和数据分析. 极地研究，11（4）：285-290.

鄂栋臣，庞小平. 2003. 中国南极海道测量与海图制图现状与进展. 第三届 HCA 国际学术会议.

鄂栋臣，詹必伟，姜卫平，等. 2005. 应用 GAMIT /GLOBK 软件进行高精度 GPS 数据处理. 极地研究，17（3）：173-182.

鄂栋臣，李海亭，庞小平. 2005. 南极互联网电子地图的数据获取及管理机制. 测绘与空间地理信息，（5）：1-4.

鄂栋臣，张胜凯. 2006. 国际南极大地参考框架的构建与进展. 大地测量与地球动力学，26（2）：104-108.

鄂栋臣，曹健，艾松涛. 2006. 北极黄河站站区虚拟现实建设的方法与实践. 极地研究，18（2）：116-121.

鄂栋臣，何志堂，王泽民，等. 2007. 中国南极长城站绝对重力基准的建立. 武汉大学学报（信息科学版），32（8）：688-691.

鄂栋臣，徐莹，张小红. 2007. ICESat 卫星及其在南极冰穹 A 地区的应用. 武汉大学学报（信息科学版），32（12）：1139-1142.

鄂栋臣，姜卫平，詹必伟，等. 2009. 南极板块运动新模型的确定与分析. 地球物理学报，52（1）：41-49.

鄂栋臣，杨元德，晁定波. 2009. 基于 GRACE 资料研究南极冰盖消减对海平面的影响. 地球物理学报，52（9）：2222-2228.

鄂栋臣，沈强，徐莹，等. 2009. 基于 ASTER 立体数据和 ICESat/GLAS 测高数据融合高精度提取南极地区地形信息. 中国科学 D 辑：地球科学，39（3）：351-359.

鄂栋臣，赵珞成，王泽民，等. 2011. 南极拉斯曼丘陵重力基准的建立. 武汉大学学报（信息科学版），36（12）：1466-1469.

鄂栋臣，张辛，王泽民，等. 2011. 利用卫星影像进行南极格罗夫山蓝冰变化监测. 武汉大学学报（信息科学版），36（9）：1009-1011.

鄂栋臣，黄继峰，张胜凯. 2013. 南极中山站潮汐特征分析. 武汉大学学报（信息科学版），38（4）：379-382.

甘昱，庞小平，李雪梅. 2005. 大比例尺彩色地貌晕渲图的生成技术. 测绘通报，（11）：58-62.

黄华兵，程晓，宫鹏，等. 2014. 基于星载激光雷达和雷达高度计数据的南极冰盖表面高程制图. 遥感学报，18（1）：117-125.

姜卫平，鄂栋臣，詹必伟，等. 2009. 南极板块运动新模型的确定与分析. 地球物理学报，52（1）：41-49.

李雪梅，庞小平，等. 2006. 影像地图集矢量要素与影像的协调处理. 测绘与空间地理信息，29（1）：105-108.

刘岩，程晓，惠凤鸣，等. 2013. 利用 EnviSat ASAR 数据监测南极冰架崩解. 遥感学报，17（3）：479-494.

刘岩，程晓，惠凤鸣，等. 2014. 卫星激光测高探测极地冰架表面裂隙方法. 中国科学：地球科学，44（2）：302-312.

孟成，鄂栋臣，艾松涛. 2012. 极地考察站三维信息系统的设计与实现. 测绘通报，（3）：23-25.

庞小平，等. 1999. 多媒体电子地图的设计. 99 全国 GIS 与电子地图学术研讨会论文集.

庞小平，等. 2000. DTP 下超大幅面地图生产的若干问题探讨. 测绘通报，（4）：18-19.

庞小平，等. 2006. 真彩色城市影像地图的统一协调性研究. 武汉大学学报（信息科学版），31（6）：481-483.

屈小川，安家春，刘根. 2014. 利用 COSMIC 掩星资料分析南极地区对流层顶的变化特性. 武汉大学学报（信息科学版），39（5）：605-610.

沈强，陈刚，鄂栋臣，等. 2011. 基于ICESat轨道交叉点分析的东南极Lambert-Amery系统当前高程变化特征分析. 地球物理学报，54（8）：1983-1989.
孙家抦. 2001. 遥感方法探测南极Grove山地陨石分布. 遥感信息，（3）：27-29.
孙家抦. 2001. 格罗夫山无地面控制卫星数字卫星影像数字制图和地貌、蓝冰及陨石分布分析. 极地研究，13（1）：21-31.
孙家抦，霍东民，孙朝辉. 2001. 极记录冰川和达尔克冰川流速的遥感监测研究. 极地研究，13（2）：117-128.
田璐，艾松涛，鄂栋臣，等. 2012. 南大洋海冰影像地图投影变换与瓦片切割应用研究. 极地研究，24（3）：284-290.
王连仲，马新文，郑福海. 2006. 非量测相机在南极大比例尺成图中的应用. 测绘与空间地理信息杂志，29（6）：5-8.
王连仲，于庆国. 2008. 非量测相机航空摄影航线设计及应用. 测绘工程杂志，17（5）：41-43.
王清华，鄂栋臣，陈春明. 2001. 中山站至A冰穹考察及沿线GPS复测结果分析. 武汉大学学报（信息科学版），26（3）：200-204.
王清华，陈能成，鄂栋臣，等. 2002. 中国南极地理信息系统的设计及其在互联网上的实现. 极地研究，14（2）：153-162.
王显威，程晓，黄华兵，等. 2013. 结合GPS和GLAS数据生成冰穹A区域DEM. 遥感学报，17（2）：439-451.
王泽民，熊云琪，杨元德，等. 2013. 联合ERS-1和ICESat卫星测高数据构建南极冰盖DEM. 极地研究，25（3）：1-7.
吴文会，殷福忠，吴迪. 2010. 基于直升机平台及非量测数码相机的南极航空摄影测量技术研究. 极地研究杂志，22（2）：190-198.
张春奎，庞小平，鄂栋臣，等. 2005. 新版《南极洲全图》的设计特点. 测绘信息与工程，30（5）：19-21.
张春奎，庞小平，等. 2006. 特征数据模型在《南极赛博地图集》数据描述中的应用. 测绘与空间地理信息，（1）：7-10.
张辛，鄂栋臣. 2008. MODIS海冰数据监测中山站附近海冰的季节性变化. 极地研究，20（4）：346-354.
张辛，鄂栋臣，安家春. 2013. 基于多源遥感数据的南极冰架与海岸线变化监测. 地球物理学报，56（10）：3302-3312.
周春霞，鄂栋臣，廖明生. 2004. InSAR用于南极测图的可行性研究. 武汉大学学报（信息科学版），29（7）：619-623.
周春霞，鄂栋臣，王泽民. 2008. 基于灰度共生矩阵的Grove山地区冰裂隙探测. 极地研究，20（1）：23-30.
周春霞，邓方慧，艾松涛，等. 2014. 利用DInSAR的东南极极记录和达尔克冰川冰流速提取与分析. 武汉大学学报（信息科学版），39（8）：24-28.
周悌慧. 2011. 地基GPS气象学技术在南极地区的应用研究. 武汉：武汉大学.
Cheng X，G Xu. 2006. The integration of JERS-1 and ERS SAR in differential interferometry for measurement of complex glacier motion. Journal of Glaciology，52（176）：80-88.
Cheng X，X Li，Y Shao，et al. 2007. DINSAR measurement of glacier motion in Antarctic Grove Mountain. Chinese Science Bulletin，52（3）：358-366.
Cheng X，Gong P，Zhang YM，et al. 2009. Surface topography of Dome-A Antarctica from differential GPS measurements. Journal of Glaciology，55（189）：185-187.
Zhou Chunxia，Ai Songtao，Chen Nengcheng，et al. 2011. Grove Mountains meteorite recovery and relevant data distribution service. Computers & Geosciences，37（11）：1727-1734.
E Dongchen，Zhou Chunxia，Liao Mingsheng. 2004. Application of SAR Interferometry on DEM Generation of the Grove Mountains. Photogrammetric Engineering & Remote Sensing，70（10）：1145-1149.
Guo Penggong. 2013. An improved Landsat Image Mosaic of Antarctica，Science China Earth Sciences，56（1）：1-12.
Hui Fengming，Tianyu Ci，Xiao Cheng. 2014. Mapping blue-ice areas in Antarctica using ETM^+ and MODIS data. Annals

of Glaciology, 55 (66): 129-137.

Pang Xiaoping. 1997. A Study of Cartographic Information Theory Used in Map Making, 18TH ICA/ACI International Cartographic Conference.

Pang Xiaoping, E Dongchen, He Zongyi. 2001. Spatial Graphical Data Organization in Polar Region Database of China, Proceeding of the 20th International Cartographic Conference (ICC), Beijing, China, 6-10 August, 1022-1025.

Pang Xiaoping. 2003. A GIS for environment protection in Fildes Peninsula, King George Island, Antarctica. Mapping the 21st Century. 2426-2429.

Pang Xiaoping, E Dongchen. 2005. Mapping the Ecological Distribution in Fildes Peninsula Based on GIS, The 22nd International Polar Meeting, Jena, Germany, 18-24.

Wang X, Cheng X, Gong P, et al. 2014. Freeboard and mass extraction of the disintegrated Mertz Ice Tongue with remote sensing and altimetry data. Remote Sensing of Environment, 144 (25): 1-10.

Wang Zemin, Tan Zhi, Ai Songtao. 2014. GPR Surveying in the kernel area of Grove Mountains, Antarctica. Advances in Polar Science, 25 (01): 26-31.

Yang Y, ED, Wang H, et al. 2011. Sea ice concentration over the Antarctic Ocean from satellite altimetry. Science China: Earth Sciences, 54 (1): 113-118.

Yang Y, Hwang C E D. 2014. A fixed full-matrix method for determining ice sheet height change from satellite altimeter: an ENVISAT case study in East Antarctica with backscatter analysis. Journal of Geodesy, DOI 10. 1007/s00190-014-0730-z.

Zhang Xiaohong, Ole B Andersen. 2006. Surface ice flow velocity and tide retrieval of the Amery ice Shelf using precise point positioning. Journal of Geodesy, DOI 10. 1007/s00190-006-0062-8.

Zhang Shengkai, E Dongchen, Wang Zeming, et al. 2007. Surface topography around the summit of Dome A, Antarctica, from Real-Time kinematic GPS. Journal of Glaciology, 53 (180): 159-160.

Zhang Shengkai, E Dongchen, Wang Zeming, et al. 2008. Ice velocity from static GPS observations along the transect from Zhongshan Station to Dome A, East Antarctica. Annals of Glaciology, 48: 113-118.

Zhao C, Cheng X, Liu Y, et al. 2013. The slow-growing tooth of the Amery Ice Shelf from 2004 to 2012. Journal of Glaciology, 59 (215): 592-596.

Zhao Xi, Pang Xiaoping. 2007. Unification and Harmonization in True Color City Image Map. Geo-spatial Information science, 10 (1).

Zhou Chunxia, Ai Songtao, Chen Nengcheng, et al. 2011. Grove Mountains Meteorite Recovery and Relevant Data Distribution Service. Computers & Geosciences, 37 (11): 1727-1734.

Zhou Chunxia, Zhou Yu, E Dongchen, et al. 2012. Estimation of Ice Flow Velocity of Calving Glaciers Using SAR Interferometry and Feature Tracking, Proc. Fringe 2011 Workshop, Frascati, Italy, 19-23 September 2011 (ESA SP-697, January 2012).

Zhou Chunxia, Zhou Yu, Deng Fanghui, et al. 2014. Seasonal and interannual ice velocity changes of Polar Record Glacier in East Antarctica. Annals of Glaciology, 55 (66): 45-61.

Zhou Chunxia, Deng Fanghui, Wan Lei, et al. 2104. Application of synthetic aperture radar remote sensing in Antarctica, Proc. SPIE 9158, Remote Sensing of the Environment: 18th National Symposium on Remote Sensing of China, 91580L (May 14, 2014); doi: 10. 1117/12. 2063869.

Zhou Yu, E Dongchen, Wang Zemin. 2014. A Baseline-Combination Method for Precise Estimation of Ice Motion in Antarctica. Transactions on Geoscience and Remote Sensing, 52 (9): 5790-5797.

7 南极冰川学考察与研究

7.1 概述

南极是地球上的气候敏感地区，也是研究全球变化的关键区域，因而，对南极冰川、冰盖、冰架的考察研究具有重要的科学意义。中国南极冰川学研究始于20世纪70年代末。最初的4年（1980—1984年），我国冰川学家通过与澳大利亚、日本、法国等南极考察队的学习交流，初步奠定了我国南极冰川研究的基础。随后的11年（1985—1995年），随着长城站、中山站的建设，我国南极冰川学考察研究进入了全面、系统发展阶段。中山站的建成为我国开展南极内陆冰川学考察和研究提供了重要支撑。1996年以来，以中山站为基础，我国已开展了11次中山站—冰穹A断面冰川学考察研究，完成了一系列从近岸到内陆冰穹的冰川学考察，取得了一系列重要进展。在第四次国际极地年（IPY）期间，我国科学家提出的中山站—冰穹A断面考察被列为南极冰川学考察研究的重要组成部分，即PANDA计划，依托该计划我国南极冰川学实现了跨越式发展。2009年我国第一个南极内陆科学考察站昆仑站的建成，为我国深冰芯科学工程的开展提供了保障。2013年中山站—冰穹A断面上建成中继考察站泰山站，进一步加强了我国南极内陆冰川科学考察的保障能力，为冰穹A深冰芯钻探及科学研究进程的加快提供了重要的基础。1984年至今，我国南极冰川学在冰川（盖）现代特征观测、冰川物质平衡观测、冰川气候、冰川水文特征等方面取得了一系列显著成果，形成了一支在国际冰川学领域具有重要影响力的研究队伍。

7.2 我国南极冰川学研究发展历程

20世纪80年代是我国南极冰川学研究的起步阶段，主要是通过参加国外的考察队，为我国自行组队开展南极研究做好准备；建立中国首个南极考察站，初步独立开展南极冰川考察；参加国际横穿南极考察，提高中国南极冰川学研究水平。

1981—1983年，中国首次派冰川学家谢自楚参加澳大利亚南极考察队，与澳大利亚科学家一起围绕劳—冰穹地区进行冰盖表层物理特征考察和浅冰芯研究（秦大河等，1988；秦大河等，1991；秦大河等，1998；秦大河等，2001；施雅风等，1994）。谢自楚还将劳—冰穹BHQ部分样品带回国内进行实验分析研究（谢自楚等，1994）。在中国与澳大利亚持续性合作研究中，中国学者在雪冰物理过程和冰芯物理研究取得了许多成果，其中关于南极冰盖成冰带划分、雪层密实化过程、冰芯晶体组构和力学实验研究为中国南极冰川学研究奠定了基础。1983年8月，秦大河被派往澳大利亚参加中澳合作南极考察研究。在近1年半的南极考察期间，他参加了从凯西站向内陆1 000 km的考察活动，冬季还兼海冰观测。1985年10月回国后，秦大河就此次南极冰盖考察结果完成了十多篇论文，在雪的密实化过程等方面提出了独特见解。1987年11月，在国家自然科学基金委员会支持下，秦大河再赴南极，以中国南极长城站为基地，系统开展了亚南极冰帽—Nelson 冰帽的研究，并担任长城站越冬站长，期间翻译了极地冰芯研究经典著作——《极地冰盖中的气候记录》。

1989 年 7 月，秦大河与美国、法国、英国、苏联、日本五国队员组成的六人“国际横穿南极考察队”，沿横贯南极最长距离、历时 220 天，徒步横穿南极大陆 5 896 km，系统开展了沿途冰川学考察与雪冰样品采集，被同伴称之为“疯狂的科学家”。秦大河通过东南极冰盖由边缘至内陆高原的断面考察研究，亚南极冰帽研究以及近 6 000 km 徒步横穿南极冰盖考察研究，在国际上取得了系统性的有关雪冰物理、化学和生物地球化学过程研究成果，这些成果即使与南极研究历史比较悠久的西方发达国家相比，也是最为系统的。通过研究得出的重要科学认识如下（Qin et al.，1992；Qin et al.，1994）。

（1）将南极冰盖雪密实化过程划分为暖型、冷型和交替型三种，建立了每种过程的成冰深度、年平均温度、雪的密度变幅、雪的压缩粘滞系数、晶体生长速率、C 轴组构和扁平率等参数的定量标准，较前人有关成冰作用的定性描述前进了一大步。

（2）建立南极冰盖现代降水中稳定同位素比率（$\delta^{18}O$，δD，ex-d）与气候（如气温 T）的定量关系，进而建立与水气源区、大气环流、冰盖地形之间的定量化内在联系，构成了南极冰芯稳定同位素记录解释的基础。秦大河建立了南极洲不同区域现代降水中稳定同位素比率与温度的关系。国际科学界基于这些实测资料进行校正，极大地提高了同位素大气环流模式输出结果的可靠性，横贯南极洲有关 δD 的系统研究结果为修正南极同位素气候学公式奠定了坚实基础。另外对南极冰盖各地理单元硝酸根（NO_3^-）、铅（Pb）和甲基磺酸（MSA）雪冰化学的系统研究，揭示了其与人类活动及高层大气化学（如极光卵）间的内在联系，对解释内陆冰盖冰雪中杂质的来源、传输过程及记录具有重要价值。

（3）通过对西南极洲 Nelson 岛冰帽的综合研究，揭示了亚南极冰川一系列独特的特征，如融水强烈渗透使其具有温冰川的性质、冰的黏滞系数较高、冰体运动以底部滑动为主等；通过火山层物质成分的研究，成功地解决了亚南极暖湿气候下冰芯年层划分和积累速率确定的难题；通过雪层可溶性化学离子的研究，揭示该地区已受到人类活动污染（秦大河等，1992，1995）。该项成果获 1996 年中国科学院自然科学一等奖和 1997 年国家自然科学三等奖。

秦大河注重将微观与宏观结合、过程与记录结合，将传统定性研究向定量化研究的突破。他以南极大冰盖和亚南极地区海洋性冰帽浅表层内物理、化学过程和特征为主渐次开展，紧紧地与全球变化研究相衔接，形成了一个体系，从而定量地、有机地认识南极冰盖浅表层内反映环境、气候记录的物质分布、沉积和演化过程，建立现代过程的模式，探讨其分布、传输和来源的全球意义。中国科学院院士施雅风和李吉均发表文章评价秦大河取得的一系列研究成果“使我国极地冰川学跃登新台阶”。横穿南极冰川学研究取得的系统性成果，奠定了秦大河在南极冰川学界的国际地位，一些成果被视为经典型研究不断引用。

承继秦大河横穿南极科学研究的思想，国际冰川学界于 1992 年推出了“国际横穿南极科学考察计划（ITASE）”。在德国不来梅举行的 GLOCHANT（南极地区全球变化）计划启动会上，在秦大河等的努力下，中国获得了从中山站至南极冰盖最高点冰穹 A 极具科学意义和挑战的断面考察工作的认可。自 20 世纪 90 年代中期以来，中国先后共 7 次实施了 ITASE 计划考察，取得了系列研究成果，并于 2009 年在冰穹 A 正式建站。

1985 年中国南极长城站建立后，围绕距站区较近的纳尔逊冰帽和柯林斯冰帽，开展了一系列考察活动（任贾文，1990；秦大河，1991；韩健康等，1994，1995，1999）。这些研究从气候条件、雪冰物理特征、动力学过程、冰芯记录的解释等方面比较系统地揭示了亚南极地区冰川的各种特征。纳尔逊冰帽研究成果获1995年中国科学院自然科学三等奖。

1991年，南极研究科学委员会科学（SCAR）大会在德国不莱梅召开。受秦大河1990横穿南极科学考察取得重要成果的启示，美国科学家保尔·马耶夫斯基和秦大河等人提出了“国际横穿南极科学计划（ITASE）”，把南极冰盖按照网状分割为17条考察路线，每条路线由一个国家开展实地考察。所有路线中最引人注目的是一条东西横穿南极半岛的线路。西侧从南极半岛最西端一直到南极点，由美国承担了。东侧就是从中山站所在的拉斯曼丘陵到南极冰盖最高点冰穹A再到南极点的断面，这条线路引起了各国的争抢。根据南极奉行的“实际存在原则”，谁首先对一个区域进行考察，谁就拥有在这个区域建站的优先权。而在南极大陆上，这几乎是留给中国的最后一块可以首次独立考察的地方。由于中山站是当时拉斯曼丘陵上最大的考察站，秦大河院士在一番艰苦的争取后，深入冰穹A的考察断面正式归属中国。

中山站—冰穹A断面考察是国际横穿南极科学考察计划（ITASE）的核心考察路线之一，自1996年起，中国正式启动ITASE，开展从中山站—冰穹A断面的冰川学综合考察研究。虽然该计划的开展也包含了一些国际合作（如李院生、阎明参加了日本Dome F考察队；澳大利亚李军参加了中国内陆考察），但以我国大规模自主考察为主。从1996—1997年第一次内陆考察起，至2013年2月中国先后开展了11次内陆冰盖断面冰川学考察（表7-1）。

表7-1　中国ITASE计划冰盖断面考察历程（1996—2013年）

年份，考察队	人数	行程（km）/历时（d）	考察内容
1996—1997，CHINARE-13	8	300 km /13 d	物质平衡、气象、雪芯（50 m）
1997—1998，CHINARE-14	8	464 km /17 d	物质平衡、气象、雪芯（50 m）、冰流速、雷达测厚
1998—2000，CHINARE-15	10	1 100 km /50 d	物质平衡、气象、雪芯（82 m，101 m）、冰流速、雷达测厚
2001—2002，CHINARE-18	8	170 km /10 d	物质平衡、AWS、雪芯（102 m）
2004—2005，CHINARE-21	13	1 228 km /50 d	物质平衡、AWS、雪芯（110 m）、冰流速、雷达测厚
2007—2008，CHINARE-24	17	1 330 km /50 d	物质平衡、AWS、雪芯（20 m）、冰流速、雷达测厚、测绘、遥感
2008—2009，CHINARE-25	28	1 250 km /50 d	物质平衡、雪芯（90 m）、冰流速、测绘
2009—2010，CHINARE-26	28	1 258 km /68 d	冰穹A133 m冰芯钻探，物质平衡
2010—2011，CHINARE-27	16	1 258 km /46 d	冰穹A深冰芯钻探场地建设，物质平衡
2010—2011，CHINARE-28	26	1 258 km/54 d	冰穹A深冰芯120 m导向孔建设
2012—2013 CHINARE-29	25	1 258 km /58 d	冰穹A深冰芯开钻，物质平衡

冰穹 A 地区是南极冰盖关键起源地甘布尔采夫山脉（Gamburtsev）中心的一个重要冰穹，精确位置定为 80°22′01.63″S，77°22′22.90″E，地势十分平坦，冰面坡度小于 0.01%（Xiao et al.，2008），估算冰流速率小于 0.2 m/a。自动气象站连续记录的 2005—2006 年 10 m 深雪温数据显示该地区多年平均气温约为-58.3℃。昆仑站是我国第一个南极内陆科考站，建成于 2009 年 1 月 27 日，位于南极冰穹 A 地区（80°25′01″S，77°06′58″E），海拔 4 090 m，距离中山站 1 258 km，冰厚 3 500 m，年均温度-58.4℃（Zhang et al.，2008）。南极昆仑站建成后，随即开始了冰穹 A 深冰芯钻探的准备工作。并在其后几年对冰穹 A 地区进行了详细监测，确定了可获得超过 1 Ma 古老冰芯的钻取位置。特别是在 2012—2013 年中国第 29 次南极科学考察中完成了深冰芯钻探场地的建设并进行深冰芯钻探，此次深冰芯钻探是中国深冰芯钻探开始的标志。

在进行南极内陆冰盖考察的同时，还进行了埃默里冰架考察。2002—2003 年第 19 次中国南极科学考察首次进行了东南极埃默里冰架的现场调查。在埃默里冰架及冰架外缘海域开展了冰和海洋要素的野外调查，获取了冰架探冰雷达、高精度的 GPS、冰芯钻探以及冰架钻孔温度等数据，在冰架外缘海洋获得了 LADCP、CTD 的连续观测数据（陈红霞等，2005），并钻取到 301.8 m 冰架冰芯样品，包括了 20 m 的海洋冰芯，是国际上少有的完整连续、能够揭示冰架底部物质结构和成分的冰芯。2003—2004 年，中国和澳大利亚合作进行了埃默里冰架科学考察项目，进行了探地雷达测冰、冰架厚度测定、南极冰雪的动态监测变化、高精度 GPS 现场观测等工作。2005 年 1 月 18 日 3 点 16 分，中国第 21 次南极冰盖科考队成功抵达南极内陆冰盖（DomeA）的最高点。这 1 亿万年来寒冷孤独的地球“不可接近之极”，终于有了人类的足迹；中国于 2008 年在冰穹 A 正式建站——中国南极昆仑站，标志着中国从南极考察大国向强国的迈进。2007—2008 年第四次国际极地年继续通过开展国际合作、进行多学科交叉的科学考察活动，在极区建立全面系统的观测体系等平台的支撑下，埃默里冰架研究成为重要的研究内容之一。

7.3 我国南极冰川学监测系统及技术支撑系统

南极洲幅员辽阔，面积达 1 405×10^4 km^2，其中 96%被冰雪覆盖，加之南极周边岛屿冰川，南极圈现存冰川和冰盖总面积约为 1.36×10^8 km^2。面对如此庞大的面积和南极恶劣的环境条件，迄今为止，已经进行监测的地区可谓少之又少，所进行的调查项目和获得的资料比较有限。

我国在南极考察伊始就认识到冰川监测的重要性，从长城站开始逐步扩展监测领域。经过 30 年的发展，目前，我国已经可以通过站基、船基、内陆现场考察，以及航空和卫星遥感观测等方式，在南极长城站、中山站、昆仑站、冰穹 A、埃默里冰架和甘伯采夫冰下山脉等地区实施南极冰川的监测活动，内容主要涵盖：①现代冰川特征观测，包括冰川运动、冰川温度等；②物质平衡与冰川波动观测，包括冰川积累、消融和物质平衡过程，冰川厚度、面积和内部结构，冰川末端进退变化；③气象观测，包括温度、气压、湿度、风向、风速、雪/冰积累与消融速率、雨雪量，以及长、短波辐射等；④冰川水文观测，包括流速（量）、水位、电导率、pH 值、ORP、参比、溶氧（闫明等，2006）。

为了有效进行监测活动，配合冰川各个项目监测的需要，相关的技术支撑系统是十分必要的。因而，随着技术发展，各种自主研发的系统和设备，包括 GPS 导航和卫星、钻探设备、观测标杆、冰雷达、气象观测设备、后勤支撑系统等被应用到我国南极冰川观测中，取得了很好的效果和大量的资料。下面将结合监测内容，重点介绍我国冰川监测技术方法和系统的状况。

7.3.1 GPS 和卫星系统

利用 GPS 进行冰川冰流速监测和导航。我国先后建设了长城站、中山站两个 GPS 观测站，并于 1997 年参加了 SACR 组织的联合观测，中山站成为 GPS 跟踪站，是南极地区少数几个 GPS 常年跟踪站之一（鄂栋臣等，2007）。以此为基础，成功实施了在西南极菲尔德斯海峡断层地壳运动和在东南极拉斯曼丘陵的大地测量控制网的改造。此外，还进行了 GPS 在南极多个地区考察中的应用研究，包括两次南极考察队进行的埃默里冰架前端表面冰流速 GPS 观测，在格罗夫山多次布点获得的地形图和长期冰流控制数据，利用中山站—冰穹 A 路线上布设的 20 多个 GPS 观测站获取了冰盖表面冰流速和沿线地形图（Zhang et al.，2006；Zhang et al.，2008）。

除 GPS 外，其他卫星遥感新技术的应用加强了我国在现代冰川特征和物质平衡监测上的能力。在冰川测温方面，程晓等利用美国国防气象卫星计划 DMSP F 系列卫星携带的 SSM/I 辐射计对南极大陆外围冰架和南极半岛地区极投影网格亮温数据进行了分析与处理，结果揭示了近年来随全球气候的变暖，南极冰架和南极半岛的融化正在呈加剧的趋势（程晓等，2005）。而星载雷达的使用则大大降低了物质平衡观测的难度，结合实际观测可更好地估算实际物质平衡变化情况。

7.3.2 钻探设备

钻探设备在南极的应用包括两个方面：一方面是为了满足温度监测的需求，钻取深度一定的测温钻孔（非取芯）；另一方面则用于钻取冰（雪）芯，进行物质平衡、气象、水文等多方面综合研究。

早期冰川温度测量多采用直接钻取测温钻孔再放入测温探头的形式进行。任贾文于 1985—1986 年在长城站附近的纳尔逊岛冰帽和乔治王岛冰帽及菲尔德斯半岛西海岸一条残留小冰川上用蒸汽钻分别钻进了测温钻孔（任贾文，1990），而韩建康于 1991—1992 年在柯林斯冰帽用电动机械钻机结合中国科学院兰州冰川冻土研究所研制的 SBJ-3 多探头热敏电阻温度计进行了长达半年的测温活动（韩健康等，1995）。

钻取冰（雪）芯的设备根据深度可分为浅冰（雪）芯和深冰芯两类，浅冰芯的钻探主要依赖于便携式手提钻机和各式轻型钻机，前者钻探深度在 50~70 m，后者深度范围在几米到几十米之间，通常不超过 100 m。我国浅冰芯的应用较为广泛，在兰伯特冰川考察中进行了浅雪芯剖面观测，尤以 1992—1993 年考察中观测资料最为丰富。在 1992—1993 年考察中 LGB00~LGB16 段每 30 km 钻取 3 支 2 m 雪芯，在 LGB00、LGB10 和 LGB16 等地点各钻取 20 m 雪芯 1 支，沿回程路线也钻取 2~5 m 雪芯数十支，沿 LGB00 向西的考察支线钻取若干支 15~27 m 雪芯，对这些浅雪芯均进行了雪层剖面观测（任贾文等，1995）。

我国的深冰芯钻探项目——南极冰穹 A 深冰芯科学工程项目已正式展开。2013 年在昆仑站冰穹 A 点安装并试钻获得长度分别为 3.83 m、3.57 m 和 3.59 m 的完整冰芯，钻探深度达 134.0 m。深冰芯钻探的钻具由中国极地研究中心与日本国立极地研究所合作研发，在后面的深冰芯科学工程将详细介绍。

7.3.3 观测标杆（标志）和重力仪

观测标杆和高度计都用于物质平衡观测。观测标杆可以通过测量一段时间内的雪面高度变化获取积累率数据，由于卫星造价昂贵、技术要求高，我国南极冰川物质平衡观测前中期主要依赖于这种方式，现在仍在南极考察冰川观测占有重要地位。在长城站，任贾文等对附近乔治王岛上的柯林斯冰川及其西南的威尔逊冰川，分别利用标杆进行物质平衡观测，其中在柯林斯冰川 3 个断面中的 SDS 断面的观测时间长达一年（任贾文，1990）；在兰伯特冰川流域，在 1990—1994 年的 5 次野外考察中从 Mawson 站出发，沿同一路线连续观测，并在 LGB00 ~ LGB16 段连续取得 3 年资料，之后又于 1997—1999 年进行 3 次针对其物质平衡的测量，标杆间距均为 2 km（任贾文等，2002）；在埃默里冰架，沿主流线方向（纵向断面）和垂直主流线方向（横向断面）布设冰架运动高精度 GPS 观测花杆和冰架物质平衡观测花杆，研究冰架物质平衡状态和冰架运动的动力学机制，揭示气候变化对冰架物质平衡和运动状态的影响；在达尔克冰川，于第 24 ~ 26 次南极考察期间，利用直升机共投放 12 个测量标志，并用全站仪在珞珈山和云台山开展测量工作。

重力测量是建立高程基准的基础。世界上已有不少国家致力于用重力测量技术在南极地区开展物质平衡观测。在长城站建成后采用 LCR 型重力仪进行了基准点测量，在 2004—2005 年的南极第 21 次考察队采用 FG5 绝对重力仪联合 LCR 型重力仪进行了高精度绝对重力和相对重力测量。

7.3.4 冰雷达

无线电回声探测技术（冰雷达）是研究冰架形态及其内部结构以及冰架底部界面信息的主要技术手段，冰雷达还能用于研究冰雪介质特征、冰下湖和冰下水系等方面（崔祥斌等，2009）。2004 年，中国第 21 次南极科学考察（CHINARE 21）内陆冰盖考察期间，首次应用冰雷达对中山站至南极冰盖最高点冰穹 A 的断面以及冰穹 A 区域进行了探测，调查内容包括冰厚、冰下地形和冰盖内部结构等，并尝试通过多极化测量来研究冰穹 A 区域冰盖底部环境。CHINARE 21 所用冰雷达系统为日本国立极地研究所（NIPR）的车载双频冰雷达系统，工作频率分别为 60 MHz 和 179 MHz，性能与 NIPR 的多频冰雷达系统类似。第 24 次南极科学考察（CHINARE 24）期间，经过改进的 NIPR 的车载单频多极化冰雷达系统被用于内陆冰盖探测，工作频率为 179 MHz，脉冲宽度为 60 as 和 500 ns，配置三单元和八单元 Yagi 两套天线，冰内最大穿透深度超过 5 000 m，冰盖深部探测精度达到 10 m，解决了雪地车队仪器设备电磁波的干扰以及冰雷达与 GPS 测线定位的配合问题。2012—2013 年第 29 次南极考察队，在中山站—冰穹 A 断面以及昆仑站采用固定工作舱的深部雷达和放置在雪橇上的 SIR 雷达对冰盖进行了探测。结合多次考察，利用雷达探测成功获取了冰穹 A 中心区域的冰厚及冰下形态三维分布图（崔祥斌等，2009）。

传统地震学和雷达方法在冰川进行实地调查，需要消耗大量物资和人力，对后勤支撑严重依赖。因而，随着冰川研究内容的扩展以及精度要求的提高，星载探测技术已经成为南极冰盖内部结构研究的主流技术。程晓等人利用新型空间对地观测技术——合成孔径雷达干涉测量（InSAR）在南极内陆格罗夫山进行了应用研究，生成了精准数字高程模型（DEM），与 GPS 数据比对验证了 InSAR 应用在南极的可行性（程晓等，2005）。

7.3.5 气象观测装置和设备

迄今为止，中国已在 4 个南极科学考察站建立了气象站，分别是长城站气象站、中山站气象站、昆仑站气象站、泰山站气象站；安装 5 个（中澳、中美）合作自动气象站；初步形成了以有人考察站、无人自动气象站和“雪龙”号科学考察破冰船为主体的极地科学考察研究硬件支撑体系。中国气象科学研究院、国家海洋环境预报中心和中国科学院大气物理研究所等单位的 300 余人次的气象人员参加了南极考察并获得大量冰川资料（陆龙骅等，2004）。

此外，在2007—2008年国际极地年（IPY），中国执行了南极PANDA计划（普里兹湾—埃默里冰架—冰穹A观测计划）。作为计划的一部分，在中国南极中山站建立了中国第一个南极大陆大气成分业务监测站。在IPY期间，在中山站开展了臭氧气球探空和GPS低空（18 000 m）探测；在中山站附近的冰盖应用超声风温仪、梯度热量平衡观测系统和辐射平衡观测系统，获取了南极冰盖近地层冰—气相互作用的详细资料（陆龙骅等，2011）。

在“十一五”期间，研发的基于无线传感器网络技术的“极端环境无人无线冰雪智能观测系统”，实现了对雪温（雪表、雪下1 m）、气温（雪面以上1 m、2 m）、雪湿度、大气压、光照以及GPS位置的观测，对温度的测量精度达到了±0.1℃，两套系统共分别连续观测10天和15天，解决了极低温环境下的系统保温、供电、传感信号采集和传输等技术问题，该项技术处于国际先进水平。

7.3.6 后勤保障设备和物资

后勤支撑系统是南极冰川监测的保证，尤其是现场考察。使用设备包括各种车辆、发电和供电装置、雪橇、通信和导航设备等，而物资包括燃油、食品、厨房用品、医疗用品等。为提高现场考察效率，改善考察队员生活，后勤保障方面的技术革新是必不可少的。在保障设备方面，车辆和雪橇是重要的交通工具，电力设备是重要的能源来源。在每次考察注重维修的同时，也注重新型设备投入，能够大大提高物资运送的效率。

在获得GPS数据的基础上，中国南极昆仑冰盖队成功完成了对南极冰盖最高区域冰穹A的考察。为满足后续在冰穹A地区建站路线导航的需要，我国积极对中山站—冰穹A断面开展导航路线考察以及导航系统的研发。目前，已有两条GPS导航路线，并根据实际情况及时调整（甘昱等，2006）。另外，鄂栋臣等基于GPS导航系统和南极地理基本信息的缺失，自主设计了内陆模拟导航系统，不仅能很好地模拟出采用GPS接收机对中山站—冰穹A冰盖环境进行导航的实况，还能够进行动态的路径导航演示（鄂栋臣等，2007）。

7.4 我国南极冰川学研究进展

7.4.1 建立冰冻圈科学理论框架

鉴于冰芯记录和冰雪现代过程在全球变化研究中的特殊作用及其研究中的高新技术手段发展迅速这一形势，秦大河克服种种困难，于1991年高标准主持创建了冰芯研究实验室。实验室成员在青藏高原及其周边地区钻取了一系列冰芯，为使用冰芯重建高原千年、百年气候记录奠定了基础。在南极，从中山站-Dome A的断面考察取得了系列成果，是国际ITASE计划重要组成部分。实验室还部署在生物地球化学循环、雪冰微生物、冰芯气泡等方面开展了开创性工作。在十多年时间内，使中国起步较晚的冰芯研究活跃于国际科学舞台上。

随着学科的不断发展，秦大河敏锐地意识到，将冰冻圈作为一个整体，并注重冰冻圈与其他圈层的相互作用，冰冻圈各组成部分的综合集成研究才能进一步推动本学科的飞速发展。因此，在他的倡导和主持下，冰芯实验室适时地对研究方向和侧重点做出调整，从过去以冰芯研究为主，发展到研究冰冻圈物理、化学、生物地球化循环并举，并且更加强调冰冻圈与地球系统其他圈层的相互作用，加强与国家需求、尤其是西部经济社会可持续发展之间的联系。2004 年实验室更名为冰冻圈与环境重点实验室。2007 年成为国家重点实验室时，在他的提议下，命名为“冰冻圈科学国家重点实验室”。这是国际上首次在研究机构名称中使用“冰冻圈科学”概念。不谋而合，4 个月后在意大利举行的 IUGG 会议上，成立了 IUGG 第八个委员会——冰冻圈科学国际联合会（IACS），这也是在国际科学界首次使用“冰冻圈科学”一词，说明实验室在构建新的学科和发展方向上极富远见和超前意识，及时顺应了冰冻圈科学领域的国际发展趋势。进入 21 世纪，世界气候研究计划（WCRP）启动气候与冰冻圈计划（CliC）。秦大河作为 CliC 科学指导委员会成员，率先在国际上成立了第一个 CliC 国家委员会—CNC/CliC，并向 WCRP/CliC 提交了中国 CliC 计划和高亚洲冰冻圈研究计划。秦大河提出从冰冻圈与水、冰冻圈与气候、冰冻圈与生态以及冰冻圈变化的适应对策方面构建亚洲冰冻圈科学的理论框架，受到国际冰冻圈科学界的普遍认同。

7.4.2 东南极冰盖演化及其气候效应

过去 10 年，由于卫星遥感技术［特别是激光测高仪、雷达测高仪、合成孔径雷达干涉法（InSAR）和 GPS］的进步与应用，对南极冰盖和冰川及其变化的监测研究取得了显著进展。新技术大大增强了观测和模拟冰盖性质和过程的能力。

冰盖厚度和冰下地形是冰盖研究的重要内容，是评估物质平衡、冰盖稳定性以及预测冰盖演化的直接依据，而冰盖的内部结构、冰底环境和冰盖动力特征与冰盖的物质平衡、稳定性和冰盖演化的关系十分密切。崔祥斌等在冰雷达探测研究南极冰盖的进展与展望研究中指出，冰雷达是冰川学家调查南极冰盖冰下特征的主要方法，可用于测量冰盖厚度、内部构造和冰下地貌，这些参数是计算冰盖体积和物质平衡、重建过去冰雪积累和消融率以及冰盖动力和沉积过程的基础（崔祥斌等，2009），为更广泛区域的冰盖历史演化研究提供依据。

在南极冰穹 A 地区开展的冰雷达探测工作，成功运用新一代车载冰雷达探测手段完成了冰穹 A 冰厚分布及其冰盖下甘布尔采夫山脉（Gamburtsev）地形的详细勘测，在国际上首次揭示出南极冰层下甘布尔采夫山脉核心区域高山纵谷的原貌地形，系统积累现场科考数据并进行深度研究和国际合作交流。在国际《Nature》杂志上发表了封面导读文章（Sun et al.，2009），在研究南极冰盖的起源与演化方面取得了新突破。通过研究发现冰穹 A 区域冰层厚度为 1 649~3 135 m，冰层下的甘布尔采夫山脉记录着不同地质年代相应主要外营力作用而产生的地貌图景：早期流水作用形成的溪谷河床群构成的树枝状地貌；之后经冰川作用叠加出冰斗状、刃脊状等地貌特征；继而在强烈冰川侵蚀作用下产生巨大 U 形主干谷地貌，谷底与谷肩的垂直落差高达 432 m。研究发现，冰下地形所呈现出的高山纵谷交错的地貌特征，与包括冰穹 C 在内的南极冰盖其他区域较为平缓的冰下地形有着显著差异（图 7-1），取得了一系列对南极冰盖演化历史的新认识（Sun et al.，2009）。该文章对揭示南极冰盖的起源与演化机制具有突破性意义：其一，在于南极冰盖的起源与演化涉及“温室地球”向“冰室地球”演变的重大科学问题，该研究结果为研究南极冰盖演变、大气 CO_2浓度及其温室效应与全球气候变化的关系提供了重要基础；其二，东南极冰盖一直保持到现在，这为冰盖演化与全球海平面变化等领域的研究提供新的参考数据；其三，在于人类迄今对覆盖于巨厚冰层下的甘布尔采夫山脉认知甚少，研究冰下山脉核心区域原貌对于进一步揭示甘布尔采夫山脉的形成机理提供了重要信息。

7.4.3 南极冰盖物质平衡与海平面变化

研究南极冰盖的物质平衡状况是研究冰盖与全球海平面变化关系的基础性工作，对冰芯古气候

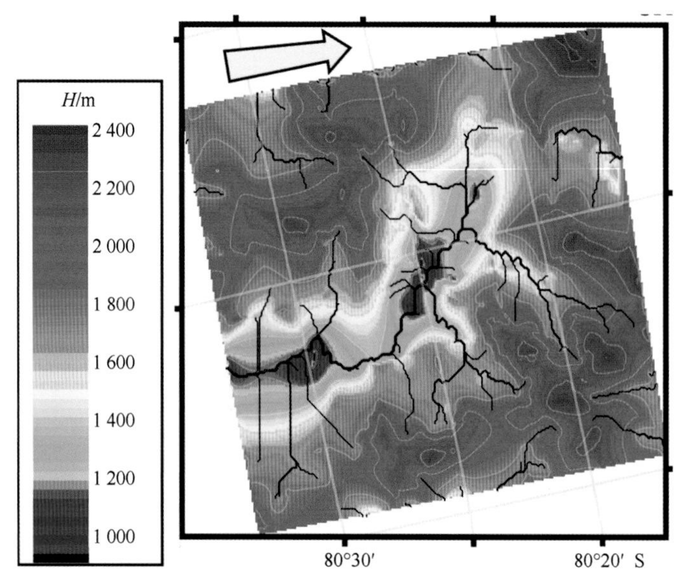

图 7-1　冰穹 A 区域冰下地形及其谷流系统
黄色箭头为冰流方向，H 为海拔高度

记录有重要意义。张栋等在南极冰盖物质平衡与海平面变化研究新进展中简要介绍了冰盖物质平衡及其对海平面的影响（张栋等，2010）。

积累率是冰盖物质平衡计算中最重要的收支项。大尺度空间上的表面物质平衡信息只能通过遥感技术来获取。但因存在多源误差，仅靠遥感手段，冰盖物质平衡的信息难以准确获取，这是南极冰川学面临的挑战之一，因此实测数据不可或缺。表面物质平衡的实地测量有多种方法，如花杆、超声高度计（雪深仪）、雪层物理/化学层位法（例如雪坑、冰芯/雪芯积累率恢复，探冰雷达连续测量冰内等时层结构等）（丁明虎等，2009）。

冰盖物质输入主要是通过降雪的积累。当积雪长期处于其融化点以下温度时，经过多年到几个世纪的演化将转化为冰（成为冰盖的一部分）。由于受到冰盖表面地形、大气以及与海岸之间距离等因素的影响，物质输入量在南极冰盖不同区域的分布有着显著的差异。冰盖的物质输出包括表面、冰下消融快速冰流和外流冰川冰架消融及崩解等。受其自身重力的作用，冰盖从海拔较高的内陆地区向海拔较低的沿海滑动。在内陆地区冰流速每年仅有几米，越接近沿岸，冰的流速越快，进而形成冰流或者外流冰川，快速冰流和外流冰川汇入冰架后通过冰架融化和崩解等方式从冰盖分离。众多研究通过对冰芯记录、深海地球化学记录的分析以及对过去海平面状态的模拟，反映出冰盖物质平衡在过去对海平面变化的作用极大。

作为国际横穿南极科学考察计划（ITASE）的一部分，中国南极考察队在东南极冰盖中山站—冰穹 A 断面实施了多次穿越考察，实测了大量冰川物理学参数，安装了多个自动气象站，并多次测量了花杆高度变化，通过实验室内矫正，得到了该区域宝贵的冰川化学、冰川物理学和气象气候学资料。丁明虎等利用这些资料，分析了东南极冰盖中山站—冰穹 A 断面近 10 年来雪积累率的空间变化特征，得到了一系列重要结论（Ding et al.，2011，2013）。

此外，通过遥感方式可以获得更大面积的冰盖物质平衡状况（温家洪等，2004）。通过多源遥感数据和气候模式模拟产品评估 2005—2011 年全南极冰架物质平衡的结果表明，南极冰架的物质平衡与其所衔接的冰盖的物质平衡具有较高的一致性（Moore et al.，2014）。

未来随着观测技术和数据处理技术的不断提高，南极冰盖物质平衡的估算及其不确定因素有望

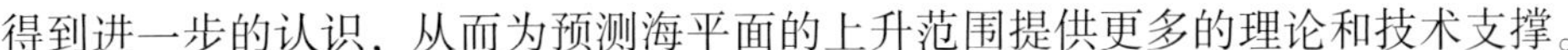

得到进一步的认识，从而为预测海平面的上升范围提供更多的理论和技术支撑。

7.4.4 南极雪层温度研究

南极冰盖作为地球气候系统中最大的冷源，其热状况的变化将影响全球大气环流、全球气候变化和海平面变化，因此，成为研究全球气候变化的敏感区和关键区。气温是进行热量资源分析的重要参数，该参数的变化是衡量气候变化本身及由其引起的诸多环境问题的重要检测指标。

一般来说，极地地区对气候变化的信号有放大作用，也就是说在中低纬度地区发生 1℃的气温变化，在极地地区就会加倍。在中低纬度微小的气候变化，会在高纬度地区明显放大出现。王叶堂等对南极冰盖 10 m 深度处粒雪温度空间分布进行了研究（Wang et al.，2010）。陈百炼等在东南极冰穹 A 近地面气温及雪层温度的观测研究中利用我国在冰穹 A 获取的 2005—2007 年自动站观测资料，考虑到其极低的 10 m 雪温和很强的近地面底层逆温，冰穹 A 可能是地球上地面温度最低的地点，这有待于观测进一步证实（Chen et al.，2010）。

7.4.5 南极雪冰稳定同位素研究

雪冰稳定同位素组成及其气候意义一直是国际上极地冰川学研究的一项重要内容。降水 δD 和 $\delta^{18}O$ 是南极冰芯气候记录研究中最为深入且应用最广泛的气候代用指标，相关研究成果已成为古气候变化研究的经典。

冰芯研究中，利用 $\delta^{18}O$ 比率恢复古环境中的气温变化是主要的研究方法之一。浅冰芯可以提供地区年平均积累率的信息，冰芯中 $\delta^{18}O$ 含量可以很好地指示年平均气温及其波动趋势等。深冰芯水稳定同位素（δD 或 $\delta^{18}O$）则被广泛用于量化过去极地温度和湿度源的变化。

稳定同位素 δD、$\delta^{18}O$ 值的分布与多种因素相关。温度是控制南极冰盖雪冰稳定同位素（δD，$\delta^{18}O$）空间变化的主要因子。然而降水的季节变化、水汽来源、水汽传输过程及沉积后过程等也不同程度地影响稳定同位素比率的变化，这使得利用南极冰芯中稳定同位素恢复过去气候变化变得复杂。在东南极地区，表层雪稳定同位素比率随距海岸距离、海拔以及纬度的增加而逐渐下降。逆温层及其变化、气旋和气旋路径、表层气候特征（如风）会影响雪的重分布过程，也对稳定同位素组成有重要影响。南极中山站—冰穹 A 剖面表面雪样稳定同位素比率随距中山站距离、海拔高度和纬度的增加而逐渐下降，实际上也反映了稳定同位素组成和温度之间的联系（Ding et al.，2010）。

我国对雪冰稳定同位素的研究主要集中在中山—冰穹 A 断面，闫明等（2001）测定了南极中山站—冰穹 A 剖面 1998—1999 年度表面雪样氧同位素组成。丁明虎等研究了中山站—冰穹 A 断面表层雪内 $\delta^{18}O$ 分布，通过多元线性回归分析表明，中山站—冰穹 A 表层雪氧同位素组成与海拔、纬度以及距海岸距离存在很好的相关性（Ding et al.，2010）。王叶堂等根据近期整理的到目前为止最为完善的南极冰盖稳定同位素资料，给出了从海岸至冰穹 A 顶点不同地带表层雪中 $\delta^{18}O$ 的背景值，为古气候与稳定同位素水文研究提供了重要资料（Wang et al.，2009），同时用交叉验证的方法首次证实了 GAM 模型可以很好地模拟南极冰盖表层雪中 $\delta^{18}O$、δD 和过量氘的空间分布（Wang et al.，2010）。侯书贵等在南极冰盖雪冰氢、氧稳定同位素气候学现状与展望的研究中总结了南极冰盖雪冰 δD、$\delta^{18}O$、过量氘和过量 ^{17}O 空间分布规律及影响因素，着重阐述了雪冰稳定同位素代用指标重建过去气候变化的可靠性与适用性（侯书贵等，2013）。上述研究结果为未来冰穹 A 深冰芯同位素记录的解释和水汽源区古气候恢复提供了理论基础。

7.4.6 南极雪冰化学研究

南极地区是大气环流中携带物质［水汽、可溶性杂质、不可溶性杂质（微粒）等］的沉积汇区。通过对南极大陆冰盖表面雪层中大气沉降物地球化学成分和含量的分析，能够研究它们从冰盖边缘到内陆的时空变化特征。结合沉积区的地理、气候和大气环流特征，研究其区域差异，探索不同区域物质来源，可以为进一步研究由冰雪地球化学参量反演的气候环境变化过程奠定基础（张小伟等，2002）。

在南极地区进行雪冰化学研究，以区分和探明某些物质成分的来源、传输路径和沉积过程，从而利用冰芯记录恢复大气环境的历史，具有独特的优势和重要意义。南极冰盖中的离子可分为以下几类：①海盐离子（包括 Cl^-、Na^+、Mg^{2+} 等）；②陆盐离子（包括 Ca^{2+}、Al^{3+} 等）；③硫酸根离子（SO_4^{2-}），海盐来源的 $ssSO_4^{2-}$（海盐硫酸根离子）和非海盐来源的 $nssSO_4^{2-}$（非海盐硫酸根离子）；④来源比较复杂的硝酸离子（NO_3^-）。要深入理解雪冰中化学组分所表征的环境意义，首先需要对其来源和传输途径进行分析，对南半球大尺度断面大气中主要离子组分的空间变异及来源特征进行分析，对雪冰离子解释具有重要意义，借助于南极考察中采集的大气湿沉降样品分析研究发现（图 7-2），Cl^-、Na^+、K^+ 和 Mg^{2+} 主要源于海盐气溶胶，即海洋来源，同时这 4 种离子含量与风速表现出显著的正相关性，印证了海洋飞沫是大气湿沉降中化学离子的主要来源之一；陆地来源（如人类活动排放）是大气湿沉降中 NO_3^-、NH_4^+ 和 Ca^{2+} 的主要来源；相比较其他化学离子，SO_4^{2-} 的来源较复杂，海盐气溶胶可能是其主要来源之一，但人类活动排放及海洋生物释放也可能是重要来源（Shi et al.，2012）。

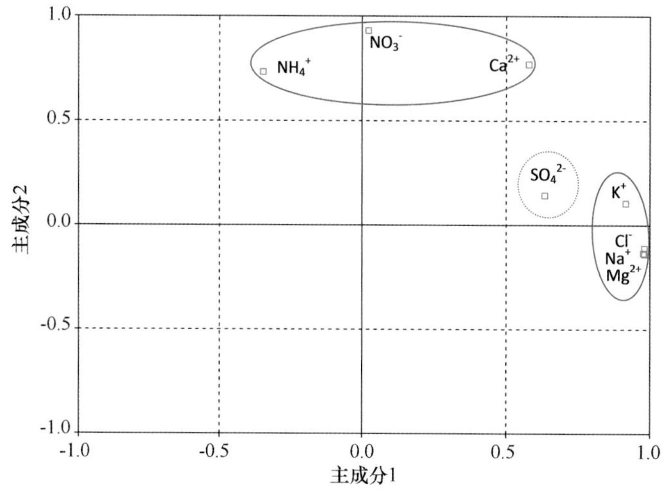

图 7-2　大气湿沉降中主要离子的主成分分析

近年来，作为第二大生物循环的氮在大气中的循环受到越来越多的关注。相对于硫循环而言，氮在大气中的循环更为复杂。截至目前，大气中氮氧化物（NO_x）和硝酸（HNO_3）的来源、沉积和分布还没有认识清楚。极地地区冰芯的研究为更好地理解氮的大气循环提供了非常有用的信息。南极雪冰中 NO_3^- 的本底主要源于大气圈中 HNO_3 的沉积，而大气中的 HNO_3 和 NO_3^- 是由氮氧化物（NO_x）经过一系列气相和非均相反应产生的。全球范围内 NO_x 主要源于地面来源（化石燃料燃烧、生物体燃烧和土壤微生物过程）、对流层来源（闪电和 NH_3 的氧化）和中高层大气来源（平流层 N_2O 的分解等）。南极冰芯中 NO_3^- 浓度的研究一直是南极冰芯研究的一个热点。目前关于南极冰芯

中 NO_3^- 来源的争论很大，冰芯中 NO_3^- 的浓度被认为是太阳活动、高层大气的电子沉降、热带地区闪电、超新星爆炸、热核事件、极地平流层云沉降等的反映，尤其是 NO_3^- 浓度与太阳活动的关系，一直争论不休（张明军等，2004）。

相对于 NO_3^- 而言，南极冰盖中沉积的 SO_4^{2-} 来源简单一些，主要来源为：海盐硫酸根离子（$ssSO_4^{2-}$）和非海盐硫酸根离子（$nssSO_4^{2-}$）。$nssSO_4^{2-}$ 主要来源于中低纬度海洋生物的释放和火山喷发，由于中、低纬度对流活动强烈，海洋生物来源的 $nssSO_4^{2-}$ 释放到大气后，被强烈的对流活动输送到高空。研究证实，火山爆发常常将大量的灰尘颗粒和气体物质输送到大气中（经常输送到平流层中）。$nssSO_4^{2-}$ 很可能是通过远距离高空传输到极地冰雪中。在非火山活动期间，$nssSO_4^{2-}$ 主要源于海洋生物的释放，在非火山活动期间 $nssSO_4^{2-}$ 的浓度表现出明显的季节变化特征。

南北极冰雪中记录了丰富的、有价值的火山喷发信息。通过火山喷发产生的高异常 $nssSO_4^{2-}$ 含量可以作为火山活动的识别标志，从而实现冰芯定年研究，恢复地球过去环境变化信息。任贾文等基于 DT401 冰芯中 $nssSO_4^{2-}$ 的沉积记录恢复了过去 2 680 年间的 36 次火山喷发物质沉积记录（Ren et al.，2010）。周丽娅等对东南极 780 年来 DT263 冰芯中的火山喷发记录研究中，通过对东南极冰穹 A 边缘 DT263 冰芯进行的离子成分化学分析，指出火山成因的非海盐硫酸根离子浓度有异常峰值，表冰芯中明显记录了至少 17 次火山活动（周丽娅等，2006）。李传金等在火山沉积记录和粒雪化模式对东南极冰穹 A 109.9 m 冰芯火山记录进行了研究，计算冰芯底部的年代为（4 009±150）a B.P.（Li et al.，2012）。姜苏等通过对东南极冰穹 A 的 109 m 冰芯进行离子化学成分分析，得到详尽的硫酸根离子记录，利用已知火山定年标志层进行定年，确定冰芯连续积累了 2 840 年（Jiang et al.，2012）（图 7-3）。闫明等研究了极地冰芯中记录的火山作用及其对气候的影响，揭示极地冰芯记录的火山信号大小依赖于火山喷发的规模和类型、火山喷发的地理位置和酸性气体组成、大气气溶胶传输，以及沉降地点的年积累率和沉积后生过程等（闫明等，2003）。张明军等通过对 1996—1997 年中国首次南极内陆冰盖考察获得的南极洲伊丽莎白公主地区 50 m 雪芯样品 $nssSO_4^{2-}$ 与 $\delta^{18}O$ 关系研究，发现火山爆发的中、短期气候效应在伊丽莎白公主地地区反应不明显（Zhang et al.，2002）。然而，这些记录反映的火山活动基本上还停留在定性的认识阶段，虽然得到了一些定量的结果，但这些结果存在明显的差别，因此，必须进一步提高火山活动记录的精度，同时，研究 $nssSO_4{}^{2-}$ 的传输路径和沉积过程，才能使得定量认识历史时期的火山活动成为可能。

针对中山—冰穹 A 断面表层雪已进行了大量研究，并取得了一系列重要成果。康建成等详细研究了东南极冰盖表层雪的地球化学特征和分带（康建成等，2004；Kang et al.，1997；Kang et al.，2009）。任贾文等在东南极冰盖内陆深处几个雪坑离子浓度的初步研究中，对南极中山站—冰穹 A 断面距海岸 800~1 100 km（海拔 2 850~3 760 m）的内陆深处 3 个雪坑进行了雪层剖面观测和雪样化学分析（任贾文等，2004）。张明军等研究了南极伊丽莎白公主地 250 年来海、陆盐离子浓度特征（张明军等，1999，2003）。李院生等对采集于东南极大陆伊丽莎白公主地（76°32.5′S，77°01.5′E）的 DT263 冰芯进行分析，表明该支冰芯记录了过去 780 年（AD1207—1996 年）的气候变化（图 7-4）。DT263 冰芯中记录的气候寒冷期与北半球气候记录中的小冰期时间吻合，说明该支冰芯中记录了东南极地区存在小冰期的明显证据（Li et al.，2009）。

由于冰穹 A 具有独特的高原地形特征，冰层水平流动小，动力过程简单；再加上气温极低、积累率较小（年平均气温为-58.5℃；近期积累率为 2.3 cm 水当量/a），推测冰穹 A 地区可能存在南极冰盖最古老的冰（Hou et al.，2007），是南极最理想的冰芯钻取地点之一。自 2005 年我国南极内陆科考队成功抵达冰穹 A 地区后，南极冰穹 A 冰川学研究即成为我国南极科学研究的重点。冰穹 A 地区被普遍认为是最有希望获得超过 1 Ma 古老冰芯的钻取位置，冰穹 A 深冰芯记录年代评估和钻

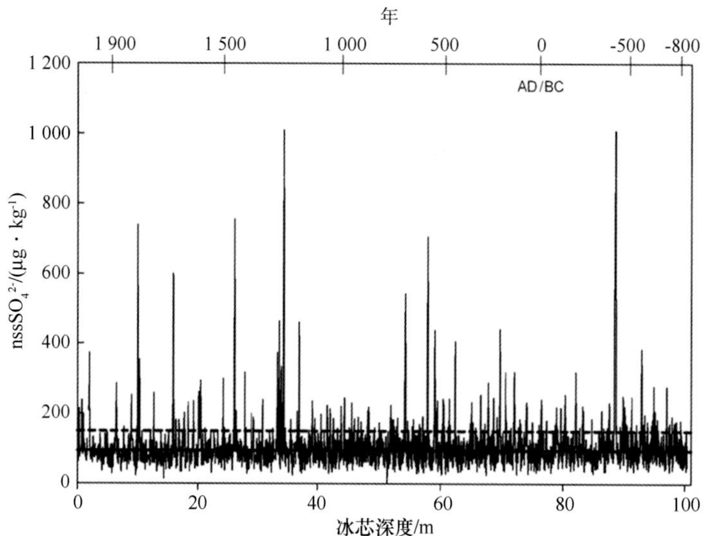

图 7-3 冰穹 A 109 m 冰芯（DA2005）记录的 2840 年火山喷发记录

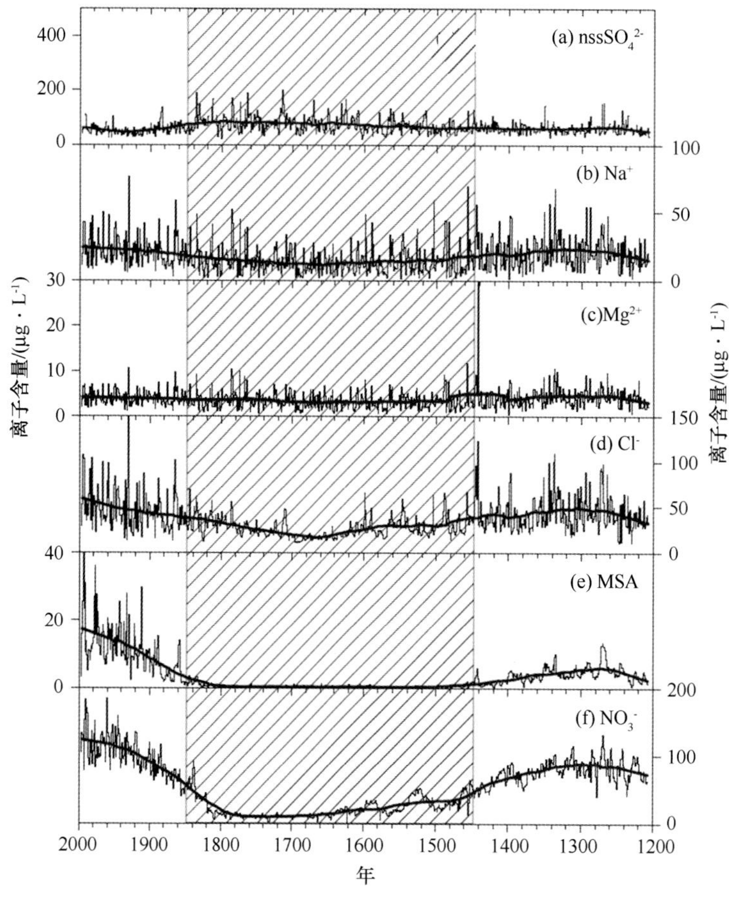

图 7-4 DT263 冰芯记录的小冰期事件

孔位置选择是国际科学界关注的新焦点，引起国际科学界极大的兴趣。

在极地冰盖，“低温、低积累率”是获取古老冰芯的必要条件之一。效存德等研究了南极冰盖最高点满足钻取最古老冰芯的必要条件：冰穹 A 最新实测结果中通过南极冰盖最高点冰穹 A 自动气象站连续记录的2005年和2006年10 m深度雪温数据，得到冰穹A的多年平均气温约为-58.3℃，较东南极冰盖分冰岭的其他冰穹如冰穹C、冰穹F、冰穹B以及东方站均低，是迄今地球上实测最低年平均温度；从雪冰气温代用指标$\delta^{18}O$和δD测值看，冰穹A在上述地点中也最低。自动气象站记录的雪面高度数据表明2005—2006年冰穹A年积累率为0.01~0.02 m水当量，是迄今在东南极冰岭测得的最小积累率（效存德等，2007）。冰穹A低温、低积累率特点是寻找年代超过1 Ma冰芯的必要条件。

孙波等通过冰雷达探测数据，结合冰流速、温度等，利用三维热力学模型，对冰穹A冰底的年龄进行了分析，发现冰底年龄与地热通量有密切的相关性，但对冰底年龄的预测仍存在较大的不确定性（Sun et al.，2014）（图7-5）。

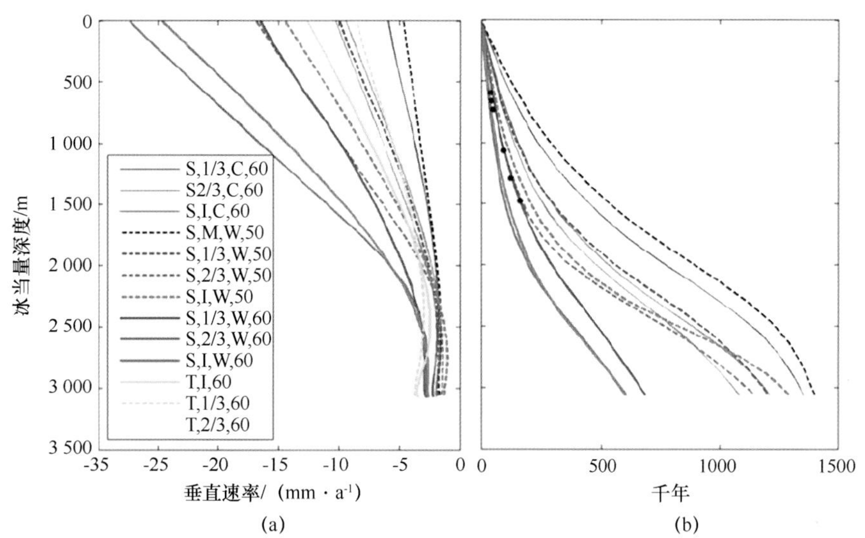

图7-5 热力学模型计算的冰穹A底部冰芯年龄及不确定性

王叶堂等利用雪坑、花杆测量、自动气象站等资料评估了ECMWF再分析资料在冰穹A的适用性，并通过拉格朗日模型对冰穹A降水的水汽来源进行了定量诊断（Wang et al.，2013），对于冰穹A未来深冰芯记录解释有重要意义。冰穹A 109.91 m冰芯结果显示102.0 m处气泡被完全封闭，年龄约为4.2 ka，氢（δD）、氧（$\delta^{18}O$）稳定同位素结果表明东南极内陆地区晚全新世以来气候状况较为稳定（气温波动幅度约为±0.6℃），且变化趋势具有一致性（侯书贵等，2008）。

7.4.7 冰穹A深冰芯科学工程

冰穹A区域冰盖是原始堆积形成的，冰层中储存着具有全球规模的气候变化信息和大气本底环境信息，我国科学家对该区域的地面冰雷达观测发现冰厚超过3 200 m，最有希望获取到120万~150万年的古老冰芯，是南极冰盖最理想的深冰芯钻取地点。2009年，我国在冰穹A地区建立内陆科学考察站的主要目标之一就是支撑冰穹A深冰芯钻探。为此，从2009年开始进行了包括深冰芯钻机系统研制与试验、深冰芯场地准备、导向孔建设、钻机系统现场安装与钻探等一系列重要工作，冰穹A深冰芯于2013年1月正式开钻，得到了国际同行的高度关注。

7.4.7.1 深冰芯钻机系统研制

深冰芯钻机系统的研制是在充分吸收借鉴冰穹F深冰芯钻机系统研发经验的基础上，结合冰穹

A 的实际冰层情况自行研制的液封电动机械式冰芯钻探系统。深冰芯钻机系统包括：冰芯钻探和提取系统、数字信息传输转换接口、地面支撑系统、钻孔填充液加注系统、钻孔多参数测量系统、浅部钻孔大气提取装置和冰盖底部样品钻取装置。钻机系统主要特征参数如表 7-2 所示。

表 7-2　钻机系统主要特征参数

名称	规格参数
Ⅰ. 冰芯深钻集成件	
钻机总长	12 223 mm
钻机质量	160 kg（大气中），150 kg（水中）
钻取冰芯直径	94 mm
能钻取冰芯的最大长度	3 800 mm
钻探深度	0~3 500 m
钻进冰况	暖性冰、坚冰（冰盖底部淤泥、岩屑冰等混合冰）
钻孔直径	135 mm
冰芯直径/长度	94 mm/4 m（max）
钻机钻塔高度	12 m
冰芯筒长度/个数	4 m/3
钻机钻头转速	10~90 r/min
拔取冰芯力	15 kN
Ⅱ. 地面配套设备	
通信动力缆及绞车	牵引载荷 3.5 t 以上
供电能力	25 kW
地面支架（钻塔）	最大载重力 4~5 t
地面控制	终端计算机控制系统
Ⅲ. 钻孔维护参数	
钻孔填充液	经氯化处理的无臭石油溶剂 D60 和致密剂 HFC365
导向孔套管	高密度聚乙烯耐低温高强度套管（120 m）

2011 年 6 月 22—25 日，在中国极地研究中心曹路院区（上海浦东），对冰穹 A 深冰芯钻机系统进行了组装和钻探测试。深冰芯钻机系统测试方案是基于深冰芯钻机系统主要性能参数的测试需求，模拟所需要的南极现场作业环境条件，实现测试和检验钻机的性能。试验共钻取人工冻制的冰芯 4 支，钻探 7 次，累计钻取冰芯长度 556 cm，钻机试钻参数如表 7-3 所示。

表 7-3　冰芯钻探测试信息表

钻号	时间/min	冰芯长度/cm	电流	刀头压力/%	绞车下放速度	钻机转速
1	7	65	0.6~2	2.6~60	130	4 800
2	4	40	0.9~2	4.7~74	150	4 800
3	5	35	0.9~1.8	6.4~96.5	140	4 800
4	11	50	0.9~1.9	3.7~88.1	150	4 800
5	7	78	0.9~2.8	3.7~73.5	150	4 800
6	10	188	0.9~3.7	2~47.5	150	4 800
7	6	100	0.7~2.2	9~67	140	4 800

7.4.7.2 深冰芯钻探场地建设

冰芯钻探作业现场包括场地建设、施工设备和附属设备、钻探引导孔、工作台、加热系统、照明系统、通风排气系统、钻探液加注系统、钻机控制室、钻机维修间、钻探专用电力间等建设工作。冰穹A场地建设工作从2009—2010年第26次南极考察期间开始，历经2010—2011年第27次、2012—2013年第29次南极考察3个夏季的建设已基本完成。

深冰芯钻探场地是进行冰芯钻探作业的基础，第26次南极昆仑站考察期间完成了主钻探场地的建设，该场地长40 m、地下深3 m、宽5 m。深冰芯钻探场地的建成标志着冰穹A深冰芯钻探科学工程正式展开（图7-6）。

图7-6 冰穹A深冰芯钻探场地外景

2010—2011年第27次南极昆仑站考察期间，进行了钻探槽的挖掘工作，采用人工开挖方式进行，钻探槽长10 m，深10 m，宽0.6 m。辅助场地的建设于2012—2013年第29次南极昆仑站考察期间展开。钻机控制室建设规格为长4.5 m，宽2.7 m，深3 m。深冰芯钻机系统维修间长9 m，宽4 m，深3 m。在离深冰芯钻探场地10 m处开挖冰芯样品处理间，规格为长30 m，宽5 m，深3 m。

导向孔套管铺设的目的是防止钻孔液在粒雪冰层渗漏并避免浅层钻孔变形，甚至闭合。第28次南极昆仑站考察期间完成了123.5 m导向孔的钻探及导向管的铺设工作。2012—2013年第29次南极内陆考察期间，向钻孔中灌注了钻孔液醋酸丁酯，增重剂为HCFC-141B。

7.4.7.3 深冰芯钻机安装调试与开钻

2012—2013年中国第29次南极昆仑站考察期间，顺利完成了我国第一套深冰芯钻机系统的安装和调试，并实现了冰穹A深冰芯的胜利开钻。首回次从深度112.30 m钻至115.75 m，取芯3.83 m，为完整的一支冰芯；第二回次进尺3.50 m，取芯3.57 m；第三回次进尺3.50 m，取芯3.59 m，后两回次均为完整冰芯。3次总进尺深度10.54 m，共取芯10.99 m。冰穹A深冰芯钻取工作的开展拉开了我国南极深冰芯科学工程的序幕（图7-7）。

图 7-7　中国南极深冰芯第一钻

7.5　结语与展望

7.5.1　冰穹 A 深冰芯研究计划

深冰芯记录的古气候环境信息是研究地球系统气候变化机制的基础，而地球气候系统自然变化规律的探寻是评估人类活动对地球气候系统影响程度的基本前提。深入了解地球气候系统变化规律和机制，能有效增强人类应对气候变化的能力。冰穹 A 区域冰盖是原始堆积形成的，冰层中储存着具有全球规模的气候变化信息和大气本底环境信息。

国际冰芯科学委员会（IPICS）通过多次国际会议在深冰芯钻探与研究的重要目标方面已经达成了共识，主要致力于 1.5 Ma、40 ka B. P. 深冰芯计划。深冰芯研究的最低目标是在至少两支深冰芯中找到 MPT（中更新世）41 ka 年主导周期的气候变化信息，研究 CO_2等温室气体在地球系统气候变化中的作用。为此，需要在东南极冰盖钻取到记录有距今 120 万年，最好是 150 万年前气候环境信息的深冰芯。另外，根据 Philippe Huybrechts 模式，冰穹 A 的低温、低积累率的特点满足获取超过 100 万古老冰芯的必要条件。

我国将在今后 5~10 年的南极考察中逐步开展冰穹 A 深冰芯钻探计划，钻至冰下基岩（约 3 200 m）。钻进的同时，对冰芯开展物理、化学方面分析，冰芯物理分析包括力学、介电性质（ECM、DEP）、密度、光学（灰度、光轴）、晶体尺寸等基本物理性质分析，化学分析则涵盖水中同位素、CO_2和 CH_4等冰中气体、无机化学离子、放射性同位素、有机物等物质浓度及变化分析等。揭示百万年时间尺度气候变化信息，重建地球系统百万年气候变化序列，系统阐明地球气候变化的机制，寻找中更新世气候转型（MPT）证据，寻找 78 万年前地球地磁倒转的宇宙射线证据，阐明地球气候变化对生物演化和生物界的影响（冰穹 A 深冰芯古生物信息记录、探索冰盖底部的生命形态)，揭示冰盖底部性状及其底床的基本性质进而探索解冰盖底部具体的界面过程等。南极昆仑站深冰芯项目的开展必将极大提升我国在南极地区的影响力和话语权，同时为我国政府应对全球气候变化提供科学基础。

7.5.2 中山站—冰穹 A 断面以及航空地球物理调查计划

中山站—冰穹 A 冰川学考察断面是国际 ITASE 计划的核心断面之一，中国在中山站—冰穹 A 断面的考察已进行了近 20 年，断面的考察研究工作日趋成熟，但仍有不少工作需要完善。在接下来的断面科学研究中，需进一步加强断面表层雪冰样品的采集、分析与数据对比，通过冰盖表面雪层雪冰化学特征及其气候环境指示意义和近期气候环境变化的区域差异等进行系统的研究；持续 GPS 观测，排除冰裂隙的存在，保证内陆冰盖导航路线的顺利；运用冰雷达、卫星遥感等新技术积累物质平衡数据，实现对冰盖底部过程及其环境的精细观测和数据获取，仪器在冰盖变化的不稳定性物理机制及其在冰盖演化、海平面变化和应对气候变化方面取得有影响力的成果；加密自动气象站设置，填补这一断面上气象学研究资料的空白，为后续内陆研究站奠定气象学基础。

7.5.3 冰架与海洋相互作用—埃默里冰架热水钻研究计划

南极冰盖外输冰体流入海洋形成的冰架是连接南大洋和冰盖的纽带，是冰盖物质流向海洋的主要通道，冰盖向南大洋输送的冰量主要通过冰架前缘的融化和冰山崩裂以及冰架底部消融过程实现。埃默里冰架是南极三大冰架之一，东南极冰盖近 20%的冰量是通过埃默里冰架排泄入海（唐承佳等，2008）。冰架的前缘和底部直接与海洋相接触，冰架与海洋直接的相互作用，使冰架向南大洋源源不断地输送大量低温淡水，它们对大洋水团和海洋环流的生成及变化起着重要调控作用。冰架的变化直接关系到南极冰盖物平衡过程及海平面的变化，同时又是南极冰盖发生变化最敏感的“指示器”；南极冰盖边缘的冰架处在南极内陆和南大洋的交错区，针对冰架进行科学监测研究，是揭示南极地区的气候变化机制、预测全球海平面未来变化的重要环节。

在冰架与海洋相互作用研究领域，突破口是如何利用高技术手段钻透巨厚的冰架，进而通过钻孔把海洋设备布放在海腔中开展连续观测。热水钻机技术被普遍视为最高效的钻穿冰架的技术手段。通过热水钻探系统形成的冰架钻孔，可以将大洋观测的各种仪器如温盐测量仪（CTD）、声学多普勒流速剖面仪（ADCP）等直接置入冰架底部海洋，从而实现冰架下海洋特征参数的连续观测。此外，通过 Argo 浮标技术，可实现冰架下海洋特征参数的实时在线观测，借助观测孔可以实现对冰架底部附着冰特性的研究。同时，热水钻探形成的钻孔是进行冰架下海洋环境样品采集与大洋钻探的前提和基础。

我国具有开展南极埃默里冰架—海洋作用研究的地域优势，在历次南极考察中对埃默里冰架的物质平衡、冰川运动等进行了系统观测，积累了大量第一手数据资料，同时还在埃默里冰架钻取了一支穿透冰架的冰芯，这些都为冰架与海洋相互作用研究提供了基础。到目前为止，受钻探技术的限制，我国在南极地区尚未开展冰架热水钻探方面的相关工作，因此，急需开发一套性能稳定可靠的热水钻探技术系统，以满足南极地区冰架—海洋相互作用观测的需求，我国埃默里冰架热水钻机系统设计如图 7-8 所示。

本套热水钻机系统包括钻进系统、绞盘系统、水体加热系统、水体循环利用系统、测控系统和辅助系统 6 个子系统。按照热水钻的总体设计计划，系统研发完成后首先在国内进行组装测试。

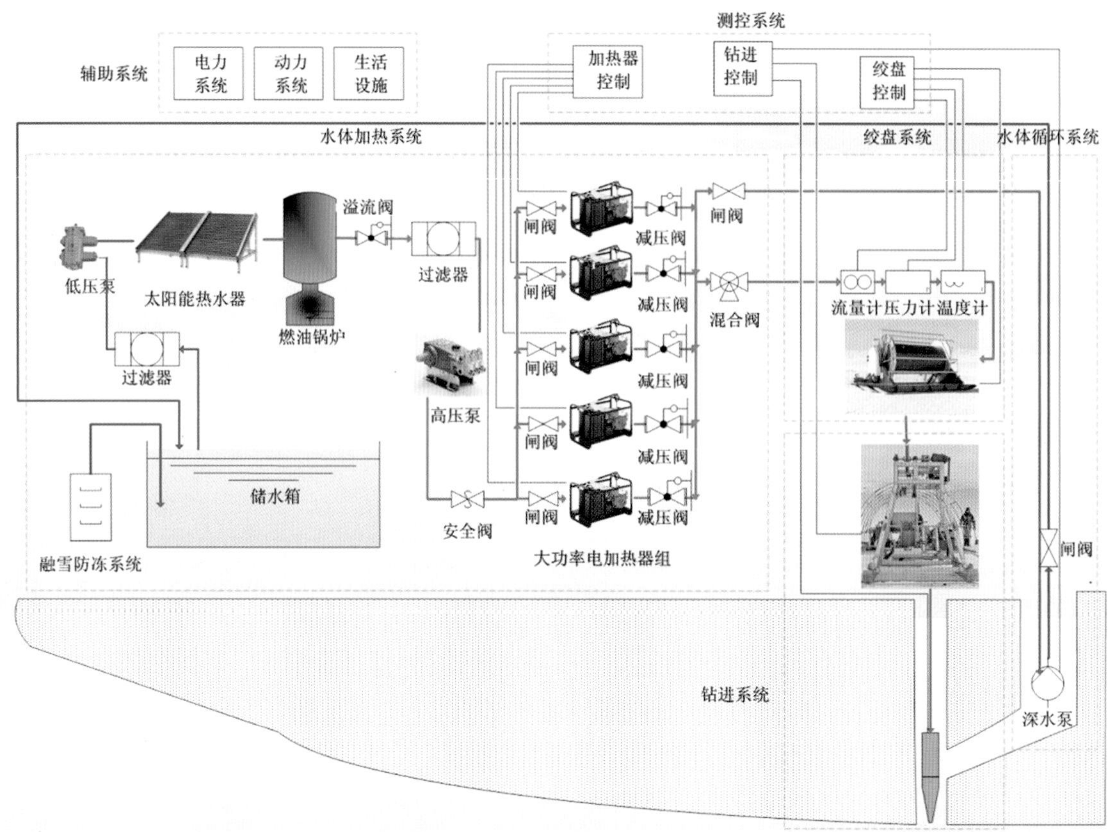

图 7-8　热水钻总体结构

7.5.4　冰川学监测和技术支撑系统的加强与完善

经过 30 余年的发展，我国南极冰川学考察与研究已经初具规模，一些学科已初步形成国际影响力，研究成果、队伍建设和技术支撑方面也卓有成效，研究力量已经具备进入国际竞争并形成区域优势的潜力。但是，需要清楚地意识到，我国在监测方面和部分研究领域与国际先进水平仍有差距，主要体现在学科研究体系尚需完善，部分基础观测资料不系统，以卫星资料为代表的非常规资料在南极研究应用不够，一些观测和长期监测网仍处于初级水平，观测资料的收集、分析与分发及数据库系统的建设尚不成熟等方面。因而，在明确国家在冰川学和技术支撑系统总体建设目标，确立发展方向的前提下，根据不同学科的需求提出详细要求。

在物质平衡与冰川运动观测方面，坚持地面实测结合卫星遥感，在已有实测数据基础上提高精度和准确度，条件允许下继续进行长期观测，并从局部研究向南极总体扩展，加强气候系统理论研究，建立自主气候模型用于估计物质平衡。技术和设备上，提出建设自主卫星系统——北斗卫星计划，加强国际合作和交流，保证获得足够的卫星数据用于分析。而冰雷达性能的提升将主要集中在解决冰盖特殊区域冰雷达探测深度和分辨率之间的矛盾，并继续提高探测精度；除冰雷达性能的提升外，针对不同科学问题的专用冰雷达系统的协同探测，同样有助于解决探测深度和分辨率间的矛盾。多频多极化的冰雷达探测对于冰内地层和应力场研究有重要的意义，将得到快速的发展。基于 SAR 技术的冰雷达系统，对于冰下地貌和环境调查将是革命性的改变。此外，智能化冰雷达搭载平台的出现，克服了极地冰盖恶劣的气候、环境条件，提升了极地冰盖监测时空的连续性和广度，将使机载或车载冰雷达无法深入的区域调查变得容易，而星载冰雷达将使大范围、不同时段的冰盖连续监测成为可能。

在极地气象科学研究领域，瞄准极地气象科学研究的国际前沿，进一步加强国际合作；加强、完善野外观测站网，继续监测包括近地面温度在内的大气要素的变化，提高南极气象业务水平；拓展极地气象科学考察研究领域，积极获取气候代用资料；进一步量化和认识极地在全球变化中的作用，以及其对中国天气、气候和国民经济可持续发展的影响；建立完善极地气象科学的研究体系，提高研究水平，为中国国民经济可持续发展提供科学支撑。

综合以上方面，未来我国南极冰川学的考察将在巩固现有冰川研究、加密积累数据的基础上，适当地选择新地点、新技术、新方向进行发展，以期总体达到国际同等甚至领先的研究水平。但仍需要认识到中国极地冰川学的知识储备、人才队伍、后勤支撑仍与先进国家有差距。面对极地冰川学新的前沿领域，仍有诸多挑战。在深冰芯研究手段、极地冰盖大范围遥感探测技术（如高度计、雷达等）、冰盖动力模型、冰下科学等方面还没有取得实质性突破。应该培养研究队伍，下大力度进行攻关。我国科学家经过研讨，在《中国极地科学中长期发展规划》（2009—2020 年）中确立了冰川学在 2020 年前的科学目标、在《21 世纪中国地球科学发展战略》中展望了极地冰川学的发展前景，我们期待着在某些方面取得国际领先水平的科学成果。

7.5.5 全球变化研究与人才培养

（1）自 1990 年起至今，IPCC 已经组织编写出版了一系列评估报告、特别报告、技术报告和指南等，对科学界和全球政治产生了重大影响。IPCC 评估报告汇集了全球有关气候变化的最新研究成果，已经成为气候变化领域的标准参考著作，被决策者和科学家广泛使用，对气候变化决策和国际谈判产生了重要影响，尤其为联合国气候变化框架公约的制定与实施提供了重要科学依据。秦大河自 1998 至今连续三届参加和领导 IPCC 科学评估工作，对加深全球气候变化科学认识发挥了重要作用。秦大河总结了 IPCC 最新评估工作对全球气候变化的四点基本科学认识：一是过去 100 年来，全球气候系统呈现出以变暖为主要特征的显著变化，预估未来 100 年全球气候还将继续变暖；二是在全球气候变暖的机理上，认为人类活动（特别是温室气体排放）很可能是工业化以来全球气候系统变暖的主要原因；三是在这个背景下，极端气象灾害增多增强、冰川退缩、冻土退化、海平面上升、水资源匮乏、土地沙漠化、生物多样性受损，威胁着人类生产、生活乃至生存，并对自然生态系统和经济社会系统带来严重影响；四是应对全球气候系统变暖，需要世界各国的共同努力，需要全社会在控制温室气体排放、节约能源资源、加强防灾减灾能力建设等多方面采取更加有效的措施。IPCC 因对气候变化科学的贡献及其全球影响力，被授予 2008 年度诺贝尔和平奖，秦大河受中国政府派遣，出席了颁奖仪式。

2007 年 3 月 1 日启动的 2007—2008 年国际极地年（IPY）是继第一次 IPY（1882—1883）、第二次 IPY（1932—1933 年）和第三次 IPY（1957—1958 年，也称地球物理年）都是在 WMO 的倡导下开展的，秦大河是 WMO 推荐的 IPY 2007—2008 最初倡导者和推动者，并担任 IPY 跨学科委员会主席等。最终，全世界 60 多个国家的科学家推动和促成了本次 IPY（2007—2008），大约共有 229 个议题被 ICSU/WMO 联合委员会正式批准作为此次 IPY 的研究计划。IPY 实施期为 2007 年 3 月 1 日至 2009 年 3 月 1 日，对南北极科学研究而言，这是卓有成效、硕果累累的 3 年。IPY 提高了各国科学家迎接南极地区主要科学挑战的能力，帮助公众更好地了解极地各种过程及其与全球的联系。我国为主执行的 PANDA 计划非常成功，是我国在南极开展的典范性国际合作成果之一。

（2）秦大河院士始终将培养人才放在第一位置。他每年主持一期“气候系统与气候变化国际讲习班”，亲任校长，聘请国际顶尖科学家来华讲课，学员来自全国各高校和部委，并吸引了越来越多的国际学员，受到欢迎。并在中国科学院研究生院主讲《冰冻圈科学概论》课程。秦大河非常注重中外联合培养研究生，注重学科发展上紧跟国际前沿。平时给任务、压担子，在实际工作中锻炼和培养青年人才。他培养的研究生，一部分已经成长为相关研究领域的重要骨干。

在秦大河的努力下，中国专家在IPCC报告中担任主要作者的专家人数大幅提高，从第一次评估报告的9人上升到第四次评估报告的28人。迄今我国共有100多位科学家参加了IPCC评估报告和特别报告的编写和评审，这些科学家来自全国多个部委和高校，越来越多的年轻科学家开始走上国际科学舞台，极大地强化了我国在IPCC相关活动以及国际气候变化研究领域中的影响和作用，为我国在环境外交中争取主动和推动社会经济的可持续发展发挥了积极作用。我国南极冰冻圈科学领域唯一的两位“杰青”效存德和侯书贵都是在他的指导和培养下成长起来的。此外，他还培养了在极地大气科学的杰出代表（如孙俊英等）。这些科学骨干已经在我国南极相关科学考察研究中起到重要的中坚作用。

参考文献

卞林根，林学椿. 2005. 近30年南极海冰的变化特征. 极地研究，17（4）：233-244.

陈红霞，潘增弟，矫玉田. 2005. 埃默里冰架前缘水的特性和海流结构. 极地研究，17（2）：139-147.

程晓，张艳梅，李震，等. 2005. 南极地区SSM/I微波辐射计亮温时间序列分析. 水科学进展，(2)：268-273.

程晓，范湘涛，王长林，等. 2005. 基于JERS-1雷达干涉测量的格罗夫山冰盖信息提取. 极地研究，17：99-106.

崔祥斌，孙波，张向培，等. 2009. 极地冰盖冰雷达探测技术的发展综述. 极地研究，(4)：322-335.

崔祥斌，等. 2009. 冰雷达探测研究南极冰盖的进展与展望. 地球科学进展，24（4）：292-402.

丁明虎，效存德，明镜，等. 2009. 南极冰盖表面物质平衡实测技术综述. 极地研究，(4)：308-321.

丁明虎. 2013. 南极冰盖物质平衡最新研究进展. 地球物理学进展，(1)：24-35.

鄂栋臣，张胜凯，周春霞. 2007. 中国极地大地测量学十年回顾：1996—2006年. 地球科学进展，(8)：784-790.

甘昱，鄂栋臣，庞小平，等. 2006. 中山站至冰穹A内陆冰盖考察导航系统设计. 测绘与空间地理信息，(1)：4-6.

韩建康，金会军，许晨海，等. 1995. 南极南设得兰群岛近百年年平均气温变化趋势. 冰川冻土，(3)：268-273.

韩建康，康建成，温家洪，等. 1994. 南极洲乔治王岛柯林斯冰帽冰芯层位和密度变化的一般特征. 南极研究，(1)：43-49.

韩建康，温家洪，尚新春，等. 1995. 南极洲乔治王岛柯林斯冰帽的温度分布. 南极研究，(1)：62-69.

韩建康，谢自楚，戴枫年，等. 1999. 南极洲乔治王岛柯林斯冰帽冰芯火山喷发记录. 极地研究，(4)：255-263.

侯书贵，李院生，效存德，等. 2008. 南极冰穹A地区109. 91 m冰芯气泡封闭深度及稳定同位素记录的初步结果. 中国科学D辑：地球科学，38（11）：1376-1383.

侯书贵，王叶堂，庞洪喜. 2013. 南极冰盖雪冰氢、氧稳定同位素气候学：现状与展望. 科学通报，(58)：27-40.

康建成，刘雷保，秦大河，等. 2004. 东南极洲冰盖表层雪的地球化学特征和分带. 科学通报，49（17）：1755-1761.

康建成，唐述林，刘雷保. 2005. 南极海冰与气候. 地球科学进展，20（7）：786-793.

刘雷保，康建成，温家洪，等. 1997. 南极乔治王岛柯林斯冰帽小冰穹冰心地球化学初步研究. 海洋地质与第四纪地质，(3)：8-17.

陆龙骅，卞林根，效存德，等. 2004. 近20年来中国极地大气科学研究进展. 气象学报，(5)：672-691-717.

陆龙骅，卞林根. 2011. 近30年中国极地气象科学研究进展. 极地研究，(1)：1-10.

秦大河. 1995. 南极冰盖表层雪内的物理过程和现代气候及环境记录. 北京：科学出版社.

秦大河，任贾文，王文悌，等. 1992. 横贯南极洲表层25 cm雪层内δD值的分布规律. 中国科学B辑，(22)：768-776 .

秦大河，任贾文，康世昌. 1998. 中国南极冰川学研究 10 年回顾与展望. 冰川冻土，(3)：35-40.

秦大河，任贾文. 1992. A study on Snow Profiles and Surface Characteristics Along 6000km Transantarctic Route（Ⅰ）——The“1990 International Trans-Antarctic Expedition”Glaciological Research. Science in China，Ser. B，(3)：366-374.

秦大河. 1988. 发展中的我国南极冰川学研究. 冰川冻土，(3)：250-255.

秦大河. 1991. 南极冰川学的发展、热点及展望. 地球科学进展，(3)：38-43.

秦大河. 1987. 南极冰盖表面层内雪的密实化过程. 冰川冻土，(3)：193-198+201-204.

秦大河. 1991. 南极洲纳尔逊冰帽雪层剖面和冰川化学特征. 南极研究，1991.（3）：1-7.

秦大河，任贾文，康世昌. 1998. 中国南极冰川学研究 10 年回顾与展望. 冰川冻土，20（3）：227-232.

秦大河. 1998. 南极冰盖与全球变化. 见：陈述彭. 地球系统科学：中国进展・世纪展望. 北京：中国科学技术出版社.

秦大河. 2001. 南极冰盖学. 北京：科学出版社.

秦大河，姚檀栋，丁永建，等. 2012. 英汉冰冻圈科学词汇. 北京：气象出版社.

秦大河. 2014. 冰冻圈科学辞典. 北京：气象出版社.

秦大河. 2016. 冰冻圈科学概论. 北京：科学出版社.

秦大河. 2018. 冰冻圈科学发展战略. 北京：科学出版社.

秦大河. 2001. 南极冰盖学. 北京：科学出版社.

任贾文，孙俊英，秦大河，等. 2004. 东南极冰盖内陆深处几个雪坑离子浓度的初步研究. 冰川冻土，（26）：135-141.

任贾文，Allison I，效存德，等. 2002. 东南极冰盖兰伯特冰川流域的物质平衡研究. 中国科学（D 辑），32（2）：134-140.

任贾文，秦大河，效存德. 2001. 东南极冰盖中山站—冰穹 A 断面路线考察的初步结果. 冰川冻土，23（1）：51-56.

任贾文. 1995. 东南极兰伯特冰川流域路线考察. 冰川冻土，(4)：303-304+308+306-307.

任贾文. 1990. 南极长城站附近地区冰川的温度状况. 南极研究，(2)：22-27.

任贾文. 1999. 中国第 3 次南极内陆冰盖考察圆满成功. 冰川冻土，21（2）：97-98.

施雅风，李吉均. 1994. 80 年代以来中国冰川学和第四纪冰川研究的新进展. 冰川冻土，(1)：1-14.

孙波等. 2013. 2013 年度冰盖断面及格罗夫山综合考察与冰穹 A 深冰芯钻探成果汇编. 中国极地研究中心.

唐承佳，李院生，陈振楼，等. 2008. 南极冰架研究现状与埃默里冰架研究展望. 极地研究，20（3）：265-274.

王继志，卞林根，效存德，等. 2014. 南极高原夏季 Ekman 边界层动力学分析. 科学通报，999-1005.

王文悌，秦大河，任贾文，等. 1995. 南极洲纳尔逊冰帽的某些动力学特征. 地理研究，(1)：1-7.

王晓军，秦大河，刘琛，等. 1990. 南极纳尔逊冰帽的雪层及其成冰作用研究. 南极研究，(2)：13-21.

温家洪，康建成. 2001. 南极乔治王岛柯林斯冰帽冰川发育条件. 极地研究，(12)，13（4）：283-293.

温家洪，孙波，李院生，等. 2004. 南极冰盖的物质平衡研究：进展与展望. 极地研究，(2)：114-126.

温家洪，谢自楚，韩建康，等. 1994. 南极乔治王岛柯林斯冰帽小冰穹物质平衡特征的初步分析. 南极研究，(1)：50-60.

效存德，李院生，侯书贵，等. 2007. 南极冰盖最高点钻取最古老冰芯的必要条件：冰穹 A 最新实测结果. 科学通报，(52)：2456-2460.

谢自楚，温家洪，韩建康. 1994. 柯林斯冰帽小冰穹物质平衡多年变化的推算. 南极研究，(2)：35-42.

谢自楚，刘潮海. 2008. 冰川学概论. 上海：上海科学普及出版社.

闫明，李院生，谭德军，等. 2001. 南极中山站至冰穹 A 剖面表面雪样氧同位素组成. 极地研究，13（3）：159-164.

闫明，汪大立，凌晓良，等. 2003. 极地冰芯中记录的火山作用及其对气候的影响. 极地研究，15（3）：223-232.

闫明，任贾文，张占海，等. 2006. 斯瓦尔巴群岛冰川学研究进展与我国北极冰川监测系统建设. 极地研究，(2)：

137-147.

张栋，孙波，柯长青，等. 2010. 南极冰盖物质平衡与海平面变化研究新进展. 极地研究，22（2）：296-305.

张明军，李忠勤，秦大河，等. 1999. 南极洲伊丽莎白公主地区主要离子沉积方式及 nss SO_4^{2-}气候效应研究. 极地研究，11（3）：161-168.

张明军，任贾文，李忠勤，等. 2003. 南极伊丽莎白公主地 250 年来 NO_3^-浓度变化特征研究. 自然科学进展，13（5）：513-517.

张明军，任贾文，孙俊英，等. 2004. 南极冰盖 NO_3^-浓度记录研究进. 地球科学进展，19（2）：285-282.

张明军，任贾文，孙俊英，等. 2004. 南极冰盖 SO_4^{2-}浓度记录研究进展. 极地研究，16（1）：65-74.

张明军，任贾文，效存德，等. 2003. 南极伊丽莎白公主地 250 年来海、陆盐离子浓度特征. 地理科学，23（5）：560-563.

张小伟，康建成，周尚哲. 2002. 极地冰雪环境地球化学指标及其指示意义. 极地研究，14（3）：213-225.

郑少军，史久新. 2011. 南极普里兹湾邻近海域海冰生消发展特征分析. 中国海洋大学学报，41（7/8）：009-016.

周丽娅，李院生，Cole-Dai Jihong，等. 2006. 东南极 780 年来 DT263 冰芯中的火山喷发记录研究. 科学通报，51（18）：2189-2197.

朱国才，井晓平，韩建康，等. 1994. 柯林斯冰帽雷达测厚和冰下地形研究. 南极研究，（2）：43-48.

Chen B，Zhang R，Xiao C，et al. 2010. Analyses on the air and snow temperatures near ground with observations of an AWS at Dome A，the summit of Antarctic Plateau. Chinese Science Bulletin，55：1430-1436.

Cui X，Sun B，Tian G，et al. 2010. Ice radar investigation at Dome A，East Antarctica：Ice thickness and subglacial topography. Chinese Science Bulletin，55：425-431.

Ding M，Xiao C，Jin B，et al. 2010. Distribution of $\delta^{18}O$ in surface snow along a transect from Zhongshan Station to Dome A，East Antarctica. Chinese Science Bulletin，55：2709-2714.

Ding M，Xiao C，Li Y，et al. 2011. Spatial variability of surface mass balance along a traverse route from Zhongshan station to Dome A，Antarctica. Journal of Glaciology，57：658-666.

Hou S，Li Y，Xiao C，et al. 2007. Recent accumulation rate at Dome A，Antarctica. Chinese Science Bulletin，52：428-431.

Jiang S，Cole-Dai J，Li Y，et al. 2012. A detailed 2 840 year record of explosive volcanism in a shallow ice core from Dome A，East Antarctica. Journal of Glaciology，58：65-75.

Kang J，Jouzel J，Stievenard M，et al. 2009. Variation of stable isotopes in surface snow along a traverse from coast to plateau's interior in East Antarctica and its climatic significance. Sci. Cold. Arid. Reg.，1：14-24.

Kang J，Wang D. 1997. An investigation of 330 km glaciological profile from Zhongshan Station to inland of Antarctica. Chinese Journal of Polar Science，8：156-158.

Li C，Xiao C，Hou S，et al. 2012. Dating a 109. 9 m ice core from Dome A（East Antarctica）with volcanic records and a firn densification model. Science China Earth Sciences，55：1280-1288.

Li Y，Cole-Dai J，Zhou L. 2009. Glaciochemical evidence in an East Antarctica ice core of a recent（AD 1450-1850）neoglacial episode. Journal of Geophysical Research，114，DOI：10. 1029/2008JD011091.

Moore J，Liu Y，Cheng X，et al. 2014. Climate-driven enhanced calving of shrinking Antarctic ice shelves. EGU General Assembly Conference Abstracts，3216.

Qin D，Petit JR，Jouzel J. 1994. Distribution of stable isotopes in surface snow along the route of the 1990 International Trans-Antarctica Expedition. Journal of Glaciology，40：107-118.

Qin D，Zeller EJ，Dreschhoff GA. 1992. The distribution of nitrate content in the surface snow of the Antarctic Ice Sheet along the route of the 1990 International Trans-Antarctica Expedition. Journal of Geophysical Research，6277-6284.

Qin Dahe. 1998. A study of present climatic and environmental records in the surface snow of the Antarctic Ice Sheet. Journal of Glaciology and Geocryology，20（4）：413-424.

Qin Dahe，P Mayewski，Ren Jiawen，et al. 1999. The Weddell Sea region，an important precipitation channel to the interior of the Antarctic Ice Sheet as revealed by glaciochemical investigation of surface snow along the longest trans-Antarctic route. Annals of Glaciology, 29: 55-60.

Qin Dahe, P A Mayewski, W B Lyons, et al. 1999. Lead pollution in Antarctica surface snow revealed along the route of the International trans-Antarctic Expedition (ITAE). Annals of Glaciology, 29: 94-98.

Dahe Qin, Jiawen Ren, Jiancheng Kang, et al. 2000. Primary results of glaciological studies along an 1100km transect from Zhangshan Station to Dome A, East Antarctic ice sheet. Annals of Glaciology, 31: 198-204.

Qin Dahe, Paul A Mayewski, Cameron P Wake, et al. 2000. Evidence for recent climate change from ice cores in the central Himalayas. Annals of Glaciology, 31: 153-158.

Qin Dahe, Ren Jiawen, Kang Shichang. 2000. Review and prospect on the study of Antarctic glaciology in China during the last 10years. Journal of Glaciology and Geocryology, 22 (4): 376-383.

Dahe Qin, one of Review editors of Chapter 16: Polar Regions (Arctic and Antarctic), In: IPCC, 2001: Climate Change 2001: The Scientific Basis, Contribution of Working Group I to the Third Assessment Report of the Intergovernmental Panel on Climate Change [Houghton, J. T., Y. Ding, D. J. Griggs, M. Noguer, P. J. van der Linde, X. Dai, K. Maskell, and C. A. Johnson (eds.)]. Cambridge University Press, Cambridge, United Kingdom and New York, NY, USA, 881pp.

Qin Dahe, Xiao Cunde, Ian Allison, et al. 2004. Snow surface height variations on the Antarctic ice sheet in Princess Elizabeth Land, Antarctica, one year of data from an automatic weather station. Annals of Glaciology, 39: 181-187.

Ren J, Li C, Hou S, et al. 2010. A 2 680 year volcanic record from the DT-401 East Antarctic ice core. Journal of Geophysical Research, DOI: 10. 1029/2009JD012892.

Shi G, Li Y, Jiang S, et al. 2012. Large-scale spatial variability of major ions in the atmospheric wet deposition along the China Antarctica transect (31° N ~ 69° S). Tellus B 64, 17134, http: //dx. doi. org/17110. 13402/tellusb. v17164i17130. 17134.

Sun B, Moore J, Zwinger T, et al. 2014. How old is the ice beneath Dome A, Antarctica? The Cryosphere, 1121-1128.

Sun B, Siegert MJ, Mudd SM, et al. 2009. The Gamburtsev mountains and the origin and early evolution of the Antarctic Ice Sheet. Nature, 459: 690-693.

Wang Y, Hou S. 2010. Spatial distribution of 10 m firn temperature in the Antarctic ice sheet. Science China Earth Sciences, 54: 655-666.

Wang Y, Hou S, Masson-Delmotte V, et al. 2009. A new spatial distribution map of $\delta^{18}O$ in Antarctic surface snow. Geophysical Research Letters, 36: doi: 10. 1029/2008GL036939.

Wang Y, Hou S, Masson-Delmotte V, et al. 2010. A generalized additive model for the spatial distribution of stable isotopic composition in Antarctic surface snow. Chemical Geology, 271: 133-141.

Wang YT, Sodemann H, Hou SG, et al. 2013. Snow accumulation and its moisture origin over Dome Argus, Antarctica. Climate Dynamics, 40: 731-742.

Xiao C, Li Y, Hou S, et al. 2008. Preliminary evidence indicating Dome A (Antarctica) satisfying preconditions for drilling the oldest ice core. Chinese Science Bulletin, 53: 102-106.

Zhang M, Li Z, Xiao C, et al. 2002. A continuous 250-year record of volcanic activity from Princess Elizabeth Land, East Antarctica. Antarctic Science, 14: 55-60.

Zhang S, ED, Wang Z, et al. 2008. Ice velocity from static GPS observations along the transect from Zhongshan station to Dome A, East Antarctica. Annals of Glaciology, 48: 113-118.

Zhang S, ED, Wang Z, et al. 2006. Surface topography around the summit of Dome A, Antarctica, from real-time kinematic GPS. Journal of Glaciolgy, 53: 159-160.

8 南极高空大气物理学观测与研究

8.1 概述

日地空间环境易受太阳风暴的作用产生空间灾害性天气，给人类的航天、通信、导航、电网、宇航员健康和空间安全等带来严重威胁和巨大损失。在日地空间物理研究中，极区观测研究占有极其重要的地位。极区是地球开向太空的窗户，在那里地磁场近乎垂直进出。太阳风能量粒子进入地球磁层后沿着磁力线沉降到南北极区电离层和中高层大气，产生一系列重要的地球物理现象，诸如极光、磁暴、磁层亚暴、电离层暴、极盖吸收及对中层大气加热和电离等。这些空间天气过程在极区最先发生，最为强烈，并逐步向中低纬地区传播。极区高空大气是地球大气层和近地空间最活跃的部分之一，与中低层大气有较强的耦合作用，对全球变化有着灵敏的响应和显著的反映。极区高空大气物理观测对日地空间的研究、监测和预报十分重要。

自 1984 年首次南极考察以来，我国极地科学考察研究已经走过了 30 年发展历程。我国南北极考察事业的蓬勃发展开辟了极区高空大气物理学研究新领域。原南极考察委员会武衡主任精辟地指出，“我国地处北半球中纬度地区，在地球之端南极洲开展一些国内条件不具备或不理想的学科的考察和研究工作，对发展我国基础科学、应用技术和国民经济建设都具有重要意义”。我国是世界上有最古老极光记录的国家。但由于地域限制，极光的系统观测研究对我国来说还是一个新的研究领域。我国南极长城站、中山站、昆仑站、泰山站、北极黄河站和冰岛极光观测台的建立为开展极区高空大气物理学研究提供了观测基地。在南极我国建立了国际先进的地基观测系统，积累了宝贵的极区观测数据，在极区电离层、极光、空间等离子体对流、空间等离子体波和空间电流体系等方面取得了一系列研究成果，特别是极盖区等离子体云宽的完整演化过程的研究结果在《科学》杂志发表，引起国际同行关注。本章概述我国南极高空大气物理学观测研究发展历程、观测系统和取得的主要进展，提出进一步开展研究工作的建议。关于北极的情况可参阅丛书北极分册的“北极高空大气物理学研究”。由于研究历程较长，多有变迁，叙述以当前运行的观测系统为主，研究进展侧重于近期。对早期的情况可参看有关文献（武衡等，1994；刘瑞源等，1996，2004，2012；吕达仁等，1998；Liu，1998）。

8.2 我国南极高空大气物理学研究发展历程

从 1984 年我国首次南极科学考察以来，极区空间物理一直是极地研究的重要学科之一。30 年来我国南极高空大气物理学研究发展历程大体可分为 3 个阶段，即 1990 年之前的起步阶段、1990—2005 年的国际合作发展阶段、2005 年之后的自主发展阶段。

1990 年之前，我国南极高空大气物理学研究尚处于从无到有的起步阶段。在南极长城站建站前后，南极考察委员会委派中青年科学家赴国外南极站进行考察，研究工作则以长城站为观测基地由各单位分散进行（武衡等，1994）。中国科学院大气物理研究所的高登义、机械电子工业部中国电波传播研究所的刘瑞源、奚迪龙、孙宪儒和曹冲，中国科学院地球物理研究所的贺长明等开展了南极地区的高空大气物理学考察研究。中国电波传播研究所在南极长城站架设了国产 TD-5 型电离层测高仪，开展了极区电离层、极光与吸收、甚低频传播等研究；建立了南极长城站至北京和新乡的超远程短波通信链路，保障了南极与国内的通信联络，并开展了跨赤道越极区的超远距离传播研究。中国科学院地球物理研究所和地矿部地球物理研究所安装了地磁场观测仪器，开展了地磁、脉动和哨声等研究。在“七五”期间组织开展了重点项目：“第二十二周太阳活动峰年期间南极的综合观测”，获取了太阳、大气和空间物理方面有价值的观测资料。在这期间派往国外南极站的人员有：曹冲赴澳大利亚戴维斯站（1983 年 11 月至 1985 年 5 月），奚迪龙赴澳大利亚凯西斯站（1985 年 12 月至 1987 年 5 月）和赴日本昭和站（1988 年 11 月至 1989 年 5 月），温波赴澳大利亚凯西站（1988 年 12 月至 1990 年 3 月），郑名源赴日本昭和站（1989 年 10 月至 1990 年 5 月）。他们分别在高纬脉动极光、宇宙噪声吸收特性等方面取得了研究成果（曹冲，1986；奚迪龙，1988）。1985 年 12 月 10—12 日在北京召开的“南极及高纬地区高空物理学术讨论会”为本领域的学术交流迈出的第一步，此后在南极研究国际学术讨论会（1989 年 5 月 8—12 日，杭州）、第七届全国日地空间物理学术讨论会（1994 年 9 月 20—26 日，桂林）有较为集中的论文发表，在历届地球物理学术年会上均有极区高空大气物理方面的学术论文。

1990—2005 年，在国家加大支持力度的同时，通过国际合作，我国极区高空大气物理研究进入了第一个快速发展阶段。我国南极中山站的建立为开展极隙区纬度高空大气物理学观测研究提供了得天独厚的地域条件。从 1994 年第 11 次南极考察开始历时 4 年，通过与日本国立极地研究所、澳大利亚纽卡斯尔大学合作，在中山站建成了国际先进的高空大气观测系统。在 20 多个国家建立的 50 多个常年考察站中，我国南极中山站高空大气综合观测系统当时已跻身前 5 位。在此期间与日本国立极地研究所、挪威奥斯陆大学、特罗姆索大学等国际研究机构联合组织了多次双边和多边的极区空间物理学术研讨会，使我国极区高空大气物理研究迅速登上了国际舞台。在此 15 年间，有多项国家计划主要或部分地支持了这一学科的研究，其中有“八五”国家科技攻关“中国南极考察科学研究”项目第六部分“南极地区日地系统整体行为研究”，“九五”国家科技攻关项目“南极地区对全球变化的响应与反馈作用研究”，“十五”国家社会性公益项目“南极地区地球环境监测与关键过程研究”，国家自然科学基金重大项目“地球空间暴多时空尺度物理过程”，重点项目“极区电离层—磁层耦合与极光动力学研究”和“地球极隙区的电离层踪迹及其动力学过程”，还有科技部国际合作重点项目和基金委国际合作重点项目、基金面上和青年项目，等等。

2005 年以后，在极地考察“十五”能力建设项目、内陆站建设项目、东半球空间环境地基综合监测子午链（简称子午工程）、国际极地年中国行动计划（PANDA）、国家重点野外台站建设等重大项目的支持下，我国极区高空大气物理的观测研究能力得到了快速提升，在南极中山站建成了极区空间环境实验室，在北极黄河站建成了极区高空大气物理观测系统，形成了国际上为数不多的极区高空大气物理共轭观测体系，在中山站—昆仑站之间建设了磁力计链，在斯瓦尔巴岛距黄河站约 100 km 的朗伊尔建成了极光全天空成像观测系统，与黄河站形成了三角极光观测，2013 年又开始了以亚暴观测为主要研究目标的冰岛极光观测台建设，这些观测系统的建设，标志着我国极区高空大气物理观测由国际合作为主走向了自主的新阶段。与此同时，国家重点研究项目的大力支持使极区高空大气物理的研究能力和水平得到极大提升，这些项目包括“十一五”国家科技支撑计划重点项目“南极环境变化预测与资源潜力评估技术研究”、“极隙区空间天气现报和预报模式研究”、国家基础研究“973”项目“基于子午工程和双星计划的空间天气数值预报建模研究”、国家高技术“863”重点项目课题“极区大气环境遥感监测技术”、国家自然科学基金重点项目“日侧冕状极光的分类及其产生机制研究”、基金重大项目课题“极区能量沉积过程及其对120°E 子午面电离层影响的研究”、海洋公益性行业科研专项重点项目“极区海洋大气与空间环境业务化监测及其在气候变化预测中的应用”、气象公益性行业科研专项重点项目“空间天气极区监测业务化观测模式和试验”、极地环境考察专项专题“大气、空间环境与天文观测”等。这些项目的实施，使学科研究领域在纵向由极区电离层拓展到日地系统，在横向由极隙区和极光带拓展到极盖区和中低纬，并由单纯的空间物理基础理论研究向空间天气应用研究发展。2012 年国际 SuperDARN（国际超级双子极光雷达探测网）年会在上海的召开，表明我国极区高空大气物理研究在国际合作的大舞台中开始发挥重要作用。2013 年关于极盖区等离子体云块演化过程的研究成果在国际顶级科学期刊《科学》的发表，标志着我国极区高空大气物理的研究能力和水平进入了一个新阶段。

我国的南北极考察事业促进了学科人才队伍的建设。在开展首次南极科学考察以后，于 1985 年 6 月成立中国极地研究所筹备组，1990 年 10 月中国极地研究所正式成立，下设有极区高空大气物理研究室，专门从事极区电离层、极光和磁层物理研究。至今，参与极区高空大气物理研究的有属于中科院、高等院校、信息产业部、气象局、地震局、海洋局的 10 多个单位，已形成了一支具有高水平学术带头人和高素质的中青年技术骨干的科研队伍。他们承担了国家科技部、国家自然科学基金委的多项研究项目，在极区电离层、极光、磁层和中高层大气研究领域追踪国际前沿，积累系统的观测资料，在与观测相结合的物理特性研究、模式和机理研究等方面已取得和正在取得一系列的进展。其中，“南极短波通讯与电离层考察”先后获河南省科技进步奖二等奖（1994 年）和国家科技进步奖三等奖（1995 年），“中国南极科学考察研究”先后获国家海洋局海洋科技进步奖特等奖（1996 年）和国家科技进步奖二等奖（1998 年），“南极中山站高空大气物理观测研究”获海洋创新成果奖一等奖（2001 年），“南极地区对全球变化的响应与反馈作用”获海洋创新成果奖一等奖（2002 年），“地球空间环境的南北极对比研究”先后获海洋创新成果奖二等奖（2004 年）和上海市科技进步奖二等奖（2005 年），“极区电离层—磁层耦合与极光动力学研究”获海洋创新成果奖二等奖（2011 年）。

特别要提到的是，国际合作与学术交流对学科发展起到了重要的促进作用。中国电波传播研究所与芬兰 Olue 大学，中国极地研究所分别与日本国立极地研究所、澳大利亚纽卡斯尔大学、挪威特罗姆索大学、奥斯陆大学签订了极区高空大气物理合作研究协议，联合开展了两个科技部国际合作重点项目“极区空间环境的南北极对比研究”和“中国北极黄河站极隙区极光的合作观测与研究”，成功组织了中日、中挪、中英等 5 次极区高空大气物理的双边学术讨论会，中日合作在中山站建设了国际先进的高空大气观测系统。我国科学家积极参加国际学术组织、参与重大国际合作研究计划，并发挥积极作用，如：南极研究科学委员会 SCAR（杨惠根为国家代表），SCAR 日地物理和天文学研究组（刘瑞源曾任副主席），SCAR 第 7 活动组——GPS 应用于天气和空间天气预报（甄卫民、张北辰为成员），SCAR 重大国际合作计划“日地和高空大气研究中的二极共轭效应（ICESTAR）”（刘瑞源为科学指导委员会成员），欧洲非相干散射雷达理事会（吴健为中国代表）和科学监督委员会（刘瑞源为中国代表、轮值主席），新奥勒松科学项目协调委员会（杨惠根为中国代表），国际极地年核心计划“日球层对地球空间的影响”，SuperDARN，参与了挪威研究委员会牵头的斯伐尔巴特北极地球综合观测系统（SIOS）和斯伐尔巴特科学论坛（SSF），建设了中冰极光观测台等。

8.3 我国南极高空大气物理学观测系统

我国南极长城站、中山站和昆仑站在开展高空大气物理观测研究方面都有着独特的地理位置，非常适合于开展极区高空大气物理学的观测研究。南极长城站、中山站和昆仑站的地理和修正地磁坐标见表 8-1。

表 8-1　南极长城站、中山站、昆仑站地理和修正地磁坐标

站名	地理坐标		修正地磁坐标	
	纬度	经度	纬度	经度
长城站	62°12′59″S	58°57′52″W	-48.42°	11.83°
中山站	69°22′24″S	76°22′40″E	-74.82°	98.32°
昆仑站	80°25′01″S	77°06′58″E	-78.04°	55.29°

南极长城站位于亚极光带和威德尔海电离层异常区及南大西洋地磁异常区，是地球空间环境的特殊区域，也是我国在西半球的唯一空间环境监测站。在日地空间环境研究方面，长城站主要开展了电离层和地磁观测。2013 年 3 月开始，中国电波传播研究所在南极长城站布设了一套三频信标接收机用于电离层环境测量。三频信标接收机通过接收多频段（VHF、UHF 和 L 频段）的卫星信号，可以测量出多个频段的电离层闪烁和不规则体结构信息，并能得到电离层总电子含量（TEC），与原有的 GPS 接收机协同工作，提升了长城站对小尺度不规则结构的观测能力。

南极中山站地处不变磁纬 75°左右，白天经过磁层极隙区，晚上处于极盖区，一天有两次进出极光带。在中山站可以观测到日地能量传输过程中丰富的电离层征兆和极光现象，是地球空间环境观测的理想之地，也是世界上少数可进行午后极光观测的台站之一。同时，中山站和我国北极黄河站几乎处在同一根磁力线的南北两端，是少数的几个极区共轭对之一，而且是地球极隙区纬度上唯一的地磁共轭对，非常有利于开展极区空间环境的南北极对比研究。20 世纪 90 年代开始，中山站高空大气物理综合观测系统就开始建设，其间得到了国家海洋局极地考察办公室的大力支持，通过成功的中日、中澳国际合作项目的开展，综合系统具备多手段、多频段、多要素的观测，实现了对南极高空大气环境的连续监测，至今已积累了超过 20 年的观测数据。其中，中日合作项目的成像式宇宙噪声接收机、中澳合作项目的感应式磁力计等设备中间得到了系统升级，观测状态良好，可以实现一天 24 小时的连续观测。在中国极地考察“十五”能力建设项目和国家重大工程项目“子午工程”的大力支持下，2010 年极地中心在中山站完成了高频相干散射雷达、4 台极光 CCD 成像仪（不同视野）、磁子午面极光光谱仪、两台电离层闪烁仪（与中山站现有的 1 台闪烁仪一起构成三角观测网）、中山站电离层数字测高仪 9 台观测设备的现场安装调试；2013 年在中山站恢复了通门式磁力计观测。在南极诸多的科学考察站中，中山站正在发展成为国际一流的日地空间环境监测系统。中山站观测系统的构成见表 8-2，该系统包括光学、电磁感应和无线电的多种观测手段，观测要素涵盖了极光、电离层和地磁，观测设备包括极光光谱仪、多波段极光 CCD 成像系统、全天空电视摄像机、多通道扫描光度计、CCD 单色极光全天空摄像机、高频相干散射雷达、电离层闪烁监测网、数字式电离层测高仪、成像式宇宙噪声接收机、感应式磁力计、磁通门磁力计和中山站—昆仑站地磁链等。

南极昆仑站是设在冰穹 A 的内陆考察站，处于极隙区纬度，昆仑站的观测在时间上和空间上扩展了对地球极隙区高空大气的观测范围。

表 8-2　中山站日地空间环境观测系统

观测设备	观测参数	观测模式	起止时间
数字式电离层测高仪	电离层高度剖面及漂移	常年观测，每小时 8 次	1995—2009 年（DPS-4） 2010 年至今（DPS-4D）
全天空电视摄像机	全天空范围极光辉度	黑天观测，模拟信号录像或 4 秒/帧数字化采样	1995—2011 年
多通道扫描光度计	磁子午线方向磁北—磁南方向的 427.8 nm、557.7 nm、630.0 nm 极光谱线（段）绝对光强值	黑天观测，采样频率 8 s	1997—2010 年
感应式磁力计	地磁 H（南北）、D（东西）分量时间变化率	常年观测，采样频率 0.5~2 s	1996 年至今
磁通门磁力计	地磁 3 分量的相对变化	常年观测，采样频率 1 s；2013 年启用新设备，采样频率高达 25 Hz	1997—2006 年 2013 年至今
成像式宇宙噪声接收机	电离层吸收强度二维分布	常年观测，采样频率 4 s	1997 年至今
CCD 单色极光全天空摄像机	全天空 557.7 nm 或 630 nm 谱线极光强度	黑天观测，曝光时间为 10 s，时间分辨率为 15 s	1998—2010 年
中山站—昆仑站地磁链	地磁 3 分量的相对变化	常年观测，时间分辨率大于 1 s	2007 年至今
高频相干散射雷达	电离层对流速度、谱展宽、回波强度	常年观测，时间分辨率 3 min	2010 年至今
极光光谱仪	磁子午线方向极光光谱线强度分布	黑天观测，采样频率 10 s	2010 年至今
多波段极光 CCD 成像系统	427.8 nm、557.7 nm、630 nm 极光强度二维分布	黑天观测，采样频率小于 10 s	2010 年至今
电离层闪烁监测网	电离层电子总含量、闪烁指数	常年观测	2010 年至今
质子磁力仪（CZM-2）	地磁总强度	每周两次	1989—2001 年
G856 质子磁力仪	地磁总强度	每周两次	2002 年至今
Overhauser 磁力仪（90F1）	地磁总强度	全天候连续记录	2010 年至今
磁通门经纬仪（DIM-100）	地磁偏角 D 和地磁倾角 I	每周两次	1989—2001 年
磁通门经纬仪（CTM-DI）	地磁偏角 D 和地磁倾角 I	每周两次	2002—2011 年
磁通门经纬仪（MAG01H）	地磁偏角 D 和地磁倾角 I	每周两次	2011 年至今
数字磁变仪 （磁通门磁力仪）	地磁偏角（D）、地磁水平强度（H）和地磁垂直强度（Z）的相对变化	全天候连续记录	1989—1992 年
数字磁变仪 （石英光电磁变仪）	地磁偏角（D）、地磁水平强度（H）和地磁垂直强度（Z）的相对变化	全天候连续记录	1992 年至今

续表

观测设备	观测参数	观测模式	起止时间
数字磁变仪（GM4）	地磁偏角（D）、地磁水平强度（H）和地磁垂直强度（Z）的相对变化	全天候连续记录	2011 年至今
CMJ92 和 ULF02 型脉动仪	地磁脉动	全天候连续记录	1989 年至今
VLF 接收机	哨声	与极光同步观测	1989—2011 年
GSV4004 电离层 TEC 与闪烁监测仪	电离层 TEC、电离层闪烁	全天候连续记录	2007 年至今

目前，我国南极科学考察站现有的高空大气物理观测设备均工作稳定，实现业务化运行，部分观测数据可以准实时传输至国内相关数据中心。高时空分辨率的设备正逐步替代上一代设备，数据质量和可靠性有了质的提升。仅中山站高空大气物理观测系统，每年获取的观测数据达到数十太比特，极光成像有效观测时长约 1 000 h，部分观测设备已经累积了超过一个太阳周期的连续观测资料，为极区空间环境研究奠定了良好的数据基础。在数据应用及处理方面，已经开发了相应的数据处理平台，如极光全天空图像处理系统、高频雷达数据分析处理系统、感应式磁力计数据处理系统等，完善了电离层频高图判读技术和电离层漂移数据处理方法，并编制了如电离层观测、极光概要图像和地磁观测等数据集。

8.4 我国南极高空大气物理学研究进展

8.4.1 极区电离层

8.4.1.1 电离层 F_2 层临界频率 f_oF_2 的变化特性

利用长城站 TD-4 电离层测高仪观测，发现电离层 f_oF_2 的日变化具有“威德尔海异常”，即夏季临界频率的最大值出现在夜间，最小值出现在白天。指出太阳辐射电离与热层风的共同作用是产生“威德尔海异常”的关键（曹冲等，1992；曹冲，1993；甄卫民等，1994）。

利用南极中山站数字式电离层测高仪观测，系统研究了南极中山站电离层 F_2 层临界频率变化特性［刘瑞源等，1997；刘顺林等，1997；沈长寿等，1998；He et al.，1999；Liu et al.，1997；贺龙松等，2000；沈长寿等，2005；徐中华等，2006；Alfonsi et al.，2008］。对 1995—2004 年观测数据的统计分析显示（图 8-1），中山站电离层 f_oF_2 存在明显的日变化和年变化，日变化中周日变化与半日变化相比占主导，年变化中周年变化与半年变化相比占主导；日变化中 f_oF_2 出现极大值的时间存在“磁中午异常”现象，最大值在 09：00 UT 附近，在 20：00~01：00 UT 之间 f_oF_2 数值较小，可能是由于这段时间中山站正处于电离层极洞区域；中午 f_oF_2 在太阳活动低年不出现“冬季异常”，而在太阳活动高年出现“半年异常”。结合中山站所处的地理位置，从太阳辐射电离、磁层的驱动和中性大气成分变化等因素分析了这些现象的产生机理，中山站磁中午现象可能主要由极隙区软电子沉降所致，极区等离子体对流也起了重要作用；南极中山站同时处于地理的高纬和地磁的高纬（极隙区纬度），必须考虑太阳辐射电离的极端变化（如极夜和极昼）和来自磁层的驱动作用（包括粒子沉降和对流电场）。中山站太阳活动高年出现“半年异常”，这其中激发态氮分子 N_{2*} 可能起着重要的作用。

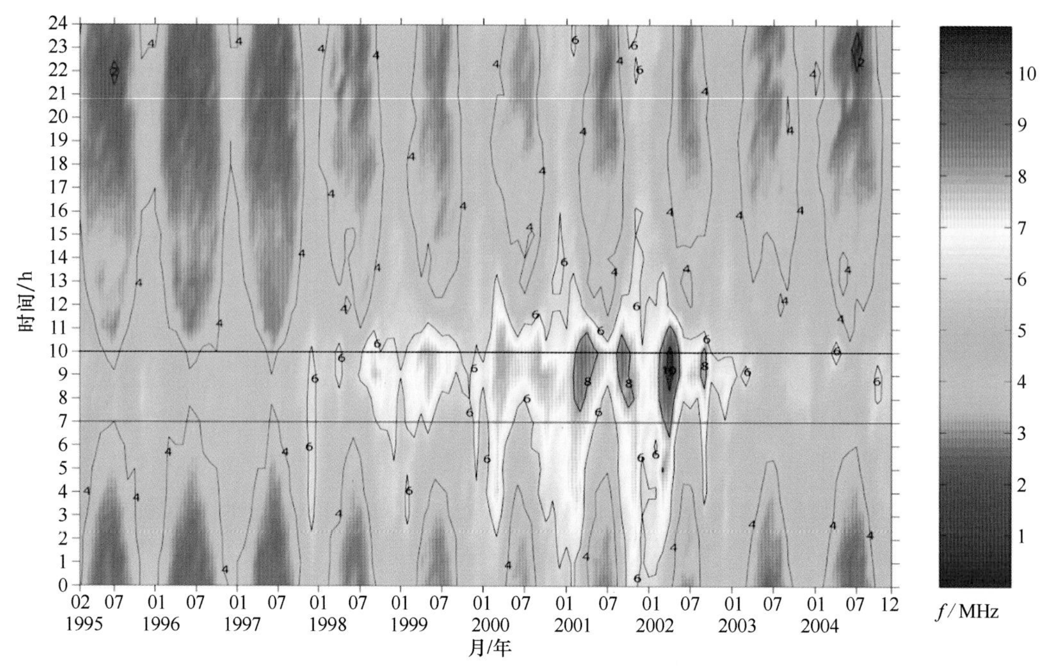

图 8-1　南极中山站电离层 F_2层临界频率变化特性

横轴为月份/年份，纵轴为世界时，颜色表示 F_2层的临频

南极中山站与北极朗伊尔站（Longyearbyen）地磁纬度相当，同处极隙区纬度；而与位于极光带纬度的北极特罗姆瑟（Tromsø）站地理纬度相近。朱爱琴等（2008）分析了中山站和特罗姆瑟站 F_2层冬季电离层的极区特征。徐盛等（2014）利用这 3 个台站各自超过一个太阳活动周期的电离层观测数据，对比分析了电离层 F_2层峰值电子浓度（N_mF_2）的气候学特征，N_mF_2日变化的最大值在特罗姆瑟站出现在地方时中午，在朗伊尔站则出现在磁中午，在中山站则出现在地方时中午和磁中午之间，证明在极隙区纬度，极区对流与极隙区的软电子沉降对 N_mF_2形态分布有着重要影响；在太阳活动低年，特罗姆瑟站在年变化中表现出明显的半年异常，最大值出现在两分季，中山站和朗伊尔站则是正常的夏季大冬季小；在太阳活动高年，3 个台站均存在半年异常，同时在特罗姆瑟站和中山站还表现出不同程度的冬季异常，朗伊尔站则不存在冬季异常，这是太阳辐射与中性大气成分共同起作用的结果；除午侧出现的峰值之外，在朗伊尔站太阳活动高年冬季的磁子夜之前以及特罗姆瑟站太阳活动低年磁子夜附近各自还存在一个峰值，分别是穿过极盖区的逆阳对流和极光带夜侧亚暴各自作用的结果。

何昉等（2011，2012）和徐盛等（2013）研究了太阳活动对南极中山站和北极朗伊尔站 F_2层峰值电子浓度 N_mF_2的影响，并与国际参考电离层 IRI-2007 模式比较。研究发现在中山站 N_mF_2月中值随 F10. 7P 增大而增大，绝大部分时刻，两者具有良好的线性关系，其斜率（$\Delta N_mF_2/\Delta F10.7P$）的极大值都出现在磁中午附近。在季节上，斜率的极大值均出现在春秋分，呈双峰结构。与 IRI-2007 模式进行比较表明 IRI 的预测在光致电离占主导的白天具有较好的效果，而在极夜期间较差。在太阳活动低年，夏季两站的观测结果与 IRI 预测符合得较好，冬季预测都与实测结果符合得较差。两者差异表明，IRI-2007 模式对极区 f_oF_2和 h_mF_2的预测，考虑太阳光致电离的权重较大，对极隙区软电子沉降和极光粒子沉降考虑的权重较小。对不同地磁活动条件下的沉降电子能谱的分析表明，当地磁活动加剧时，低能谱段的电子减少，从而导致较低的 N_mF_2（图 8-2）。

8.4.1.2 电离层总电子含量（TEC）的变化特性

利用南极地区由 IGS、POLENET、中国南极测绘研究中心等机构所建立的 40 多个 GNSS 跟踪站，建立了适用于南极地区的电离层层析模型，得到了电子密度、电子总含量等参数（安家春，2011）。研究了一次 TOI（舌状电离）形成、演化、运动、消失的完整过程，并通过和 SuperDARN 反演的等离子体运动相比较，证实了 GNSS 反演结果的有效性。用地基 GPS 数据提取了西南极地区的 TEC 变化，研究了电离层"威德尔海异常"特征。该异常主要出现在西南极沿海地区的夏季，以子夜时电子密度增强为主要特征（安家春等，2014）。运用中国南、北极 3 站的 GPS 常年观测数据，结合 IGS 站数据，提取出 2000 年以来南北极区域的 TEC 结果，研究了南北极电离层 TEC 时空分布特性，并进行了相应的物理分析。该研究成果对极区电离层形态特征的研究具有重要的意义（孟泱等，2011；安家春等，2010；Liu et al.，2010，2014）。

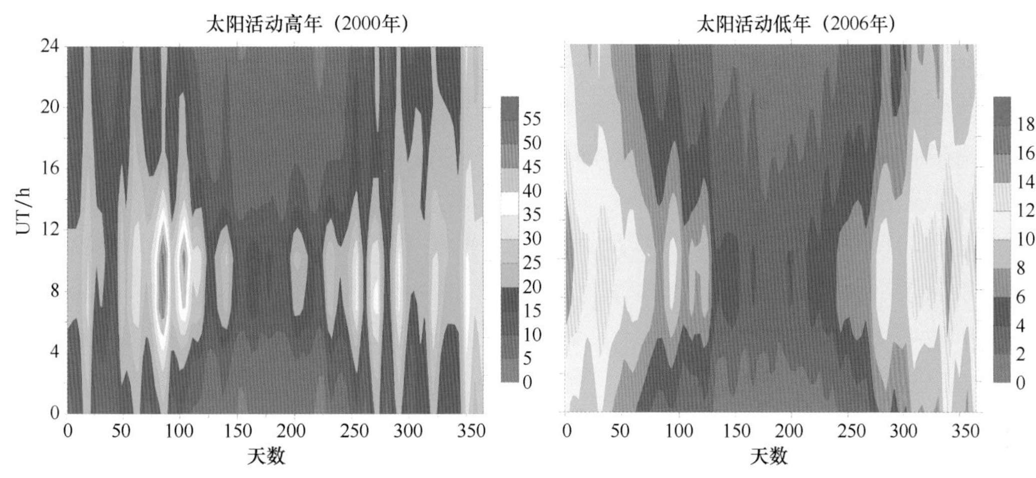

图 8-2　太阳活动高年（2000 年）和低年（2006 年）中山站全年每日 TEC 变化的等值线

E 层占优电离层是指 E 层的峰值电子密度大于 F 层的峰值电子密度时的电离层，记为 ELDI。利用 2007—2010 年 4 年的 COSMIC 掩星数据，在地磁坐标系下统计分析了它在南北极区极夜期间的分布特征，结果表明，极夜期间电离层 ELDI 特征明显，其分布与极光椭圆位形基本一致，而且其在夜侧的发生率较高，特别是磁子夜之后，北极为 70%左右，而南极为 90%左右。在 ELDI 高发区，电离层峰值电子密度要高于其两侧地区，特别是在夜侧，尤其是磁子夜前的峰值电子密度要接近甚至大于磁正午的峰值电子密度，在南极地区格外明显。这些现象主要是由于极夜期间极区高能粒子沉降引起底部电离层电离率增大所致；同时，由于地磁轴偏离地理轴的程度在南极要大于北极，使得极夜期间南极地区的电离层电子密度，特别是在 F 层要相应地小于北极地区，从而导致了极夜期间南北半球极区电离层 ELDI 特征之间的差异（武业文等，2013）。

8.4.1.3 电离层吸收

刘勇华等（1999a）利用中山站成像式宇宙噪声接收机的首批观测数据，得出中山站区宇宙噪声静日曲线。分析表明，中山站区的宇宙噪声吸收事件夜间与白天显著不同，认为夜间吸收区域对应着极光带，其吸收由极光粒子沉降引起；在磁中午，吸收区域对应着极隙区，其吸收可能与极隙区粒子沉降和对流有关。刘瑞源等（1999a）对 1998 年 5 月上旬的高纬电离层吸收事件进行了分析。在5月2日06：39 UT出现的吸收呈现出赤道向移动的特征，与之对应的是地磁场H分量的负向偏移和大幅度的Pc3脉动的发生。在5月2日22：22 UT发生的事件是一个典型的午夜尖峰吸收事件。吸收带呈带状，长100~150 km，宽30~40 km。在5月6日08：30-12：00 UT出现了极盖吸收事件，是由来自于太阳耀斑爆发后的高能质子沉降所引起的。在2000年7月14日（Bastille Day）太阳活动事件期间，南极中山站观测到由X5/3B耀斑引起的太阳质子事件在南极上空触发的极盖吸收。该事件始于7月14日10：40 UT，结束于7月17日19：40 UT。在此时段内，还出现了1次高达26 dB的吸收事件，这是自1997年2月中山站安装成像式宇宙噪声接收机以来观测到的最强的吸收（Liu et al.，2001；胡红桥等，2002b）。贺龙松等（2001）利用23周太阳峰期期间南极中山站成像式宇宙噪声接收机的观测结果，定量地给出电离层吸收和X射线耀斑强度的对应关系，同时还利用北极新奥尔松（不变磁纬76.08°N）站的观测数据对此关系进行对比研究，得出了在理论和观测上都较为一致的结论。同时，认为M级以上的X射线耀斑才能引起日侧电离层较为明显的吸收。

Nishino等（1998，1999，2000）给出了极隙/极盖区共轭观测站（中山站和新奥尔松站）成像式宇宙噪声接收机分别在夜晚和在午后观测到的电离层吸收。Yamagishi等（2000）利用~67°和75°~77°不变磁纬上的二对成像式宇宙噪声接收机研究了极光极向膨胀时的共轭现象。邓忠新等（2006）通过对南极中山站成像式宇宙噪声接收机2000—2001年的观测数据进行分析，得到了189例电离层尖峰脉冲型吸收事件，按其发生时间可分为夜侧吸收事件（69例）和日侧吸收事件（120例）。对这两类吸收事件进行对比统计研究，得到了吸收发生时间、吸收持续时间、吸收强度、吸收区域形状和空间尺度、运动状况以及吸收事件与地磁K_p指数关系等特性，并对电离层尖峰脉冲型吸收的可能产生机制进行了讨论。

8.4.1.4 电离层不规则体和电离层闪烁

利用南极中山站2002—2003年的电离图数据，对扩展F的出现率进行了统计。结果表明：扩展F发生率的磁地方时（MLT）分布呈多峰结构，分别在05：00、09：00、15：00及22：00 MLT附近出现峰值，后三峰与沿极光卵的极光出现率午前峰、午后峰和亚暴区等主要极光粒子沉降区有很好的对应关系（刘嵘等，2005）。

8.4.1.5 Es层和极区夏季中层回波

受太阳风和磁层的电磁耦合作用，极区电离层中的电场可达到数十伏特/米。这类电场的方向满足一定条件时，金属离子的电磁漂移运动可在电离层E区引起电子浓度积累，形成偶发E层（Es层）。万卫星等（2001）利用电离连续方程和静态动量方程，在简单大气模式下，对金属离子Fe~+的积累过程进行了模拟研究，结果表明，不同方向的电场可以产生两种类型的Es。

利用DPS-4型数字式电离层测高仪观测，李海龙等（2007）研究了南半球极区中层夏季回波现象（PMSE）。通过对E层和Es层异常特征的分析，证实在南半球中频和高频频段能够观测到PMSE-Es现象，并发现其与北半球PMSE出现率的季节性变化、日变化及半日变化等规律性变化类似，但存在一定差异，通过极光卵图解释日变化及半日变化等规律性变化。刘二小等（2013）利用中山站高频雷达的观测得到了中山站PMSE的统计特征，发现其昼夜变化与中山站相对于极光卵中心的距离有关，表明极光粒子沉降可能使中山站PMSE减少。

8.4.2 极光和粒子沉降

我国地处中低纬地区，在通常情况下没有极光出现，只有在剧烈活动的情况下，在我国北部才可能偶尔观测到极光，因此，我国现代极光研究起步较晚。虽然我国有些学者（周国成等，1987；宋礼庭，1989；宋礼庭等，1995）对极光理论进行过跟踪研究，但在我国建立自己的极光观测台站之前，进行观测研究的学者很少，如曹冲（在澳大利亚的戴维斯站）和杨惠根（在日本的昭和站）曾经在外国台站对极光进行过现场观测研究。当时我国学者对极光主要进行了以下观测研究，邰鸿生（1985）利用北欧箭载分光光度计对弥散状极光的观测，分析了 OI 5577 埃与 N2+ 3914 埃比值的高度分布；奚迪龙（1988）对极光吸收的日变化与季节变化进行了研究；曹冲（1986）对戴维斯站的脉动极光出现率进行了研究，曹冲（1996）对戴维斯站的脉动极光特征进行了统计研究。在中山站极光观测系统建成后，利用南极中山站的极光观测数据，我国对极光的研究得到深入系统的开展。

8.4.2.1 极光时空统计特征研究

南极中山站的光学观测显示，午后（14：00—18：00 MLT）和子夜前后（22：00—03：00 MLT）是极光发生的高发时段（胡红桥等，1999a）。首次用地面观测证实了卫星探测发现的“15 MLT 极光热点”（图8-3），并且发现午后存在两个不同的极光高发区（Yang et al.，2000）。

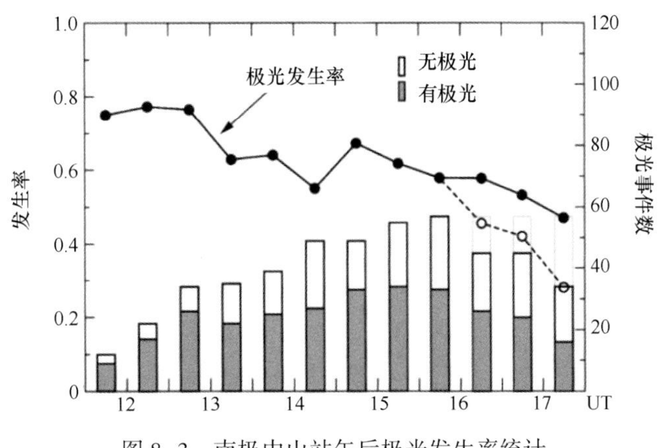

图 8-3 南极中山站午后极光发生率统计

8.4.2.2 极光与空间环境参数的相关性研究

对中山站极光活动与地磁活动的统计研究表明，它们之间有很好的相关（杨友华等，1999）。对不同 K_p 指数情况下的统计结果表明，除向日极光弧外，中山站极光发生情况与 K_p 指数明显相关。极光强度与地磁活动性也存在明显相关，K_p 越大，出现较强极光的频次越高，午后尤为明显。静日（$K_p \leqslant 1$）时，午后出现较强极光的情况只占 10%左右；而在扰日（$K_p > 2$）时，则高达 60%。对不同 K_p 指数的统计结果还表明，中山站在午后穿过极光带的时间随 K_p 的增大而提前（Hu et al.，1999）。

对于午后扇区的极光，研究发现其强度与行星际磁场的变化紧密相关，并直接受太阳风电场和能量的影响（胡红桥等，2002a，2006b）；分光观测显示，午后 630.0 nm 极光的强度表现出随太阳风等离子体密度、动压和速度的增大而增加的趋势；而 557.7 nm 极光的强度与太阳风等离子体参数之间的相关较差。这表明太阳风对 630.0 nm 影响更直接，而 557.7 nm 则主要受到磁层动力学过程的影响（胡红桥等，2001b）。对于夜侧扇区的极光研究显示，亚暴期间高纬黄昏—子夜扇区极光弧的增亮很可能由尾瓣重联产生，很快衰减归因于行星际磁场（IMF）B_z南向条件，而黄昏方向运动受 IMF B_y控制（洪明华等，2001）。

8.4.2.3 激波极光研究

中山站极光观测发现，当太阳风动压突然减弱时，极光强度脉动性增强并伴随有赤道向的漂移，同时卫星粒子探测显示极光发光区内呈现倒“V”结构的粒子沉降。这可能是太阳风负压脉冲激发的场向共振导致的上行和下行场向电流片和场向电子加速（Sato et al.，2001）。

刘建军等（2011）则在激波与磁层相互作用产生地磁急始（SC）事件时，在中山站观测到午后极光的亮度首先减弱，4 min 后开始增亮，与此同时，在覆盖中山站上空的昭和东高频雷达（SENSU）观测到电离层对流发生反转，而在南极点站观测午前极光先增亮后减弱。午后极光亮度减弱、电离层对流反转是由下行的场向电流所致；午前极光亮度增加由上行的场向电流引起，这与经典急始（SC）模型（Araki，1994）的理论预测一致。这是首次利用地面高分辨率的光学观测发现 SC 之后午后极光亮度在增亮之前先减弱的瞬变现象（图 8-4）。

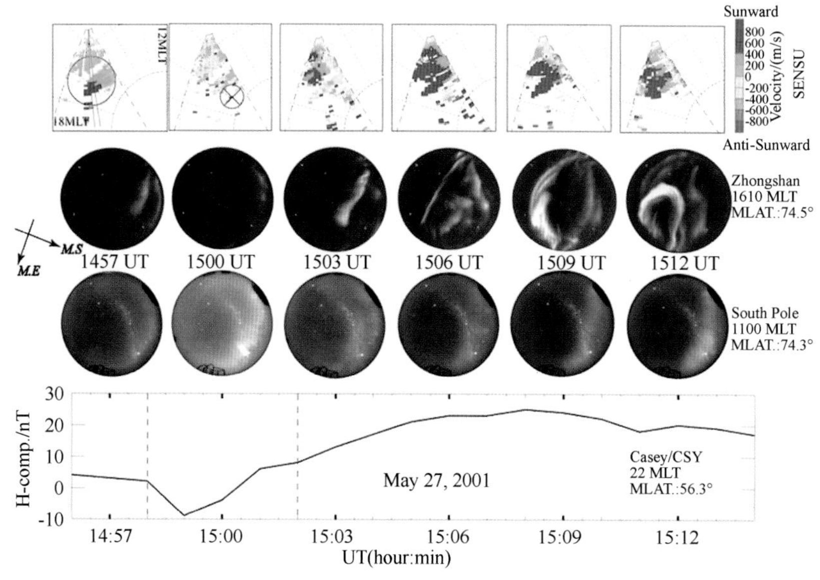

图 8-4　伴随 SC 的日侧极光和电离层对流的瞬变效应

图 8-4 分别给出了 14：57—15：12 UT 期间 SENSU 雷达观测的视线速度（时间分辨率为 3 min）、中山站和南极点站的全天空极光图像以及南极凯西站的地磁水平分量。第一个雷达视线速度图中的圆圈给出了中山站极光图像的范围，第二个雷达视线速度图中带十字的圆圈表示下行的场向电流。

刘建军等（2013）还对一个地磁突然脉冲（SI）事件的极光演化特征开展了研究。观测结果显示，在激波触发 SI 之后的 7 min 内（SI 的初始扰动相），全天空成像仪几乎没有观测到极光；7 min 之后（SI 的主要扰动相），一条西向运动的、持续时间为 14 min 的极光细弧穿过中山站上空。于此同时，SuperDARN 雷达的视线速度观测结果呈现了显著的、周期为 8 min 的等离子体往复运动特征。观测表明，初始扰动相期间午后下行的场向电流是等离子体对流反转的控制因素，随后在主相期间增强的极光活动是由上行场向电流伴随的场向加速所造成。

8.4.2.4 极光粒子沉降研究

利用极区电离层自洽模型，考虑沉降电子引起的电离，计算了极区电离层 E 层的高度积分电导率和 F 层电子浓度，模拟了不同能谱分布的沉降电子对极区电离层的影响。研究发现，在能通量一定的情况下，不同能谱分布对电离层电导率的影响不大，平均能量是决定电导率大小的决定因素，而能谱对 F 层电子密度影响很大，在平均能量大于 0.4 keV 时，修正的麦克斯韦分布谱能明显地增强 F 层电子浓度（刘俊明等，2009）。

8.4.2.5 极光共轭研究

胡泽骏等（2013）对比分析了 Polar 卫星对北极紫外极光的全域观测和南极中山站全天空极光成像仪的同时观测，发现北半球午后扇区卫星观测到的紫外“极光亮斑”对应于中山站在南半球午后扇区的极光弧上观测到的极光涡旋结构，认为发生在平行电场区域上方的电流片不稳定性导致极光弧上产生涡旋结构，并且午后上行场向电流的南北共轭特性影响午后极光亮斑/极光涡旋的南北共轭特性。

8.4.3 极区等离子体对流

8.4.3.1 南极中山站电离层漂移特性及其对行星际磁场的响应

利用南极中山站数字式电离层测高仪在 1995 年的观测数据和 IMP-8 卫星观测的行星际磁场数据，分析揭示了南极极隙区纬度的电离层漂移的主要特征：电离层漂移主要是水平方向的运动，并且具有大体一致的日变化模式，在当地时间正午附近存在着指向极点的漂移运动，在晚上时间存在着离开极点的漂移运动，显示出在极区存在着逆阳对流；行星际磁场的水平径向分量 B_y 在影响极隙区纬度电离层漂移运动方面起着主导作用。当 $B_y<0$ 时，指向极点的漂移运动入口处大约在磁地方时的 7：00—8：00，并且在磁地方时子夜左右的漂移运动方向偏西；当 $B_y>0$ 时，指向极点的漂移运动入口处大约在磁地方时的 9：00—10：00，并且在磁地方时子夜左右的漂移运动方向偏东；南半球的等离子体对流图形大体上与北半球成镜面对称关系（刘瑞源等，1999）。

8.4.3.2 通量传输事件的极区等离子体对流特征

Cluster 卫星和地面 SuperDARN 雷达共轭观测表明，行星际磁场南向时，极区电离层对流对日侧磁层顶的通量传输事件（FTEs）存在着明显的响应。2004 年 4 月 1 日 11：30—13：00 UT 期间 Cluster 卫星簇位于日侧高纬磁层顶附近，并于 12：20 UT 左右穿出磁层顶进入磁鞘。Cluster 卫星沿磁力线在电离层高度的投影部分落在北极 Stokkseyri SuperDARN 雷达视野范围内，该雷达观测到了明显的“极向运动雷达极光”结构（PMARFs）和“脉冲式电离层对流”（PIFs）。FTEs 与极区电离层“极向运动雷达极光”结构（PMARFs）有着一一对应关系（张清和等，2008）。利用南北极 SuperDARN 雷达共轭观测数据推测出了 FTEs 的演化时间及在南北极的响应情况，发现南北极电离层对流对 FTEs 的响应有所不同，由此推断产生这些 FTEs 的重联点位于磁层顶日下点以北的区域（Zhang et al.，2008a）。

8.4.3.3 高纬磁重联的极区等离子体对流特征

在行星际磁场北向期间，利用 SuperDARN 观测到南北半球先后发生日侧磁层顶高纬磁重联造成开放磁力线闭合的征兆（Hu et al.，2006）。利用北半球 SuperDARN 雷达观测和 DMSP 卫星的粒子和对流观测，研究了 2002 年 3 月 2 日 13：00—15：00 UT 行星际磁场（IMF）强烈北向时日侧电离层的对流特征。在 SuperDARN 北半球观测到了持续时间长达 2 h 的四涡对流，由日侧对流导出的重联率表明北半球发生了周期为 4~16 min 的准周期性高纬重联。DMSP-F14 卫星在 14：41 UT 前后在向阳对流的极隙区观测的齿状反转离子弥散特征，进一步证实北半球发生了脉冲式的高纬重联。SuperDARN 在南北极的观测到高纬重联先（后）在北（南）半球发生，并观测到由此造成的开放磁力线闭合的征兆。

8.4.3.4 极区电离层对流对太阳风动压变化的响应

极区电离层对流和极光对太阳风动压突然变化引起的磁暴急始响应非常迅速。刘建军等（2011）利用南极中山站和南极点站的全天空成像仪、覆盖中山站的 SuperDARN 高频雷达，同时在午后扇区观测到伴随磁暴急始的电离层对流快速反转和极光瞬时减弱。刘建军等（2013）对一个地磁突然脉冲（SI）事件有关的黄昏侧电离层对流观测发现，SuperDARN 雷达的视线速度观测结果呈现了显著的、周期为 8 min 的等离子体往复运动特征。几乎与中山站位于同一子午面的北半球高纬地磁台站的观测结果证实激波触发的场线共振与对流往复运动有密切的关系。

利用欧空局 Cluster 星簇、中国双星和南极 Kerguelen 高频雷达的协同观测，张清和等（2011c）就太阳风是如何影响地球磁层顶运动形态开展了联合分析。在太阳风参数经历一系列的变化情况下，卫星与地面监测发现了与磁层顶运动和磁重联有关的磁层顶穿越现象，极区电离层对流在重联发生之后明显增强，频谱宽度的变化表明开闭磁力线边界在重联发生时向低纬区域移动。

8.4.3.5 中山站高频相干散射雷达回波特征

中山站高频雷达 2010 年 4 月建成并成功开展电离层观测，刘二小等（2012a）利用 2010 年 4 月至 2011 年 2 月的观测数据，研究了中山站高频雷达回波的日变化特征以及地磁活动的影响。结果表明，中山站高频雷达回波具有明显的日变化特征且受地磁活动影响较大。雷达回波发生率的峰值在地磁活动较低时位于日侧电离层；随着地磁活动增强，峰值减小并向夜侧移动。平均多普勒视线速度具有明显的昼夜分布，夜侧主要为正向速度，即朝向雷达，日侧主要为负向速度，即远离雷达。随着地磁活动的增强，平均回波强度和平均多普勒视线速度的峰值都会增加，而多普勒谱宽则减小。

胡红桥等（2013）对中山站高频雷达连续两年观测的统计研究发现，不同波束的回波发生率随雷达发射频率的不同而有差异。回波发生率的周日变化特征明显，在 06：00—10：00 和 18：00—19：00 MLT 扇区呈现双峰现象。第 1 波束观测的视线速度在日侧主要为正值，夜侧以负值为主，而第 16 波束正好与之相反。较大波束的观测显示其季节变化特征明显。回波发生率、平均功率、视线速度以及频谱宽度的值在冬季普遍高于夏季。对于中山站高频雷达而言，最佳工作频率为 9~10 MHz。

8.4.4 空间等离子体波的源区与传播特征

8.4.4.1 日侧外磁层远离赤道区域离子回旋波的激发

传统观点认为离子回旋波在磁层赤道区域激发并向南北高纬电离层传播。刘勇华等（2012）分析了一个 Cluster 卫星穿越北半球极隙区附近（L=13~15，13 MLT）观测的离子回旋波事件。该事件中 Pc2（0.1~0.2 Hz）持续 6.5 h，频率位于局地 He^+ 离子回旋频率之上。波能流矢量主要沿磁力线传播，表明这是行进离子回旋波而不是环式磁力线共振。同时，波能量在南北方向之间来回弹跳而不是单一地远离赤道传播，表明波源不是位于赤道区，而是在远离赤道的高纬磁场极小值区域。输入实时太阳风参数的磁层模型计算表明，日侧磁层的磁场极小值区域确实远离赤道，卫星同时观测的离子通量和投掷角分布也支持该新的波激发机制（图 8-5）。

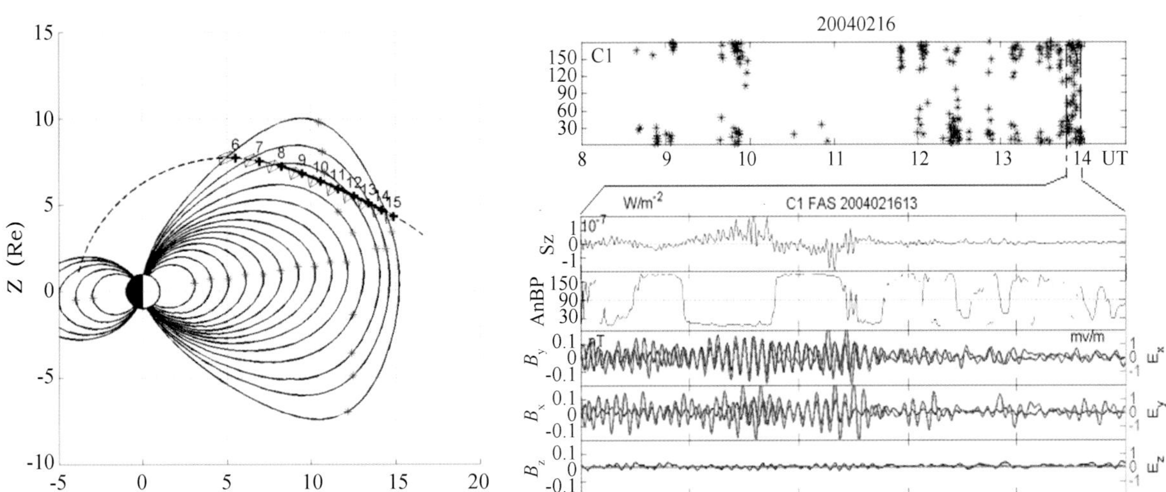

图 8-5　Pc2 离子回旋波在日侧磁层远离赤道高纬磁场最小值区域的激发

8.4.4.2　等离子体层顶附近离子回旋波的激发和传播

刘勇华等（2013a，2013b）利用一个长时间持续的离子回旋波事件，研究了内磁层等离子体层顶附近离子回旋波的传播特性。4 颗 Cluster 卫星于 2001 年 11 月 2 日磁地方时 8：00 从南到北穿过其近地点，距离地心 4.2 个地球半径。卫星从低密度（<20 cm^3）的磁层区域运行经过密度渐增的等离子体层顶，进入到高密度（~80 cm^3）的等离子体层区域，其间观测到离子回旋波持续 50 min。当卫星离开等离子体层顶时，波包消失。波的频率位于 1.8~3.5 Hz，在局地 He^+ 离子回旋频率之上。波发生的纬度范围为±18°，径向宽度为 0.77 地球半径。波的极化特性与等离子体密度相关，在等离子体层顶赤道区域为左旋，较高纬度为右旋，之间区域为混合特性。波的法向与磁场的夹角<60°，波印廷测量显示波的能量主要沿地球磁力线向高纬传播。这些结果表明，等离子体密度及其梯度在限制波的源区和影响波的传播方面起显著的作用。

8.4.4.3　太阳风扰动的地磁效应和夜侧地磁急始的触发

利用卫星和地面磁力计数据统计研究地磁急始在不同地方时的分布特征，韩德胜等（2007a，2008a，2008b）认为夜侧观测到的急始事件主要是由于磁层顶电流增强激发的压缩磁流体波所引起。而在日侧，地面和卫星观测到的初始反转脉动和主相脉动期间的波形与入射压缩波和电离层电流产生的扰动场重合。利用包括极区在内的全球地磁场观测数据，对一个典型 Pi3 脉动事件进行了从太阳风扰动到磁层全球响应的追踪分析。研究认为太阳风扰动可能是直接驱动磁层内的甚低频波的一个重要源。

8.4.4.4　外极隙区空间等离子体波的相位结构和横向特征尺度

高纬地面观测显示，极隙区附近 Pc3（22~100 MHz）脉动的发生率和幅度均增加，这表明这些 Pc3 脉动可能来自磁层极隙区。刘勇华等（2008）选取 2004 年 4 月 1 日 09：20—10：10 UT 期间 Cluster 卫星和地面南极中山站同时观测的 Pc3 脉动事件，采样频率为 1 Hz，进行了详细分析。此时，Cluster 卫星位于北外极隙区赤道侧边界层的闭合磁力线区域，中山站位于磁地方时中午，邻近南极隙区的电离层投影之下。假定波在 4 颗卫星间传播时保持线性相位关系，得到波矢量（-0.000 315，-0.000 953，0.001 257）/km，波长约 4 790 km，波速度约 120 km/s，近似垂直磁力线传播。该 Pc3 脉动主要为横波，与通常在极隙区和磁鞘区观测到的宽频带波和压缩波不同。分析表明，这些 Pc3 脉动可能起源于太阳风上游，以压缩快波的形式进入磁层，沿闭合磁力线传播到高纬极隙区。

刘勇华等（2009）进一步运用超低频波的相干方法分析该事件，发现该波动在地面南北向分量之间的相干值远大于东西向分量之间的相干值，与卫星观测的情形恰好相反。同时，地面南北向分量和卫星东西向分量之间的相干值，大于其余分量组合之间的相干值，并且以卫星和格林兰东岸 Daneborg 站之间的相干值为最大。这些结果表明，波在穿越电离层后其极化主轴旋转了 90°，卫星沿磁力线的投影最靠近 Daneborg 站。而且，波在卫星之间的相干值同卫星连线与地球磁场磁力线的方向高度相关，由此计算 Pc3 超低频波在外极隙区附近的横向特征尺度约为 900 km，对应的波相干值为 0.65。

8.4.4.5 中山站甚低频波的统计研究

刘勇华等（2001a，2001b）运用互谱统计分析技术，获得极隙区纬度 Pc3/5 脉动的传播特性、振幅和发生率地方时分布。主要结果有：① 在极隙区纬度，Pc3 脉动的传播、发生率、功率谱均有明显的地方时变化，并有一定的季节变化。Pc3 脉动主要发生在中午/极隙区和磁午夜附近。在白天极隙区附近，Pc3 脉动主要向西传播，夜间传播有些不规则。② Pc5 脉动的传播、发生率、功率谱有一定的地方时变化和一定的季节变化。白天以磁中午为界，晨侧向西传播，昏侧向东传播；夜间约以 20：00 MLT 为界，之前向西传播，之后向东传播。磁黄昏附近，Pc5 脉动传播方向变化较多，显得不规则。这些特征，反映了 Pc5 脉动在不同地方时段有不同的起源。杨少峰等（1985，1994，1997a；1997b）研究了长城站和中山站 Pc3 脉动出现的频次、频率特性和振幅特性。杨少峰等（1999）研究了中山站 Pc3 脉动的极化特性。

邱怡婷等（2014）利用南极中山站和戴维斯站观测的感应式磁力计数据，运用互谱分析方法统计分析了 2004 年 3 月、6 月、9 月、12 月的 Pc1-2 波事件，研究了 Pc1-2 波出现频次、中心频率和振幅对季节和磁地方时的分布。结果共获得有效 Pc1-2 波事件 2 932 个，其中，3 月、9 月出现较多，分别占 51.4%和 26.1%，12 月次之，占 18.6%，6 月最少，占 3.8%。两站的 Pc1-2 波事件有 59.8%出现在磁中午（08：00—10：00UT）附近，且在午后靠近磁中午的时候 Pc1-2 波的中心频率比在午前靠近磁中午的时候大，振幅则在 08：00 UT 时出现最大值；此外，在 6 月，Pc1-2 波的平均中心频率最大，而平均振幅则最小。这些结果表明，极隙区纬度的 Pc1-2 波在很大程度上受电离层电导率的影响。

8.4.5 极区地磁与电流体系

8.4.5.1 极区不同空间物理坐标系的对比

地球空间等离子体受地球磁场的控制，用合适的坐标系来组织观测的物理量对理解空间等离子体分布和变化的物理本质具有十分重要的意义。徐文耀（2006）综述了地磁与空间物理研究中经常使用的 20 多种坐标系，探索了这些坐标系的基本设计思想和相互联系。特别指出与磁层相关的坐标系在研究极区空间物理过程的重要性。文中比较分析了倾斜偶极坐标系或地磁坐标系中中山站磁地方时的变化特性，指出磁地方时的不均匀性有明显的年变化和日变化，中低纬地区这一不均匀性不太重要，但在高纬地区，不均匀性会变得很显著。陈鸿飞等（2000）研究了在改进地磁坐标系下平静期极区电急流南北半球分布特性，研究发现在地磁坐标系下，电集流在南北两极地区的分布不完全对称，使用改正地磁坐标系后，消除了这种不对称性，并由此说明南北两极地区电流体系在磁力线的映射关系上是共轭的，并且电集流分布受地磁主磁场控制，电集流位置与季节关系不大，强度夏季比冬季大，夏季与冬季之差值白天较大，夜晚较小。

8.4.5.2 场向电流

极区场向电流是构成极区电流体系的组成部分。研究显示，由一区场向电流及其电离层回路组成的电流体系所产生的低纬的磁场是不可忽略的（陈鸿飞等，2001）。不同台站地方时位置上的地磁扰动由于磁层对流和一、二区场向电流的共同作用而体现不同特性（沈长寿等，1999）。

8.4.5.3 极区电离层等效电流

在极区电流体系研究中，自然正交分量法（MNOC）得到了较好的应用。对极区亚暴电离层等效电流体系的分析表明，第一本征模的电流图案呈双涡结构，对应于“直接驱动过程”；第二本征模的电流图案反映了极光带西向电集流的基本特征，对应于“卸载过程”。前者无论在平静期间，还是亚暴期间始终存在，其强度从亚暴增长相开始增加，膨胀相期间快速增长，恢复相期间逐渐减小；后者在平静期间几乎为零，亚暴增长相期间变化不大，直到膨胀相开始才迅速增长，恢复相期间逐渐减小。根据上述分解，可以对目前普遍用来描述亚暴强度的 AE 指数进行修正，得到分别反映对流过程和电流楔形成过程的相应指数。在亚暴电流多分量的研究中（Xu et al., 2000），第一阶模具有双涡电流结构，显示出大尺度磁层对流和亚暴直接驱动特征，而且无论在平静时刻还是扰动时刻均出现；第二阶模显示在午夜扇区西向电集流特征，表征亚暴电流楔及亚暴能量的装—卸载过程，该阶模在平静时几乎为零，而在亚暴膨胀相得到急剧增强。

8.4.5.4 极光电集流

徐文耀等（2004）在对极区电离层电流与极光电集流指数关系的定量研究中，进一步证实了极光电集流（AE）指数的饱和现象，即在较强亚暴出现时，AE 指数不能很好地反映实际电离层电流效应。刘晓灿等（2008）研究了 AE 指数、Dst 指数与极光沉降粒子能量的相关性。

极光活动加剧和极光电集流增强是磁层—电离层能量耦合的重要表现形式，同为磁层带电粒子向电离层沉降的结果，但是它们的变化规律却非常不同。徐文耀等（2009）用地基磁场资料，反演极区等效电流体系，研究地磁平静期和扰动期极光电集流带的运动特点。研究表明，Harang 间断把极光电集流带分为两段：下午—黄昏段的东向电集流带较弱，而晨侧和子夜—凌晨段的西向电集流较强。在亚暴膨胀相，随着 AE 指数增大，整个极光卵向赤道扩展，而极光电集流带却表现出分段差异的特点：下午—黄昏东向电集流带向低纬移动，晨侧西向电集流也向赤道移动，而子夜—凌晨西向电集流带则向极移动。电动力学分析表明，在不同地方时段，控制电流的主要因素不同，因而，电流及其磁扰有不同的特点：下午—黄昏东向电集流和晨侧西向电集流组成了 DP2 电流体系，主要受控于磁层对流电场，反映了“驱动过程”的行为；而子夜—凌晨西向电集流是 DP1 电流体系的基本部分，主要受控于电导率，反映了“卸载过程”的特点（图 8-6）。

8.4.5.5 亚暴期间极区电离层的电动力学特征

利用 KRM 地磁反演算法，反演了触发型亚暴和自发型亚暴期间极区电离层的电动力学特征

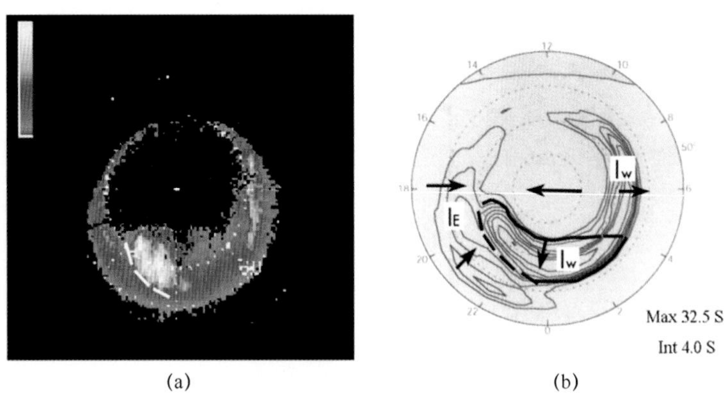

(a) (b)

图 8-6　亚暴膨胀相期间极光强度分布和霍尔电导率分布

(a) 极光强度分布，虚线表示 Harang 间断；(b) 霍尔电导率等值线图，其中，箭头表示电场方向，I_W 和 I_E 分别表示西向和东向电集流分布的区域

(Liu et al.，2011)。研究结果发现，直接驱动过程和装卸载过程在两类亚暴事件中都同时存在。但是对于自发型亚暴事件，太阳风的直接驱动作用更强；而对于触发型亚暴事件，卸载过程的作用在膨胀相时更明显。

刘俊明等（2012）利用 KRM 算法反演了 2004 年 12 月 13 日行星际磁场北向期间的亚暴事件期间极区电离层的电动力学特征。研究结果发现，对该类事件，直接驱动过程很弱，卸载过程在亚暴膨胀相期间占绝对主导作用。同时结果显示，粒子沉降引起的极区电离层电导率的增强是西向电集流急剧增强的主要原因。

8.4.6　极区空间天气

8.4.6.1　极区对空间天气事件的响应

结合地面观测数据与卫星观测数据，对 23 周太阳活动峰期的重要事件进行联合分析，得到极区响应的某些规律性和新的认识。①通过宁静日、控制日、扰动日的比较，说明了极区电离层对太阳活动事件的响应非常敏感。在太阳风几乎消失的宁静日（1999. 5. 11），地磁场更加耦极化，中山站观测到的电离层具有中纬度的特征，在特大 X 射线耀斑事件期间（2000. 7. 14）中山站观测到严重的极盖吸收，其峰值高达 26 dB（Liu et al.，2001；Liu et al.，2001；胡红桥等，2001a；胡红桥等，2002a）。②极区电离层对灾变式太阳活动事件的响应，首先表现在极区电离层在磁暴的初相期间 F 层的高度急剧升高（可增高 200 km），F 层临界频率开始降低，而在整个磁暴期间，电离层的高度上下振荡，其变化幅度可达 200 km 以上，电离层吸收在极区特别严重，以至于电离层测高仪经常收不到回波。发现在电离层的几种响应中 F 层高度抬升出现最早（Liu et al.，2002a）。③灾变式太阳活动事件期间，磁层的扰动变化特别剧烈，表现在磁层亚暴和极光亚暴频繁而剧烈，极区观测到强烈的 Pc3 和 Pc5 地磁脉动。这些脉动集中出现在磁中午附近和子夜前附近两个时间段，并且在磁暴的各个阶段（不仅是在磁暴恢复相）都出现有强烈的地磁脉动（Liu et al.，2002a）。④观测到极区电离层对太阳风能量输入的响应大约有 1 个小时量级的延时（Liu et al.，2002a）。⑤初步分析得出在极区向日侧宇宙噪声突然吸收与耀斑爆发的 X 射线峰值流量之间的定量统计关系（贺龙松等，2001；He et al.，2001）。

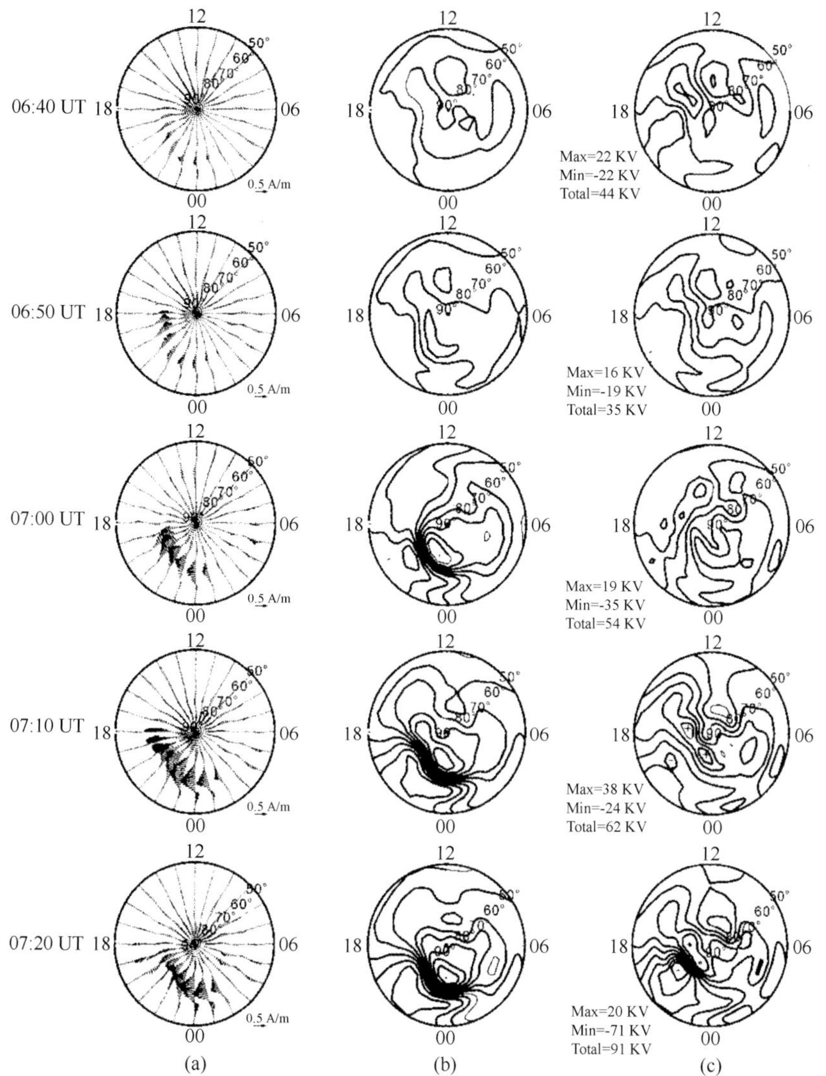

图 8-7　2004 年 12 月 13 日亚暴期间极区电离层电动力学参量分布

（a）Current Vector；（b）Current Function；（c）Electric Potential

8.4.6.2　磁暴的亚极光区电离层效应

利用南极长城站电离层和地磁观测数据研究了 1989 年 3 月 13 日磁暴的亚极光区电离层效应。在紧接着磁暴急始后 F 层的虚高 h′F 急剧上升，临频 f_0F_2急剧下降，然后出现扩展 F 并持续几小时。在磁暴主相，电离层出现严重的吸收，但有时仍能观测到 h′F 的增加和伴随着的 f_0F_2的降低。在磁暴急始后的第二和第三个晚上观测到极光型 Es 和夜间 E 层。在同一经度扇区的 4 个电离层站的 h′F 和 f_0F_2的行为表明，观测站的纬度越高出现的吸收越严重，f_0F_2呈下降的时间越长（刘瑞源等，1994a）。

8.4.6.3　亚暴事件分析

刘俊明等人（2010）利用 IMAGE 卫星观测到的极光数据以及地面磁场数据对发生在 2004 年 12 月 13 日的亚暴事件进行分析，首次发现行星际磁场北向时有两个起始的亚暴事件。该事件是一个发生行星际磁场北向时的自发型亚暴事件，即该事件是由磁层内部的不稳定过程产生的。而且该事件发展过程中，发生了两次极光点亮，这可能是由引起越尾电流中断的不稳定性过程沿经向传输所引起的。对该事件的能量来源分析认为，在行星际磁场北向之前存储在磁尾的能量是该事件的主要能量来源，即行星际磁场南向时，存储在磁尾的能量在行星际磁场转为北向之后仍有一部分能量继续储存在磁尾中，该部分能量在行星际磁场北向时脉冲式的释放形成了该亚暴事件。利用 KRM 地磁反演方法，结合北半球中高纬度地磁台站数据，对该事件作了进一步分析，结果表明在该亚暴膨胀相起始后，午夜之前西向电集流急剧增强，且等效电流体系表现为夜侧双涡，同时伴随夜侧增强的南向电场。由于极弱的直接驱动过程，卸载过程引起的电离层效应得到清楚显示。卸载过程在膨胀相期间起绝对主导性作用。同时，夜侧电导率的增强是电集流区域电流急剧增强的主要原因（Liu et al.，2013）。

利用 ACE 卫星、THEMIS 卫星、GOES 卫星以及极区地面磁力计的观测数据，刘俊明等（2013）对 2008 年 12 月 5 日发生的一系列亚暴事件进行了深入分析研究。太阳风、行星际磁场数据显示该亚暴事件的生长相过程长达 9 h，生长相期间太阳风速度、行星际磁场变化较平稳，且太阳风速度较小，这是较长南向行星际磁场期间（生长相期间）未发生亚暴的外部原因。之后发生的亚暴事件中，有两个事件发生在同一磁地方时，且第二个事件起始于之前一个事件的赤道向一侧。卫星的观测显示这些亚暴事件起始于近地等离子体片，且亚暴发生前，未有重联信号被观测到。这些亚暴事件都是由磁层近地等离子体片内部的不稳定性过程产生的。

8.4.6.4 极区电离层电流结构和强度的“关键点模型”

根据 Chapman 发展的等效电流理论，由地面磁场观测反演极区电离层电流体系，徐文耀等（2008）提出了极区电离层电流结构和强度的“关键点模型”，其主要特点是：输入参量很少（只有极光电集流指数 AE 一个）、输入参量容易得到、计算程序简单、获得结果快捷。复杂的极区电流体系的基本特点归纳成 6 个“关键点”（图 8-8）：顺时针电流涡中心 K1、反时针电流涡中心 K2、最大西向电集流 K3、最大东向电集流 K4、最大北向电集流 K5、最大南向电集流 K6。输出参数包括这些关键点的空间位置（地磁纬度、地方时）及其相应电流强度，共 18 个。关键点一经确定，电流体系的基本轮廓随即确定。这个模型不考虑电流结构的细节，适用于空间天气预报需要。

8.4.7 极区电离层—磁层数值模拟

8.4.7.1 长城站威德尔海异常现象的模拟研究

我国南极长城站电离层观测统计发现其电离层日变化具有威德尔海异常现象。朱明华等（1997）利用已建立的一维时变理论模式，对长城站夏季电离层 f_0F_2 和 h_m 日变化进行了数值模拟，讨论了中性风和顶部输运通量对 f_0F_2 和 h_m 的影响，认为模拟计算得到的 f_0F_2 值比实测值要大的一个主要原因是国际参考电离层给出的上边界值偏大。

8.4.7.2 中山站磁中午异常的模拟研究

我国南极中山站电离层观测统计发现其日变化存在磁中午现象。针对中山站白天处于极尖区的特点，朱明华等（1996）研究了低能电子沉降对中山站电离层的影响。采用高纬软粒子区的电子谱，计算了中山站低能电子引起的电离率，估算了该电离率导致的电离层电子密度的增加。计算结果表明，低能粒子不仅对 F 区电子密度有较大的影响，而且还是白天峰值高度升高的可能原因之一。

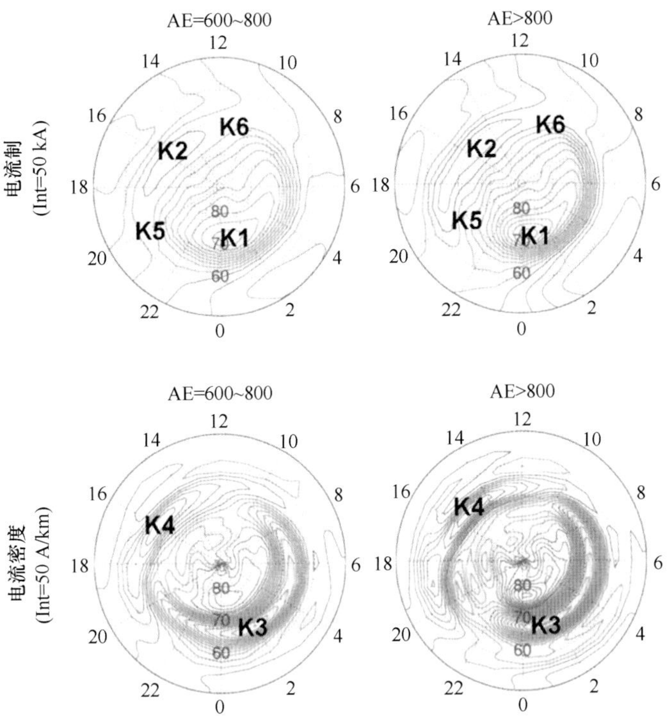

图 8-8 描述极区电流体系的关键点模型

张北辰等（1999）在极区电离层模式中考虑了软电子沉降引起的电离，并对差分方法的应用进行了改进，模拟了不同特征的沉降电子对极区电离层的影响，发现平均能量低的电子束能够形成明显的电离层 F 层，平均能量较高的电子束能使得最大电离的高度下移，形成明显的 E 层，甚至其电子浓度高于 F 层。将电子沉降的卫星测量结果作为电离层模型的输入，所得 F 层临界频率与观测结果符合较好。通过分析中山站电离层统计结果，综合电子沉降在极隙区的分布特征和上述模拟结果，认为中山站磁中午现象主要由电子沉降所致（图 8-8）。

陈卓天等（2006）考虑到 F 层电离层水平输运过程的影响，利用一维自洽的时变极区电离层模型，研究极隙区极光粒子沉降对极区电离层 F 层电子密度影响的时变过程。假设一维时变电离层模型描述的磁流管中 F 层等离子体在对流作用下经过极隙区，随对流路径的不同，磁流管在极隙区经历的时间不同，以此考察极光粒子沉降作用下电离层随时间的演化过程。数值计算结果表明，当磁流管在极隙区停留的时间足够长，F 层电子密度能显著增大。然而在磁流管经历极隙区实际时间较短的情况下，极隙区极光粒子沉降对 F 层电子密度的影响并不大。文章还给出了统计对流模型作用下磁流管在经历极隙区时，有沉降粒子作用和没有沉降粒子作用两种情况下，F 层等离子体的时间变化过程的差异。

8.4.7.3 极盖等离子体云块演化过程的模拟研究

极盖等离子体云块是极区空间天气的重要现象之一，其形成过程是当前重要研究课题。观测表明，日侧磁场重联对应的极区电离层高速流可能对舌状等离子体（TOI）形成“切割”作用，最终形成极盖等离子体云块。伴随磁场重联，同时存在极光粒子沉降，会引起 F 层等离子体密度的增大，阻碍“切割”效应。杨升高等（2014）利用张北辰等的耦合极区电离层模型，模拟研究电场和软电子沉降共同作用下 F 层等离子体密度的演化。结果表明，在局部电离层电场大于一定数值

（80 mV/m）的情况下，“切割”效应能有效发生，O^+密度在 250 km 高度减小幅度达到最大值，是 F 层等离子体密度减小的主要贡献者，NO^+密度的增大是 F_1层明显增强的主要原因。“切割”过程解释为：磁场重联引起的局部电场增强使得等离子体对流增强，焦耳加热明显，电子温度增大；由于摩擦加热，离子温度快速增加，促使化学反应 $O^+ + N_2 \rightarrow NO^+ + N$ 的反应速率增大，导致 O^+同分子离子的复合率增加和 O^+上行通量增加。

8.4.7.4　电离层—磁层耦合模型研究

在用高纬电离层电导率来研究电离层—磁层耦合问题时，往往只注意到太阳辐射和来自磁层的高能粒子沉降对电导率变化的影响。张北辰等（2004）首次指出，由强电场驱动的高纬电集流本身也能改变电导率，电导率变化不但来自外部因素，还来自内部因素。研究结果显示，来自内部因素的作用相当显著。这使得电离层—磁层间电动力学耦合变得比人们以前认为的更为复杂。

20 世纪 90 年代卫星观测发现，在 F 层以上 800 km 以下高度，场向电流（FAC）向下时，电子温度与 FAC 附近的相比要低；FAC 向上时，电子温度与 FAC 附近的相比要高。在由场向电流是沉降电子携带的假设条件下，无法解释这一现象。张北辰等（2003）在假设此时场向电流由热电子携带的情况之下，发现膨胀/压缩效应能很好地解释观测到的现象。

刘顺林等（2005a，2005b）考虑到极区电离层模型上边界与磁层的物质和热流交换，研究了沿磁力线方向不同电离层—磁层耦合条件下极区电离层的响应。研究发现，上边界条件在 200 km 以上的高度能显著地影响电离层参量的形态。较高的 O^+上行速度对应较低的 F 层峰值和较高的电子温度。不同边界 O^+上行速度对应的温度高度剖面完全不同。200 km 以上电子温度高度剖面不但由来自磁层的热流通量所控制，同时还受到场向 O^+速度的影响。

蔡红涛等（2008）从波尔兹曼（Boltzmann）方程出发，根据带电粒子在中性大气中的传输理论，综合考虑弹性散射、激发、离化以及二次电子生成等重要物理过程，用数值方法求解沉降电子传输方程，获得随高度、能量和投掷角变化的微分沉降电子数通量。在单成分（N_2）大气近似条件下，模式计算结果较好地描述了沉降电子通量谱在极区高层大气中的传输规律和特性；由沉降电子微分通量计算得到的中性成分电离率主要特征与已有经验模式较好地吻合。将 FAST 卫星飞越欧洲非相干散射雷达（EISCAT）上空时观测到的沉降电子能谱作为模式输入，计算获得了与雷达观测数据反演得到的中性大气电离率相一致的结果。

利用自主建立的三维时变高纬电离层物理模型（high-latitude ionospheric model，HIM），与国际极地年（IPY）期间的观测进行了比较。该模型统一求解描述极区电离层物理过程的连续性方程、动量方程和能量方程。采取合适的数值计算方法和灵活的边界条件，对模拟域内变化极大的物理量（如电子密度可从计算域底部的 $10^6/m^3$ 至电离层 F 层高度的 $10^{12}/m^3$）进行求解，克服了各物理量间的强烈耦合和方程强烈非线性引起的数值求解的不稳定性问题。该模型以参数化的物理因子作为输入，它们包括极区对流电场、中性大气成分和中性风、极区电子沉降、太阳紫外辐射以及来自磁层的热流等，自洽地考虑了极区电离层中的重要物理过程。模型通过追踪极区大量磁流管运动，给出三维时变高纬电离层等离子体各成分的密度和电子、离子温度及其他导出量。数值模拟结果能较好地再现南北两极极隙区纬度共轭台站观测的整体日变化结果。

8.5　结语与展望

回顾极地考察研究 30 年辉煌发展历程，我国已经在极区高空大气物理学方面取得了长足进展。

在我国南极中山站建成涵盖极光、电离层和地磁等要素的世界先进水平的高空大气物理自主观测系统，并利用中山站和黄河站地磁共轭的地理优势，构建了国际上少有的高纬共轭观测台站对和相应的数据分析平台，积累了近两个太阳活动周的系统观测资料。

在此基础上，在极区电离层、极光和粒子沉降、极区等离子体对流、空间等离子体波、极区电离层—磁层数值模拟等方面开展了系统的研究，在太阳风—磁层相互作用的极区电离层踪迹研究方面取得了长足进展，为开展极区空间天气及其对全球气候影响的研究奠定了基础。主要进展包括：揭示了极盖区等离子体块的形成和演化机制；得到了极隙区纬度电离层变化特征，发现中山站电离层 F_2层存在明显的磁中午异常现象；首次得出日侧极光多波段强度综观统计特征；揭示了太阳风动压变化导致的全球地磁急始（SC）与磁重联效应；揭示了极区电离层对流对日侧重联的响应特征，首次观测到极区电离层对流和日侧极光随 SC 的瞬变效应；对极区空间等离子体波的激发、传播、极化和共轭特征开展了系列研究；建立了极区电离层的三维时变模型，较好地解释了南极中山站的“磁中午异常”现象。

在磁层—极区电离层耦合研究方面虽然已经取得了很大的进展，但太阳风—磁层—电离层耦合机制和能量在地球空间的传输和耗散过程中的很多关键问题还有待研究，极区电离层对太阳风—磁层相互作用过程的响应与反馈仍将是我们的研究重点，极区空间环境的南北极共轭研究仍将是我国开展极区高空大气物理研究的一个重要特色和优势方向。

利用极区极佳的自然条件，开展空间和太空观测，是南极研究科学委员会（SCAR）2014 年确定的 6 个南极科学优先发展领域之一，其关注的科学问题有：太阳耀斑所产生的高能粒子沿磁力线进入极区后的全球空间天气效应（如对通信和电力等系统的影响）及其预报和应对，南北极电离层以及中高层和底层大气的共轭性及其差异，空间天气对极区电离层乃至全球大气的影响等。由此可见，太阳活动、空间天气和大气变化在南极科学中已经成为一个不可分割的整体。在国际与太阳同在计划（ILWS 2009—2021）、日地系统的气候与天气计划（CAWSES 2004—2013）、太阳变化及其地球效应（VarSITI 2014—2018）等国际空间物理大型研究计划中，也都将日地系统作为一个整体来观测与研究。

我国极区高空大气物理研究涵盖的区域也将逐渐由磁层—电离层拓展到包含太阳和中性大气的整个日地空间。研究领域将与大气科学交叉发展，逐步开展平流层、中间层以及热层大气的研究，开展极区电离层与中高层大气的耦合研究，开展中高层大气中各种过程之间的相互作用机制及其对中高层大气的影响研究。并结合国家需求，逐步由空间物理的理论研究向空间天气的应用研究发展，开展地球空间暴（磁暴、磁层亚暴、极光亚暴、电离层暴和热层暴等）对太阳活动和行星际扰动的响应机理研究，开展极区高空大气对灾害性空间天气事件的响应过程和极区扰动向中低纬的耦合过程研究，开展空间天气预报模式与方法研究，形成对极区空间天气的监测、现报和预报能力。

在观测能力方面，随着南极泰山站、冰岛极光观测台等新站的建设和南北极环境综合考察与评估专项的实施，我国南北极的地基观测体系将得到进一步完善，为建立观测网链，将极区空间环境的观测范围由极隙区和极光带拓展到极盖区、亚极光带创造了条件；各种极轨卫星计划为发展星载空间环境监测技术，如远紫外极光成像观测技术创造了条件。同时，将日地空间作为一个整体，在极区开展太阳活动观测和中高层大气观测是两个非常重要的发展方向。

参考文献

安家春，艾松涛，王泽民. 2010. 极区电离层 TEC 监测和发布系统. 极地研究，22（4）：423-430.

安家春. 2011. 极区电离层层析模型及应用研究. 武汉：武汉大学.

安家春，王泽民，李斐，等. 2014. 基于地基 GPS 技术的威德尔海异常研究. 地球物理学进展，29（3）：1-5.
蔡红涛，马淑英，濮祖荫. 2008. 极光沉降粒子在极区大气中传输的数值研究. 中国科学 E 辑，51（10）：1759-1771.
曹冲. 1986. 戴维斯站的脉动极光出现率的日变化. 电波科学学报，1（4）：7-14.
曹冲，王胜利，奚迪龙. 1992. 中国南极长城站 1986-1988 年电离层分析及其结果. 电波科学学报，7（2）：39-46.
曹冲. 1993. 两个磁纬度相近的电离层特征比较. 电波科学学报，8（2）：84-91.
陈鸿飞，陈耿雄，彭丰林，等. 2000. 在改正地磁坐标下比较平静期极区电集流. 中国科学 A 辑，30（增刊）：88-91.
陈鸿飞，徐文耀. 2001. 1998 年 5 月磁暴磁层电流体系的地磁效应分析. 地球物理学报，44（4）：490-499.
陈卓天，张北辰，杨惠根，等. 2006. 极隙区极光粒子沉降对电离层影响的模拟研究. 极地研究，18（3）：166-174.
邓忠新，刘瑞源，赵正予，等. 2006. 中山站电离层尖峰脉冲型吸收统计特性. 26（3）：172-176.
贺龙松，刘瑞源，刘顺林，等. 2000. 太阳活动低年南极中山站电离层 F 层的平均特性. 地球物理学报，43（3）：289-295.
贺龙松，M. Nishino，张北辰，等. 2001. 太阳耀斑和相关电离层吸收事件. 科学通报，45（17）：1822-1828.
胡红桥，刘瑞源，王敬芳，等. 1999. 南极中山站极光形态的统计特征. 极地研究，11（1）：8-18.
胡红桥，刘瑞源，刘勇华，等. 2001a. 1999 年 5 月 11 日太阳风几乎消失时的极区电离层. 中国科学 A 辑，31（增刊）：137-141.
胡红桥，刘瑞源，杨惠根，等. 2001b. 南极中山站午后极光强度与太阳风参数的关系. 极地研究，13（3）：151-158.
胡红桥，刘瑞源，杨惠根，等. 2002a. 午后极光强度与行星际磁场的相关. 地球物理学报，45（4）：445-452.
胡红桥，刘瑞源，刘勇华，等. 2002b. 太阳活动区 R9077 引起的强烈吸收事件. 空间科学学报，22（1）：13-20.
胡红桥，刘瑞源，杨惠根. 2006a. 午后极光强度与太阳风—磁层耦合函数的相关. 空间科学学报，26（4）：241-249.
洪明华，胡红桥，刘瑞源，等. 2001. 亚暴期间高纬黄昏—子夜扇区极光弧增亮与衰减及其与 IMF 的关系. 地球物理学报，44（1）：12-23.
李海龙，吴建，刘瑞源，等. 2007. 南极中山站 DPS-4 电离层测高仪的中层夏季回波统计分析. 极地研究，19（1）：1-9.
刘二小，胡红桥，刘瑞源，等. 2012a. 中山站高频雷达回波的日变化特征及地磁活动的影响. 地球物理学报，（9）：3066-3076.
刘建军，胡红桥，韩德胜，等. 2013. 地基观测的夜侧极光对行星际激波的响应. 地球物理学报，56（6）：1785-1796.
刘俊明，张北辰，刘瑞源，等. 2009. 不同能谱沉降电子对极区电离层的影响. 地球物理学报，52（6）：1429-1437.
刘俊明，张北辰，Kamide Y，等. 2012. 2004 年 12 月 13 日 IMF 北向期间极区亚暴电离层电动力学特征. 空间科学学报，32（1）：20-24.
徐文耀. 地磁、大气、空间研究和应用. 北京：地震出版社：125-136.
刘瑞源，钱嵩林，贺龙松. 1997. 南极中山站数字式测高仪的初步观测结果. 地球物理学进展，12（4）：109-118.
刘瑞源，朱源泉. 1999. 南极中山站电离层漂移特性及其对行星际磁场的响应. 地球物理学报，42（1）：30-40.
刘瑞源，杨惠根. 2012. 中国极区高空大气物理学观测研究进展. 极地研究，23（4）：241-258.
刘嵘. 2005. 极隙区纬度扩展 F 特性研究. 武汉：武汉大学.
刘顺林，贺龙松，刘瑞源. 1997. 南极中山站冬季电离层的平均特性. 极地研究，9（3）：192-197.
刘顺林. 2005a. 南极中山站电离层 F 区特性. 武汉：武汉大学.
刘顺林，张北辰，刘瑞源，等. 2005b. 不同上边界条件下的极区电离层数值模拟. 空间科学学报，25（6）：504-509.
刘晓灿，陈耿雄，徐文耀，等. 2008. 极光沉降粒子能量与 AE、Dst 指数的相关分析. 地球物理学报，51（4）：968-975.
刘勇华，刘瑞源，杨少峰，等. 2001a. 极隙区纬度 Pc5 频段脉动的传播和起源. 地球物理学报，44（增刊）：8-15.

刘勇华，刘瑞源，杨少峰，等. 2001b. 极隙区 Pc3 脉动特性的短基线研究. 地球物理学报，44（增刊）：16-21.
吕达仁，等. 1998. 南极地区日地系统整体行为研究. 见：国家海洋局极地考察办公室. 中国南极考察科学研究成果与进展. 北京：海洋出版社.
孟泱，王泽民，鄂栋臣，等. 2008. 利用 GPS 对磁暴期间极区 TEC 变化与极区碎片（Polar Patches）的研究. 地球物理学报，51（1）：17-24.
孟泱，安家春，王泽民，等. 2010. 基于 GPS 的南极中山站电离层 TEC 特征研究. 大地测量与地球动力学，30（1）：43-47.
孟泱，安家春，王泽民，等. 2011. 基于 GPS 的南极电离层电子总含量空间分布特征研究. 测绘学报，40（1）：37-40.
邱奕婷，刘勇华，赵浩峰. 2014. 极隙区纬度 Pc1-2 波的统计分布特征. 极地研究，26（3）.
沈长寿，资民筠. 1998. 极光区高空物理过程与磁层—电离层耦合. 极地研究，10（4）：294-304.
沈长寿，资民筠，高玉芬，等. 1999. 对流电场、场向电流和极光区电集流变化的地磁响应. 地球物理学报，42（6）：725-731.
沈长寿，资民筠，王劲松，等. 2005. 南极中山站电离层的极区特征. 地球物理学报，48（1）：1-6.
宋礼庭. 1989. 极光西向涌浪的二维模式（线性部分）. 空间科学学报，9（1）：13-19.
宋礼庭，王学武. 1995. Alfven 行波涌浪携带的场向电场——极光粒子加速机制. 地球物理学报，38（1）：6-15.
邰鸿生. 1985. 弥散状极光中的 OI5577A°与 N2+3914A°强度之比. 空间科学学报，5（1）：34-39.
武衡，钱志宏主编. 1994. 当代中国的南极考察事业. 北京：当代中国出版社：1-548.
奚迪龙. 1988. 极光吸收的日变化与季变化. 南极研究（中文版），1（2）：54-58.
徐盛，张北辰，刘瑞源，等. 2013. 太阳活动对中山站 F2 层峰值电子浓度的影响. 极地研究，25（2）：142-149.
徐文耀，陈耿雄. 2004. 极区电离层电流与极光电集流指数关系的定量分析. 中国科学 D 辑，34（4）：291-297.
徐文耀. 2006. 地磁与空间物理资料的组织和相关坐标系. 地球物理学进展，21（4）：1043-1060.
徐文耀. 2009. 亚暴期间极光电集流带的变化. 地球物理学报，52（3）：607-615.
徐中华，刘瑞源，刘顺林，等. 2006. 南极中山站电离层 F_2 层临界频率变化特征. 地球物理学报，49（1）：1-8.
杨惠根，刘瑞源，黄德宏，等. 1997a. 极光全天空视频图像分析系统. 地球物理学报，40（5）：606-615.
杨惠根，刘瑞源，佐藤夏雄. 1997b. 极光全天空图像投影变换中的强度修正. 科学通报，42（2）：217-219.
杨少峰，肖福辉. 1994. 南极长城站 Pc3 地磁脉动特征. 南极研究，6（1）：62.
杨少峰，杜爱民，陈宝生. 1997a. 南极中山站 Pc3 地磁脉动特征. 地球物理学报，40（3）：311-316.
杨少峰，杜爱民，陈宝生. 1997b. 南极中山站地磁脉动的观测分析. 极地研究，9（1）：58-65.
杨友华，汤克云，刘瑞源，等. 1999. 南极中山站极光与地磁场扰动关系的分析. 极地研究，11（3）：228-234.
张北辰，刘瑞源，刘顺林. 2001. 极区电子沉降对电离层影响的模拟研究. 地球物理学报，44（3）：311-319.
甄卫民，曹冲，吴健. 1994. 南极长城站电离层异常的模拟计算和分析. 南极研究（中文版），6（3）：33-37.
周国成，王德驹. 1987. 极光场线上上行氧离子（O^+）束驱动的静电离子回旋波和离子声波不稳定性. 空间科学学报，7（2）：103-116.
朱爱琴，张北辰，黄际英，等. 2008. 南北极冬季 F2 层电离层特性对比研究. 极地研究，20（1）：31-39.
朱明华，曹冲，吴健. 1997. 南极长城站电离层变化的数值模拟. 空间科学学报，17（4）：337-342.
Alfonsi L，Kavanagh AJ，Amata E，et al. 2008. Probing the high latitude ionosphere from ground-based observations：The state of current knowledge and capabilities during IPY（2007 2009）. J. Atmos. Sol. -Terr. Phys.，70（18）：2293-2308.
Han DS，Yang HG，Chen ZT，et al. 2007a. Coupling of perturbations in the solar wind density to global Pi3 pulsations：A case study. J. Geophys. Res.，112，A05217，doi：10. 1029/2006JA011675.
Han DS，Araki T，Yang HG，et al. 2007b. Comparative study of Geomagnetic Sudden Commencement（SC）between Oersted and ground observations at different local times. J. Geophys. Res.，112，A05226，doi：10. 1029/2006JA011953.
Han DS，Yang HG，Chen ZT，et al. 2008a. Coapling of Pi2 wave energy in the inner magnetosphere as inferred from low-latitude ground observations. Science China Series E：Technological Sciences，51（10）：1745-1758.

Han DS, Yang HG, Nose M, et al. 2008b. Dawnside particle injection caused by sudden enhancement of solar wind dynamic pressure. J. Atmos. Sol. -Terr. Phys., 70: 1995-1999, doi: 10. 1016/j. jastp. 2008. 07. 019.

He F, Zhang BC, Joran M, et al. 2011. A conjugate study of the polar ionospheric F2-layer and IRI-2007 at 75°magnetic latitude for solar minimum. Adv. Polar Sci., 22 (3): 175-183.

He F, Zhang BC, Huang DH. 2012. Averaged NmF2 of cusp-latitude ionosphere in northern hemisphere for solar minimum-Comparison between modeling and ESR during IPY. Science China: Technological Sciences, 55 (5): 1281-1286.

He LS, Liu RY, Liu SL, et al. 1999. Seasonal characteristics of F region in lower solar activity period at Zhongshan Station, Antarctica. Chin. J. Polar Sci., 10 (2): 149-154.

Hu HQ, Liu RY, Yang HG, et al. 1999. The auroral occurrence over Zhongshan Station, Antarctica. Chin. J. Polar Sci., 10 (2): 101-109.

Hu HQ, Liu RY, Yang HG, et al. 2002a. Dependence of the postnoon auroral intensity upon the IMF parameters. Chin. J. Geophys., 45 (4): 461-468.

Hu HQ, Yeoman TK, Lester M, et al. 2006. Dayside flow bursts and high latitude reconnection when the IMF is strongly northward. Ann. Geophys., 24: 2227-2242.

Hu HQ, Liu EX, Liu RY, et al. 2013. Statistical characteristics of ionospheric backscatter observed by SuperDARN Zhongshan radar in Antarctica. Adv. Polar Sci., 2013, 24: 19-31.

Hu ZJ, Yang HG, Hu HQ, et al. 2013. The hemispheric conjugate observation of postnoon "bright spots" /auroral spirals. J. Geophys. Res.: Space physics, 118: 1-7.

Liu EX, Hu HQ, Hosokawa K, et al. 2013. First observations of Polar Mesosphere Summer Echoes by SuperDARN Zhongshan radar. J. Atmos. Sol. -Terr. Phys., 104: 39-44.

Liu JB, Chen RZ, Wang ZM, et al. 2010. Spherical cap harmonic model for mapping and predicting regional TEC. GPS Solut., doi: 10. 1007/s10291-010-0174-8.

Liu JB, Chen RZ, An JC, et al. 2014. Spherical cap harmonic analysis of the Arctic ionospheric TEC for one solar cycle. Journal of Geophysical Research, 119, doi: 10. 1002/2013JA019501.

Liu JJ, Hu HQ, Han DS, et al. 2011. Decrease of auroral intensity associated with reversal of plasma convection in response to an interplanetary shock as observed over Zhongshan station in Antarctica. J. Geophys. Res., 116, A03210, doi: 10. 1029/2010JA016156.

Liu JJ, Hu HQ, Han DS, et al. 2013. Optical and SuperDARN radar observations for duskside shock aurora over Zhongshan Station. Adv. Polar Sci., 24 (1): 60-68.

Liu JM, Zhang BC, Kamide Y, et al. 2010. Observation of a double - onset substorm during northward interplanetary magnetic field. J. Atmos. Sol. -Terr. Phys., 72 (11-12): 864-868.

Liu JM, Zhang BC, Kamide Y, et al. 2011. Spontaneous and trigger-associated substorms compared: Electrodynamic parameters in the polar ionosphere. J. Geophys. Res., 116, A01207, doi: 10. 1029/2010JA015773.

Liu JM, KamideY, Zhang BC, et al. 2013. Themis and ground-based observations of successive substorm onsets following a super-long growth phase. Ann. Geophys., 31: 835-843.

Liu RY. 1998. Present and Future Research Program in Solar-terrestrial Physics at Zhongshan Station, Antarctica. In: R. L. Xu and A. T. Y. Lui. Magnetospheric Research with Advanced Techniques, Elsevier Science, p. 33-36.

Liu RY, He LS, Hu HQ, et al. 1999a. Ionospheric absorption at Zhongshan Station, Antarctica during magnetic storms in early May, 1998. Chin. J. Polar Sci., 10 (2): 133-140.

Liu RY, Zhu YQ. 1999b. Ionospheric drift properties and its response the IMF conditions at Zhongshan Station, Antarctica. Chin. J. Geophys., 42 (1): 13-24.

Liu RY, Hu HQ, Liu YH, et al. 2001. Responses of the polar ionosphere to the Bastille Day solar event. Solar Physics, 204 (1-2): 307-315.

Liu RY, Hu HQ, He LS, et al. 2002a. Multiple ground-based observations at Zhongshan Station during the April/May 1998 solar events. Science China: Series A, 45 (9): 120-131.

Liu RY, Yang HG, Hu HQ, et al. 2002b. Inter-hemispheric comparisons of geospace environment in the polar regions—A proposed cooperative research program between China and Norway. Chin. J. Polar Sci., 13 (1): 1-6.

Liu RY, Liu YH, Xu ZH, et al. 2005. The Chinese Ground-based Instrumentation. Ann. Geophys., 23 (8): 2943-2951.

Liu SL, He LS, Liu RY. 1997. Mean ionospheric properties in winter at Zhongshan Station, Antarctica. Chin. J. Polar Sci., 8 (2): 133-138.

Liu SL, Liu RY, He L S. 1999. The high-latitude ionospheric phenomena observed by DPS-4 at Zhongshan Station, Antarctica. Chin. J. Polar Sci., 10 (2): 141-148.

Liu YH, Liu RY, He LS, et al. 1999a. Preliminary Result of Imaging Riometer at Zhongshan Station, Antarctica. Chin. J. Polar Sci., 10 (1): 33-40.

Liu YH, Liu RY, Yang SF, et al. 1999b. Propagation characteristics of the Pc3 frequency range pulsations in the cusp latitudes. Chin. J. Polar Sci., 10 (2): 163-170.

Liu YH, Liu RY, Hu HQ, et al. 2001. Study and Observation of the great solar event in July 2000 at cusp latitude. Chin. J. Polar Sci., 12 (2): 145-152.

Liu YH, Fraser BJ, Liu RY, et al. 2003. Conjugate phase studies of the ULF waves in the Pc5 band near the cusp. J. Geophys. Res., 108 (A7), 1247, doi: 10. 1029/2002JA009336.

Liu YH, Fraser BJ, Able ST, et al. 2008. Phase structure of Pc3 waves observed by the Cluster and ground stations near the cusp. J. Geophys. Res., Vol. 113, A07S37, doi: 10. 1029/2007JA012754.

Liu YH, Fraser BJ, Ables ST, et al. 2009. Transverse-scale size of Pc3 ULF waves near the exterior cusp. J. Geophys. Res., 114. A08208, doi: 10. 1029/2008JA013971.

Liu YH, Fraser BJ, Menk FW. 2012. Pc2 EMIC waves generated high off the equator in the dayside outer magnetosphere. Geophys. Res. Lett., 39, L17102, doi: 10. 1029/2012GL053082.

Liu YH, Fraser BJ, Menk FW. 2013a. EMIC waves observed near the Plasmapause. J. Geophys. Res., Space Physics, 118, doi: 10. 1002/jgra. 50486.

Liu YH, Fraser BJ, Menk FW, et al. 2013b. Correction for "Pc2 EMIC waves generated high off the equator in the dayside outer magnetosphere". Geophys. Res. Lett., 40, doi: 10. 1002/grl. 50283.

Nishino M, Yamagishi H, Sato N, et al. 1998. Initial Results of Imaging Riometer Observations at Polar Cap Conjugate Stations, Proc. NIPR, Adv. Polar Upper Atmos. Phys., 12: 58-72.

Nishino M, Yamagishi H, Sato N, et al. 1999. Post-noon ionospheric absorption observed by the imaging riometers at polar cusp/cap conjugate stations. Chin. J. Polar Sci., 10 (2): 125-132.

Nishino M, Yamagishi H, Sato N, et al. 2000. Conjugate features of dayside absorption associated with specific changes in the solar wind observed by inter-hemispheric high-latitude imaging riometers. Adv. Polar Upper Atmos. Res., 14: 76-92.

Sato N, Murata Y, Yamagishi H, et al. 2001. Enhancement of optical aurora triggered by the solar wind negative pressure impulse (SI-). Geophys. Res. Lett., 28 (1): 127-130.

Wan W, Liu L, Parkinson ML, et al. 2001. The effect of fluctuating ionospheric electric fields on Es-occurrence at cusp and polar cap latitudes. Adv. Space Res., 27 (6-7): 1283-1288.

Xu Sheng, Bei-Chen Zhang, Rui-Yuan Liu, et al. 2014. Comparative studies on ionospheric climatology features of NmF2 among the Arctic and Antarctic stations. J. Atmos. Sol. -Terr. Phys., 119: 63-70, doi: 10. 1016/j. jastp. 2014. 06. 016.

Xu WY, Sun W. 2000. A study on the multi-component substorm current, Chin. Journal of Polar Science, 11: 53-58.

Xu WY, Chen GX, Du AM, et al. 2008. Key points model for polar region currents. J. Geophys. Res., 113 (A3), A03S11, doi: 10. 1029/2007JA012588.

Yamagishi H, Fujita Y, Sato N, et al. 2000. Interhemispheric conjugacy of auroral poleward expansion observed by conjugate imaging riometers at ~67°and 75°~77°invariant latitude. Adv. Polar Upper Atmos. Res., 14: 12-33.

Yang HG, Liu RY, Sato N. 1997. Intensity correction in all-sky auroral image projection transform. Chin. Sci. Bull., 42 (8): 700-703.

Yang HG, Liu RY, Sato N. 1998. Study on Pixel Intensity Correction in Projection Transformation of an All-sky Auroral Image, Proc. NIPR Sym. Upper Atmos. Phys., 11: 55-60.

Yang HG, Sato N, Makita K, et al. 2000. Synoptic observations of auroras along the postnoon oval: A survey with all-sky TV observations at Zhongshan, Antarctica. J. Atmos. Sol. -Terr. Phys., 62: 787-797.

Yang SF, Xiao FH. 1985. Chraracteristics of Pc3 pulsations at Great Wall Station, Antarctica. Antartic Research, 7 (1): 79-85.

Yang SF, Liu YH. 1999. Polarization characteristics of pc3 pulsations at Zhongshan Station of Antarctica. Chin. J. Polar Sci., 10 (2): 155-163.

Zhang BC, Liu RY, Liu SL, et al. 1999. A simulation study of the influence of soft precipitating electrons on the polar ionosphere. Chin. J. Polar Sci., 10 (2): 117-124.

Zhang BC, Wang JF. 2000. The simulation of the coronal mass ejection-shock system in the inner corona. J. Geophys. Res., 105 (A6): 12593-12603.

Zhang BC, Kamide Y, Liu R Y. 2003. Response of electron temperature to field-aligned current carried by thermal electrons: A model. J. Geophys. Res., 108 (A5): 1169.

Zhang BC, Kamide Y, Liu R Y, et al. 2004. A modeling study of ionospheric conductivities in the high-latitude electrojet regions. J. Geophys. Res., 109, A04310, doi: 10. 1029/2003JA010181.

Zhang QH, Liu RY, Dunlop MW, et al. 2008. Simultaneous tracking of reconnected flux tubes: Cluster and conjugate SuperDARN observations on 1 April 2004. Ann. Geophys., 26: 1545-1557.

Zhang QH, Zhang BC, Liu RY, et al. 2011a. On the importance of interplanetary magnetic field | By | on polar cap patch formation. J. Geophys. Res., 116, A05308, doi: 10. 1029/2010JA016287.

Zhang QH, Dunlop MW, Liu RY, et al. 2011c. Coordinated Cluster/Double star and ground-based observations of dayside reconnection signatures on 11 February 2004. Ann. Geophys., 29 (10): 1827-1847.

Zhang QH, Zhang BC, Lockwood M, et al. 2013a. Kathryn A. McWilliams, Joseph B. H. Baker, Direct Observations of the Evolution of Polar Cap Ionization Patches. Science, 339: 1597-1600.

Zhang QH, Zhang BC, Hu HQ, et al. 2013b. Direct observations of polar cap patches segmented from the tongue of ionization. Geophys. Res. Lett., 40: 2918-2922.

9 南极陨石研究与天文学观测

9.1 概述

探索宇宙和地球之外的天体，揭示地球和太阳系乃至宇宙的形成和演化、生命的起源，是科学研究永恒的主题。由于南极特殊的地理环境和气候，南极冰盖是理想天文观测理想之所，也是最富集陨石的地方。因此，南极陨石与天文观测与南极考察结下了不解之缘。我国在 1998—1999 年度的第 15 次南极科学考察中，首次开展了南极内陆格罗夫山地区的综合考察，并发现 4 块陨石，实现了我国南极陨石收集零的突破。随后的第 16 次、第 19 次、第 22 次、第 26 次、第 30 次、第 32 次南极考察，在格罗夫山地区分别收集到 28、4 448、5 354、1 618、583、630 块陨石。我国的南极陨石样品总数已达 12 665 块，跃居世界第三，成为仅次于日本和美国的南极陨石大国。大量南极陨石的发现，不但为我国陨石学和比较行星学提供了极为珍贵的科学研究样品，其中包括最原始的球粒陨石和火星和灶神星等行星和小行星岩石等，而且极大地促进了该学科的发展和人才队伍的建设，也为我国月球和火星等深空探测工程科学目标的制定和实现发挥了重要作用。

为了加强和发展南极陨石考察和研究，国家海洋局极地办成立了“中国南极陨石专家委员会”。该委员会主要指导我国南极陨石考察和研究规划的制定，同时对南极陨石的收集、保存、使用和科学研究提供技术指导，它为我国南极陨石样品共享平台和机制的建立发挥了重要作用。中国南极陨石专家委员会下设陨石样品申请评审组和陨石分类工作组，其中陨石分类工作组负责南极陨石分类研究工作，目前已完成分类的南极陨石数量超过 3 000 个，这些陨石命名申请已得到国际陨石学会陨石命名委员会的批准。这些已分类命名陨石的相关信息可以在科技部自然科学资源共享数据库网站上进行检索。国内对已分类的格罗夫山陨石逐步开展了深入研究，其中包括一些如火星陨石、灶神星陨石等特殊陨石研究，并取得了一系列成果。

南极内陆为天文学提供了一个仅次于太空的观测环境，为人类了解宇宙基本规律开拓了一个崭新的实验平台，其中南极冰穹 A 地区是国际天文界广泛公认的地球上最好的天文台址。自 2007 年我国南极天文观测台址测量工作就在冰穹 A 地区开展，目前已成功安装和运行了若干台测量仪器和中小型天文望远镜科学观测设备。这在国际上首次实现南极内陆无人值守的天文仪器长年持续自动观测，大量观测数据表明冰穹 A 是非常理想的天文观测台址，而且具有其独特的观测优势。中国南极昆仑站将进行升级建设，这将为中国天文学的长远发展提供一个前所未有的契机。因此，“中国南极天文台”建设项目得到了国家批准，并列入国务院印发的《国家重大科技基础设施建设中长期规划（2012—2030 年）》。中国南极天文台将为天体物理和天文学的重大科学问题提供良好观测平台，也为我国在天文学和天体物理学的多个领域进入国际领先行列提供重大机遇，为我国若干天文高新技术领域的发展和应用起到重要推动作用。

9.2 南极天文观测研究

9.2.1 南极天文建设必要性及现状

天文学是基于观测的实验科学，其核心竞争力源于先进的观测手段，需要在优良的台址建造高性能的设备，才能实现一流的观测效果。直到21世纪初，我国天文学仍然缺少具有国际竞争力的大型观测设备，这就成为制约我国天文学科发展的瓶颈。造成这一瓶颈的一个重要因素是，我国内陆版图范围内难以找到可与国际一流天文台媲美的优良台址。南极具有独特的地理位置和优良的天文观测条件，尤其是广袤的内陆高原/冰盖，雪冰深达数千米，极夜持续长达4个月，大气干燥、高寒、稳定，为光学、红外、太赫兹等波段天文观测，以及宇宙线观测提供了极大便利，给中国天文学的长远发展提供了一个前所未有的契机。

得益于多个南极考察站的建立和国家极地科考能力的整体提升，在国家自然基金委—中国科学院联合重点项目“南极冰穹A的天文选址和天文观测”、中国科学院知识创新工程重点项目“南极冰穹A地区台址测量和天文科学目标研究”和重大科技基础设施预先研究项目“中国南极天文台总体方案研究”、科技部“973”项目“利用南极巡天望远镜在超新星宇宙学及太阳系外行星方面的前沿研究”、国家海洋局“南北极环境综合考察及资源潜力评估”专项及国内各天文单位和高等院校的支持下，从2007年我国在昆仑站开始冰穹A天文观测基地建设。通过广泛的国内国际合作，针对冰穹A南极天文台开展了一系列天文选址测量和观测设备研制，获得了大气湍流、透过率、天光背景等天文台址关键参数，以及一系列时域天文学研究成果，这系列工作在国际上受到广泛关注。台址监测分析表明，冰穹A具有优越的光学红外和太赫兹观测条件，是目前地面上最好的天文台址，提供了介于地面和空间的天文观测环境。充分利用上述观测条件和环境，在冰穹A建设中国南极昆仑站天文台，可以实现在光学红外和太赫兹波段国际领先的天文观测能力。在此基础上，建议启动的“中国南极天文台”已列入国务院印发的《国家重大科技基础设施建设中长期规划（2012—2030年）》。与我国南极科考保障能力建设相适应，南极天文观测经历了天文选址和小型天文观测设备阶段，目前已经开始中型设备试观测，即将开始天文大科学装置建设。

9.2.2 南极天文观测系统

自2007—2008年度第24次南极考察天文学界登顶南极冰盖最高点冰穹A地区以来，昆仑站天文科考已连续开展了6次。每次考察，除完成已有天文设备的检修维护和数据获取任务外，现场执行人员还相继完成一系列天文台支撑平台和台址装备以及观测设备的按照（表9-1，图9-1）。经过历年的努力，在天文科考支撑平台建设、天文选址以及中、小口径望远镜安装运行等方面取得了一系列重要进展，完成了较为完整的南极天文观测系统建设，积累了昆仑站地区重要的台址监测和天文观测数据（表9-2）。

天文科考支撑平台由两个南极高原国际天文观测站PLATO和PLATO-A组成，前者为声波风速计塔（DASLE）、非多普勒声雷达（SNODAR）、毫米波望远镜（pre- HEAT）、天光光谱仪（Nigel）、天光测量望远镜（GATTINI）、太赫兹傅立叶变换光谱仪（FTS）等选址仪器提供保障，后者为南极巡天望远镜（AST3）服务。PLATO-A是在PLATO的基础上加以改进升级设计的。

PLATO 是一个自动化试验平台，专门为南极高原寻址设计。PLATO 设计是一个创新方案，其要求是需要最少的人工干预，产生最低的环境影响，能广泛适用于在南极的小型天文设备。PLATO 是一个国际合作项目，是由中国、澳大利亚、新西兰、英国和美国共同研制的。PLATO 由两个 10 英尺的集装箱大小的模块组成，即发电模块和设备模块。发电模块有 6 台 Hatz 1B30 柴油发电机和4 000 升 Jet-A1 燃料。设备模块由电脑系统、电池组、能量供应以及其他科学装置组成。这两个模块通过 120 VDC 电缆相连，提供约 1 kW 的电力。另外，两组太阳能板在极昼期间提供补充电力。PLATO 电脑系统基于两台 PC/104 系统 ，现场自动运行，由国内远程控制和监测，每个都可以通过铱星远程控制，每天可传回 20 MB 的数据。PLATO 电脑系统实现卫星通信、自动运行和远程控制对在南极冰穹 A 地区的极端条件下开展天文观测有至关重要的意义。

表 9-1　历次天文科考现场执行人及所安装天文选址及观测设备

南极科考队次	队员人数	现场执行人	执行任务
24 次	2	周旭、朱镇熹	安装 PLATO、CSTAR、DASLE、SNODAR 和 pre-HEAT
25 次	1	宫雪非	安装第二台 SNODAR、GATTINI、NIGEL，维护 PLATO
26 次	2	商朝晖，胡中文	安装 FTS、月光闪烁仪（SHABAR），维护 CSTAR，准备 AST3-1 的安装场地
27 次	2	温海焜，魏海坤	安装国产南极天文科考支撑平台、差分像运动监视器（DIMM）、小型气象塔（SWT），维护 PLATO 平台和 GATTINI 等台址设备
28 次	4	杜福嘉、李正阳、张毅、胡义	安装 AST3-1、AST3 支撑平台 PLATO-A，维护 FTS、SNODAR 等台址设备
29 次	3	周宏岩、徐灵哲、田启国	安装鱼眼相机（HRCAM），维护 AST3-1、PLATO-A 及 FTS 等台址设备

表 9-2　昆仑站已获取数据和现有天文选址及观测设备

测量参数	测量设备	参加方
温度轮廓、风速、风向等气候参数	AWS	中国、美国
地面湍流边界层高度	SNODAR	澳大利亚
300~1 000 m 的湍流结构	SHABAR	中国、美国
天光与天顶角、太阳角（季节）、月相的关系	CSTAR、GATTINI	中国、美国
SDSS 波段的极光亮度	GATTINI	美国
测光夜数目	CSTAR、AST3-1	中国、美国
大气视宁度、消光	DIMM、CSTAR	中国
毫米波大气透过率	Pre- HEAT	中国、美国
THz 宽波段大气透过率	FTS	中国、美国
极光背景	NIGEL	澳大利亚

作为 PLATO 支撑的最重要的设备，中国之星小望远镜阵（CSTAR；图 9-2）是我国研制并在南极内陆运行的首台光学望远镜，同时也标志着中国南极天文观测的开端。CSTAR 包括 4 个 14.5 cm 的全自动施密特望远镜，每个望远镜有不同的滤光片（g、r、i 和白光），4.5°×4.5°的视场。CSTAR 的机械装置都是固定的，它坐落在雪地上指向南天极，其设计目的是提供高时间分辨率的天文测光观测，以便长期监测南极冰穹 A 的天文观测条件，探测光变天体如系外行星、新星、超新星、以及

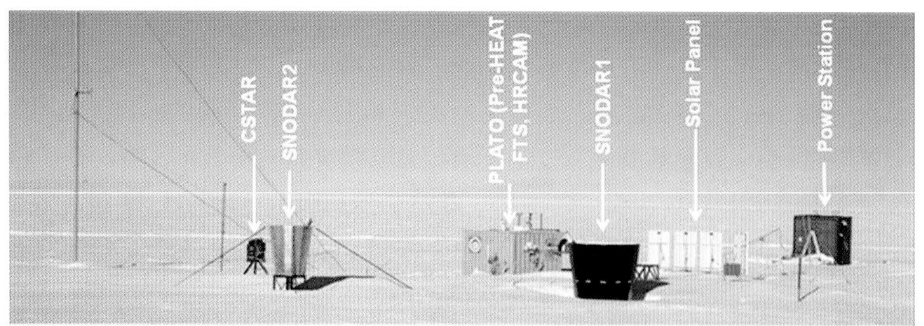

图 9-1　冰穹 A 天文科考装置分布

伽玛暴余晖，研究冰穹 A 的雪面稳定度。CSTAR 从 2008 年初开始运行至 2012 年结束，由 28 次队带回国内，总共获得约 2.5 TB 的观测数据。基于这些数据，周旭等于 2010 年发布了 CSTAR 的第一个测光星表（Zhou et al.，2010），并陆续进行了更新来改正各种系统误差（Meng et al.，2013），近年来基于 CSTAR 观测数据的研究又有多篇科学文章发表。2013 年 CSTAR 开始升级改造，使其具备指向跟踪功能，并调整光学部分，改善了硬件和 CCD 软件控制系统。

图 9-2　CSTAR 昆仑站现场安装

在南极内陆建设大中型光学天文望远镜是人类历史上前所未有的创举，但是也存在巨大的技术挑战和风险。中国天文学界于 2006 年提出建造 3 台 50 cm 的南极巡天望远镜（AST3；Yuan et al.，2012）的计划，为 2.5 m 昆仑站暗宇宙巡天望远镜（KDUST）建设探路。AST3 以宇宙暗能量、暗物质、黑洞、太阳系外行星等一系列重大天文问题为科学目标，目前已完成了在南极特殊环境下建造大型先进天文设备所需要的关键望远镜技术和望远镜的越冬运行、数据分析等方面的工作。第一台南极巡天望远镜（AST3-1，图 9-3）由 28 次队于 2012 年 2 月在昆仑站成功安装，在 2012—2013 年由 29 次队进行了维护。AST3-1 的运行观测获得了 3TB 的数据和近 5.6×10^4 帧南极天区测光图像。第二台南极巡天望远镜（AST3-2）在 AST3-1 的基础上进行设计修改，并于 2013 年 3 月制造完毕，在国家天文台兴隆观测站进行了为期一个月的望远镜系统测试。2013 年的 11 月，AST3-2 运至中国最北端的黑龙江省漠河镇进行望远镜试观测及运行调试。测试主要围绕超新星巡天和系外行星的观测。在 5 个月的试观测过程中，共获得试观测数据约 10 TB，成功探测到 SN2014M 和 SN2014J 两例超新星爆发事件。AST3-2 于 2014—2015 年由 31 次队进行安装和运行。AST3-1、

AST3-2 的研制攻克了大口径光学望远镜光学质量控制、大视场高分辨光学系统、低温下望远镜精密跟踪、非线性干扰分析补偿、全自动观测模式等诸多技术难题。

图 9-3　AST3-1 昆仑站现场安装

9.2.3　南极天文研究进展

南极天文研究开展以来，目前在南极冰穹 A 地区天文台址测量和时域天文学研究两方面均取得了重要进展。天文台址测量方面，如云层覆盖、天光背景、大气透明度、大气折射结构和边界层等重要台址参数，均完成了系统的监测和测量。时域天文学研究方面，已成功完成了 CSTAR 和 AST3-1两台望远镜对南极天区长时间不间断的监测试验，为变星搜寻、太阳系外行星探测等短时标光变研究提供了可能，并取得大量数据和初步研究成果。以下将对上述研究成果作简要叙述。

大气视宁度的大小主要受边界层湍流的影响，受自由大气的影响很小，边界层湍流的高度、强度以及变化规律是天文选址的关键考量因素之一。由于特殊的风切变和低温环境，南极冰盖的大气湍流和常规台址相比有着不同的规律。南极点和冰穹 C 的边界层高度分别为~220 m（Marks et al.，1999）和~33 m（Lawrence et al.，2004）。Lawrence 等的观测结果显示，冰穹 C 30 m 高度处的平均视宁度为 0.27 角秒，这一结果极大地激发了我们在冰穹 A 的选址工作。为了测量冰穹 A 地区的边界层高度，24 次队首次登顶冰穹 A 时就安装了 SNODAR，该仪器的测量高度范围是 8~180 m，分辨率是 0.9 m，每 10 s 采样一次。观测结果显示，冰穹 A 地区的平均边界层高度是 13.9 m，25%和75%的观测结果得到的边界层高度分别在 9.7 m 和 19.7 m 以内。观测结果还显示，边界层的高度不仅可以在几百小时内保持不变，而且也会有在几分钟内出现快速变化的情况。冰穹 A 的边界层高度比冰穹 C 有了显著的降低，只要把望远镜安装到十几米的高度，就可以避开边界层大气湍流的影响，获得类外空间的观测条件。同时，在泰山站建站期间，科考队员也用极地移动式大气参数测量系统、星光 DIMM、太阳 DIMM 进行了测试。泰山站地区大气视宁度的平均值约为 0.9 角秒，好于南极点的大气视宁度（~1.8 角秒）。虽然冰穹 C 地区 30 m 以上的视宁度达到了 0.27 角秒，但其地面的大气视宁度（~1.3 角秒）（Aristidi et al.，2009）和泰山站的初步观测结果相当。

晴夜数和天空背景亮度是天文选址的重要参数之一。冰穹 A 地区的天空背景条件，跟南极点和冰穹 C（Dempsey et al.，2005；Kenyon et al.，2006）以及典型的常规台址（如帕拉那天文台）（Patat et al.，2006；Patat，2008）相比，具有显著的优势。2007—2008 年，第 24 次南极科学考察队，在冰穹 A 安装了 GATTINI（Yang et al.，2009），该仪器用于测量多波段的天光背景亮度、冬季的云量、极光的时空分布和来自羟基 OH 发射线的大气光的强度。这台设备类似于 Moore 等在冰穹 C 使用的 GATTINI（Moore et al.，2006，2008），包含窄波段空间背景亮度相机 SBC 和宽波段全天空相机 ASC 两个独立的相机，安装在 PLATO 房顶上分别固定指向南天极和地平方向。SBC 的视场是 2.8°×2.8°，每个像素对应 5 角秒，使用的滤光片系统包含 SDSS g′、r′和 i′滤光片以及一个用于安装不透明挡板的插槽。SAC 的视场是 80°×80°，每像素对应 145.4 角秒，使用的滤光片系统包含 3 个 Bessel 滤光片（B、V、R 波段）和一个宽波段红色滤光片（RG665）用于测量羟基 OH 发射的大气光。GATTINI 在 2009 年总共拍摄约 16 万幅图像，每小时约 1 000 幅。图 9-4 展示了在 2009 年冬季使用 GATTINI 得到的四个波段的天光亮度（Yang et al.，2010）。另外，使用 NIGEL 光谱仪在光学近红外 300~850 nm 波长范围内拍摄了大气光和极光光谱。发现极光在 B、V 和 R 波段的平均亮度分别是 22.9 mag/arcsec^2、23.4 mag/arcsec^{2}和 23.0 mag/arcsec^2。CSTAR 的观测也获得类似结果（Zou et al.，2010）。总体来讲，冰穹 A 比南极的其他天文观测站拥有更暗的天空背景，而极光在当地时间 10~23 时出现较为频繁。通过 Nigel 拍摄的 545.8 nm 波长处光谱强度随太阳天顶距的分布发现，晨昏蒙影在天顶距超过 102.6°时消失，天空完全黑暗。

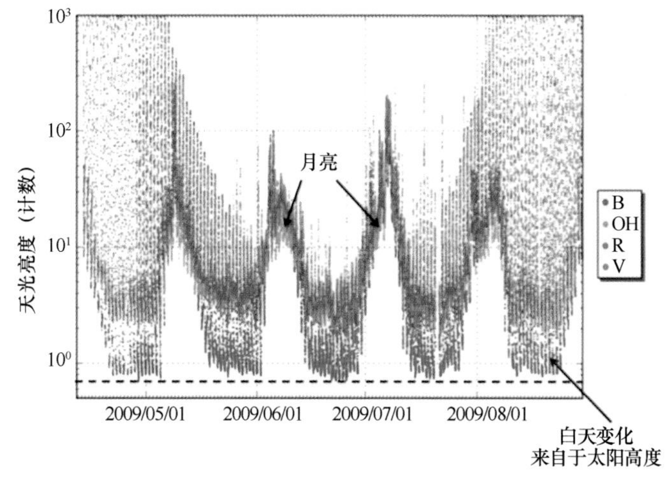

图 9-4　GATTINI 在 2009 年冬季观测到的 B、V、R 和 OH 波段的天光亮度

台址测量仪器 Pre-HEAT 测量了冰穹 A 地区的大气透过率，结果显示在 661 GHz（453 μm）太赫兹波段的大气透过率最高达到了 80%，对应的降水量仅 0.1 mm，每天的平均降水量低至 0.025 mm，远好于常规台址（Yang et al.，2010）。该地区的大气状况异常稳定，极佳的观测条件可一次持续很长时间。冰穹 A 地区开辟了地基天文学远红外观测窗口（图 9-5），这一窗口中包含的光谱线对于恒星形成和星际介质的研究具有重要意义。

在光学波段大气消光方面，CSTAR 的 i 波段观测 90%的图像显示消光小于 0.7 mag，80% 小于 0.4 mag，超过一半的时间消光小于 0.1 mag。每月观测质量的变化显示，在 2008 年和 2010 年冬天的后半部分，天气出现了变坏现象。天空透明度的变化依赖于云层覆盖，这与天空亮度也紧密关联。天空亮度可以用太阳和月亮仰角、月相、大气消光为参数来计算：

$$F_{sky} = a(F_{sun} + F_{moon})E + bE + c,$$

其中 $F_{sun}+F_{moon}$是太阳和月亮的贡献项，E 表示透明度，a、b、c 为拟合参数。上述关系适用于没有极光污染前提。真实天空要亮于估计值，如果高于 3 倍均方根，则被认为是相对强的极光。大约 2%的图像受极光的影响（Zou et al.，2010）。

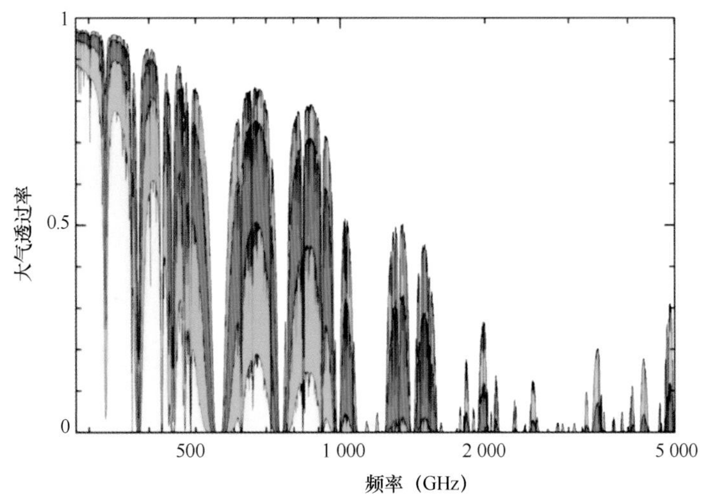

图 9-5　300~5 000 GHz（1 000~60 μm）的大气透过率（Transmission）

从下到上依次是莫纳克亚山天文台（270 K，620 mbar，1.5 PWV）、阿塔卡玛天文台（260 K，525 mbar，0.6P WV）；冰穹 A（200 K，550 mbar，0.14 PWV）、冰穹 A（200 K，550 mbar，0.07 PWV）

由于 CSTAR 固定以南天极为中心，CSTAR 视场内所有点源都进行了长达数月的连续观测。恒星光度表用于研究这些点源的变化，以及瞬时变源如超新星、伽马暴、小行星的发现。基于 2008 年的测光数据，王灵芝等（Wang et al.，2011）探测到了 157 颗变星。在相同的测光深度，变星的数目是中纬度同级别的巡天项目发现的变星数目的 6 倍。除了 27 颗共同变源，其他 130 颗首次探测的变源已被 AAVSO 国际变源列表 VSX 采用。其中，55%未分类，27%很可能是双星，17%很可能是脉冲星，除此以外，还包含盾牌 δ 型、剑鱼座 γ 型和天琴座 RR 型变星，其中一个变星很可能是凌日行星（图 9-6）。王灵芝该变星探测的论文被评为“2011 年度极地科学优秀论文”二等奖（极地天文唯一获奖论文）。王灵芝等人（Wang et al.，2013）又在 CSTAR 的 2010 年观测数据中新发现 67 个光变源，其中 52 颗来自之前观测视场的边缘或者屏蔽区域，14 颗更暗星体在 2008 年没有观测，39 颗在 2008 年数据中变化周期和幅度不显著。

南极长期的极夜提供了连续测光监测的机会，极大地提高了通过掩食法探测太阳系外行星的能力，特别是周期为数天的短周期行星的能力（Law et al.，2013）。利用 CSTAR 2008 年的测光数据，南京大学行星研究组（Wang et al.，2014）通过 BLS 算法来分析 10 690 颗恒星的光变曲线（图 9-7），找到 10 颗太阳系外行星候选者。通过后续光谱观测表明，4 颗恒星被证为巨星，从而排除太阳系外行星的可能性。剩下 6 颗均为矮星，是很好的太阳系外行星候选者，下一步将对它们进行高精度的多普勒光谱监测，从而确认和测量行星质量等性质。此外，对 CSTAR 星表中天体的多波段测光数据分析，将大大提高从 CSTAR 数据中探测行星的能力。

相接双星是两颗子星相接在一起，并拥有一个公共包层的强相互作用双星系统，其结构和活动等一直是天体物理中未解决的难题。从 1903 年发现第一颗相接双星到现在，人类对这类天体的观测已有 110 多年，还没有发现过来自这类天体的剧烈耀斑爆发。通过对我国南极 CSTAR 的观测资料分析，钱声帮等（Qian et al.，2014）发现 CSTAR 038663 是由两颗橙红色 K 型星组成的浅度相接双星系统，两子星拥有一个很薄的对流公共包层，约 6 h 25 min 相互绕转一圈，并首次发现相接双星的系列剧烈耀斑爆发和长寿黑子。利用 2010 年的资料发现，这颗双星发生了 15 次剧烈的耀斑爆发事件，持续时间从 9~20 min 不等。耀斑爆发时，在 i 波段引起的星等变化在 0.16~0.27 星等之间，爆发高峰时双星的亮度达到宁静时的 1.4~1.9 倍。恒星的白光耀斑通常在短波波段被观测到，

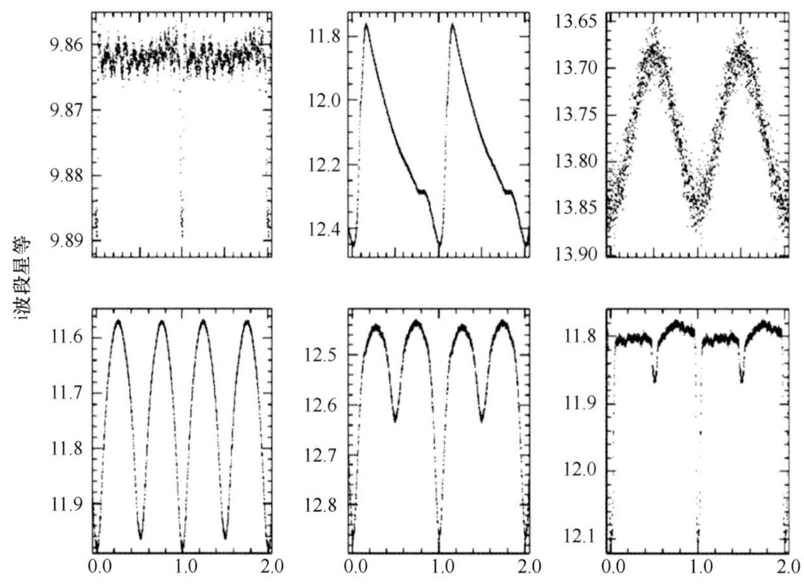

图 9-6　CSTAR 发现的比较有代表性的 6 颗周期变星的相控光变曲线

上排，从左到右，分别是凌日变星、RR 型变星、盾牌 δ 型；下排，从左至右，分别是密接、半接、不接双星

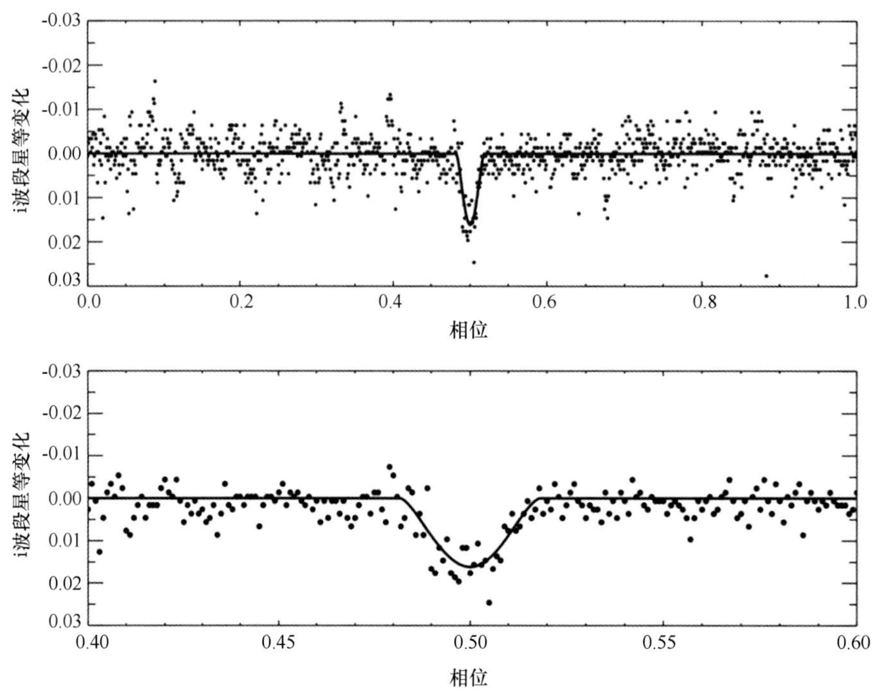

图 9-7　太阳系外行星候选者 CSTAR J075108.62—871131.3 的相控光变曲线及局域放大

这些耀斑在 i 波段被观测到，则表明它们是很强烈的耀斑。图 9-8 给出了相接双星的光变曲线与叠加在上面的耀斑随相位的分布。耀斑在 2010 年爆发时，系统的亮度也同时发生快速的变化，揭示了大黑子的剧烈活动导致了这些耀斑的产生。与之相反，通过对 2008 年的光变曲线进行分析，发现这颗双星表面存在稳定的长寿黑子，其寿命超过 3 个月。黑子的温度比光球温度低 800 K 左右，大小占光球表面积的 2.1%。这些发现表明，具有很薄的对流公共包层的恒星仍具有强烈的活动，对研究极端条件下的恒星类太阳活动规律具有重要意义。

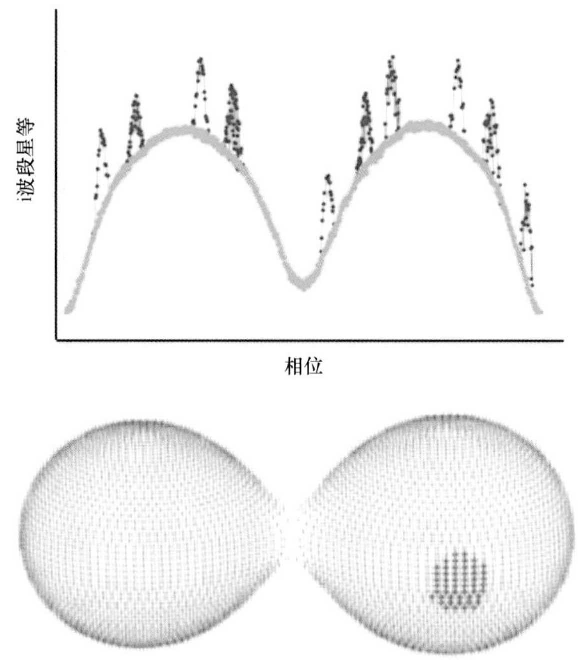

图 9-8 相接双星 CSTAR 038663 的亮度变化曲线与叠加在上面的耀斑随相位的分布，相接双星 CSTAR 038663 在 2008 年的几何结构与长寿黑子示意图

9.3 南极陨石发现与回收

9.3.1 南极格罗夫山陨石考察

9.3.1.1 格罗夫山地区地理概况

格罗夫山是东南极内陆冰原岛峰群，位于普里兹湾兰伯特裂谷东岸，距中山站 450 km，地理范围介于 72°20′—73°10′S，73°50′—75°40′E 之间。格罗夫山由 62 座岛峰和大面积的蓝冰区组成，总面积约 3 000 km^2，其中蓝冰出露约 500 km^2。该地区平均海拔高度约 2 000 m，岛峰相对高度约 300~600 m，整体地势为东高西低，东侧为冰原高地，与下方的蓝冰区落差形成阵风悬崖，悬崖落差在100~300 m 之间，且阵风悬崖有零星基岩出露。此外，格罗夫山蓝冰区多为背靠岛峰，呈条带状分布，走向基本为北北东向或北东向，这些蓝冰区与岛峰相间构成 12 个条带或区域。这些区域主要由阵风悬崖南段、阵风悬崖中段、阵风悬崖北段、萨哈罗夫岭、哈丁山、梅森峰等岛峰组成（Liu et al.，2003）。从冰盖中心向北流动的冰川越过阵风悬崖，再从岛峰间穿过格罗夫山地区，由于岛峰群的阻挡，冰流滞留，冰的消融作用明显，从而使夹杂在冰流中的陨石在岛峰间合适的地方富集。而大量陨石的发现及其分布特征亦证明格罗夫山是南极新的陨石富集区。

9.3.1.2 格罗夫山考察概况

自 1998/1999 年我国第 15 次南极科考队对格罗夫山地区首次开展综合考察时偶然发现了 4 块陨石以来，截至第 32 次南极科考每次格罗夫山考察均有陨石发现，其中第 4 次考察收集陨石数量最

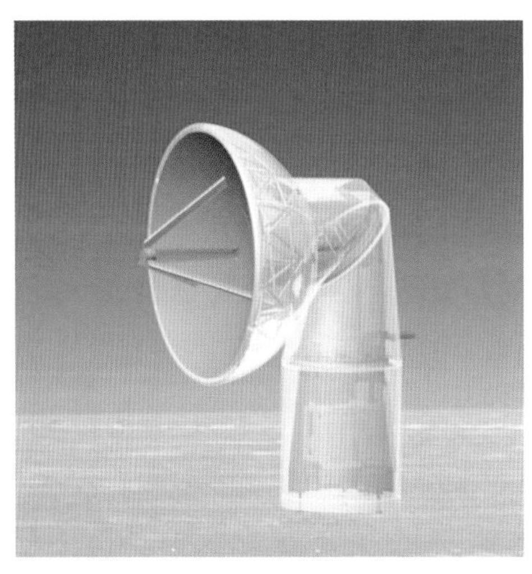

图 9-9　中国南极天文台 2.5 m 大视场高分辨光学/红外望巡天远镜和 5 m 太赫兹望远镜概念图

多，达到 5 354 块，后面两次依次递减（表 9-1）（琚宜太等，2000；琚宜太等，2002）。1999/2000 年第 16 次南极科学考察队在格罗夫山综合考察中，再次发现并收集到 28 块陨石，其中包括 1 块火星陨石和 1 块灶神星陨石。这些陨石的发现表明，格罗夫山地区可能是南极新的陨石富集区。因此，在中国南极陨石专家委员会的建议下，国家海洋局极地考察办公室专门组织了以收集陨石为主要任务的综合考察分队。2002/2003 年第 19 次南极科考队首次把陨石收集列为主要科考内容，此次考察收集了 4 448 块陨石，由此充分证明格罗夫山为南极新的陨石富集区（琚宜太等，2005）。第 1 次和第 2 次格罗夫山考察人数分别为 4 人和 8 人，由刘小汉任队长。第 3 次和第 4 次考察由琚宜太任队长，并配备了专门的陨石研究人员，分别收集 4 448 块和 5 354 块陨石，使得我国南极陨石拥有量大幅度提升，一跃成为世界上拥有陨石数量最多的国家之一（缪秉魁等，2012）。第 4 次和第 5 次考察时除了人员增加到 10 人和 12 人且装备略有加强外，其他条件基本相同，但第 5 次考察收集到的陨石数量明显下降，仅有 1 618 块。第 6 次考察由于泰山站建设原因，雪地车只有两辆，其他考察装备情况与前几次基本相同。此次考察由缪秉魁担任队长，收集陨石 583 块，陨石收集数量呈明显下降趋势（表 9-3，图 9-11）。2015/2016 年，第 7 次格罗夫山考察再次收获 630 块陨石样品。

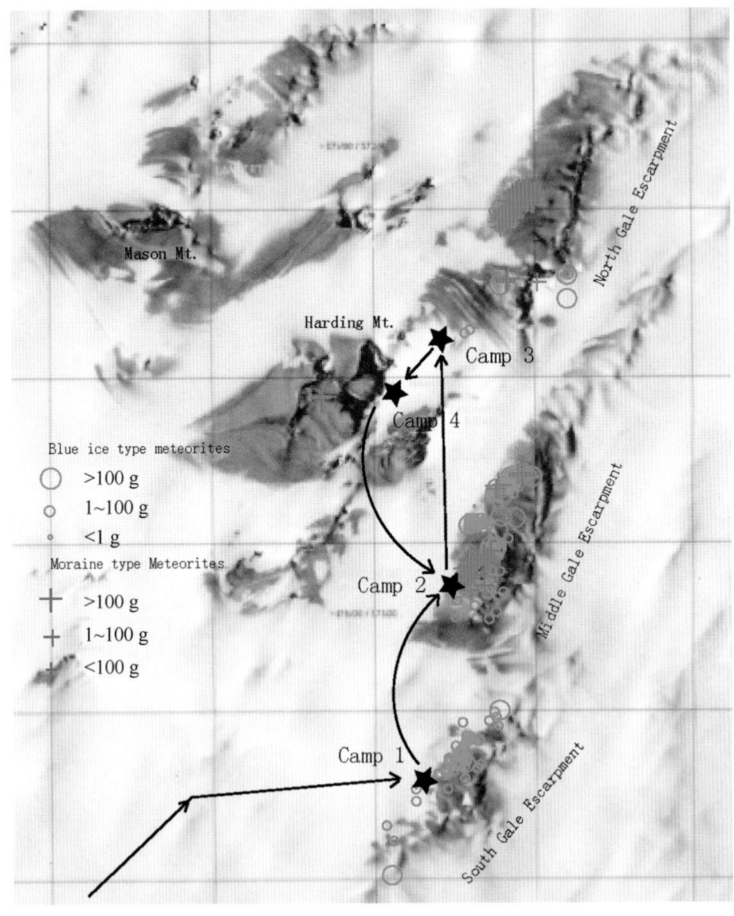

图 9-10 格罗夫山遥感影像及陨石分布

遥感影像图中黑色为岛峰，深灰色为蓝冰区，灰色为积雪区；Blue ice type meteorites，蓝冰型陨石；Moraine type meteorites，冰碛型陨石；South Gale Escarpment，阵风悬崖南段；Middle Gale Escarpment，阵风悬崖中段；North Gale Escarpment，阵风悬崖北段；Harding Mt.，哈丁山；Mason Mt.，梅森峰；Camp，营地

表 9-3 南极格罗夫山陨石考察组织情况表

格罗夫山考察	南极考察队次	年份	队员人数	队长	队员	收集陨石数量
第 1 次	15 次	1998. 11—1999. 3	4	刘小汉	李金雁、刘晓春、霍东民	4
第 2 次	16 次	1999. 11—2000. 3	8	刘小汉	李金雁、彭文钧、琚宜太、丁士俊、张海鹏、郑鸣、谭德军	28
第 3 次	19 次	2002. 11—2003. 3	8	琚宜太	徐霞兴、李金雁、缪秉魁、秦翔、闫利、张胜凯、俞良军	4 448
第 4 次	22 次	2005. 11—2006. 3	11	琚宜太	李金雁、徐霞兴、林杨挺、黄费新、方爱民、胡建民、彭文钧、程晓、潘明荣、刘晓波	5 354
第 5 次	26 次	2009. 11—2010. 3	10	黄费新	李金雁、王泽民、魏福海赵博、李明、胡森、陈虹、崔静、韦利杰	1 618
第 6 次	30 次	2014. 11—2014. 4	9	缪秉魁	李金雁、姚旭、赵俊猛、刘红兵、李亚炜、王伟、杨文卿、费宇豪	583
第 7 次	32 次	2015. 11—2016. 3	10	方爱民	崔鹏惠、李金雁、陈宏毅、李岩、李亚炜、邓攻、刘红兵、金鑫森、仝来喜	630

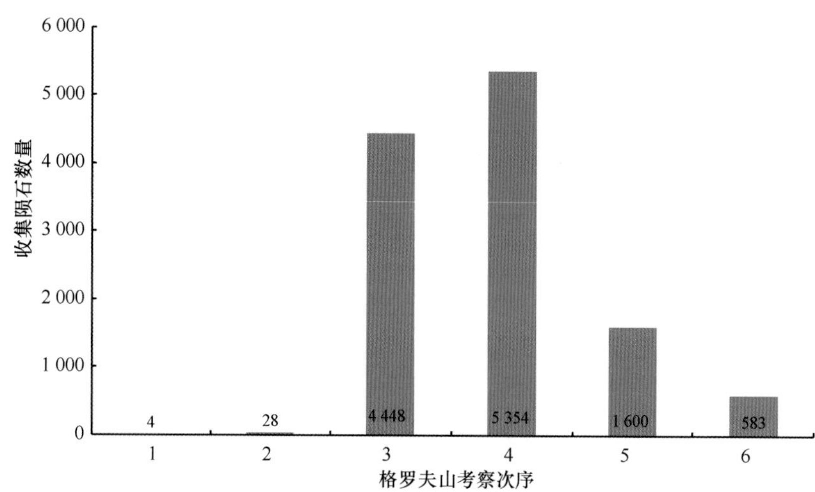

图 9-11　历次格罗夫山考察陨石收集数量图（本次工作完成）

9.3.2　考察组织工作和陨石收集程序

1998/1999 年，首次对格罗夫山进行踏勘式考察，而且只有一辆雪地车和 4 名队员，考察任务只针对地理、地质、气候、冰川等方面，陨石发现是偶然的（陈晶等，2001）。后来 6 次格罗夫山考察陨石搜寻都是主要任务之一，考察人员和装备情况远比比首次考察强，考察队员都在 8~12 人之间，考察装备 2~3 辆雪地车。1999/2000 年第二次考察格罗夫山，考察队伍和装备均得到了加强，队员 8 名，雪地车和雪地摩托各 2 辆，野外考察任务增加陨石搜寻专项工作，发现陨石样品 28 块，这些陨石主要发现于阵风悬崖南段下方蓝冰区（琚宜太等，2000）。2002/2003 年第三次格罗夫山考察，队员 8 名，其中陨石专业人员 2 人，考察装备得到进一步加强，其中有雪地车 3 辆、雪地摩托车 2 辆、雪橇 3 架、工作生活仓 3 个和发电机 2 台，考察内容是包含陨石在内的综合考察（琚宜太等，2005）。2005/2006 年和 2009/2010 年第 4 次和第 5 次考察时，队员有所增加，分别为 10 人和 12 人，主要装备条件基本相同，考察任务与前两次考察相同。第 6 次和第 7 次考察，考察队伍和装备与前两次基本相当，但考察任务和内容有所改变，其中有陨石收集、冰雷达探测、天然地震观察、地质和矿产资源、生态环境和冰盖进退和古气候事件等。

格罗夫山陨石考察方式主要为：先乘坐雪地车或者雪地摩托车对未知蓝冰区进行踏勘，了解其地形和蓝冰分布特点，然后制订详细搜寻计划。对于大的蓝冰区域进行步行拉网式搜索，对小的蓝冰区则采用分区包干搜寻，同时采用雪地摩托车配合搜寻（琚宜太等，2005；缪秉魁等，2008；缪秉魁等，2012）。当队员发现陨石或疑似陨石样品时，按照下列陨石采集程序进行收集：

（1）进行 GPS 定位，记录发现点的经纬度和海拔高度，经纬度数据精确至秒，海拔高度精确至 1 m；

（2）进行野外临时顺序编号；

（3）对发现地的地理位置、地形特征进行简要描述，主要包括发现地名称、类型（蓝冰区、碎石带等）、位置、地形条件等；

（4）进行原位多角度拍照，需要加参照物为比例尺；

（5）用高质量一次性聚乙烯塑料自封袋封装样品，装样过程中特别注意避免引起样品的污染；

（6）将样品保存在样品箱或样品袋中带回营地。

回到营地后，逐个对样品进行鉴定，确定是否为陨石和大概的陨石类型，并统一编号。按照国际惯例，陨石编号由地名+发现时间+顺序号构成。如 GRV 020010 代表 2002—2003 年度在格罗夫山地区收集到的第 10 块陨石样品。最后，对陨石进行登记和记录，记录内容包括：陨石编号、发现位置、发现者、主要鉴定特征（包括颜色、形状、大小、熔壳、破裂程度、结构、构造、风化程度等）、初步鉴定结果和鉴定者。为了尽可能保持其原始状态，并尽可能减少氧化和污染，在运输过程中样品一直保存在冰库中，最后运回上海中国极地研究中心，统一保管于极地中心陨石库。

9.3.3 南极陨石富集机制

除了目击降落陨石和铁陨石之外，在人类聚居区发现陨石的可能性极小。目前发现大量陨石的两个区域有：南极大陆和沙漠地区。这两个区域均具有独特的陨石富集条件。对于南极，从 1969 年起，截至 2010 年已发现陨石超过 47 000 块（缪秉魁，2015）。

南极陨石富集区主要分布于南极横断山脉和 Yamato 山区等冰盖周边地区，格罗夫山则相对属于内陆。南极之所以能如此富集陨石，是因为南极独特的气候和冰川运动条件（缪秉魁等，2012）。（1）南极的气候条件非常有利于陨石的长期保存。南极陨石的居地年龄表明，其降落在冰盖上的时间长达几十万年，有的甚至达 200 万~300 万年。南极冰盖保存了相当于近百万年间降落的全部陨石样品，仅此一点，南极冰盖上陨石的富集程度至少是地球上宜居地区的上百万倍；（2）南极冰盖的流动，使陨石在一些特定的区域得到了富集。南极陨石降落到冰盖上后被积雪掩埋，而后随着蓝冰的流动而被搬运。当冰盖从中心向四周流动时，由于南极大陆边缘山系的阻挡，冰流在阻挡山系前的流动速度大幅度地减缓或者停滞。此时，冰川在下降风的作用下强烈消融，使得在冰川历史过程中积累起来的陨石逐渐出露并富集，这就是典型的南极陨石富集“山前模式”（图 9-12）（Harvey，2003）。

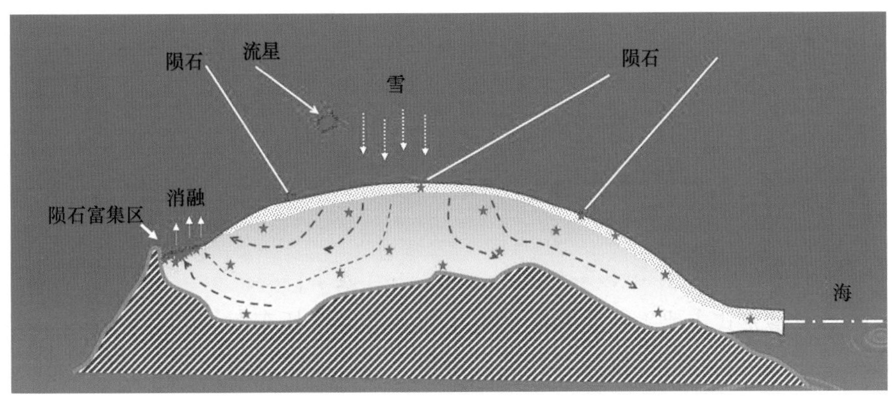

图 9-12 南极陨石富集机制示意图（林杨挺提供）

9.3.4 格罗夫山陨石富集特征

格罗夫地区东侧，由南到北呈北东向雁行分布着 3 段山脉，即阵风悬崖南段、中段和北段。该区域冰川大致由东向西流动，并于阵风悬崖受阻。由于阵风悬崖一线山岭的高度较低，冰川很可能曾经漫过大部分区域。因此，绝大部分陨石富集于阵风悬崖的西侧，这不同于横贯南极山脉和 Yamato 等区域的陨石主要富集于山脉迎向冰川一侧。沿阵风悬崖西侧由南向北，陨石的富集程度有明显增大趋势，并且大块的陨石主要发现于北段，而南段的陨石很少大于 20 g。由于陨石质量均落在该区域风力的搬运能力范围内，因此，阵风悬崖南段陨石的分布和富集可能与风的搬运有关。格罗夫山核心区陨石分布比较少，如第 19 次科考队在哈丁山冰碛带发现两块陨石，第 22 次科考队在萨哈罗夫岭与哈丁山之间的冰碛带发现 27 块陨石（Lin et al.，2006），而格罗夫山西侧的梅森峰附近冰碛带和蓝冰区仅有少量陨石发现。

格罗夫山陨石分布的另一重要特征是，大部分陨石发现于冰碛带中。事实上，格罗夫山地区的蓝冰表面分布有大量主要来自下覆基岩的岩石角砾，许多区域蓝冰与冰碛带的界线是不清楚的。格罗夫山陨石，特别是较大块陨石的分布与冰碛带有非常密切的空间联系，而个体较小的陨石分布可能与风的搬运有很大关系。

同日本和美国收集的南极陨石相比，格罗夫山陨石的平均重量明显偏低。一部分原因是有相当一部分样品呈碎屑状且缺失熔壳，这很可能是由大陨石与冰碛砾石碰撞破碎而形成的。但是，即使排除这些碎屑状样品，对其他具有明显熔壳陨石的统计，同样显示出与南极其他地区完全不同的质量分布特征。造成以上差别的原因可能与陨石的搜寻方式有关。日本和美国南极陨石考察队多采用雪地摩托为代步工具，搜寻范围大，因而易于发现大块的陨石。而我国南极陨石搜集多以徒步方式为主，搜寻的面积有限，但发现陨石较为彻底，因此格罗夫山陨石质量分布应该更真实地反映了南极陨石的质量分布特征。

此外，后 6 次格罗夫山考察所发现的陨石的空间分布几乎完全重合。尽管第 19 次南极考察收集到 4 448 块陨石，但仅相隔 3 年后，第 22 次南极考察在相同的区域又收集到 5 354 块陨石。大量陨石在同一区域的不断出露，一方面与蓝冰的持续消融有关；另一方面也与该区域蓝冰表面的积雪分布因风的搬运发生变化有关。很显然，格罗夫山地区不仅是已知最富集陨石的区域，而且仍可能有大量陨石未被发现。

9.3.5 格罗夫山陨石特征

在已分类的 2 437 块陨石中，除了 2003 年 51 块陨石和其他特殊类型陨石是人为选择外，其他分类陨石主要采用随机方式进行选择。因此，在已分类的格罗夫山陨石中，除特殊类型陨石的比例难以反映客观情况外，普通球粒陨石的类型、大小、质量、风化程度、冲击变质等特征在一定程度上能够代表格罗夫山陨石的总体特征。根据陨石分类结果和野外考察分析，格罗夫山陨石有如下特征。

（1）质量分布特征：以第三次格罗夫山考察收集到的 4 448 块陨石为例，其质量明显比美国 ANSMET 收集的陨石要小得多，格罗夫山陨石平均质量约 10 g，而 ANSMET 陨石平均质量近 220 g。

（2）陨石类型特征：格罗夫山陨石类型比较齐全，除普通球粒陨石外，火星陨石、灶神星陨石、常见碳质球粒陨石、铁陨石、石铁陨石，以及包括橄辉无球粒陨石、斜辉橄榄无球粒陨石（acapulcoite）在内的原始无球粒陨石等大部分特殊类型陨石均有出现。但通过与 ANSMET 陨石对比，格罗夫山陨石的类型特征有：L 群陨石的比例高于 ANSMET 陨石，而 LL 群陨石的比例低于 ANSMET 陨石，而其他特殊类型陨石的数量比例就更低。

（3）陨石风化特征：根据发现位置，格罗夫山陨石产状有蓝冰型（发现于蓝冰区）和冰碛型（发现于冰碛）两种。蓝冰型陨石样品一般比较新鲜，大多数都具有黑色熔壳，少部分陨石仅表面有少量褐色斑点。而冰碛型陨石中大部分样品表面呈深褐色，且大部分熔壳已脱落，这表明陨石经历了较强的地球风化作用。根据部分陨石风化程度统计，格罗夫山陨石风化程度以 W1 和 W2 为主。总体上，格罗夫山陨石的样品较新鲜，但冰碛中发现的陨石暴露出蓝冰表面的时间可能比较长。

（4）成对陨石特征：由于南极陨石发现数量大，而且发现位置非常集中，因此，南极陨石中成对陨石的概率是非常高的。为了真正了解陨石进入地球的通量和小行星带物质类型的分布，对南极陨石进行成对陨石判别是十分必要的，也是南极陨石研究工作中一项非常重要的内容。

9.3.6 格罗夫山陨石富集的影响因素

除少量陨石发现于阵风悬崖顶部蓝冰区外，目前绝大部分格罗夫山陨石分布在阵风悬崖冰流下方的蓝冰区。另外，还有一些陨石发现于岛峰之间的冰碛带，因此，格罗夫山地区陨石的富集机制应属于南极内陆地区的“山后模式”或“山间模式”。根据野外考察和格罗夫山陨石特征分析，该地区陨石的富集影响因素主要有 3 个。

（1）地形因素：格罗夫山分布有 62 座岛峰，地形产生了三四百米以上的落差，冰流产生多级台阶的降落，并在岛峰之间形成“之”形流动，使得冰流速度大幅度减缓，局部可能产生回流，以上因素可能促使陨石在山间和山后等多区域富集。

（2）下降风的作用：由于地形的落差和普利兹湾冰流出海口，该地区的下降风非常强烈，造成冰的强烈消融，产生了大面积的蓝冰区。

（3）风化破碎作用：相当部分格罗夫山陨石为缺乏熔壳的碎块，显然，风化作用对格罗夫山陨石产生了严重的破坏作用。

9.4 陨石研究

通过 7 次南极格罗夫山科考，我国共回收了 12 665 块陨石样品，证明格罗夫山区为新的陨石富集区（Miao et al.，2004；缪秉魁等，2004；Miao et al.，2005；琚宜太，2005；缪秉魁等，2005）。南极陨石回收后，通过陨石基础分类确定其化学群和岩石类型（王道德等，2002；王道德等，2002；王道德等，2005）。针对陨石样品不同的科研价值，借助国内外高精度、高灵敏度的质谱等仪器进行后续的精细研究，取得的主要成果如下。

9.4.1 南极陨石的基础分类

经过十多年的努力，目前已经完成了 2 494 块南极格罗夫山陨石分类，几乎发现了所有类型陨石，其中包括火星陨石（Lin et al.，2002；Lin et al.，2003；Miao et al.，2003；林杨挺等，2003；Miao et al.，2004；Lin et al.，2008）、钙长辉长无球粒陨石（刘焘等，2008）、原始无球粒陨石（Li et al.，2011）、中铁陨石、橄榄陨铁、橄辉无球粒陨石（Miao et al.，2003；王道德等，2006；Feng et al.，2007；Miao et al.，2008；缪秉魁等，2010）、碳质球粒陨石（Dai et al.，2004；戴德求等，2005；Miao et al.，2007；王秀娟等，2008）和大量的普通球粒陨石（缪秉魁等，2002；缪秉魁等，2002；Miao et al.，2003；Lu et al.，2004；冯璐等，2008；胡森等，2008；缪秉魁等，2008；王江等，2010）。这些分类结果表明南极格罗夫山地区为一个新的陨石富集区（刘小汉和琚宜太，2002；琚宜太和缪秉魁，2005）。

9.4.2 普通球粒陨石磁性分类

我国在南极格罗夫山发现并收集到大量南极陨石，这需要一种无损、快速简单的分类方法对其分类。陨石磁化率（χ）与陨石中的铁镍金属含量有关，因而有可能成为一种简便有效的分类参数。

同时，磁化率也是陨石的一个重要物理参数。我们在国内首次开展陨石磁化率的研究，通过对模拟陨石磁化率样品的测量，证明可以通过不同取向的测量平均，将样品大小和形状等几何因素的影响减小在仪器的测量精度范围之内。目前已完成了首批600块南极格罗夫山陨石的磁化率测量，除普通球粒陨石外，还包括火星陨石、灶神星陨石、碳质球粒陨石、中铁陨石、橄榄陨铁、橄辉无球粒陨石等特殊类型。根据质量磁化率，可以划分普通球粒陨石的化学群：H群（>4.8）、L群（4.3~4.8）、LL群（<4.3）群陨石（罗红波和林杨挺等，2009）。特别重要的是，对于划分非平衡的普通球粒陨石化学群磁化率是一个可靠的参数（Lin et al.，2008；罗红波等，2009；胡森等，2013）。格罗夫山H群陨石的磁化率分布与南极其他地区的陨石十分相似，但是相对降落型H群陨石二者均向低质量磁化率方向平移0.2（logX，10^{-9} m^3/kg），反映了风化作用对南极陨石磁化率的平均影响程度；格罗夫山L群陨石的质量磁化率分布同样比降落型L群陨石偏低0.2左右，但南极其他地区的陨石与沙漠陨石的磁化率分布相似，二者均更为离散和偏低，可能反映了不同的风化程度。

9.4.3 碳质球粒陨石及其中富Ca、Al包体

碳质球粒陨石属于稀少的陨石类型，但在陨石学、行星模式及生命起源等研究中占有相当重要的地位。一般说来，碳质球粒陨石属于高度非平衡的陨石类型，是太阳系中最原始的物质，受陨石母体内作用过程的影响也最轻，它记录了形成部位的星云条件、物理过程及形成事件的相对时标等（戴德求等，2013）。目前，已经完成分类的南极格罗夫山碳质球粒陨石包括CM（GRV 020017、020025、050179、050384等），CO（GRV 021579等），CV（GRV 023155、022459等），CR（GRV 021767、021768、021769等）等化学群（Miao，2003；Dai et al.，2004；Feng et al.，2007；Zhao et al.，2013）。

碳质球粒陨石的各组分中，富Ca、Al包体（简称CAI）最为特殊，它是太阳星云最早期各种热事件的产物，因为保存了大量原始星云的信息，所以是研究星云形成和演化的探针。通过对上述南极格罗夫山碳质球粒陨石中CAI的对比研究，对CAI的形成和演化过程获得了如下主要认识（Miao，2003；Dai et al.，2004；戴德求等，2006）：①这些陨石均是从南极回收，虽然经历了一定程度的风化作用影响，但是研究表明这些CAI的蚀变是其星云形成过程的发生的。如GRV020025等CM型陨石的CAI蚀变最可能发生在母体中且含水的星云条件下，GRV 022459（CV）的CAI蚀变发生在高氧逸度的条件下。②通过格罗夫山碳质球粒陨石CAI类型统计发现，A型（或似A型）和富尖晶石-辉石型是格罗夫山碳质球粒陨石中主要CAI类型。虽然，有些陨石中，各种CAI的相对含量有变化，但是A型（或似A型）和富尖晶石-辉石型明显比其他CAI类型的含量高许多，不可能是人为统计上的结果。这与Allende，Murchison及普通球粒陨石中CAI类型统计结果一致。③研究表明格罗夫山不同碳质球粒陨石群CAI之间具有相似的岩石学特征和矿物化学组成，这些CAI可能具有相似的成因，并可能来源于太阳星云中的相同区域。

9.4.4 从林伍德石的拉曼光谱中解译化学成分

在南极普通球粒陨石研究中，发现了大量橄榄石的高压矿物相，即林伍德石（Feng et al.，2007；冯璐等，2008）。这些林伍德石富含FeO，并且变化范围极大（Fa = 27.8~81.6 mol）（Feng et al.，2007；冯璐等，2008；Feng et al.，2011）。进一步研究发现林伍德石颗粒的Fa值与拉曼谱峰有很好的线性相关（Feng et al.，2008；Feng et al.，2011）。如图9-13所示，随着林伍德石的Fa值从28 mol升高至82 mol，DB1峰从796.3 cm位移至782.7 cm；SB1峰从296.0 cm位移至284.6 cm。

借助林伍德石 Fa 值与拉曼谱峰的相关系性，可以利用拉曼光谱测定林伍德石的化学成分，其分析精度好于 5 mol。该项技术具有两个重要的潜在应用，即在高温高压实验中在线测定橄榄石-林伍德石的相变及其化学组成变化，以及在深空探测中，利用拉曼谱仪实现矿物结构和化学组成的同时测定。

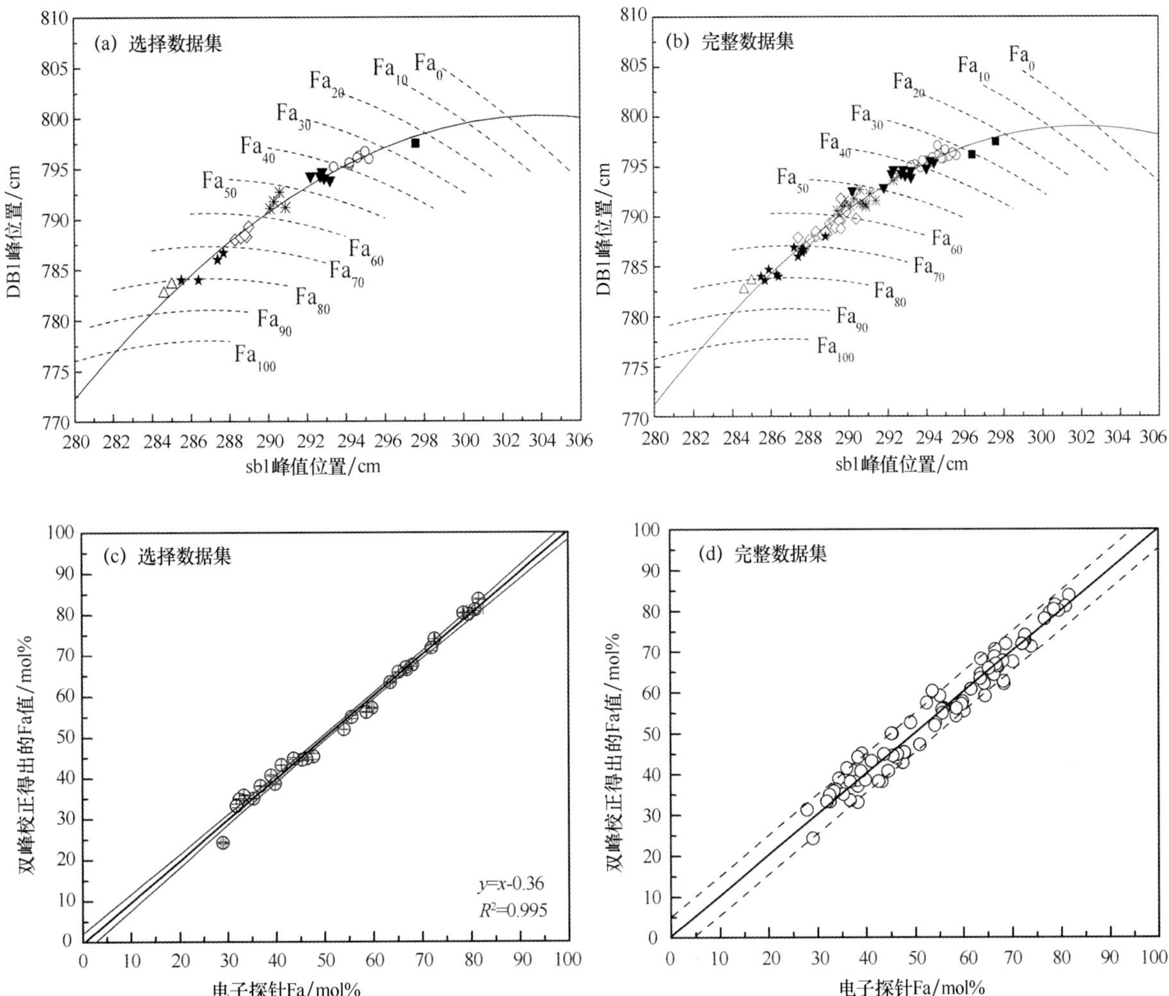

图 9-13 （a）和（b）将 SB1 和 DB1 双峰峰位投点至 SB1-DB1 平面（a）选择分析点，（b）全部分析点。图中虚线为利用双峰峰位与林伍德石 Fa 值拟合出抛物面，并投影至 SB1-DB1 平面形成的 Fa 值等高线，灰色实线为双峰峰位的拟合曲线。（c）和（d）利用双峰拟合计算出的林伍德石 Fa 值与 EMPA 实测值投点。（c）选择分析点。图中灰色实线为 95% 置信区间。（d）全部分析点。图中虚线区域为 EMPA 值 ± 5 mol

（资料来源：Feng et al.，2008；Feng et al.，2011）

9.4.5 格罗夫山两块火星陨石岩石矿物学

确认我国从南极格罗夫山回收的陨石中有两块火星陨石——GRV 99027 和 GRV020090。GRV 99027 和 GRV 020090 具有相似的岩石结构，均由嵌晶结构和粒间结构组成（Lin et al.，2002；Lin et al.，2003；Miao et al.，2003；林杨挺等，2003；Miao et al.，2004；Lin et al.，2008）。嵌晶结

构主要由橄榄石客晶、易变辉石主晶和铬铁矿包裹体组成，粒间结构主要由橄榄石、辉石、长石组成，包含磷辉石、白磷钙矿、硫化物、铬铁矿、钛铁矿等副矿物。虽然 GRV 99027 和 GRV 020090 的岩石结构相似，但其矿物的化学成分有明显差异：（1）GRV 99027 中橄榄石的 Fa 值呈双峰分布，嵌晶结构橄榄石 Fa 值较低（23~30），粒间结构橄榄石 Fa 值较高（30~42）；GRV 020090 中橄榄石具有与 GRV 99027 相似的分布特征，嵌晶结构橄榄石 Fa 值（28~30）低于粒间区域的橄榄石（36~45）（图 9-14）。（2）GRV 99027 和 GRV 020090 中辉石的化学成分也与产状相关，嵌晶区域的辉石主要是易变辉石，边部为普通辉石，而粒间区域主要是普通辉石；GRV 99027 中辉石的化学成分相对 GRV 020090 贫 FeO。（3）GRV 020090 中铬铁矿的化学成分相对 GRV 99027 富钛，嵌晶结构中铬铁矿的 TiO2 含量 1.37 wt%，而粒间区域可达 17.6 wt%。（4）GRV 020090 全岩稀土含量与 GRV 99027 相比，明显富集轻稀土。从岩石矿物特征可以看出，GRV 99027 是亏损型二辉橄榄岩质火星陨石，GRV 020090 是富集型二辉橄榄岩质火星陨石。

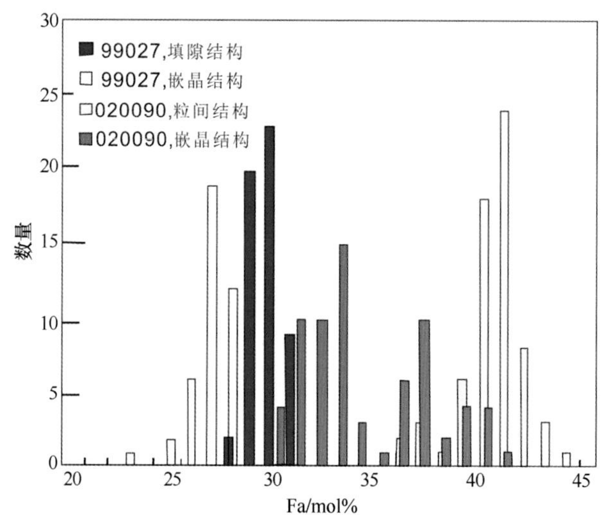

图 9-14　GRV 99027 和 GRV 020090 中橄榄石 Fa 值的频谱分布

（资料来源：Lin 和 Hu 等，2013）

9.4.6　火星陨石 GRV 99027 佐证大部分二辉橄榄岩质火星陨石来自火星表面同一岩浆构造单元

在火星陨石 GRV 99027 岩矿工作的基础上，对 GRV 99027 火星陨石 200 mg 微量样品开展了 Rb-Sr和 Sm-Nd 同位素体系研究。由单矿物构成的 Rb-Sr 内部等时线给出的年龄为 177 ± 5Ma（1亿 7 千万年），$^{87}Sr/^{86}Sr$ 初始比值为 0.710 364±11（2σ）（Liu et al.，2011）（图 9-15）。这一年龄与其他二辉橄榄岩质火星陨石完全一致，并且 Sr 同位素的初始比值也落在 ALHA77005 与 LEW 88516 之间，佐证了大部分二辉橄榄岩质火星陨石来自火星表面同一岩浆构造单元，或反映了火星幔的均一性。该陨石稀酸淋洗组分的 Rb-Sr、Sm-Nd 同位素体系明显被扰动，反映了岩浆结晶后受到强烈撞击事件的影响。

9.4.7　火星陨石 GRV 020090 的两阶段形成模型

火星陨石 GRV 020090 主要由嵌晶区域和粒间区域组成，易变辉石的 Al/Ti 比值在嵌晶区域较高且均匀，而在粒间区域较低且变化范围大，指示了前者形成于较深的岩浆房，而后者在岩浆上升

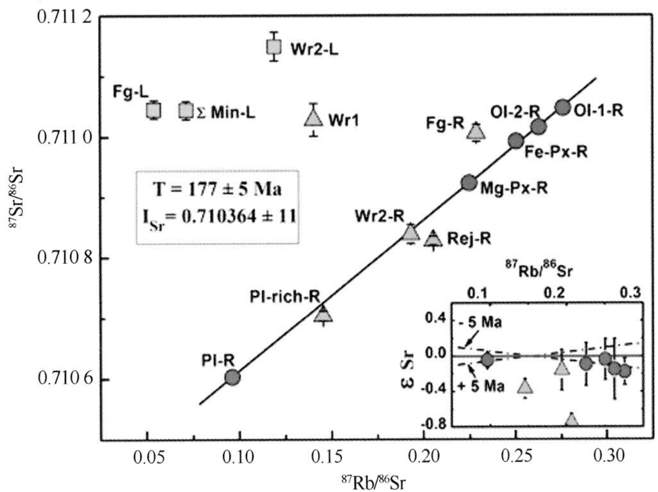

图 9-15 由橄榄石（Ol-1、Ol-2）、富铁辉石（Fe-Px）、富镁辉石（Mg-Px）和长石（Pl）所定义的等时线年龄：177 ± 5 Ma，初始比值 $^{87}Sr/^{86}Sr$ = 0.710364 ±11。全岩（Wr1）、细粒组分（Fg-R）以及淋滤组分（Fg-L）均偏离 175 Ma 等时线，表明该陨石曾受到强烈撞击事件的扰动

过程结晶形成。铬铁矿的化学成分与产状有很好的相关性，反映了岩浆中 Al_2O_3 和 TiO_2 含量随造岩矿物结晶而变化。应用橄榄石-辉石-铬铁矿、铬铁矿-钛铁矿等温度-氧逸度计，计算了不同结晶阶段的氧逸度变化，结果表明 GRV 020090 母岩浆初始结晶的氧逸度与中等亏损型二辉橄榄岩相似，但后期氧逸度有显著的升高（Lin et al.，2013）。基于最早结晶的橄榄石客晶和易变辉石主晶核部的稀土配分，计算出平衡岩浆具有轻稀土亏损的特征，明显不同于轻稀土富集的全岩和平衡残余岩浆（图 9-16）。据此，他们认为 GRV 020090 的母岩浆源自火星亏损幔的部分熔融，并在早期结晶堆积形成嵌晶结构部分。随后，该岩浆在上升过程中受到火星壳物质的混染，从而具有富 LREE 等特征，并结晶形成粒间结构部分。此外，根据辉石的 REE 原位分析结果可计算出与之平衡的岩浆 REE 配分。计算表明，初始岩浆（与 Opx 平衡）具有与中等亏损型二辉橄榄岩质火星陨石（如 GRV 99027）母岩浆相似的 REE 配分模式（图 9-16），但残余岩浆出现 LREE 富集特征。

9.4.8 橄辉无球粒陨石及其冲击变质历史

橄辉无球粒陨石是原始无球粒陨石中最主要的陨石类型，它以富含碳质多型（石墨、金刚石和非晶质碳）和特殊还原岩矿现象为特征（图 9-17 和图 9-18）（王道德等，2007）。自橄辉无球粒陨石 GRV021512 和 GRV022931 发现之后（缪秉魁等，2003；Miao et al.，2004），至今格罗夫山共发现 10 块橄辉无球粒陨石（GRV 021512、021729、021788、022408、022835、022888、022931、024237、024516、052382）(缪秉魁等，2012)。除 GRV 052382 和 GRV 022931 陨石外，其他 8 块橄辉无球粒陨石都具有粗粒橄辉结构，含有特征的石墨，均为普通橄辉无球粒陨石。GRV 052382 遭受强烈冲击形成马赛克状结构或细晶结构，可能为最强烈冲击变质的橄辉无球粒陨石（缪秉魁等，2010）。GRV 022931 陨石具有强烈还原结构，橄榄石呈斑状分布在富碳质填隙物中，为强烈还原的橄辉无球粒陨石。6 块格罗夫山橄辉无球粒陨石的岩石结构和石墨的产状特征表明，它们均为单矿岩质橄辉无球粒陨石。根据粗粒橄榄石的核部 Fa 值，其岩石类型可进一步划分为：GRV 024516 和 GRV 052382 的岩石类型亚型为Ⅱ型（中等 Fa 值，在 15~18 之间）；而 GRV 021512、GRV 021729、GRV 021788 和 GRV 022931 陨石为为 I 型（富 FeO，Fa>18）。GRV 022408、GRV 022835、GRV

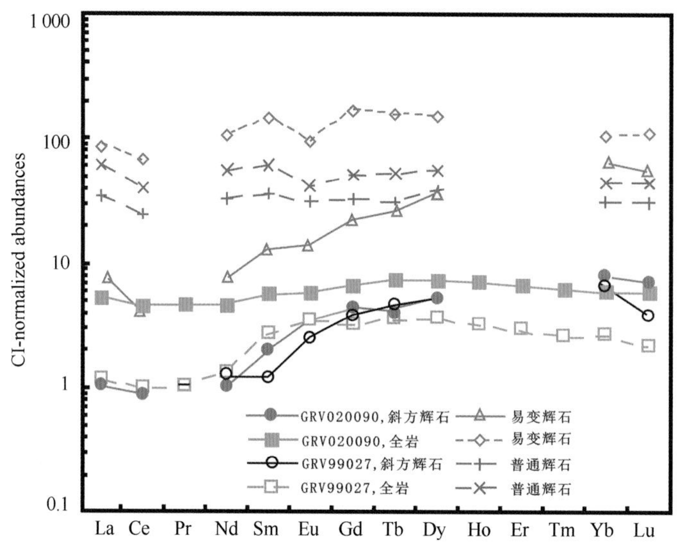

图 9-16　GRV 020090 火星陨石母岩浆的 REE 配分模式

（资料来源：Lin et al.，2013）

022888 和 GRV 024237 格罗夫山橄辉无球粒陨石复杂的岩石矿物学特征表明，它们具有复杂的成因历史。据讨论分析，橄辉无球粒陨石至少经历了如下阶段：母体部分熔融（形成富碳质岩浆）—岩浆结晶（石墨先结晶）—冲击事件（金刚石相变）—冲击后热退变质（破碎的橄榄石发生再结晶）—母体再次受冲击（陨石溅飞母体）（缪秉魁等，2006；Miao et al.，2009；Miao et al.，2009；缪秉魁等，2009）。另外，稀有气体研究表明，GRV024516 陨石的宇宙射线暴露年龄和气体保留年龄分别为 33.3Ma 和 1936.8Ma（王道德等，2006）。

图 9-17　橄辉无球粒陨石 GRV 021512 具有典型的橄辉结构，具有橄榄石的还原边和石墨（黑色）

（资料来源：Miao et al.，2008；缪秉魁等，2008）

9.4.9　南极陨石 GRV021710（CR）中含有大量前太阳系颗粒物质

通过纳米离子探针和俄歇纳米探针的研究发现，GRV 021710 陨石是迄今最富集前太阳颗粒的原始球粒陨石之一，含有大量前太阳富氧颗粒（236±40 ppm）和富碳颗粒（189±18 ppm）（Zhao et

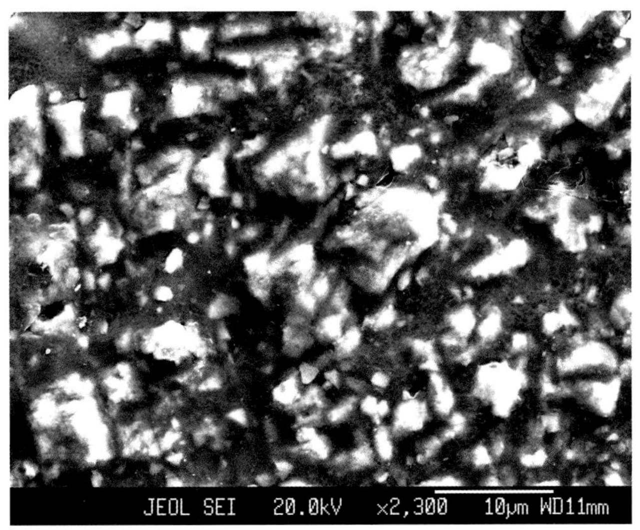

图 9-18 橄辉无球粒陨石中石墨因冲击作用发生金刚石相变，其中亮色突起高的为金刚石颗粒
（资料来源：Miao et al.，2008；缪秉魁等，2008）

al.，2013）。该研究有以下重要发现和创新：① GRV 021710 中超新星成因的前太阳富氧颗粒的相对丰度是其他陨石的两倍左右，表明超新星成因物质在原始太阳星云中存在不均匀分布现象（图 9-19）；②首次发现超新星成因的 SiO_2 颗粒，为超新星喷出物中存在 SiO_2 提供了直接证据；③纳米离子探针硫同位素扫描给出该样品中前太阳硫化物颗粒丰度上限为 ~2×10^{-6}；④与其他原始的 3 型碳质球粒陨石相比，GRV 021710 仅经历了极低程度的后期蚀变历史。

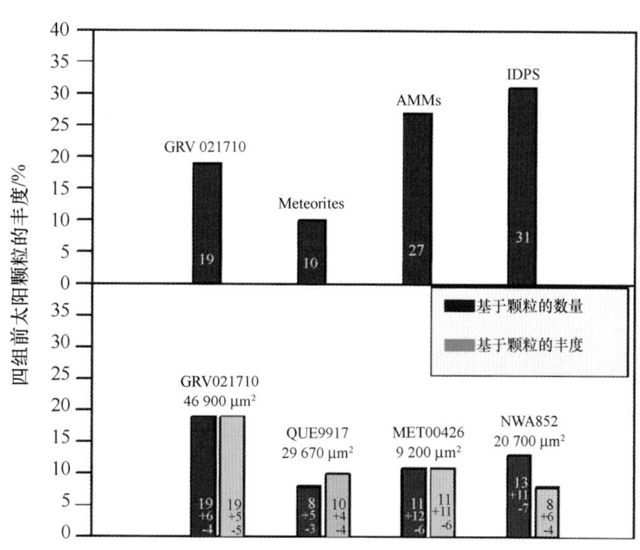

图 9-19 （a）GRV 021710 陨石中超新星成因前太阳富氧颗粒的丰度与其他地外样品的比较；（b）与其他 CR 型碳质球粒陨石的比较
（资料来源：Zhao et al.，2013）

9.4.10 火星 190 Ma 之前存在地下水

通过对南极陨石 GRV 020090 中岩浆包裹体和磷灰石的水含量和 H 同位素的纳米离子探针分析

发现，该样品岩浆包裹体的水含量和 H 同位素具有非常好的对数相关性（图 9-20），指示与火星大气水交换的结果，并获得火星大气的 H 同位素组成为 6034±74，与好奇号探测的结果一致（Hu et al.，2014）。此外，其岩浆包裹体保存了明显的水含量和 H 同位素剖面（图 9-21），是该火星陨石母岩与液态水相互作用的结果，第一次给出了火星次表面存在液态水的同位素证据，并且基于 H 的扩散速度，得出液态水存在的时间可长达 15 万年。磷灰石的水含量和 H 同位素呈线性正相关，指示了岩浆结晶过程受到火星壳源物质的混染（图 9-21）。水含量和 D/H 比值最低的磷灰石颗粒最早结晶，由其估算出的母体岩浆水含量为 $380\times10^{-6}\sim450\times10^{-6}$，火星幔的水含量为 $38\times10^{-6}\sim45\times10^{-6}$。该结果表明火星幔相对地球贫水。

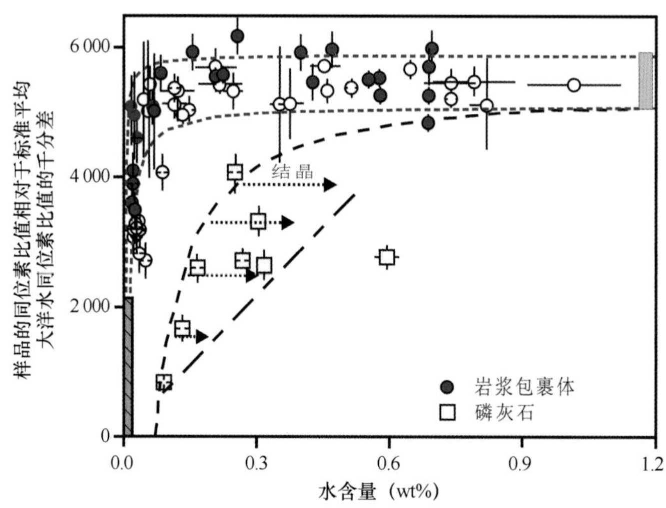

图 9-20　火星陨石 GRV 020090 中岩浆包裹体和磷辉石的水含量和 H 同位素的相关性
（资料来源：Hu et al.，2014）

9.5　南极陨石管理

我国从南极回收的陨石样品属国家所有，由中国极地研究中心保藏。中国极地研究中心建有南极陨石样品库。为防止表面少量冰雪融化对陨石造成风化，所有陨石样品均在低温冰冻状态下保存。

科技部国家基础条件平台之一的“极地标本资源共享平台”网站 BIRDS（http：//birds. chinare. org. cn）提供各类南极陨石的信息查询与管理、样品的在线申请受理等服务。2007 年建立于中国极地研究中心的南极陨石标本库，建筑面积约 43.7 m^2，主要用于陨石样品、薄片的保藏、借用和展示。主要设备有 3 台数字式卡特曼常温自动干燥箱，RH 常年保持在 10%左右。

建立于中国极地研究中心的南极陨石制样实验室，建筑面积约 26.4 m^2，主要用于陨石样品的基础分类研究工作。主要设备有美国标乐公司制造的 Isomet 5000 精密切割机、德国 Buehler GMBH 制造的 Phoenix4000 自动研磨/抛光机、尼康 LV100 POL 研究用偏光显微镜、英国 K950X 涡轮蒸镀仪、K150x 膜厚监测仪等。“十二五”期间，极地中心还将在曹路园区建设极地样品储藏与低温环境工程技术实验楼，其中用于保存南极样品的样品库和分类实验室设计使用面积分别为 50.69 m^2 和 97.59 m^2，包括样品分类整理、初期分析实验室等工作区域。

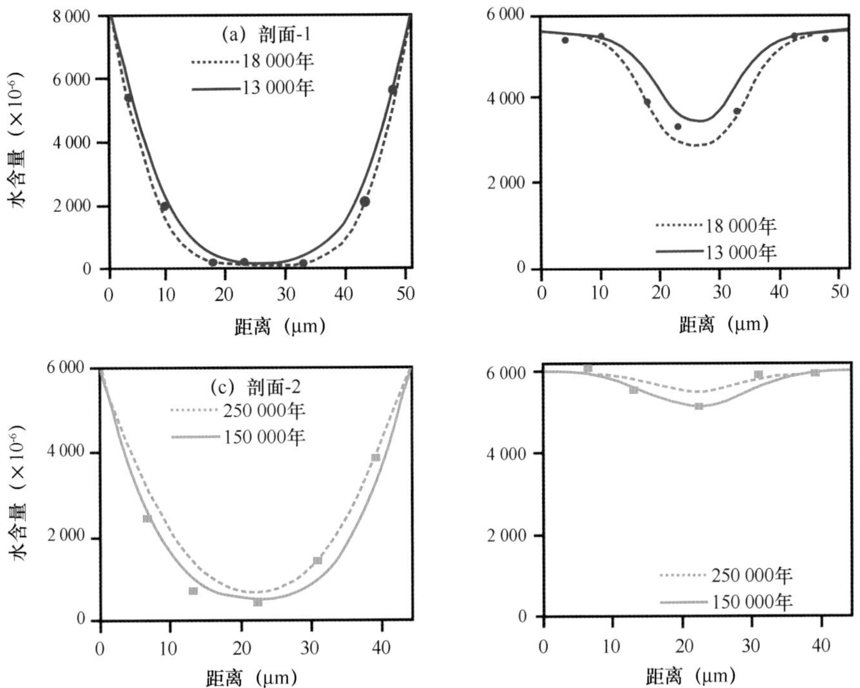

图 9-21　火星陨石 GRV 020090 中岩浆包裹体的水含量和 H 同位素剖面

（资料来源：Hu 和 Lin 等，2014）

9.5.1 南极陨石样品出入库管理

通过“陨石库管理系统”建立一个良好的陨石样品库存管理系统，高效、安全地管理全部陨石样品和薄片，系统包括入库管理、借出管理、情况统计分析 3 组模块。

南极陨石样品信息查询无需注册，用户可以获得南极陨石样品名称、类型、采集时间和地点、保藏情况、联系人以及资源图片（含 3D 展示）等信息。未来，还将补充样品的分析数据和成果信息，以便使用户获得前人针对特定南极陨石样品已经开展的工作情况。

9.5.2 南极陨石样品信息发布

南极陨石样品库管理员通过基于因特网的异地标本信息编辑、发布和统计功能，可以在任何地点使用浏览器编辑和发布新增的标本信息，并获得南极陨石样品库热点资源情况。

9.5.3 南极陨石样品网上申请

根据 2009 年新修订的《中国南极陨石样品的管理、申请及使用条例》、《南极陨石的分类规范》和《中国南极陨石的收集、保存及制样规定》，陨石样品供科学研究和科普教育使用，国内外科研人员、科普教育人员或单位均可通过网络申请南极陨石样品。

9.5.4 南极陨石采集、保藏与共享组织方式

技术指导和质量监督：由中国南极陨石专家委员会负责。

组织和协调：由中国极地研究中心负责。

陨石管理的运行流程：计划制订（中国南极陨石专家委员会国家海洋局极地考察办公室）—组织管理（国家海洋局极地考察办公室中国极地研究中心）—分类研究—质量监督（中国南极陨石专家委员会）—数据网上传输（分类单位）—提交报告（分类单位）—国际陨石命名申报（中国极地研究中心）。

管理机制：①陨石样品整理和分类研究，由中国南极陨石专家委员会、国家海洋局极地考察办公室制订计划，中国极地研究中心负责组织实施，具体研究任务由科研单位负责；②南极陨石样品申请，由申请者自由申请，向中国极地研究中心提交申请报告，由中国极地研究中心汇总，并提交“南极陨石样品申请评审小组”讨论审查，报请国家海洋局极地考察办公室审批。“南极陨石样品申请评审小组”负责评审和提供评审意见，最后由中国极地研究中心负责办理借用样品手续。

9.6 结语与展望

南极冰穹A地区天文台址测量表明南极内陆地区的天文观测条件要优于地球上其他常规天文观测台址，特别是仅有10~20 m的湍流边界层、极低的温度、极低的天光背景、优良的大气透过率和极低的水汽含量使得冰穹A可以开展高分辨率、高灵敏度的光学近红外和太赫兹波段观测。加上南极长达4个月极夜可以进行长时间不间断的天文观测，使得南极冰穹A台址的独特条件成为地面天文观测的长远发展的珍稀资源。冰穹A的天文选址活动被《自然（nature)》、《科学（Science）》、《美国国家地理（National Geographic Magazine）》等国际主流媒体进行了全方位的报道。在冰穹A开展的中小口径望远镜巡天观测也已在时域天文学研究取得重要阶段性进展。特别是通过变星搜寻确定了一批太阳系外行星候选者，等待后续观测确认。在相接双星的结构和活动研究上，首次观测到来自该类天体的系列剧烈耀斑爆发和长寿黑子。这些研究成果都发表在如《皇家天文学会月报（Monthly Notices of the Royal Astronomical Society）》、《天体物理杂志（The Astrophysical Journal）》及《天体物理杂志增刊（The Astrophysical Journal Supplement）》等国际顶级天文学术期刊上。

目前，我国已经在昆仑站等开展了天文台址系列测量和监测，并通过中、小型天文望远镜进行天文观测积累了大量经验，为南极天文学长期发展奠定了坚实基础。根据2013年颁布实施的《国家重大科技基础设施建设中长期规划（2012—2030年）》，中国南极昆仑站天文台为“十二五”优先安排16项国家重大科技基础设施建设项目。中国南极昆仑站天文台将面向天文学和物理学中若干最重要和紧迫的问题，为我国在天文学和基础与高能物理学的多个领域进入国际领先行列提供重大机遇。中国南极昆仑站天文台将建设全自动光学近红外望远镜和太赫兹望远镜，在南极冰穹A开展无人值守天文观测和其他科学探测任务。主要内容包括建设1台2.5 m光学近红外巡天望远镜和1台5 m太赫兹望远镜两台大型天文观测设备。通过智能支撑平台，在无人值守的条件下，协同本地运控系统提供能源、远程控制和数据通信等后勤保障和科学数据服务支持。

中国南极昆仑站天文台的主要科学目标是面向21世纪最重要也是最迫切的重大科学问题——暗物质和暗能量、高红移宇宙、恒星与星系的形成和演化以及系外行星和生命起源等。“十二五”期间提议建设的望远镜已经具备可以与国际上尚在计划中的其他巡天望远镜（如欧洲的EUCLID空间望远镜）相匹敌的观测功能，在某些重要方面（如2~4 μm深度巡天和太赫兹波段观测）甚至具有超越国际上计划中的下一代望远镜的功能，将对天文学和基础物理的众多前沿领域产生重要影响。红外和太赫兹巡天将发现的大量新天体和新现象也将成为其他大型地面望远镜和空间望远镜的重要研究对象，为中国天文学家提供许多宝贵的天文观测目标，在下一轮国际天文研究的竞争中取得优势。

自从1998—1999年我国首次对南极格罗夫山地区开展陨石考察以来，截至2016年我国第32次南极考察，即第7次格罗夫山考察，共收集陨石12 665块，使得我国的南极陨石拥有量位居世界第三位，仅次于日本和美国。格罗夫山陨石几乎包含常见的各种类型，其中包括太阳系形成过程中残留的最原始的各种类型球粒陨石以及来自灶神星和火星的岩石等。南极陨石回收后，可通过陨石基础分类确定其化学群和岩石类型。针对陨石样品不同的科研价值，借助国内外高精度、高灵敏度的质谱等仪器开展了一系列精细研究，并取得了许多成果。

尽管我国陨石数量大，但相对于美国和日本，我国南极陨石的质量偏小，特殊类型陨石占的比例不高，研究程度偏低。南极具有得天独厚的陨石富集机制，格罗夫山地区陨石富集具有自身特征，为“山间模式”和“山后模式”。经过7次格罗夫山陨石搜寻，该区陨石保有储量大幅度下降，因此开辟新的陨石考察工作区、成立专门的陨石搜寻工作队等工作迫在眉睫。

在国家海洋局极地办和中国极地研究中心的组织下，成立了“南极陨石专家委员会”，该委员会负责为我国南极陨石的收集、保存、使用和科学研究等提供技术指导。自2006年，我国逐步建立和完善我国南极陨石样品网络共享平台和机制。全部已分类命名陨石的相关信息分别在网络共享平台和科技部自然科学资源共享数据库网站进行发布。南极陨石的发现回收与研究工作，极大地促进了该学科的发展和人才队伍的建设，为我国月球和火星等深空探测工程科学目标的制定和实现发挥了重要作用。

参考文献

陈晶，刘小汉，琚宜太，等. 2001. 我国首批回收的四块南极陨石类型的确定. 岩石学报，17（2）：314-320.

戴德求，陈新跃，杨荣丰. 2013. 南极格罗夫山碳质球粒陨石的研究与展望. 极地研究，25（4）：378-385.

戴德求，林杨挺，缪秉魁等. 2005. 两个来自CM2，CO3碳质球粒陨石的富尖晶石球粒. 中国极地科学学术年会，上海.

戴德求，林杨挺，缪秉魁等. 2006. 南极碳质球粒陨石中两个富尖晶石球粒状难熔包体的岩石学和矿物化学特征. 地球化学，35（5）：540-546.

冯璐，林杨挺，胡森等. 2008. 南极格罗夫山球粒陨石冲击变质程度及特征. 极地研究，20（2）：189-200.

胡森，林杨挺，冯璐，等. 2013. 格罗夫山普通球粒陨石的磁化率和化学分类方法对比分析. 极地研究，25（4）：362-368.

胡森，刘焘，冯璐，等. 2008. 100块南极格罗夫山陨石的化学-岩石类型. 极地研究，20（2）：208-218.

琚宜太，刘小汉. 2000. 格罗夫山地区陨石回收. 极地研究，12（6）：137-141.

琚宜太，刘小汉. 2002. 格罗夫山地区陨石回收概况及展望. 极地研究，14（4）：248-251.

琚宜太，缪秉魁. 2005. 南极格罗夫山于2002—2003年搜集4 448块陨石：新陨石富集区的证实. 极地研究，17（3）：215-223.

林杨挺，王道德，缪秉魁，等. 2003. 南极格罗夫山陨石GRV 99027：一个新的火星陨石. 科学通报，48（16）：1806-1810.

刘焘，林杨挺，胡森，等. 2008. GRV 051523：一块新的灶神星陨石. 极地研究，20（2）：219-228.

刘小汉，琚宜太. 2002. 格罗夫山：我国新发现的一个陨石富集区. 极地研究，14（4）：243-247.

罗红波，林杨挺，胡森，等. 2009. 南极格罗夫山陨石的磁化率. 岩石学报，25（5）：1260-1274.

缪秉魁，林杨挺，胡森，等. 2010. 东南极格罗夫山陨石（GRV 052382）：一块强烈冲击变质的橄辉无球粒陨石. 岩石学报，26（12）：3579-3588.

缪秉魁，林杨挺，琚宜太，等. 2005. 南极格罗夫山陨石收集与研究. 2005 中国极地科学学术年会. 上海：72-73.

缪秉魁，林杨挺，欧阳自远，等. 2002. 南极格罗夫山陨石岩石学特征Ⅰ：非平衡 L3 型普通球粒陨石. 极地研究，14（4）：276-287.

缪秉魁，林杨挺，欧阳自远，等. 2002. 南极格罗夫山陨石岩石学特征Ⅱ：平衡型普通球粒陨石. 极地研究，14（4）：288-299.

缪秉魁，林杨挺，王葆华. 2009. 橄辉无球粒陨石的冲击变质特征及其成因. 第九届全国月球科学与比较行星学、陨石学与天体化学学术研讨会. 成都：44.

缪秉魁，林杨挺，王道德，等. 2004. 我国南极陨石研究与展望. 矿物岩石地球化学通报，23（2）：149-154.

缪秉魁，林杨挺，王道德，等. 2012. 我国南极陨石收集进展（2000—2010）. 矿物岩石地球化学通报，31（6）：565-574.

缪秉魁，林杨挺，王道德，等. 2006. 橄辉无球粒陨石的成因. 第八届全国空间化学与陨石学学术研讨会.

缪秉魁，林杨挺，王桂琴，等. 2008. 南极格罗夫山新发现的橄辉无球粒陨石岩石学与矿物化学. 自然科学进展，18（3）：269-278.

缪秉魁，林杨挺，周新华. 2003. 南极格罗夫山普通球粒陨石的化学-岩石类型分布及成对陨石的判别. 科学通报，48（8）：874-880.

缪秉魁，欧阳自远，林杨挺，等. 2008. 我国南极陨石研究的新进展. 地质科技情报，27（1）：13-19，30.

缪秉魁，王桂琴，王道德，等. 2003. GRV 021512 和 GRV 022931：南极格罗夫山新发现的二块橄辉无球粒陨石（Ureilites）. 第七届全国空间化学和陨石学学术研讨会. 北京：25-27.

王道德，林杨挺. 2002. 我国回收的南极陨石分类研究综述. 极地研究，14（4）：252-265.

王道德，林杨挺，缪秉魁. 2002. 南极陨石研究的启示Ⅹ：南极陨石的居地年龄. 极地研究，14（3）：174-185.

王道德，缪秉魁，王道德，等. 2007. 橄辉无球粒陨石的矿物-岩石学特征及其分类. 极地研究，19（2）：139-150.

王道德，缪秉魁，林杨挺. 2005. 陨石的矿物-岩石学特征及其分类. 极地研究，17（1）：45-74.

王道德，缪秉魁，林杨挺. 2006. 我国南极橄辉无球粒陨石（GRV 024516）和 H5 球粒陨石（GRV 024517）宇宙射线暴露年龄和气体保存年龄. 极地研究，18（3）：157-165.

王江，缪秉魁，张健. 2010. 南极格罗夫山 H 群普通球粒陨石冲击变质特征. 极地研究，22（3）：231-243.

王秀娟，缪秉魁，王葆华. 2006. 碳质球粒陨石的类型及其分类特征. 全国空间化学与陨石学学术研讨会.

Aristidi E，Fossat E，Agabi A，et al. 2009. Dome C site testing：surface layer，free atmosphere seeing，and isoplanatic angle statistics. Astronomy and Astrophysics，499（3）：955-965.

Dai D，Y Lin，B Miao，et al. 2004. Ca-，Al-rich inclusions in three new carbonaceous chondrites from the Grove Mountains，Antarctica：New evidence for a similar origin of the objects in various groups of chondrites. Acta Geologica Sinica 78（5）：1042-1051.

Dempsey J T，Storey J W V，Phillips A. 2005. Auroral Contribution to Sky Brightness for Optical Astronomy on the Antarctic Plateau. Publications of the Astronomical Society of Australia，22（2）：91-104.

Feng L，Y Lin. 2008. Extracting compositions from Raman spectra of ringwoodite in the heavily shocked grove mountains meteorites. Workshop on Antarctic Meteorites - Search，Recovery，and Classification，Matsue，JAPAN.

Feng L，Y Lin，S Hu，et al. 2007. Assemblages of Olivine Polymorphs in Grove Mountains（GRV）052049：Constraints on Pressure-Temperature Condition of Shock Metamorphism. 70th Annual Meteoritical Society Meeting，held in August 13-17，2007，Tucson，Arizona. Meteoritics and Planetary Science Supplement，Vol. 42，p. 5152 42：5152.

Feng L，Y Lin，S Hu，et al. 2011. Estimating compositions of natural ringwoodite in the heavily shocked Grove Mountains 052049 meteorite from Raman spectra. American Mineralogist，96（10）：1480-1489.

Harvey R. 2003. The origin and significance of Antarctic meteorites. Chemie der Erde Geochemistry，63：93-147.

Hu S，Y Lin，J Zhang，et al. 2014. NanoSIMS analyses of apatite and melt inclusions in the GRV 020090 Martian meteorite: Hydrogen isotope evidence for recent past underground hydrothermal activity on Mars. Geochimica et Cosmochimica Acta 140 (0): 321-333.

Kenyon S L, Storey J W V. 2006. A Review of Optical Sky Brightness and Extinction at Dome C, Antarctica. The Publications of the Astronomical Society of the Pacific, 118 (841): 489-502.

Law N M, Carlberg R, Salbi P, et al. 2013. Exoplanets from the Arctic: The First Wide-field Survey at 80°N. The Astronomical Journal, 145 (3): 58-68.

Lawrence J S, Ashley M C B, Tokovinin A, et al. 2004. Exceptional astronomical seeing conditions above Dome C in Antarctica. Nature, 431 (7006): 278-281.

Li S, S Wang, H Bao, et al. 2011. The Antarctic achondrite, Grove Mountains 021663: An olivine-rich wionaite. Meteoritics & Planetary Science, 46 (9): 1329-1344.

Lin Y, S Hu, B Miao, et al. 2013. Grove Mountains 020090 enriched lherzolitic shergottite: A two-stage formation model. Meteoritics & Planetary Science, 48 (9): 1572-1589.

Lin Y, Y Ju, X Xu, et al. 2006. Recovery of 5354 Meteorites in Grove Mountains, Antarctica, by the 22nd Chinese Antarctic Research Expedition. Meteoritics and Planetary Science Supplement, 41: 5102.

Lin Y, T Liu, W Shen, et al. 2008. Grove mountains (GRV) 020090: A highly fractionated lherzolitic shergottite. Meteoritics & Planetary Science, 43 (7): A86-A86.

Lin Y, H Luo, S Hu, et al. 2008. Magnetic susceptibility of grove mountains meteorites. Workshop on Antarctic Meteorites-Search, Recovery, and Classification, Matsue, JAPAN.

Lin Y, Z Ouyan, D Wang, et al. 2002. Grove mountains (GRV) 99027: A new martian lherzolite. Meteoritics & Planetary Science, 37 (7): A87-A87.

Lin Y, D Wang, B Miao, et al. 2003. Grove Mountains (GRV) 99027: A new Martian meteorite. Chinese Science Bulletin, 48 (16): 1771-1774.

Liu T, C Li, Y Lin. 2011. Rb-Sr and Sm-Nd isotopic systematics of the lherzolitic shergottite GRV 99027. Meteoritics and Planetary Science, 46: 681-689.

Liu X, Y Zhao, X Liu, et al. 2003. Geology of the Grove Mountains in East Antarctica-New evidence for the final suture of Gondwana Land. Science In China (Series D), 46 (4): 305-319.

Lu R, B Miao, G Wang, et al. 2004. Classification of 24 new ordinary chondrites form the Grove Mountains, Anarctica. Acta Geologica Sinica, 78 (5): 1052-1059.

Marks R D, Vernin J, Azouit M, et al. 1999. Measurement of optical seeing on the high antarctic plateau. Astronomy and Astrophysics Supplement, 134: 161-172.

Meng Z, Zhou X, Zhang H, et al. 2013. Ghost Image Correction in CSTAR Photometry. Publications of the Astronomical Society of the Pacific, 125 (930): 1015-1020.

Miao B. 2003. The Ca-Al-rich Inclusions of ordinary chondrites from Grove Mountains, Antarctica: the comparative study with other meteorites. Ph. D dissertation (in Chinese with English abstract), 1-124.

Miao B, Y Lin, B Wang, et al. 2009. A TEM Study of GRV 024516, a Ureilite from Grove Mountains: Evidence for Shock-induced Origin of Diamond. Meteoritics and Planetary Science Supplement, 72: 5291.

Miao B, Y Lin, D Wang. 2007. Petrology and mineralogy of GRV 021710, a new CR chondrite from Antarctica. Meteoritics & Planetary Science, 42: A106-A106.

Miao B, Y Lin, D Wang, et al. 2008. Grove Mountains (GRV) 052382-Likely a Most Heavily Shocked Ureilite. 71st Meeting of the Meteoritical Society.

Miao B, Y Lin, D Wang, et al. 2004. An Overview on Antarctic Meteorite Collection and Studies in China. Bulletin of Mineralogy, Petrology and Geochemistry, 23 (2): 149-154.

Miao B, Y Lin, D Wang, et al. 2005. Overview on Antarctic Meteorite Collection and Study in China. The Proceedings of the China Association for Science and Technology, 2 (3): 291-298.

Miao B, Y LIN, D WANG, et al. 2009. Petrology of ureilites from Grove Mountains, Antarctica: Constraints on the origins. Chinese J. Polar Research, 20 (2): 151-165.

Miao B, Y Lin, X Zhou. 2003. Type distribution pattern and pairing of ordinary chondrites from Grove Mountains, Antarctica. Chinese Science Bulletin, 48: 908-913.

Miao B, Z Ouyang, D Wang, et al. 2004. A new Martian meteorite from Antarctica: Grove Mountains (GRV) 020090. Acta Geologica Sinica, 78 (5): 1034-1041.

Miao B, Z Ouyang, D Wang, et al. 2003. Grove Mountains (GRV) 020090 - Another Martian meteorite from Grove Mountains, Antarctica. The 7th national cosmochemistry and astrolithology conference (abstract) (in Chinese): 28-29.

Miao B, G Wang. 2003. GRV 021512 and GRV 022931: Two new found Ureilites from Grove Mountains, Antarctica. The 7th national cosmochemistry and astrolithology conference (abstract): 25-27.

Miao B, G Wang, D Wang, et al. 2004. Petrology and mineral chemistry of the two ureilites from Grove Mountains, Antarctica. The second international symposium on polar sciences of China (Abstracts): 59-60.

Moore A, Allen G, Aristidi E, et al. 2008. Gattini: a multisite campaign for the measurement of sky brightness in Antarctica. Ground-based and Airborne Telescopes II. Edited by Stepp L. M., Gilmozzi R.. Proceedings of the SPIE, 7012, 701226-35.

Moore A, Aristidi E, Ashley M, et al. 2006. The Gattini cameras for optical sky brightness measurements in Antarctica. Ground-based and Airborne Telescopes. Edited by Stepp L. M.. Proceedings of the SPIE, 6267, 62671N.

Moore A M, Ahmed S, Ashley M C B, et al. 2010. Gattini 2010: cutting edge science at the bottom of the world. Ground-based and Airborne Telescopes III. Edited by Stepp L. M., Gilmozzi R., Hall H. J. Proceedings of the SPIE, 7733, 77331S-42.

Patat F, Ugolnikov O S, Postylyakov O V. 2006. UBVRI twilight sky brightness at ESO-Paranal. Astronomy and Astrophysics, 455 (1): 385-393.

Patat F. 2008. The dancing sky: 6 years of night-sky observations at Cerro Paranal. Astronomy and Astrophysics, 481 (2): 575-591.

Qian S B, Wang J J, Zhu L Y, et al. 2014. Optical Flares and a Long-lived Dark Spot on a Cool Shallow Contact Binary, The Astrophysical Journal Supplement, 212 (1): 4-19.

Sims G, Ashley M C B, Cui X, et al. 2012. Airglow and Aurorae at Dome A, Antarctica. Publications of the Astronomical Society of the Pacific, 124 (916): 637-649.

Trinquet H, Agabi A, Vernin J, et al. 2008. Nighttime Optical Turbulence Vertical Structure above Dome C in Antarctica. Publications of the Astronomical Society of the Pacific, 120 (864): 203-211.

Wang L, Macri L M, Krisciunas K, et al. 2011. Photometry of Variable Stars from Dome A, Antarctica. The Astronomical Journal, 142 (5): 155-167.

Wang L, Macri L M, Wang L, et al. 2013. Photometry of Variable Stars from Dome A, Antarctica: Results from the 2010 Observing Season. The Astronomical Journal, 146, (6): 139-149.

Wang S, Zhou X, Zhang H, et al. 2012. The Inhomogeneous Effect of Cloud on CSTAR Photometry and Its Correction. Publications of the Astronomical Society of the Pacific, 124 (921): 1167-1174.

Wang S, Zhang H, Zhou J L, et al. 2014. Planetary Transit Candidates in the CSTAR Field: Analysis of the 2008 Data. The Astrophysical Journal Supplement, 211 (2): 26-40.

Yang H, Allen G, Ashley M C B, et al. 2009. The PLATO Dome A Site-Testing Observatory: Instrumentation and First Results. Publications of the Astronomical Society of the Pacific, 121 (876): 174-184

Yang H, Kulesa C A, Walker C K, et al. 2010. Exceptional Terahertz Transparency and Stability above Dome A, Antarctica. Publications of the Astronomical Society of the Pacific, 122 (890): 490-494.

Yuan X, Su D Q. 2012. Optical system of the Three Antarctic Survey Telescopes, Monthly Notices of the Royal Astronmical Society, 424 (1): 23-30.

Zhao X, C Floss, Y Lin, et al. 2013. Stardust Investigation into the CR Chondrite Grove Mountain 021710. The Astrophysical Journal, 769: 49.

Zou H, Zhou X, Jiang Z, et al. 2010. Sky Brightness and Transparency in the i-band at Dome A, Antarctica, The Astronomical Journal, 140, (2): 602-611.

Zhou X, Fan Z, Jiang Z, et al. 2010. The First Release of the CSTAR Point Source Catalog from Dome A, Antarctica. The Publications of the Astronomical Society of the Pacific, 122 (889): 347-353.

编后记

《从地幔到深空——南极陆地系统的科学》分册全面系统地介绍了我国南极考察30年来以南极洲陆地为基础的考察研究活动，以及这些科学活动取得的主要进展和重要成果。本分册共分9章，由刘小汉统稿，其中“前言”和“编后记”由刘小汉撰写。第一章“南极大陆地质地球物理调查与研究”由赵越、刘晓春、刘小汉、高亮撰写并统稿，陈虹、任留东、胡健民、刘健、徐刚、张拴宏和安美建参加撰写。第二章“南极古气候环境与古生态地质学研究”由刘小汉、孙立广、韦利杰撰写并统稿，黄涛、刘晓东、谢周清、朱仁斌、琚宜太、方爱民、黄费新、李潇丽、周学君和J Ian Raine（NZ）参加撰写。第三章“南极大气观测与气候研究”由卞林根撰写并统稿，张林、谢周清、朱仁斌、逯昌贵、马永锋、李春花、陆龙骅、汤洁、张东启、辛羽飞、效存德、孟上、杨清华、周立波、郑向东、丁明虎、邹悍等参加撰写。第四章“南极生态环境监测与研究”由何剑锋撰写并统稿，周启明、曹叔楠、俞勇、王能飞、王峰、霍元子、金海燕、那广水、詹力扬和陆志波参加撰写。第五章“南极考察人员生理心理适应性研究”由徐成丽撰写并统稿，薛全福、陈楠、熊艳蕾和鞠湘武参加撰写。第六章“南极测绘及其遥感应用”由王泽民撰写并统稿，庞小平、张胜凯、周春霞、程晓、王连仲、艾松涛、杨元德和安家春参加撰写。第七章“南极冰川学考察与研究”由李院生、史贵涛撰写并统稿，任贾文、孙波、侯书贵、效存德、安春雷、姜苏、马红梅、郭井学、崔祥斌、于金海、马天明、李传金参加撰写。第八章“南极高空大气物理学观测与研究”由胡红桥、刘瑞源撰写并统稿，杨惠根、徐文耀、甄卫民、张北辰、黄德宏、韩德胜、刘勇华、张清和、胡泽骏、刘俊明、何昉、王睿、刘建军和陈卓天参加撰写。第九章“南极陨石研究与天文学观测”由王力帆、周宏岩、缪秉魁、张洁撰写并统稿，林杨挺、宫雪非、纪拓、田启国、张少华、周旭、朱镇熹、胡森、戴德求参加撰写。